Dezentraler Koordinationsmechanismus in Wertschöpfungsnetzwerken des Maschinen- und Anlagenbaus basierend auf dem Wert von Termintreue

Von der Fakultät für Maschinenwesen
der Rheinisch-Westfälischen Technischen Hochschule Aachen
zur Erlangung des akademischen Grades eines
Doktors der Ingenieurwissenschaften
genehmigte Dissertation

vorgelegt von

Thomas Jakob Jasinski

Berichter:

Univ.-Prof. Dr.-Ing. Dipl.-Wirt. Ing. Günther Schuh
apl. Prof. Dr.-Ing. Volker Stich

Tag der mündlichen Prüfung: 18. Juni 2014

ERGEBNISSE AUS DER PRODUKTIONSTECHNIK

Thomas Jasinski

Dezentraler Koordinationsmechanismus in Wertschöpfungsnetzwerken des Maschinen- und Anlagenbaus basierend auf dem Wert von Termintreue

Herausgeber:
Prof. Dr.-Ing. Dr.-Ing. E.h. Dr. h.c. Dr. h.c. F. Klocke
Prof. Dr.-Ing. Dipl.-Wirt.Ing. G. Schuh
Prof. Dr.-Ing. C. Brecher
Prof. Dr.-Ing. R. H. Schmitt

Band 33/2014

WZL RWTHAACHEN

Fraunhofer IPT

Bibliografische Information der Deutschen Nationalbibliothek
Die Deutsche Nationalbibliothek verzeichnet diese Publikation in der Deutschen Nationalbibliografie; detaillierte bibliografische Daten sind im Internet über http://dnb.ddb.de abrufbar.

Thomas Jasinski:

Dezentraler Koordinationsmechanismus in Wertschöpfungsnetzwerken des Maschinen- und Anlagenbaus basierend auf dem Wert von Termintreue

1. Auflage, 2014

Gedruckt auf holz- und säurefreiem Papier, 100% chlorfrei gebleicht.

Apprimus Verlag, Aachen, 2014
Wissenschaftsverlag des Instituts für Industriekommunikation und Fachmedien an der RWTH Aachen
Steinbachstr. 25, 52074 Aachen
Internet: www.apprimus-verlag.de, E-Mail: info@apprimus-verlag.de

Druck: KN Digital Printforce GmbH, Stuttgart

ISBN 978-3-86359-236-3

D 82 (Diss. RWTH Aachen University, 2014)

Vorwort

Die vorliegende Dissertation entstand im Rahmen meiner Tätigkeit als wissenschaftlicher Mitarbeiter am Lehrstuhl für Produktionssystematik des Werkzeugmaschinenlabors (WZL) der Rheinisch-Westfälischen Technischen Hochschule (RWTH) Aachen.

Mein besonderer Dank gilt dem Lehrstuhlinhaber Professor Schuh für die Ermöglichung der Promotion sowie die Unterstützung und anregende Diskussion während des Erstellungsprozesses. Das von ihm geschaffene Umfeld bestehend aus der Symbiose der Betätigungsfelder Industrieberatung, Forschung, universitäre Lehre sowie Aus- und Weiterbildung war ein adäquater Nährboden für das Gelingen dieser Arbeit.

Ferner danke ich Professor Stich für das Interesse an meiner Dissertation und die Übernahme des Koreferats. Ebenso bedanke ich mich bei Professor Corves als Vorsitzenden der Prüfungskommission und Professor Wirsum für die Übernahme des Beisitzes.

Weiterer Dank gilt dem kollegialen und kompetitiven Umfeld am WZL. Die tägliche Interaktion mit den Arbeitskollegen als auch das intensive, konstruktive und wertvolle Feedback und die Diskussionen haben die Erstellung der Dissertation vorangetrieben. Mein besonderer Dank gilt an dieser Stelle meinem früheren Mentor während meiner Zeit als studentische Hilfskraft Dr. Alexander Gulden sowie den ehemaligen Kollegen und Freunden auf Lebenszeit Dr. Sascha Fuchs, Dr. Thomas Gartzen und Christoph Nowacki. Ferner danke ich meinen studentischen Hilfskräften sowie Diplom- als auch Bachelorarbeitern; ohne ihre Hilfe wäre der Weg wesentlich mühsamer und langwieriger geworden.

Besonders hervorheben möchte ich den am WZL ermöglichten internationalen Kontext, der gepaart mit meiner Reiseaffinität die Dissertation hat in 21 Ländern entstehen lassen. Jedes Land hat auf seine Weise einen Beitrag zu dieser Arbeit beigetragen. So umfasst die Liste der an der Entstehung beteiligter Länder Deutschland, Spanien, Schweiz, Italien, Belgien, Kroatien, Polen, Österreich, Südkorea, Japan, China, Philippinen, Laos, Myanmar, Brunei, Dubai, Guatemala, Belize, Mexico, Indien und letztendlich Nepal, wo diese Zeilen entstanden sind.

Schließlich bedanke ich mich aus tiefstem Herzen bei meinen Eltern, meiner Schwester, meinen Großeltern sowie der erweiterten Familie. Ohne die von ihnen geschaffene Grundlage sowie das Vertrauen, die vorbehaltslose Unterstützung und entgegengebrachte Liebe wäre die Erstellung der Dissertation nicht möglich gewesen.

Ghandruk, Nepal im November 2013 *Thomas Jasinski*

Inhaltsübersicht

Inhaltsverzeichnis

Abbildungsverzeichnis

Tabellenverzeichnis

Formelverzeichnis

Abkürzungsverzeichnis

§	Paragraph
&	und
%	Prozent
€	Euro
APS	Advanced Planning System
AVG	Mittelwert (englisch average)
B2B	Business-to-business
BGB	Bürgerliches Gesetzbuch
BI	Business Intelligence
BKT	Betriebskalendertag
bspw.	beispielsweise
bzgl.	bezüglich
bzw.	beziehungsweise
CAPM	Capital Asset Pricing Model
chem.	chemisch
CES	Constant Elasticity of Substitution
d.h.	das heißt
DFG	Deutsche Forschungsgemeinschaft
DV	Datenverarbeitung
EAI	Enterprise Application Integration
EBIT	Earnings before Interest and Taxes
EDI	Elektronischer Datenaustausch
ERP	Enterprise Resource Planning
et al.	und andere (lat.)
etc.	und die übrigen Dinge/und so weiter (lat.)
EU	Europäische Union
EVA	Eingabe – Verarbeitung – Ausgabe
f.	folgend
ff.	folgende
F&E	Forschung und Entwicklung
FCF	Free-Cashflow
FIFO	First In, First Out
FIR	Forschungsinstitut für Rationalisierung
Hrsg.	Herausgeber
i.A.a.	in Anlehnung an
i.e.S.	im engeren Sinne
inkl.	inklusive
IT	Informationstechnik
i.w.S.	im weiteren Sinne
kalk.	Kalkulatorisch

Kap.	Kapitel
KMU	Kleine und mittlere Unternehmen
lat.	lateinisch
LKW	Lastkraftwagen
MES	Manufacturing Execution System
Mio.	Million
mod.	modulo (mathematische Funktion „Division mit Rest")
Mrd.	Milliarde
MRP	Material Requirement Planning
MRP2	Material Resource Planning
NAFTA	Nordamerikanische Freihandelsabkommen
NC	Numerical Control
OECD	Organisation für wirtschaftliche Zusammenarbeit und Entwicklung
OEM	Original Equipment Manufacturer
PDCA	Plan Do Check Act
PPS	Produktionsplanung und -steuerung
RFQ	Request for Quotation, Beschaffungsanfrage
RWTH	Rheinisch-Westfälische Technische Hochschule Aachen
S.	Seite
SCM	Supply Chain Management
SFB	Sonderforschungsbereich
SOA	Serviceorientierte Architektur
sonst.	sonstige(s)
SPC	Statistical Process Control
Std.	Stunde
TCO	Total Costs of Ownership
Tsd.	Tausend
u.a.	unter anderem/unter anderen
u.U.	unter Umständen
usw.	und so weiter
VDE	Verband der Elektrotechnik Elektronik Informationstechnik e.V.
VDMA	Verband Deutscher Maschinen- und Anlagenbau
vgl.	vergleiche
WfM	Workflow Management
WZL	Werkzeugmaschinenlabor der RWTH Aachen
z.B.	zum Beispiel

1 Einleitung

„DER ANFANG IST DIE HÄLFTE VOM GANZEN."

-Aristoteles-

Der deutsche Maschinen- und Anlagenbau als technologisches Rückgrat der deutschen Volkswirtschaft hat großen Anteil daran, dass sich Deutschland im konjunkturellen Aufschwung befindet. Mit 6.227 Unternehmen und 971.000 Beschäftigten ist er noch vor der Automobilindustrie der größte Arbeitgeber Deutschlands (Bild 1-1). Für die Exportwirtschaft bleibt der Maschinen- und Anlagenbau mit einer Exportquote von 75,4% einer der Schlüsselfaktoren. Mit 207 Mrd. Euro Umsatz hat er bereits 2012 nahezu das Vorkrisenniveau wieder erreicht.[1] Seine Produkte sind heute nicht mehr nur einzelne Maschinen, sondern darauf aufbauend komplexe Produktionssysteme. Maschinenhardware und -software, Informations- und Kommunikationstechnologie, Be- und Verarbeitungstechnologien, Qualitätskontrolle und produktnahe Dienstleistungen werden innovativ miteinander verbunden. Werkzeugmaschinen gelten entsprechend ihrem Status als „Muttermaschinen", mit deren Hilfe weitere Maschinen und Anlagen gefertigt werden, als Gradmesser der technologischen Fähigkeiten eines Landes.[2]

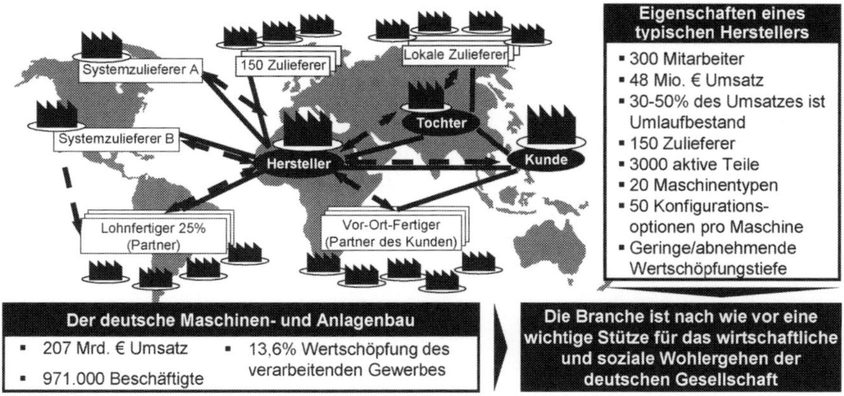

Bild 1-1: Der deutsche Maschinen- und Anlagenbau[3]

---

[1] vgl. VDMA (2013), Maschinenbau in Bild und Zahl, S. 7

[2] vgl. Langerwisch (2000), Organisation von Forschung und Entwicklung in Japan, S. 415

[3] vgl. VDMA (2013), Maschinenbau in Bild und Zahl, S. 7

1.1 Problemstellung

Der größte Vorteil des deutschen Maschinen- und Anlagenbaus, die Fähigkeit, seine durch eine hohe Komplexität gekennzeichneten Produkte maßgeschneidert im Hinblick auf die Kundenwünsche anbieten und herstellen zu können, stellt zugleich seinen größten Nachteil dar.[4] Die Fähigkeit zur Realisierung anspruchsvoller technischer Problemlösungen nach Kundenvorgabe war und ist Grundlage des Gütesiegels „Made in Germany", sodass die Kunden seit Jahren bereit sind, für ausgereifte Lösungen und hohe Qualitätsstandards einen höheren Preis zu bezahlen. Diese Konstellation, in der insbesondere kleine und mittelgroße Hersteller als Spezialisten für ausgefeilte technische Lösungen individueller Kundenprobleme vornehmlich in Nischenmärkten agieren, birgt allerdings eine Vielzahl von Risiken.[5]

Speziell die globale Wettbewerbsarena mit einerseits einer Vielzahl unterschiedlicher Märkte mit jeweils spezifischen Anforderungen sowie andererseits einer steigenden Anzahl, insbesondere aus dem asiatischen Markt kommender, ernstzunehmender Wettbewerber stellt die deutsche Investitionsgüterbranche vor enorme Herausforderungen. Mit der Dominanz des Premium-Segments in den Triaden-Märkten und gleichzeitig erneut bedeutender werdenden, unter enormem Kostendruck stehenden Erzeugnissen des mittleren Segments wird sich die Lage für die deutschen Hersteller weiter verschärfen.[6] Die von den Unternehmen zu beherrschende Komplexität in der gesamten Wertschöpfungskette wird sich weiterhin vergrößern. Unternehmen werden in der Lage sein müssen, Erzeugnisse des mittleren Segments konkurrenzfähig gegenüber dem globalen Wettbewerb anbieten zu können und gleichzeitig hochkomplexe, stark kundenindividualisierte Maschinen und Anlagen möglichst plankostengenau und termintreu abwickeln zu können.

Dabei stellt insbesondere Termintreue den entscheidenden strategischen Erfolgsfaktor im produzierenden Gewerbe dar. Der Grundsatz „*Pünktlichkeit vor Schnelligkeit*" zeigt ihren Stellenwert – eine nachweisliche Termintreue entscheidet dabei über zukünftige Aufträge.[7] So hat eine hohe Liefertreue nachweislich einen signifikanten Einfluss auf die Umsatzrendite (Bild 1-2). Schlechte Termintreue hingegen gefährdet die Profitabilität eines Auftrags.[8]

Eine planmäßige, termintreue Abwicklung des Leistungserstellungsprozesses wird vom Kunden mit Treue belohnt, während Verspätungen oft mit Pönalen belegt sind.[9] Insbesondere aber ist Termintreue ein Indikator für die Prozessqualität, also die Planbarkeit und Robustheit der Unternehmensprozesse, was wiederum Voraussetzung ist, um gegenüber dem Kunden Zuverlässigkeit zu demonstrieren und ferner, um intern Kosten und Aufwände zu planen, Kapazitäten einzuteilen sowie Prozesse effizient abwickeln zu können.[10]

---

4 vgl. Widmaier (2000), Der deutsche Maschinenbau in den neunziger Jahren, S. 409

5 vgl. Kalkowski et al. (1995), Technologiestandort Deutschland, S. 410; Widmaier (2000), Der deutsche Maschinenbau in den neunziger Jahren, S. 410

6 vgl. Roland Berger (2010), Globale Megatrends, S. 16

7 vgl. Gudehus (2002), Dynamische Disposition, S. 51

8 vgl. VDMA Arbeitsgemeinschaft Großanlagenbau (2013), Was macht den Großanlagenbau robust für die Zukunft?, S. 2

9 vgl. Arnolds (2010), Materialwirtschaft und Einkauf, S. 190

10 vgl. Schuh (2007), Effizient, schnell und erfolgreich, S. 62

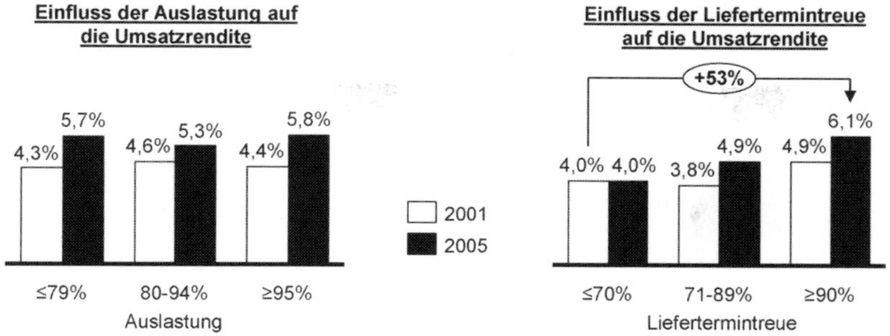

Bild 1-2: Einfluss der Auslastung und Termintreue auf die Umsatzrendite[11]

Jedoch ist genau das äußerst schwierig im durch Sonderlösungen und Einmalprozesse gekennzeichneten Maschinen- und Anlagenbau. Die aus dem hohen Kundenindividualisierungsgrad resultierende stetig steigende Produktvarianz verbunden mit den charakteristischen instabilen Marktverhältnissen hat große Auswirkungen auf die Prozessstruktur sowie die Planung und Steuerung der Prozesse. In Summe resultiert daraus ein hochkomplexer Leistungserstellungsprozess.[12] So sehen Maschinen- und Anlagenbauer sich in der Regel gezwungen, eine Vielzahl verschiedener Produkte mit einer noch größeren Anzahl an Konfigurationsoptionen anzubieten. Dabei besteht ein Produkt aus 1000 bis zu 100.000 aktiven Teilen – eine enorme Komplexitätsanforderung an die Auftragsabwicklung sowie die Beschaffung. Weiterhin sind kurzfristige Eilaufträge mit einer ad hoc Umdisponierung und Verlagerung von Prioritäten mit einer fehlenden zeitnahen Transparenz über die logistische Situation Gegenstand des operativen Tagesgeschäftes.[13]

Speziell in der Montage, welche am Ende der Wertschöpfungskette ein Sammelbecken für Fehler vorgelagerter Aktivitäten darstellt, tritt durchschnittlich eine Störung pro Stunde auf.[14] Diese hohe Fehlerfrequenz führt zu einer ständigen Umplanung und Umstrukturierung des Montageprozesses und demnach zu einer unproduktiven Unruhe. Die entstehenden Störungen sind nicht auf defekte Maschinen oder Werkzeuge zurückzuführen, sondern vielmehr auf die mangelnde Verfügbarkeit von Ressourcen, insbesondere von Material. Eine Analyse des Auftragsabwicklungsprozesses zeigt, dass Fehlteile – also die nicht termingerechte Bereitstellung der Fremd- oder Eigenfertigungsbedarfe – als das Kernproblem bei der Materialversorgung der Montage anzusehen sind (Bild 1-3).[15] Die Ursachen für das Auftreten von Fehlteilen sind auf unternehmensinterne sowie von Lieferanten verursachte Planabweichungen zurückzuführen. Mit 48% sind dabei Belieferungsverspätungen des Lieferanten die Hauptursache für Fehlteile. Interne Gründe liegen bei einer inadäquaten Planung und Steuerung (28%) und operativen Koordinationsproblemen zwischen Lager und Fertigung (14%).[16]

---

[11] vgl. Schuh (2007), Effizient, schnell und erfolgreich, S. 61
[12] vgl. Gust (1995), Moderne Qualitätsmanagementmethoden, S. 3 f.
[13] vgl. Langer (2000), Maschinen- und Anlagenbau, S. 26
[14] vgl. Eversheim (1992), Störungsmanagement in der Montage, S. 2
[15] vgl. Schuh et al. (2009), Beschaffungslogistik im Maschinen- und Anlagenbau, S. 19
[16] vgl. Schuh et al. (2009), Beschaffungslogistik im Maschinen- und Anlagenbau, S. 19

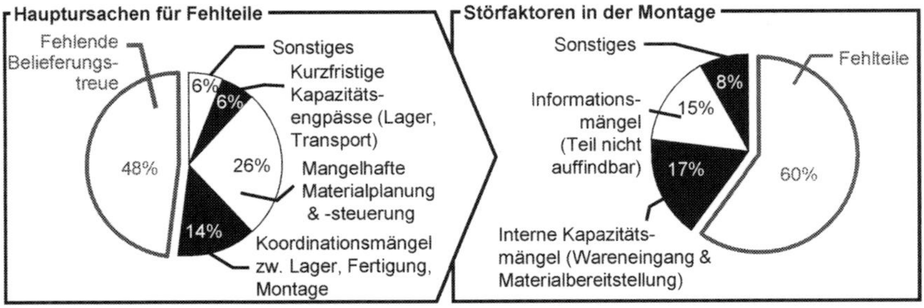

Bild 1-3: Herausforderungen in der Auftragsabwicklung im Maschinen- und Anlagenbau[17]

Die Auswirkungen solcher lieferanteninduzierter Fehlteile sind für Unternehmen selten in voller Transparenz überschaubar (Bild 1-4). Oft werden nicht vorhandene Bauteile, Komponenten, Rohstoffe etc. erst dann als Fehlteile identifiziert, wenn diese tatsächlich in der Montage benötigt werden. Die damit verbundenen Suchzeiten des kostenintensiven Montagemitarbeiters führen zu starken Effizienzverlusten im Montageprozess. Im schlimmsten Fall führt das Auftreten von Fehlteilen bei einer Flussmontage zu einem vollständigen Linienstopp. Es fallen zusätzliche, nicht geplante Koordinationsaufwände an. So werden bspw. ad hoc Umplanungen durchgeführt, um die Effizienzverluste möglichst gering zu halten. Ferner werden zusätzliche dispositive und administrative Tätigkeiten in Form von Teilenachverfolgung oder verstärktem Lieferantencontrolling notwendig. Diese können bis zur selbstorganisierten Abholung der Teile zur zeitnahen Sicherstellung der Materialversorgung reichen. Ferner müssen Kompensationsaktivitäten zum zeitlichen Ausgleich des lieferanteninduzierten Belieferungsverzuges initiiert werden.

Ist das Unternehmen dann, trotz reaktiver, zeitkompensatorischer Maßnahmen nicht in der Lage, den Belieferungsverzug des Lieferanten zu egalisieren, wird die eigene Auslieferung tangiert, worauf der (End-) Kunde in der Regel unmittelbar mit der Aufforderung von (vertraglich fixierten) Kompensationszahlungen reagiert. Diese Zahlungen können gewöhnlich nicht an die eigenen Lieferanten weitergegeben werden. Negative Deckungsbeiträge nach Abschluss der Auftragsabwicklung aufgrund der zahlreich entstandenen, ungeplanten Zusatzkosten können die Folge sein.[18]

Letztendlich führt eine schlechte Belieferungstreue der Lieferanten zu einem direkten Wettbewerbsnachteil.[19] Zusätzliche Kosten, die durch verspätete Belieferungen induziert werden, sind in der Regel mangels fehlender Transparenz und Verfügbarkeit von Berechnungsmodellen nicht Gegenstand der Auftragskalkulation und gehen im späteren Auftragsdurchlauf in den Gemeinkosten unter. Daraus resultiert eine inadäquate Preiskalkulation mit nicht verursachungsgerechten Gemeinkostenzuschlägen, was zur Folge hat, dass Standarderzeugnisse über dem Preisniveau der Wettbewerber angeboten und die Erzeugnisse des Premiumsegments (mit einem signifikant höheren Fehlteilpotenzial) unwissentlich sogar mit negativen Deckungsbeiträgen abgewickelt werden. Die finanziellen Auswirkungen von Belieferungsverspätungen können nur schwer abgeschätzt werden. Eine Vielzahl von

---

17 vgl. Schuh et al. (2009), Beschaffungslogistik im Maschinen- und Anlagenbau, S. 19

18 vgl. Schuh et al. (2009), Beschaffungslogistik im Maschinen- und Anlagenbau, S. 20

19 vgl. Eckseler (1999), Industrielle Beschaffungslogistik, S. 157

Unternehmen ist lediglich in der Lage, die lieferanteninduzierten Zusatzaufwände zur Belieferungsverzugskompensation auf einige wenige Kostentreiber zu allokieren. Pönalen bedingt durch die eigene Auslieferungsverspätung, Zusatzschichten in der Montage oder aber kurzfristige reaktive logistische Kompensationsmaßnahmen lassen sich noch verhältnismäßig einfach abbilden; Opportunitätskosten oder aber Effizienzverluste wiederum nicht. In Summe werden die mit Termin- und Lieferverzügen verbundenen Effizienzverluste jährlich auf eine Milliarde Euro innerhalb der Europäischen Union geschätzt.[20]

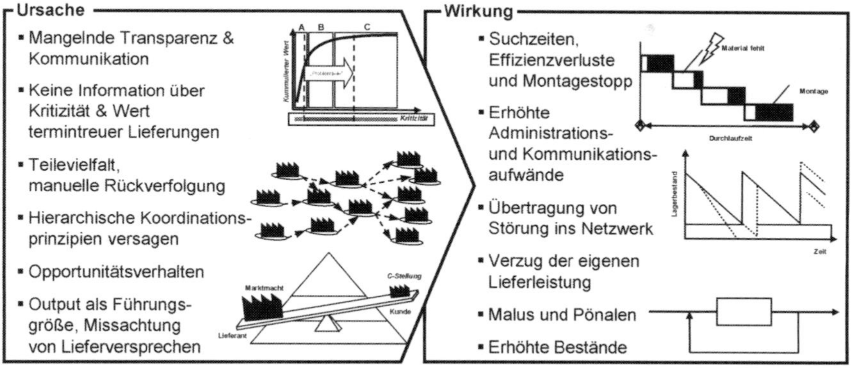

Bild 1-4: Ursachen und Wirkungen mangelnder Termintreue[21]

1.2 Ziel der Arbeit

Das leitende Ziel der vorliegenden Dissertation ist die Stärkung der Wettbewerbsfähigkeit des deutschen Maschinen- und Anlagenbaus im internationalen Wettbewerb. Ansatzpunkt hierfür ist die Verbesserung der lieferantenseitigen Belieferungstreue, welche unmittelbare Auswirkungen auf die eigene Lieferleistung hat. Unternehmen des Maschinen- und Anlagenbaus sollen darin unterstützt werden, ihre Termintreue zu verbessern und damit ihren Unternehmenserfolg nachhaltig zu sichern.

Die Komplexität des Auftragsabwicklungsprozesses stellt dabei die zentrale Herausforderung dar. Die sich durch die Charakteristik der Branche ausbildenden heterarchischen Wertschöpfungsnetzwerke stellen die übliche unternehmensübergreifende Form der Auftragsabwicklung dar. Die Maschinen- und Anlagenbauer interagieren in zahlreichen Produktionskooperationen, die durch dynamische und zeitlich nicht stabile Kunden-Lieferanten-Beziehungen beschrieben werden können. Die Unternehmen müssen permanent mit ungeplanten Ereignissen umgehen und sich an eine volatile Marktcharakteristik anpassen können. In diesem hoch dynamischen Umfeld können Planungsmodelle, Simulationen oder Prognosen nur unzureichend eingesetzt werden.

Bedingt durch die Eigenheiten heterarchischer Wertschöpfungsnetzwerke versagen bewährte (vornehmlich zentrale) Koordinationsformen. Die inhomogene Machtverteilung, mangelnde Transparenz

[20] vgl. Gunasekaran et al. (2000), Improving operations performance in a small company, S. 319; Ghobadian et al. (1996), Total quality management in SMEs, S. 85; Reinhart et al. (2006), Kooperationsgestaltung in Produktionsnetzwerken, S. 242

[21] vgl. Schuh et. al. (2013), Assessment of the Impact of Missing Delivery Reliability, S. 212

über die Bedarfskritizität sowie finanzielle Folgen verspäteter Belieferungen, eine fehlende übergeordnete zentrale Koordinationseinheit sowie das stark opportunistische Verhalten einzelner Unternehmen machen den Einsatz zentraler Koordinationsformen unmöglich.[22] Die mangelnde Anwendbarkeit zentralisierter Koordinationsprinzipien zeigt den Bedarf dezentralisierter Ansätze auf. Der einzig bekannte und erfolgreich praktizierte Ansatz zur Schaffung einer paretoeffizienten Ressourcenallokation in nicht-hierarchischen Netzwerken stellt die Kreierung von Marktmechanismen und den damit verbundenen Preiswettbewerb dar.[23] Demnach können die schlechte Ressourcenallokation und vor allem mangelnde Termintreue im Maschinen- und Anlagenbau mit dem Versagen von Marktmechanismen begründet werden. Eine inadäquate Termintreue trotz branchenweiter Verfügbarkeit von Kapazitäten (über die gesamte Branche betrachtet liegt das Kapazitätsangebot über der Kapazitätsnachfrage) ist ein Indiz dafür.[24] Das Versagen von Marktmechanismen lässt sich auf die Unkenntnis des Wertes von Termintreue zurückführen. Der Wert von Termintreue spiegelt dabei die Zahlungsbereitschaft für eine termintreue Leistungsabwicklung wider und hängt von den Zusatzkosten im Falle von Belieferungsverspätungen ab. Wäre der Wert von Termintreue bekannt, wäre dieser ein unmittelbarer Indikator der Bedarfssituation einzelner Unternehmen als auch in der gesamten Branche und könnte als Steuerungs- und Priorisierungsgröße genutzt werden. Um das Marktversagen zu umgehen, muss Termintreue also als handelbares Gut etabliert werden.[25]

Elementare Voraussetzung dafür ist, dass Termintreue monetär quantifizierbar wird. Dies wäre möglich, wenn die mit einer Belieferungsverspätung verbundenen Zusatzkosten bestimmbar wären. Wäre dies der Fall, hätten Unternehmen zusätzliche Handlungsalternativen. Einerseits könnte die Angebotskalkulation adäquat angepasst werden, sodass die Profitabilität eines Auftrages gewährleistet ist (was langfristig im Kontext von vom Markt vorgegebenen Zielpreisen allerdings nicht zielführend ist). Ferner könnten Lieferanten gezielt finanziell incentiviert werden, um ihnen einen Anreiz zu geben, in deren Produktionsplanung gegenüber konkurrierenden Abnehmern priorisiert und termintreu beliefert zu werden. So handelt eine Vielzahl von Lieferanten rein opportunistisch; lukrativere Geschäfte mit A- oder B-Kunden werden trotz bestehender Lieferterminbestätigungen zu Ungunsten der C-Kunden hochpriorisiert. Zwar würde ein C-Kunde trotz Incentivierungsansatz gegenüber strategisch besser gestellten A- und B-Kunden nach wie vor benachteiligt werden, allerdings würde die Wahrscheinlichkeit erhöht, gegenüber ebenfalls um Lieferantenkapazitäten (und demnach um Termintreue) im Wettbewerb stehenden C-Kunden priorisiert zu werden.

Durch eine solche Incentivierung würde indirekt Transparenz über die Bedarfssituation geschaffen und ein dezentraler (bilateraler) und an Marktdynamiken angelehnter Koordinationsmechanismus etabliert. Dabei liegt die Annahme zugrunde, dass die zeitliche und inhaltliche Kritizität eines zu beschaffenden Objektes die Incentivierungshöhe definiert, welche wiederum nicht höher sein dürfte als die mit einer Belieferungsverspätung verbundenen Kosten. Idee ist also, im Vorfeld im Rahmen

---

22 vgl. Wiendahl et al. (2003), systematic approach for ensuring the logistic process reliability, S. 375; Akerlof (1970), The Market for Lemons, S. 488; Johansen et al. (2005), Coordination in collaborative manufacturing mega-networks, S. 228

23 vgl. Mankiw (2012), Principles of economics, S. 150 f.

24 Entsprechende empirische Nachweise sind den jährlichen statistischen Handbüchern des Verbands Deutscher Maschinen- und Anlagenbau(er) zu entnehmen. Vgl. bspw. VDMA (2010), Statistisches Handbuch für den Maschinenbau 2010, S. 43

25 vgl. He et al. (2006), Designing a successful trading agent for supply chain management, S. 1160

der Beschaffung einen gewissen Wert – den Wert von Termintreue – zu „investieren", um die spätere Leistungserstellung zu stabilisieren und so wesentlich höhere, ungeplante Zusatzkosten zu vermeiden. Die im Wettbewerb um Lieferantenkapazitäten stehenden Unternehmen würden demnach um zugesicherte Kapazitäten (bzw. um Termintreue im weiteren Sinne) „bieten", wobei die höchste Incentivierung den Zuschlag erhalten würde; der Beschaffungsprozess würde einer Auktion entsprechen.

Die dargelegten Herausforderungen in der Auftragsabwicklung der Maschinen- und Anlagenbauer führen zu folgender Formulierung des Ziels der vorliegenden Dissertation:

Ziel der vorliegenden Dissertation ist der Aufbau eines dezentralen, marktorientierten Koordinationsmechanismus für heterarchische Wertschöpfungsnetzwerke des Maschinen- und Anlagenbaus basierend auf dem Wert von Termintreue.

1.3 Forschungskonzeption

Zur Klärung der grundlegenden Erkenntnisperspektive dieser Dissertation ist die Arbeit zunächst in die Systematik der Wissenschaften einzuordnen. Unterscheidungskriterium von Wissenschaften ist der erfasste Ausschnitt der Wirklichkeit, der in ihren Theorien und Modellen beschrieben und erklärt wird. Sie lassen sich prinzipiell in Formalwissenschaften und Realwissenschaften unterteilen (Bild 1-5).[26]

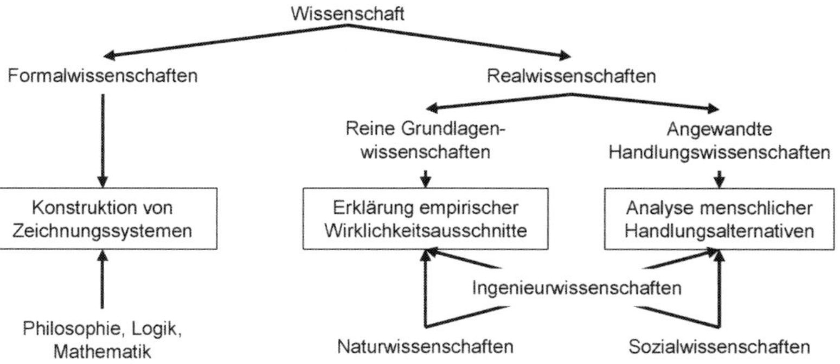

Bild 1-5: Wissenschaftssystematik[27]

Die grundlegende Eigenschaft von Formalwissenschaften (Philosophie, Logik, Mathematik) ist die Tatsache, dass ihre Aussagen rein analytisch sind – ihr Prinzip beruht darauf, Zeichnungssysteme mit Regeln zur Verwendung dieser Zeichen zu konstruieren.[28] Forschungsgegenstand sind keine real existierenden Objekte, sodass die Prüfung ihrer Richtigkeit allein auf die Suche nach logischen Widersprüchen beschränkt ist.[29] Originäre Intention der Realwissenschaften ist es hingegen, sinnlich wahr-

[26] vgl. Ulrich et al. (1976), Grundlagen der Betriebswirtschaftslehre, S. 305
[27] vgl. Zohm (2004), Management von Diskontinuitäten, S. 6; Ulrich et al. (1976), Grundlagen der Betriebswirtschaftslehre, S. 305
[28] vgl. Ulrich et al. (1976), Grundlagen der Betriebswirtschaftslehre, S. 305
[29] vgl. Schanz (1987), Wissenschaftstheoretische Grundfragen der Führungsforschung, S. 2039

nehmbare Wirklichkeitsausschnitte empirisch zur beschreiben, zu erklären und zu gestalten.[30] So sind ihre Aussagen nicht rein analytisch, sondern primär synthetisch.[31] Zusätzlich werden sie in die reinen Grundlagenwissenschaften und die angewandten Handlungswissenschaften unterschieden. Die Grundlagenwissenschaften (Physik, Chemie, Biologie) versuchen dabei, mittels theoretischer Modelle die Diskrepanz zwischen Theorie und Beobachtung zu erklären. Die Handlungswissenschaften dagegen versuchen mittels Entscheidungsmodellen bzw. Entscheidungsprozessen Probleme von praktisch handelnden Menschen zu lösen.[32] Zu den Handlungswissenschaften zählen neben der Soziologie und der Psychologie u.a. auch die angewandten Sozialwissenschaften. Nach vorherrschender Auffassung wird auch die Betriebswirtschaftslehre dazugerechnet.[33]

Die Ingenieurwissenschaften hingegen können nicht eindeutig den Grundlagenwissenschaften oder Handlungswissenschaften zugeordnet werden.[34] Wie oben dargelegt, bewegt sich diese Arbeit aufgrund ihres Anspruchs, Menschen beim Beschaffungsprozess zu unterstützen, sowie aufgrund ihres Praxisbezugs im Kontext des Maschinen- und Anlagenbaus an der Schnittstelle zwischen Ingenieur- und Betriebswissenschaften. Sie ist demnach den Handlungswissenschaften zuzuordnen, wobei der Untersuchungsgegenstand Produktion dabei stark technisch und ingenieurwissenschaftlich geprägt ist.

Die vorliegende Arbeit folgt dem systemtheoretischen Ansatz nach ULRICH.[35] Er kommt dem Verständnis des Autors von Unternehmen, deren Umfeld und Handlungsoptionen sehr nahe. ULRICHS Ansatz richtet sich auf Probleme der Gestaltung, Lenkung und Entwicklung zweckgerichteter, sozialer Systeme, erkennt deren Komplexität und Dynamik an. Dabei wird der Standpunkt einer totalen Beherrschbarkeit betrieblicher Problemstellungen aufgegeben.[36] Von Relevanz ist zudem, dass dieser Ansatz aufgrund seines Selbstverständnisses als angewandte, den realen Problemstellungen nachgehende Unternehmensführungslehre eine große Nähe zu den Ingenieurwissenschaften aufweist.[37] Der systemtheoretische Ansatz nach ULRICH stellt im Sinne der positiven Heuristik nach LAKATOS den festen Kern der Arbeit dar. Als Orientierungshilfe dient das St. Galler Management Modell[38]; es definiert die wichtigsten Begrifflichkeiten des Ansatzes und stellt sie in einen Gesamtzusammenhang.

In der anwendungsorientierten Forschung wird Fortschritt generiert, indem kontraintuitive Erkenntnisse gewonnen werden. Dies wird durch die Analyse unbeabsichtigter Wirkungen planvoller Handlungen sowie durch das Aufzeigen von Perspektiven, die Gemeinsamkeiten von zuvor als kategorisch verschiedenartig angesehenen Phänomenen erkennen lassen, erreicht.[39] KUBICEK schlägt vor, dass sich der wissenschaftliche Zuwachs in den Handlungswissenschaften weniger am Zuwachs der Erkenntnissicherung orientiert, sondern vielmehr am Zuwachs des Verständnisses durch die Entwicklung von Modellen für eine erst noch zu schaffende Realität und unter Umständen einer damit besseren

[30] vgl. Ulrich et al. (1976), Grundlagen der Betriebswirtschaftslehre, S. 305
[31] vgl. Schanz (1987), Wissenschaftstheoretische Grundfragen der Führungsforschung, S. 2039
[32] vgl. Ulrich et al. (1976), Grundlagen der Betriebswirtschaftslehre, S. 305
[33] vgl. Ulrich et al. (1976), Grundlagen der Betriebswirtschaftslehre, S. 305
[34] vgl. Ulrich (1971), Der systemorientierte Ansatz in der Betriebswirtschaftslehre, S. 47
[35] vgl. Ulrich (1968), Die Unternehmung als produktives soziales System
[36] Betriebswirtschaftslehre wird häufig auch als „systemorientierte Managementlehre" bezeichnet. Vgl. Ulrich (1984), Die Betriebswirtschaftslehre als anwendungsorientierte Sozialwissenschaft, S. 168
[37] vgl. Ulrich et al. (1976), Grundlagen der Betriebswirtschaftslehre, S. 308
[38] vgl. Rüegg-Stürm (2005), Das neue St. Galler Management-Modell
[39] vgl. Kubicek (1977), Heuristische Bezugsrahmen, S. 7

Beherrschbarkeit der Realität.[40] Die aus diesen Überlegungen entstehende Forschungsmethodologie wird als explorative Forschung bezeichnet.[41] Hier tritt anstelle der Überprüfung theoriegeleiteter Hypothesen an der Realität die Konstruktion und Entwicklung wissenschaftlicher Aussagesysteme zur Schaffung neuer Realitäten.[42] Somit wird die zu wählende Forschungsmethodologie durch die Einordnung in die Wissenschaftssystematik und den Forschungsansatz bestimmt. Gemäß des gewählten systemtheoretischen Forschungsansatzes sowie der getroffenen Einordnung dieser Dissertation in die anwendungsorientierte Forschung orientiert sich der Forschungsprozess daher an der Methodologie der explorativen Forschung – Grundlage hierfür ist der explorative Forschungszyklus nach TOMCZAK (Bild 1-6).[43]

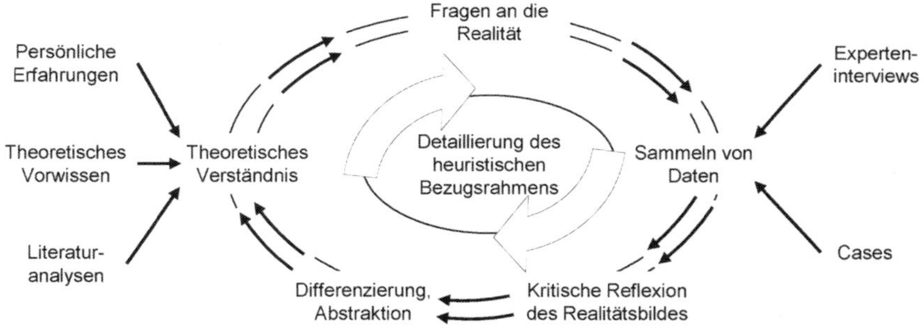

Bild 1-6: Forschungsprozess[44]

Mittelpunkt des verfolgten Forschungsprozesses bildet ein heuristischer Bezugsrahmen bzw. ein provisorisches Erklärungsmodell, welches das Vorverständnis des Autors abbildet.[45] Der heuristische Bezugsrahmen steuert den Forschungsprozess und liefert Orientierungshilfen für die Lösung praktischer Probleme.[46] Ausgangspunkt bei der Entwicklung eines heuristischen Bezugsrahmens ist ein generelles Phänomen, welches nicht genügend verstanden bzw. unzureichend beherrscht wird und als theoretisches Problem bezeichnet wird.[47] Dieses Problem wurde für die vorliegende Arbeit in der Einleitung kurz erläutert. Das spezifische Problem entsteht durch die Identifizierung[48]

---

[40] vgl. Kubicek (1977), Heuristische Bezugsrahmen, S. 7

[41] vgl. Kubicek (1977), Heuristische Bezugsrahmen, S. 13; Ulrich (1984), Die Betriebswirtschaftslehre als anwendungsorientierte Sozialwissenschaft, S. 192; Tomczak (1992), Forschungsmethoden in der Marketingwissenschaft, S. 83

[42] vgl. Kromrey (1991), Empirische Sozialforschung, S. 20

[43] vgl. Tomczak (1992), Forschungsmethoden in der Marketingwissenschaft, S. 83 f.

[44] i.A.a. Zohm (2004), Management von Diskontinuitäten, S. 9; Kubicek (1977), Heuristische Bezugsrahmen, S. 14; Tomczak (1992), Forschungsmethoden in der Marketingwissenschaft, S. 84

[45] vgl. Rößl (1990), Die Entwicklung eines Bezugsrahmens, S. 101

[46] vgl. Tomczak (1992), Forschungsmethoden in der Marketingwissenschaft, S. 84; Kubicek (1977), Heuristische Bezugsrahmen, S. 16

[47] vgl. Tomczak (1992), Forschungsmethoden in der Marketingwissenschaft, S. 84; Kubicek (1977), Heuristische Bezugsrahmen, S. 16

[48] vgl. Kubicek (1977), Heuristische Bezugsrahmen, S. 18 f.; Tomczak (1992), Forschungsmethoden in der Marketingwissenschaft, S. 84

- der relevanten Größen: Welche theoretischen Analyseeinheiten und welche Dimensionen dieser Einheiten sind geeignet, das betrachtete Problem erkenntnisfördernd darzustellen und zu lösen?
- der relevanten Beziehungen: Welche der betrachteten Größen hängen zusammen?
- der relevanten Mechanismen: Warum hängen diese Größen zusammen?

Ein erstes Konzept des heuristischen Bezugsrahmens basiert auf den Ausführungen zum in der Einleitung dargelegten Problem der Dissertation. Der stets durch die Iteration modifizierte, weiterentwickelte und präzisierte Bezugsrahmen kann somit als Quelle heuristischen Potenzials für den wissenschaftlichen Fortschritt betitelt werden. Mit der Veröffentlichung der Arbeit wird er schließlich pragmatisch eingefroren.[49] Mit dem Bezugsrahmen ist zunächst nur auf Basis des Problemverständnisses die Frage nach den relevanten Analyseeinheiten zu beantworten (Bild 1-7).[50] Bestandteile sind demnach die Objekte Auftragsabwicklung des Maschinen- und Anlagenbaus im Kontext heterarchischer Wertschöpfungsnetzwerke sowie vorherrschende Marktgesetze und -mechanismen.

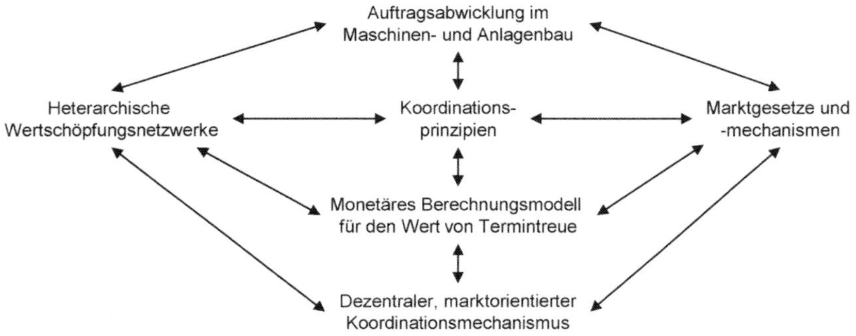

Bild 1-7: Heuristischer Bezugsrahmen

Die Untersuchungen bilden die Grundlage für die Erarbeitung des monetären Berechnungsmodells sowie eines darauf basierenden Koordinationsmechanismus. Eine Präzisierung der Größen, Beziehungen und Mechanismen muss im weiteren Verlauf der Dissertation erfolgen. Erreicht wird dies, indem im Sinne des iterativen Lernprozesses durch ständige Interaktion zwischen Fragen an die Realität, der Sammlung von Daten und der kritischen Reflexion des so gewonnenen Realitätsbildes Erfahrungswissen aufgebaut wird. Dies wiederum ermöglicht eine Modifikation des Bezugsrahmens und führt somit zur Formulierung weiterer Fragen.[51]

Eine wichtige Rolle kommt hier dem Wissen des Forschers zu. KUBICEK fordert, dass der Forscher „*[...] seinen Objektbereich durch gezielte Erfahrungsgewinnung selbst kennenlernen [muss].*“[52] Dieser Forderung entspricht die vorliegende Dissertation durch einen ständigen Dialog und Erfahrungsgewinn in und mit der industriellen Praxis. Die Auseinandersetzung mit dem Themenfeld war ein

---

49 vgl. Kubicek (1977), Heuristische Bezugsrahmen, S. 28
50 vgl. Zohm (2004), Management von Diskontinuitäten, S. 10
51 vgl. Kubicek (1977), Heuristische Bezugsrahmen, S. 28
52 Kubicek (1977), Heuristische Bezugsrahmen, S. 11

Schwerpunkt der Arbeit des Autors als wissenschaftlicher Mitarbeiter am Werkzeugmaschinenlabor WZL der RWTH Aachen.

Ausgangspunkt seines wissenschaftlichen Erkenntnisprozesses war ein Industrieprojekt bei einem Hersteller von Windkraftgetrieben und Bergbaumaschinen. Die Auftrags- und Produktvielfalt und die daraus resultierende Komplexität im Auftragsabwicklungsprozess schufen ein erstes Bewusstsein für die Herausforderung in der kundenindividuellen Produktion. Das Wissen und die Erfahrungen des Autors wurden in weiteren Industrieprojekten in der Branche des Maschinen- und Anlagenbaus, so etwa bei einem Hersteller von Baumaschinen sowie einem Produzenten von kundenindividualisierten Service-Lokomotiven und Kokereianlagen, weiter ausgebaut und geschärft. Im Besonderen die zu handhabbare Teilevielfalt im Kontext eines komplexen Leistungserstellungsprozesses und die damit verbundene große Herausforderung einer termintreuen Auftragsabwicklung verschaffte dem Autor die notwendige Sensibilität für die in der vorliegenden Dissertation bearbeitete Problemstellung.

Neben den geschilderten Erfahrungen aus der Praxis hat sich der Autor durch die Koordination des EU-FP7-Forschungsprojektes *„inTime“*[53] und des DFG-NV-Forschungsprojektes *„Komplexitätsoptimale Wertschöpfungsverteilung“*[54] ein umfassendes theoretisches Verständnis im Umgang mit Komplexität in der unternehmensübergreifenden und kooperativen Leistungserstellung sowie der Gestaltung von Beschaffungsprozessen aneignen können.

Schließlich konnte der Autor durch Mitarbeit bei den Studien „Effizient, schnell und erfolgreich – Strategien im Maschinen- und Anlagenbau“[55] und *„Beschaffungslogistik im Maschinen- und Anlagenbau – Stand – Potenziale – Trends“*[56] sowie Leitung der Studien *„Delivery Reliability in Machinery Industry – A European Study“*[57] und *„Zukunftsperspektive des deutschen Maschinenbaus“*[58] die besten Unternehmen des Maschinen- und Anlagenbaus detailliert analysieren sowie zahlreiche Gespräche im Kontext der vorliegenden Dissertation führen, wodurch weitere Erkenntnisse gewonnen wurden.

Die thematische Zuordnung als Mitarbeiter der Gruppe Globale Produktion und später als Leiter der Gruppe Prozessmanagement am Werkzeugmaschinenlabor WZL der RWTH Aachen ermöglichte es dem Autor, Fragestellungen der überbetrieblichen Auftragsabwicklung und Prozessgestaltung in Theorie und Praxis zu berücksichtigen.

Die positiven Rückmeldungen aus den genannten Projekten und Gesprächen war Motivation zur Vertiefung der Fragestellung. Gemäß dem Ansatz der Aktionsforschung[59] wurden die im Forschungsprozess erarbeiteten Ergebnisse direkt in der Praxis umgesetzt. Der Forscher diente als strukturierendes Element und Moderator und trug schon während der Projektarbeit zur Veränderung der Praxis bei. Die weitere Vorgehensweise um den heuristischen Bezugsrahmen herum stellt sich als Ableitung einer

---

[53] Forschungsprojekt *„In time delivery in non-hierarchical manufacturing networks for the machinery and equipment industry“* im von der EU geförderten siebten Rahmenprogramm (FP7) mit dem Kurzzeichen 229132-2

[54] Forschungsprojekt *„Systemische, aufgabenbasierte Gestaltung von multinationalen Verbundproduktionssystemen in einem dynamischen Produktionsumfeld“* im von der Deutschen Forschungsgemeinschaft (DFG) geförderten Normalverfahren (NV) mit dem Kurzzeichen SCHU 1495/33-1

[55] vgl. Schuh (2007), Effizient, schnell und erfolgreich

[56] vgl. Schuh et al. (2009), Beschaffungslogistik im Maschinen- und Anlagenbau

[57] vgl. Schuh et al. (2012), Delivery reliability in machinery industry – A European study

[58] vgl. Schuh et al. (2012), Zukunftsperspektive des deutschen Maschinenbaus

[59] vgl. Mayring (2003), Qualitative Inhaltsanalyse, S. 50

Ausgangssituation aus Erfahrungen, Analysen und akuten Problemstellungen dar, die nach Ausgestaltung einer Lösungshypothese kritisch reflektiert und somit einer iterativen Weiterentwicklung zugänglich gemacht wird.

1.4 Forschungsfrage

Der der vorliegenden Arbeit zugrunde liegende Forschungsprozess orientiert sich unter Einbeziehung eines pragmatischen Wissenschaftsziels am explorativen Forschungsansatz nach KUBICEK.[60] In diesem Prozess bewirkt die Formulierung grundlegender Forschungsfragen, basierend auf dem theoretischen Problem der Praxis, eine Eingrenzung des Betrachtungsfeldes und richtet die weiteren Untersuchungen aus.[61] Zur Formulierung der Forschungsfrage wird die Arbeit vorab wie folgt abgegrenzt[62]:

- Untersuchungsobjekt ist die unternehmensübergreifende Auftragsabwicklung von Unternehmen des Maschinen- und Anlagenbaus mit Einzel- und Kleinseriencharakter.
- Untersuchungsgegenstand ist die monetäre Quantifizierung des Wertes von Termintreue und Ableitung eines dezentralen, marktorientierten Koordinationsmechanismus.
- Untersuchungsmotivation ist die für den Maschinen- und Anlagenbau charakteristische schlechte Termintreue als scheinbares branchenimmanentes Phänomen sowie mangelnde Ansätze zur monetären Quantifizierung von Belieferungsverspätungen.
- Wichtigste Einflussfaktoren der Untersuchung sind die bis dato in den Beschaffungsabteilungen des Maschinen- und Anlagenbaus vorherrschenden Verhaltensmuster der Einkäufer (Einkaufspreisminimierung) sowie die Möglichkeit der Überzeugung zu kontraintuitiver Handlung (Zahlen eines Mehrpreises als Incentivierungsmechanismus).
- Untersuchungsziel ist schließlich der Aufbau eines Kostenmodells zur monetären Quantifizierung von Belieferungsverspätungen sowie die Erkenntnis, ob durch den kontraintuitiven Einsatz finanzieller Anreize beim Bestellvorgang die Belieferungstreue von Zulieferern und somit die eigene Auslieferungstreue verbessert werden kann.

Entsprechend dieser Abgrenzung sowie der formulierten Problemstellung und Zielsetzung wird folgende handlungsleitende Forschungsfrage formuliert:

Wie lässt sich der Wert von Termintreue monetär quantifizieren?

Unter Nutzung des heuristischen Bezugsrahmens lassen sich in Verbindung mit dieser Fragestellung weitere Themenfelder ableiten, deren Ergebnisse zum Erreichen des Forschungsziels beitragen. Folgende abgeleitete Teilfragen sind demnach zu beantworten und strukturieren gleichzeitig das Forschungsvorhaben:

- Welche Effekte und kompensatorischen Maßnahmen entstehen bei Belieferungsverzug eines Zulieferers?
- Wie können diese Effekte und Maßnahmen kostenmäßig beschrieben werden?

---

60 vgl. Kubicek (1977), Heuristische Bezugsrahmen, S. 18 f.

61 vgl. Rumelt et al. (1994), Fundamental issues in strategy, S. 39

62 i.A.a. Klotzbach (2007), Gestaltungsmodell für den industriellen Werkzeugbau, S. 13

- Welcher funktionale Zusammenhang besteht zwischen Belieferungsverspätungen und auftretenden, ungeplanten Zusatzkosten?
- Wie kann die Kenntnis über die Höhe des Wertes von Termintreue genutzt werden, die Belieferungstreue von Zulieferern zu verbessern?

1.5 Aufbau der Arbeit

Der Aufbau der Arbeit orientiert sich an der Strategie angewandter Forschung nach ULRICH, die ähnlich dem explorativen Ansatz nach KUBICEK den Praxisbezug in den Vordergrund stellt.[63] Demnach endet der Forschungsprozess in der Überprüfung der entwickelten Lösung in der Praxis.[64] Bild 1-8 zeigt die Kapitelübersicht der vorliegenden Dissertation.

Das erste Kapitel führt in die Problemstellung ein, zeigt die Zielsetzung der Arbeit und beschreibt die Forschungskonzeption. Die Forschungsfrage und der Aufbau der Arbeit erläutern das Vorgehen der Dissertation.

Im zweiten Kapitel wird Termintreue als strategische Erfolgsposition motiviert. Ferner wird dargestellt, mit welchen Herausforderungen Unternehmen des Maschinen- und Anlagenbaus auf Ebene der überbetrieblichen Auftragsabwicklung konfrontiert werden und warum eine termintreue Leistungserstellung eine große Herausforderung darstellt. Die Schwerpunkte werden auf der spezifischen Charakteristik der Branche des Maschinen- und Anlagenbaus sowie der Herausforderung der überbetrieblichen Auftragsabwicklung in heterarchischen Wertschöpfungsnetzwerken liegen. Es wird der praxisseitige Handlungsbedarf abgeleitet.

Im dritten Kapitel werden produktions- und kostentheoretische Modellierungsansätze vorgestellt und diskutiert. Ziel ist es, bisherige Vorarbeiten der Kostenmodellierung aus unterschiedlichen Perspektiven zu beleuchten und vorhandene Defizite herauszuarbeiten. Ferner werden existente Koordinationsmechanismen in Netzwerken vorgestellt und diskutiert. Das Kapitel schließt mit einer Bewertung bestehender Kostenmodelle und Koordinationsmechanismen; es wird der forschungsseitige Handlungsbedarf aufgezeigt.

Das vierte Kapitel dient der induktiven sowie deduktiven Herleitung eines Konzeptes zur Steigerung von Termintreue in heterarchischen Wertschöpfungsnetzwerken. Kernelement des Konzeptes ist die Kenntnis des Wertes von Termintreue. Es wird ein Vorgehen abgeleitet, welches als Ergebnis ein Berechnungsmodell liefern soll, das alle relevanten, von Belieferungsverspätungen hervorgerufenen (ungeplanten) Zusatzkosten monetär quantifiziert.

Das fünfte Kapitel dient der Detaillierung und Ausgestaltung des Kostenmodells. Dabei wird ein typisierter Auftragsabwicklungsprozess für den Maschinen- und Anlagenbau zugrunde gelegt und es werden Wirkzusammenhänge zwischen Belieferungsverspätung und Kosteneffekten in den einzelnen Teilprozessen des Auftragsabwicklungsprozesses dargestellt. Ferner wird der funktionale Zusammenhang zwischen der zeitlichen Belieferungsverspätung sowie den zusätzlich anfallenden Kosten

---

[63] vgl. Ulrich (1984), Die Betriebswirtschaftslehre als anwendungsorientierte Sozialwissenschaft, S. 193; Kubicek (1977), Heuristische Bezugsrahmen, S. 13

[64] vgl. Ulrich (1984), Die Betriebswirtschaftslehre als anwendungsorientierte Sozialwissenschaft, S. 192

hergeleitet. Das Kapitel endet mit der Aggregation der Zusatzkosten einzelner Teilprozesse zum Gesamtkostenmodell.

Das sechste Kapitel dient der Implementierung des auf dem Kostenmodell basierenden Koordinationsmechanismus. Es wird dargestellt, wie durch monetäre Lieferantenincentivierung ein dezentraler, marktorientierter Koordinationsmechanismus entsteht (Regelkreis der Lieferantenincentivierung) und wie dieser technisch realisiert wird.

Das siebte Kapitel dient der kritischen Reflexion durch die Anwendung des Kostenmodells sowie der Lieferantenincentivierung bei drei Unternehmen des Maschinen- und Anlagenbaus. Damit findet die Überprüfung im Anwendungszusammenhang statt.

Die wichtigsten Ergebnisse der Dissertation sowie weiterer Forschungsbedarf werden schließlich im achten Kapitel zusammengefasst.

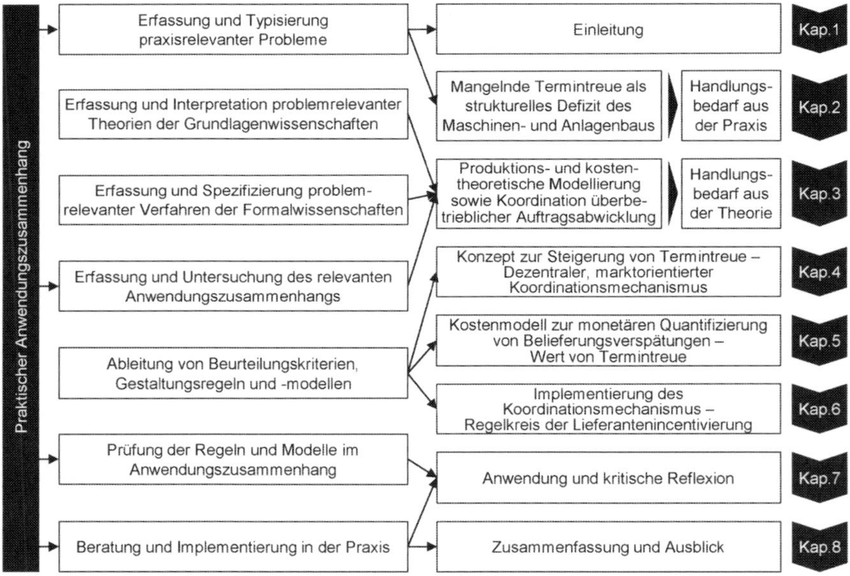

Bild 1-8: Aufbau der Arbeit[65]

[65] i.A.a. Ulrich et al. (1984), Management, S. 193

2 Mangelnde Termintreue als branchenimmanentes Strukturdefizit des Maschinen- und Anlagenbaus

„HINDERNISSE UND SCHWIERIGKEITEN SIND STUFEN,
AUF DENEN WIR IN DIE HÖHE STEIGEN.“

-Friedrich Nietzsche-

Objektbereich der vorliegenden Arbeit ist die Auftragsabwicklung im Maschinen- und Anlagenbau. Ziel des Kapitels ist die Vorstellung der sich als äußerst komplex und vielschichtig darstellenden Branche mit starker Heterogenität bezüglich der Art und Vielfalt des Leistungsangebotes sowie der zugrunde liegenden Prozessstruktur sowie die damit verbundenen Herausforderungen in der unternehmensübergreifenden Auftragsabwicklung (Bild 2-1). Zunächst wird in Kapitel 2.1 Termintreue als logistische Zielgröße im produzierenden Gewerbe motiviert. Zur Erzeugung eines tieferen Verständnisses für die Maschinen- und Anlagenbaubranche wird in Kapitel 2.2 das Branchenprofil näher dargelegt, um dann in Kapitel 2.3 die Herausforderungen einer termintreuen überbetrieblichen Auftragsabwicklung darzustellen. Mit der Ableitung des praxisseitigen Handlungsbedarfs für die Gestaltung unternehmensübergreifender Leistungserstellung erfolgt in Kapitel 2.4 die Zusammenfassung.

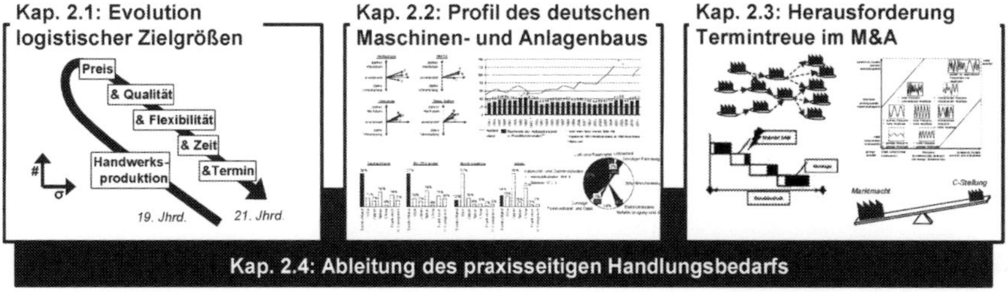

Bild 2-1: Struktur des Kapitels

2.1 Evolution der Produktionssystematik im Kontext von Zielgrößen

Die Entwicklung der Produktion von der Manufaktur bis hin zur heutigen industriellen Produktion ist mit einer Vielzahl von technischen sowie produktionssystematischen Innovationen verbunden, welche signifikante strukturelle Änderungen in der Herstellung industrieller Güter mit sich brachten.[1] Im gleichen Kontext änderten sich teils durch die technologischen Errungenschaften und teils durch veränderte Marktbedürfnisse die logistischen Zielgrößen. Die Leistungserstellung entwickelte sich im Rahmen dieses Evolutionsprozesses aus einem Bereich hoher Produktvarianz und niedrigen

[1] vgl. Wentz (2008), Die Innovationsmaschine, S. 13 ff.

Wiederholhäufigkeiten[2] kommend über eine minimale Produktvarianz mit sehr hohen Wiederholhäufigkeiten erneut in den ursprünglichen Bereich hoher Produktvarianz (Bild 2-2).[3]

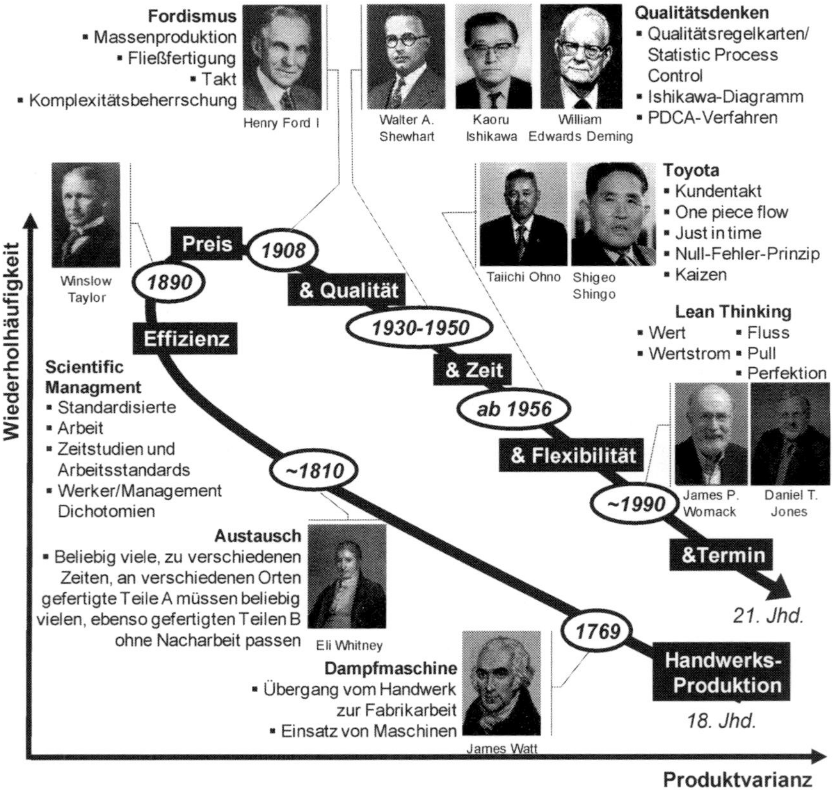

Bild 2-2: Evolutionspfad der Produktion im Kontext produktionstechnischer Zielgrößen[4]

Im Rahmen dieses Kapitels wird die Entwicklung der Produktionssystematik von der Manufaktur über die Industrialisierung bis hin zu modernen Produktionssystemen dargestellt. Gegenstand der Betrachtung dabei sind insbesondere einhergehende strukturelle Veränderungen und die damit verbundene evolutionäre Entwicklung der logistischen Zielgrößen.

---

2 Als Wiederholhäufigkeit wird die Anzahl Fertigungs- oder Montagelose einer Sachnummer pro Jahr verstanden. Vgl. Eversheim (1989), Fertigung und Montage, S. 11

3 vgl. Womack et al. (1991), The machine that changed the world, S. 25

4 i.A.a. Womack et al. (1991), Die zweite Revolution in der Autoindustrie; Yu (2001), Terminkennlinie, S. 1; Kagermann (2012) Industrie 4.0, S. 17

2.1.1 Manufaktur – Zielgrößenneutrale Erzeugung von Gütern

Die vorindustrielle Herstellung von Erzeugnissen wird als Manufaktur[5] bzw. Handwerksproduktion bezeichnet.[6] Sowohl einfache als auch komplexere Produkte wurden in unabhängigen, dezentral organisierten Werkstätten gefertigt.[7] Die Arbeitskräfte in den Werkstätten waren größtenteils hochqualifizierte Handwerker, die in vielen Fällen ihre eigenen Werkstätten betrieben und als unabhängige Auftragnehmer agierten.[8] Das Knowhow der Arbeitskräfte basierte in der Regel auf impliziertem Wissen und war nicht in Form von Verfahrensanweisungen, Büchern, Normen oder sonstigen Dokumentationen expliziert.[9] Demnach war die Vorgehensweise zur Herstellung eines Erzeugnisses nicht vorgeschrieben, sodass es nicht möglich war, eine einheitliche Produktausprägung, -qualität und -güte zu garantieren. Bei jedem Bauteil handelte es sich prinzipiell um ein Unikat, jedes Produkt war ein Prototyp. Design und Konstruktion erfolgten dabei eigenständig in den Werkstätten. Durch die fehlenden Standards jedoch waren häufige Nachbesserungen bis zur vollständigen Funktionsfähigkeit des Erzeugnisses notwendig.

Im Rahmen der Manufaktur war es dafür durchaus möglich, sehr individuell auf Sonderwünsche des Kunden einzugehen. Aufgrund der stark heterogenen Nachfrage an Erzeugnissen und individuellen Arbeitsweise existierte dadurch allerdings keine Grundlage für stückkostenmindernde Effekte. Ferner waren die kleinen Werkstätten nicht in der Lage, entscheidende, innovative Technologien zu entwickeln. Statt durch systematische Forschung fanden inkrementelle Neuerungen durch „schrittweises Ausprobieren" statt.[10]

2.1.2 Dampfmaschine – Energieversorgung für das produzierende Gewerbe

Die Phase der Industrialisierung brachte wesentliche soziale, politische, kulturelle und technologische Veränderungen mit sich.[11] Neben den gesellschaftlichen Veränderungen[12] wurde die industrielle Revolution konkret durch die Erfindung verschiedener Maschinen, allen voran der durch JAMES WATT verbesserten, doppelt wirkenden Dampfmaschine[13] um 1776, ermöglicht.[14] Es fand der Übergang von manueller zu maschineller Arbeit statt. Die eingeführte Dampfmaschine diente als eine zentrale

---

[5] von lat. manus – Hand, lat. facere – erbauen, tun, machen, herstellen

[6] vgl. Ullrich (1979), Technik und Herrschaft, S. 53 ff.

[7] vgl. Frese (1992), Organisationstheorie, S. 7 ff.

[8] vgl. Pfeiffer et al. (1994), Lean-Management, S. 29

[9] vgl. Gilbreth (1917), Das ABC der wissenschaftlichen Betriebsführung, S. 3

[10] vgl. Womack et al. (1991), Die zweite Revolution in der Autoindustrie, S. 25 ff.

[11] vgl. Pierenkemper (1994), Gewerbe und Industrie im 19. und 20. Jahrhundert, S. 3

[12] Bauernbefreiung, erhöhte Nachfrage durch Bevölkerungswachstum, Mobilitätsbereitschaft durch verbreitete Armut, Finanzierung durch aufkommenden Kapitalismus

[13] Als Student der Universität von Glasgow erfand JAMES WATT (1736-1819) eine Dampfmaschine mit zwei Zylindern und löste so das bestehende System mit einem Zylinder ab. WATT schloss den ersten Zylinder, der stets erhitzt sein muss, mechanisch ab, sodass der heiße Dampf nach der Dynamisierung des ersten Kolbens in den zweiten Zylinder entweichen konnte. Durch diesen Vorgang bildete sich regelrecht ein Sog im ersten Zylinder und folglich bewegte sich der erste Kolben aus der bestehenden Stellung zurück in die Ursprungsposition. Durch genügend Zufuhr an heißem Dampf konnte somit eine lineare Auf- und Abbewegung erzeugt werden. Vgl. Biedenkapp (1911), James Watt und die Erfindung der Dampfmaschine, S. 32; Hahn (2005), Die industrielle Revolution in Deutschland, S. 3

[14] vgl. Warnecke et al. (1992), Die fraktale Fabrik, S. 12

Energiequelle im Rahmen der von England ausgehenden industriellen Revolution[15], die zu einer räumlichen Konzentrierung der Arbeit im Rahmen einer Fabrik führte. Eine analoge Entwicklung war durch die von RUDOLF DIESEL im Jahr 1892 entwickelte Verbrennungskraftmaschine begründet, die eine dezentrale Verfügbarkeit von mechanischer Energie bereitstellte.[16] Beide technologischen Errungenschaften hatten weitreichende Konsequenzen auf makro- und mikroökonomischer Ebene. Auf der makroökonomischen Ebene standen hauptsächlich die Kapitalakkumulation bzw. das Kapitalwachstum sowie das damit verbundene Wachstum des Sozialproduktes im Vordergrund.[17] Diese waren Grundlage, um den anfangs noch geringen Anteil von Maschinen gegenüber menschlicher Arbeitskraft zu erhöhen, da es die Möglichkeit zur Investition in weitere Maschinen bot.[18] Ferner wird die makroökonomische Sichtweise auf die Industrialisierung durch die Betrachtung der strukturellen Änderung der Wirtschaft in Form eines Wachstums des industriellen (sekundären) Sektors gegenüber dem primären Sektor ergänzt.[19] In Summe sorgten diese Energiequellen vornehmlich dafür, dass speziell die Textilindustrie durch eine erhebliche Produktivitätssteigerung florierte und zur Schlüsselindustrie der industriellen Revolution wurde.[20]

2.1.3 Standardisierung – Befähigung zur industriellen Produktion

Der eigentliche Entwicklungsschritt in der Evolution der Produktionssystematik zur Befähigung einer industriellen Produktion nach heutigem Verständnis wurde durch den US-amerikanischen Musketenhersteller und Inventor einer Entkörnungsmaschine für Baumwolle ELI WHITNEY (1765-1825) eingeleitet. So war WHITNEY ein großer Befürworter des Prinzips des Austauschbaus bzw. der Austauschbarkeit, welches zum Ziel hatte, dass „*[...] beliebig viele, zu verschiedenen Zeiten, an verschiedenen Orten gefertigte Teile A zu ebenso beliebig vielen, gefertigten Teilen B ohne Nacharbeit passen müssen [...]*".[21]

Um diese Kompatibilität zu realisieren, listete WHITNEY vier Grundvoraussetzungen auf:[22]

- präzise Werkzeugmaschinen,
- genaue Messinstrumente,
- allgemein akzeptierte Messstandards, Toleranzen und Passungen und

---

15 Die Industrialisierung schritt regional betrachtet unterschiedlich voran. Während sie in England bereits um 1770 einsetzte und in Frankreich ebenfalls am Ende des 18. Jahrhunderts begann, wurden erste Entwicklungen in Deutschland erst um 1840, im russischen Reich und Japan erst nach 1880 verzeichnet. Sie war somit eine sich langsam ausdehnende und stark von regionaler Entwicklung geprägte Phase, in der auch eine Koexistenz von industriellen und landwirtschaftlichen Regionen vorlag. Diese räumliche Ausweitung sowie Differenzierung der Struktur der Industrie mit all ihren Facetten stehen im Vordergrund der wirtschaftsgeographischen Analyse der Industrialisierung. Vgl. Voppel (1990), Die Industrialisierung der Erde, S. 43; Black et al. (2000), Atlas der Weltgeschichte, S. 204 f.

16 vgl. Warnecke et al. (1992), Die fraktale Fabrik, S. 15

17 vgl. Laer (1977), Industrialisierung und Qualität der Arbeit, S. 1

18 vgl. Rübberdt (1972), Geschichte der Industrialisierung, S. 188

19 vgl. Banken (2000), Die Industrialisierung der Saarregion, S. 41

20 vgl. Brödner (1986), Fabrik 2000, S. 23 f.

21 Auch wenn in der Literatur nicht eindeutig die Herkunft des Konzeptes der normalisierten Produkte nachvollzogen werden kann, wird WHITNEY zumindest als Unterstützer und Begründer herangezogen. Vgl. Woodbury (1960), The legend of Eli Whitney and interchangeable parts

22 vgl. Woodbury (1960), The legend of Eli Whitney and interchangeable parts, S. 247

- festgelegte Normen für technische Zeichnungen.

So gelang es WHITNEY, verkettete Maschinen in der Fertigung einzusetzen und so standardisierte Produkte im Prinzip der Arbeitsteilung zu fertigen. Das Potenzial dieser Errungenschaft wurde in vielen anderen Branchen erkannt, sodass es zunächst auch Anwendung in der Uhren- und Nähmaschinenherstellung und später in vielen weiteren Industriezweigen fand. Für die europäische Industrie war dieser Ansatz eine fundamental neue Herangehensweise in der Herstellung von Erzeugnissen; sie wurde mit dem Begriff „Amerikanisches System" benannt.[23] Zahlreiche Verbände sowie Normungsinstitute wurden gegründet. Im Jahre 1894 verabschiedete der Verband der ELEKTROTECHNIK ELEKTRONIK INFORMATIONSTECHNIK E.V. (VDE) seine erste „VDE-Vorschrift" VDE0100 zur sicheren Erstellung elektrotechnischer Anlagen. Im Jahre 1917 folgte die Gründung des NORMENAUSSCHUSSES DER DEUTSCHEN INDUSTRIE. Die bereits 1906 gegründete INTERNATIONAL ELECTROTECHNICAL COMMISSION wurde 1926 industrieübergreifend erweitert zur INTERNATIONAL FEDERATION OF THE NATIONAL STANDARDIZING ASSOCIATION. Standards, die durch diese und andere Institutionen festgelegt wurden, lieferten die Grundlage zur Serienproduktion standardisierter Komponenten und Güter. Das Prinzip der Austauschbarkeit ist heute nach wie vor der Qualitätsstandard und Basis für die Arbeitsteilung in Fertigungs- und Montageschritten, ohne die eine wirtschaftliche Herstellung von Industriegütern in hohen Stückzahlen nicht möglich wäre.[24]

2.1.4 Zielgröße Effizienz

Der Übergang vom Handwerk zur Fabrikation erforderte neue, angepasste Produktionsprinzipien für die Arbeit mit dem Ziel der Rationalisierung. Gegenstand der Betrachtung war eine Steigerung der Effizienz des Arbeits- und Kapitaleinsatzes. Als wesentliche Voraussetzung für diese Entwicklungen wird die Fähigkeit angesehen, wie soeben beschrieben, reproduzierbare Teile herstellen zu können.[25] Die Verbesserungen der Genauigkeit von Werkzeugmaschinen und Messinstrumenten und somit die Möglichkeit der Messung kleiner Toleranzen gestattete reproduzierbare Ergebnisse. Durch die Gleichheit und Genauigkeit der Teile wurde es möglich, Arbeitsschritte zu trennen sowie die Montage ohne weitere Anpassungen durchführen zu können.[26] Die prozessseitige Realisierung der durch die Preisbereitschaft der Kunden begrenzten Produktionsausgaben erfordert die Erzielung einer hohen unternehmensseitigen Effizienz.[27]

Der Ingenieur FREDERIC WINSLOW TAYLOR (1856-1915) schaffte in diesem Kontext die grundlegenden Thesen zur wissenschaftlichen Betriebsführung. TAYLOR stellte fest, dass sein Land täglich einen wirtschaftlichen Verlust verbucht, da das Verhältnis zwischen investierter Arbeit und erzieltem

---

[23] vgl. Bagley (2003), Eli Whitney - American inventor

[24] vgl. Klein et al. (2001), Einführung in die DIN-Normen, S. 31

[25] vgl. Pfeifer et al. (2005), Eine kurze Geschichte vom Messen, S. 19 ff.

[26] vgl. Ford (1930), Und trotzdem vorwärts, S. 221 ff.

[27] Effizienz von Organisationen kann von einer wirtschaftlichen (Erreichung der Systemziele) sowie einer sozio-technischen Perspektive (Ziele der Organisationsmitglieder) betrachtet werden (vgl. Staehle (1973), Organisation und Führung sozio-technischer Systeme, S. 1). Ferner kann zwischen dem Ziel- und dem Systemansatz unterschieden werden. Während im Zielansatz die Effizienz als Grad der Erreichung sowohl ökonomischer als auch individual-humanorientierter Ziele definiert wird, beschreibt der Systemansatz die Effizienz als die Art und Weise, wie eine Systemeingangsgröße eingesetzt und verbraucht wird. In der Praxis sind allerdings Zielgrößen etabliert, die sich zur Erfassung und Bewertung der wirtschaftlichen Leistungsfähigkeit eignen (vgl. Gottschalk (2006), Dedicated flexibility, S. 17).

Resultat nicht effizient sei.[28] Er ging davon aus, dass durch eine wissenschaftlich fundierte Analyse der Arbeit und durch Planung ein hohes Rationalisierungspotenzial erschlossen werden kann.[29] Die Analyse auf Basis elementarer Arbeitselemente sollte mit Anweisungen an die Mitarbeiter verbunden sein, damit diese ihren individuellen Fähigkeiten entsprechend eine möglichst effizienzoptimierte Leistung erbringen können. TAYLORS Grundsätze sind in vier grundlegenden Prinzipien verankert:[30]

- Trennung von Kopf- und Handarbeit: Aufgabe des Managements ist es, das Wissen der Arbeiter über die Fertigungsprozesse systematisch zu sammeln sowie die Durchführung von Bewegungs- und Zeitstudien, um daraus exakte Arbeitsanweisungen erstellen zu können. Die Betriebsführung muss alle Elemente der Arbeit verstehen, Informationen systematisieren und Erkenntnisse in Form von Regeln, Gesetzen und Formeln ableiten, damit der Arbeiter sich auf die reine wertschöpfende Arbeit konzentrieren kann.
- Identifikation und Spezialisierung der Mitarbeiter: Mitglieder der Unternehmensführung identifizieren, schulen und lehren Mitarbeiter, um ihnen anhand der vorliegenden Arbeiterfertigkeiten passende Arbeiten zuzuteilen. Da jeder Mitarbeiter individuelle Stärken und Schwächen geistiger oder körperlicher Art besitzt, ist es Aufgabe und Zielsetzung des Managements, geeignete Mitarbeiter für bestimmte Tätigkeiten auszuwählen und diese durch Schulungen auf die ausgewählte, spezifische Aufgabe vorzubereiten.
- Harmonisierung zwischen Arbeitern und Management: Das Verhältnis zwischen Management und den Mitarbeitern soll so gestaltet sein, dass beide Gruppen die gleichen Ziele verfolgen, ohne dabei in Konflikte zu verfallen. So wird sichergestellt, dass die aufgestellten Regeln verstanden und auch befolgt werden. Ferner ist es den Mitarbeitern gestattet, eigene Vorschläge einzubringen, die weitere Produktivitätssteigerungen über die zuvor definierten Regeln hinaus generieren könnten.
- Pensum und Bonus: Auf Basis der Zeit- und Bewegungsstudien ist es möglich, genaue Vorgaben für das zu leistende Tagespensum eines Mitarbeiters zu machen. Wird dieses Pensum überschritten, wird der Mitarbeiter durch einen Bonus belohnt, bei Unterschreitung allerdings kommen Strafen in Form von Lohnabzügen zum Tragen.

Für die Umsetzung dieser Prinzipien empfahl TAYLOR eine detaillierte Analyse der einzelnen Arbeitsschritte mit dem Ziel, festzustellen, ob jeder einzelne Handgriff notwendig ist sowie ob Handgriffe zusammengefasst oder kombiniert werden können. In der Kombination der optimalen Bewegungsabläufe ergab sich dann die wissenschaftliche Verrichtungsweise, die den Mitarbeitern erklärt werden muss. Ferner forderte TAYLOR die strikte Einhaltung von Einzelarbeit, da seiner Meinung nach Gruppenarbeit durch Ineffizienz geprägt ist, da jeder Einzelne durch die Gruppe weniger Einsatz zeigt.[31]

TAYLORS Grundsätze haben eine wichtige Grundlage für die moderne Produktionswissenschaft geschaffen. Konzepte wie die Analyse von Produktionsprozessen, die Einbindung der Mitarbeiter in den

[28] TAYLOR veröffentliche seine wissenschaftlichen Erkenntnisse im Jahre 1911 in dem Buch „*Principals of Scientific Management*". Darin beschreibt er, dass Management, Arbeit und Unternehmen mit einer rein wissenschaftlichen Herangehensweise optimiert werden können, wenn die vier Grundprinzipien des Scientific Management befolgt werden. Vgl. Taylor (1977), Die Grundsätze wissenschaftlicher Betriebsführung, S. 4

[29] vgl. Bullinger (2003), Neue Organisationsformen im Unternehmen, S. E-4

[30] vgl. Kieser et al. (2007), Organisation, S. 34

[31] vgl. Nitzsch (2002), Entscheidungslehre, S. 68

Verbesserungsprozess oder die Zusammenarbeit von Führung und Mitarbeiter, um für das Unternehmen das bestmögliche Ergebnis zu erzielen, spiegeln sich in heutigen Managementkonzepten wider. FISCHER setzt den Begriff der Industrialisierung mit dem *„[...] Prozess der Rationalisierung von Wirtschaft und Gesellschaft [...]“* gleich.[32] Eine Grundlage dafür bildete die als Verwissenschaftlichung bezeichnete Formalisierung und Externalisierung von Produktionswissen.[33]

2.1.5 Zielgröße Preis

Die von TAYLOR vorgeschlagenen Maßnahmen zur Arbeitsteilung und Arbeitsvereinfachung wurden 1913 von HENRY FORD (1863-1947) in Detroit aufgegriffen und fanden Anwendung in Form der Fließbandfertigung.[34] In seiner Funktion als Gründer der FORD MOTOR COMPANY und Automobilhersteller bestand seine größte Bestrebung darin, die Herstellkosten in seinen Werken zu minimieren. Sein eine Kostenoptimierung anstrebendes Produktionsprinzip ist in späterer Zeit als FORDISMUS bekannt geworden.[35]

Geringere Verkaufspreise erforderten niedrigere Produktionskosten und dazu eine Steigerung der Wirtschaftlichkeit. Um dies zu erreichen, verfolgte FORD in seinen Fabriken die zwei methodischen Prinzipien der geplanten Arbeitsteilung und der Ausrichtung der Arbeitsfolge nach dem Fließprinzip, wobei beide unmittelbar miteinander verknüpft waren.[36] Aufgrund eines niedrigen Bildungsstandards der Bevölkerung war er gewissermaßen auf die Arbeitsteilung angewiesen. Indem die auszuführenden Tätigkeiten so einfach wie möglich gestaltet wurden, konnte der eigentliche Nachteil der Niedrigqualifikation in den Vorteil einer hohen Produktivität durch Arbeitsteilung umgemünzt werden.[37] Zusätzlich erkannte FORD, dass die Effizienz noch weiter gesteigert werden konnte, wenn die Mitarbeiter nicht ihren Platz verließen und die zu montierenden Stücke dafür an ihrem Arbeitsplatz „vorbeiflossen“. Die damit verbundenen Vorteile wurden darin gesehen, dass die Mitarbeiter einen fest zugeordneten Platz zugewiesen bekamen, den sie nicht verlassen durften und der Arbeitsrhythmus nicht vom Mitarbeiter selbst, sondern von der Bandgeschwindigkeit bestimmt wurde. Der Arbeiter suchte selber nach Möglichkeiten, seine Tätigkeiten so zu verrichten, dass eine möglichst geringe Ermüdung eintrat.[38] Die Fließbandarbeit übertraf TAYLORS Arbeitsteilung dadurch, dass ein Produktionsschritt nicht lediglich geteilt wurde, sondern zusätzlich jeder Teilschritt in der gleichen Zeit bewältigt werden musste, was letztendlich einen Arbeitstakt schaffte.[39] Die Grundideen von FORDS Montageprinzipien lassen sich wie folgt zusammenfassen:[40]

- Werkzeuge und Arbeiter sollen in der Reihenfolge der bevorstehenden Verrichtung angeordnet sein, sodass ein Teil immer den möglichst geringsten Weg zurücklegt.

---

32 Fischer (1968), Wirtschafts- und sozialgeschichtliche Probleme der frühen Industrialisierung, S. 1

33 vgl. Benad-Wagenhoff (1994), Industrialisierung – Begriffe und Prozesse, S. 7

34 vgl. Warnecke et al. (1992), Die fraktale Fabrik, S. 47

35 Aus zeitlicher Perspektive hat der sog. FORDISMUS zwei unterschiedliche inhaltliche Ausprägungen. Der reine FORDISMUS drückt dabei die ursprünglichen, von FORD selbst verfolgten Prinzipien aus, während der moderne FORDISMUS die Differenzierungen und Weiterentwicklungen des Ford-Systems darstellt. Vgl. Pfeiffer et al. (1994), Lean-Management, S. 33

36 vgl. Enderle (1993), Gruppenarbeit: Schlüsselfaktor im Opel-Produktionssystem

37 vgl. Pfeiffer et al. (1994), Lean-Management, S. 35

38 vgl. Hoyer et al. (1983), Die teilautonome Gruppe, S. 10 f.

39 vgl. Bönig (1989), Fließarbeit und Bandarbeit, S. 241

40 vgl. Ford et al. (1923), Mein Leben und Werk, S. 93 ff.

- Der Arbeiter soll immer am gleichen Fleck stehen. Durch Gleitbahnen und andere Transportvorrichtungen sollen die Teile vom vorherigen zum nächsten Arbeitsschritt gelangen, wenn möglich unter Nutzung der Schwerkraft.
- Montagebahnen sollen genutzt werden, um Teile in regelmäßigen Abständen in der benötigten Stückzahl zur Verfügung zu stellen.
- Alle Verrichtungen folgen dem strengen Prinzip der Arbeitsteilung. Die Arbeitsumfänge wurden so zusammengelegt, wie es die Taktung erforderte.

Die Verkettung der einzelnen Arbeitsschritte erforderte die Standardisierung der Erzeugnisse. Dabei beschränkte sich FORD anfangs auf die Produktion nur eines Fahrzeugderivates, des T-Models.[41] Die durch die Produktstandardisierung erreichte Standardisierung der Montageprozesse und Werkzeuge ermöglichte es, Fahrzeuge in mehreren Werken zu produzieren.[42] Eingesetzt wurden spezialisierte und angepasste Maschinen, um somit Einzelteile in hoher Stückzahl zu niedrigen Kosten, jedoch unter Inkaufnahme von Inflexibilität, produzieren zu können.[43] Ferner wurde durch FORD erkannt, dass jede Standardisierung und Formalisierung nur einen Zwischenschritt zur nächst besseren Lösung darstellt.[44] Durch kontinuierliches Analysieren der einzelnen Arbeitsprozesse wurden Verbesserungen im Einsparen von Material und Arbeit angestrebt.[45] Durch diese Sichtweise stand die Vermeidung von Verschwendung im Zentrum des Fokus, wobei Einsparungen genutzt wurden, um Arbeitslöhne zu erhöhen und die eigenen Mitarbeiter so zu potenziellen Konsumenten zu machen.[46] Ferner wurde die Senkung der Durchlaufzeiten und Bestände angestrebt, da erkannt wurde, dass Umlaufbestände nicht als lebendes, sondern totes Kapital zu verstehen sind.[47]

2.1.6 Zielgröße Qualität

Bereits 1886 forderte GEORGE STANLEY RADFORD eine Anpassung der produktionstechnischen Prinzipien.[48] Er plädierte für Partnerschaften zwischen Unternehmen, Produzenten und Kunden mit dem Ziel, die Qualität der Produkte zu steigern.[49] Mit steigenden Absatzzahlen und sich diversifizierenden Produktspektren rückte die Dimension Qualität im produzierenden Gewerbe in den Vordergrund. In den 1920er Jahren wurde der Begriff des Qualitätsmanagements zum ersten Mal in Form von meist am Ende der Produktion prüfende und sortierende Tätigkeiten geprägt; Ausschussgüter sollten nicht an den Kunden ausgeliefert werden. In den 1930er Jahren ergänzten statistische Verfahren die bisherigen Vorgehensweisen, sodass Hundertprozentprüfungen durch Stichprobenprüfung und Prozessüberwachung und -regelung ersetzt wurden.

---

[41] vgl. Ford et al. (1923), Mein Leben und Werk, S. 80
[42] vgl. Ford et al. (1926), Das grosse Heute – das grössere Morgen, S. 147
[43] vgl. Clark (2002), Forms and functions of standardisation, S. 94 f.
[44] vgl. Ford et al. (1926), Das grosse Heute – das grössere Morgen, S. 64
[45] vgl. Ford et al. (1926), Das grosse Heute – das grössere Morgen, S. 78 f.
[46] vgl. Ford et al. (1923), Mein Leben und Werk, S. 89
[47] vgl. Ford et al. (1926), Das grosse Heute – das grössere Morgen, S. 140 f.
[48] vgl. Gold (2001), Was ist Qualität?, S. 3
[49] Im Jahr 1922 veröffentliche RADFORD sein Werk „*The Control of Quality in Manufacturing*“, in dem die Bedeutung des Messens und der Kontrolle der Qualität für produzierende Unternehmen beleuchtet wird. Vgl. Radford (1922), The control of quality in manufacturing

WALTER ANDREW SHEWHART (1891-1967), ein US-amerikanischen Physiker, Statistiker und Ingenieur, war Begründer der in den dreißiger Jahren entwickelten Methode der Statistischen Prozessregelung (Statistical Process Control, auch SPC genannt).[50] SPC entwickelte sich zu einem der bekanntesten Ansätze zur Steigerung des Qualitätsgrades in der Produktion.[51] Ziel dieses Verfahrens ist das frühzeitige Erkennen von systematischen Abweichungen im Fertigungsprozess und die Beseitigung der Ursachen, um mit fähigen und beherrschten Prozessen die Produktqualität zu verbessern.[52] Unter Einsatz von statistischen Methoden wie z.B. Wahrscheinlichkeiten oder Stichprobenmessungen werden qualitätsrelevante Produkt- und Prozessparameter gemessen und in Qualitätsregelkarten eingetragen. Dabei werden schon während eines Fertigungsprozesses Abweichungen analysiert und erkannt, sodass durch entsprechende regulierende Eingriffe der Prozess innerhalb von vorgegebenen Toleranzgrenzen gehalten werden kann. Die stetige Kontrolle soll zur Folge haben, dass der kostenintensive Ausschuss reduziert und die Qualität der Erzeugnisse erhöht werden kann.

Ein weiterer entscheidender Vorreiter in der Entwicklung des Qualitätsdenkens war WILLIAM EDWARDS DEMING (1900-1993), der genauso wie SHEWHART Physiker und Statistiker war. DEMING entwickelte in den vierziger Jahren des 20. Jahrhunderts eine prozessorientierte Sicht auf Unternehmen. Er forderte die Einführung von Qualitätszirkeln, auch PDCA- oder DEMING-ZIRKEL genannt, sowie die ständige Verbesserung und eine konsequente Etablierung von statistischen Methoden in allen Unternehmensbereichen.[53] Da DEMINGS Qualitätsbewegung in den USA zu dieser Zeit weitestgehend unbeachtet blieb, ging er nach Japan, wo ihm ISHIKAWA KAOROU die Möglichkeit gab, namenhafte japanische Unternehmen im Qualitätsmanagement zu beraten.[54]

Im Bereich der Prozessverbesserung und Qualitätssicherung waren es Mitte des 20. Jahrhunderts vor allem die Japaner, die zahlreiche Methoden und Hilfsmittel zur Qualitätssicherung und -vorbeugung entwickelten. Prägender Gestalter dabei war der Japaner ISHIKAWA KAORU (1915-1989), der zahlreiche Qualitätswerkzeuge entwickelte.[55] Kernmotiv von ISHIKAWA war es, systematisch die wahren Ursachen von Problemen zu erörtern, anstatt der Bekämpfung von Symptomen nachzugehen. So versteht sich das Qualitätsmanagement seit den 50er Jahren als ein Ansatz zur systematischen Fehlerverhütung, welches sich auf ein sozio-technisches Verständnis erweitert hat und zentraler Bestandteil aktueller Managementtheorien ist.[56]

---

50 vgl. Pfeifer (2002), Quality management, S. 502

51 vgl. Shewhart (1931), Economic control of quality of manufactured product

52 Ursachen für Abweichungen der Parameter wurden von SHEWHART in die zwei Einflussgrößen systematische Einflüsse (z.B. Materialfehler, Maschinenverschleiß etc.) und zufällige, nicht vorhersehbare Einflüsse (z.B. Temperaturunterschiede etc.) unterteilt.

53 vgl. Gitlow (1989), Tools and methods for the improvement of quality, S. 19 ff.

54 Seine Arbeit fand dort die entsprechende Anerkennung, sodass bis heute der DEMING-PREIS, eine Auszeichnung für besonders qualitätsbewusste japanische Unternehmen verliehen wird. Darüber hinaus prägte DEMING den „14 Punkte Plan für ein besseres Management" und die „7 tödlichen Krankheiten eines Managementsystems". Vgl. Arnheiter et al. (2005), Integration of lean management and Six Sigma, S. 6 ff.

55 Das bekannteste Hilfsmittel war das Ursache-Wirkungs-Diagramm, welches eine möglichst einfache Darstellung von Ursachen und Wirkungen erlaubte. Vgl. Hermens (1997), A new use for Ishikawa diagrams, S. 81 ff.

56 vgl. Pfeifer (2002), Quality management, S. 4

2.1.7 Zielgrößen Zeit und Flexibilität

Mit heterogener werdenden Kundenbedürfnissen und sich global erschließenden Märkten wurden die Anforderungen an die Produktionssystematik vielschichtiger. Unternehmen mussten in der Lage sein, kurzfristig und flexibel auf Kundennachfragen reagieren zu können.[57] Die Einsicht, den Kunden nicht nur das zu liefern, was diese nachfragen, sondern zu dem Zeitpunkt, an dem sie es nachfragen, fordert kurzfristige Lieferbereitschaft und geringe Reaktionsgeschwindigkeiten.[58] Ein Vorreiter in der Gestaltung schneller, flexibler und robuster Prozesse war die TOYOTA MOTOR COMPANY.

Die Ursprünge des TOYOTISMUS gehen auf KIICHIRO TOYODA, den Gründer der TOYOTA MOTOR COMPANY im Jahre 1937, und vor allem auf seinen Neffen, EIJI TOYODA, sowie den Produktionsmanager TOYOTAS, TAIICHI OHNO, zurück.[59] Speziell OHNO und TOYODA entwickelten im Laufe der Zeit die heute als TOYOTA PRODUKTIONSSYSTEM bekannte Produktionsweise. Basis dafür war das FORDSCHE PRODUKTIONSSYSTEM, wobei sie es an die damaligen japanischen Umstände anpassten und kontinuierlich verbesserten. Sie besuchten zunächst die FORD Werke in Detroit und ließen sich dort von der in Japan noch unbekannten Fließbandproduktion inspirieren. Sie stellten jedoch fest, dass aufgrund einer geringen Nachfrage, also einem kleinen Markt, sowie einem Mangel an Ressourcen (vor allem in finanzieller Hinsicht), qualifizierten Mitarbeitern sowie Betriebsmitteln im Japan der Nachkriegszeit eine Massenproduktion in diesem Sinne nicht möglich war.

So wurden die Schwerpunkte auf eine effiziente Organisation mit voller Ausschöpfung des Mitarbeiterpotenzials und einfache, leicht zu bedienende und perfekt zu beherrschende Low-Tech-Betriebsmittel gelegt. Folglich entstand aus diesen besonderen Zwängen und Gegebenheiten ein flexibles Produktionssystem mit einer verlässlichen Materialversorgung, ohne dabei große, kapitalintensive Bestände zu unterhalten.[60] Insbesondere schafften es TOYOTAS Macher, durch eine ganzheitliche Wertorientierung und durch Vermeidung jeglicher in der Unternehmung auftretender Verschwendungsformen die Durchlaufzeiten zu minimieren.[61]

2.1.8 Zielgröße Termintreue

Termintreue, also die planmäßige Erfüllung einer Auftragsabwicklung zum bestätigten Kundenliefertermin, wird im heutigen Geschäftsumfeld als entscheidender Wettbewerbsfaktor gesehen; dabei gilt die Prämisse „Pünktlichkeit vor Schnelligkeit".[62] Gerade heute, im Ausklang der globalen

---

57 vgl. Wiendahl (1997), Betriebsorganisation für Ingenieure, S. 2

58 vgl. Stalk et. al. (1990), Zeitwettbewerb, S. 15

59 vgl. Ohno (1993), Das Toyota-Produktionssystem

60 Laut OHNO steht die Produktionsweise nach TOYOTA im direkten Gegensatz zur amerikanischen Massenproduktion (vgl. Shingo et al. (1992), Das Erfolgsgeheimnis der Toyota-Produktion, S. 53). KRAFCIK entgegnet, dass Teile der Prinzipien FORDS grundsätzlich immer noch gültig sind und die Grundlage des Produktionssystems nach TOYOTA bilden (vgl. Krafcik (1988), Triumph of the Lean Production, S. 42 f.). Dabei war TOYOTA der große Innovator, der die Philosophie und Prinzipien der Handwerksproduktion gepaart mit Arbeitsstandardisierung und FORDS Fließprinzip einführte und mit Teamwork und simplem Controlling verknüpfte. Ähnlich sieht es SHINGO, der das Toyota Produktionssystem (TPS) als dynamische Weiterentwicklung unter veränderten Rahmenbedingungen ansieht. Diese Produktionsweise hat sich auf den japanischen Markt eingestellt, indem sie eine Serienproduktion in kleinen Losen mit minimalen Lagerbeständen realisiert hat (vgl. Shingo et al. (1992), Das Erfolgsgeheimnis der Toyota-Produktion, S. 65).

61 vgl. Shingo et al. (1992), Das Erfolgsgeheimnis der Toyota-Produktion, S. 53

62 vgl. Gudehus (2006), Auftrags- und Bestandsdisposition, S. 51

Wirtschaftskrise und wiedererstarkter Konjunktur mit einem steigenden Auftragseingang im Maschinen- und Anlagenbau, der wieder das Vorkrisenniveau erreicht, wird eine hohe Termintreue von zentraler Bedeutung. So gewinnen logistisch führende Unternehmen durch eine hohe Termintreue das Vertrauen ihrer Kunden und vermeiden die hohen Folgekosten verspäteter Lieferungen. Eine positive Reputation bedingt durch eine nachweislich hohe Termintreue entscheidet über Aufträge und stellt somit nicht zuletzt im Maschinen- und Anlagenbau eine strategische Erfolgsposition dar.[63]

Infolgedessen gilt die Einhaltung von internen sowie externen Terminen als wesentliche Forderung an die inner- und außerbetriebliche Logistik, da sie sowohl die Kundenzufriedenheit als auch finanzielle Kenngrößen, wie z.B. die Liquidität oder die Ertragsstärke beeinflusst.[64] Die Fähigkeit, realistische und zuverlässige Lieferterminversprechen schon nach kurzer Zeit zu geben, ist somit ein mitentscheidender Wettbewerbsfaktor, für den viele Abnehmer sogar bereit sind, höhere Preise in Kauf zu nehmen. Die Gefahr einer Störung des eigenen Betriebsablaufs, der wiederum zu erhöhten Kosten führen kann, muss somit minimiert werden.[65] So belegen zahlreiche Studien die positive Korrelation zwischen Termintreue und dem Unternehmenserfolg.[66] Folglich ist die Bedeutung von Termintreue im Vergleich zu anderen Zielgrößen der Produktion in den letzten Jahren deutlich gestiegen (Bild 2-3).[67]

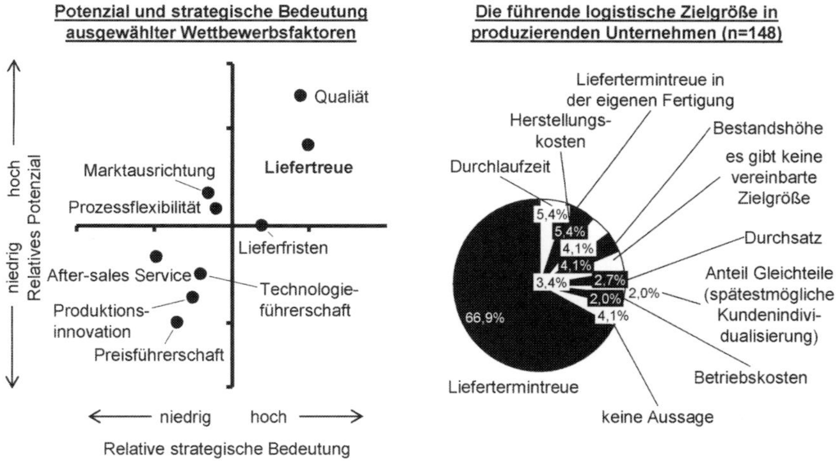

Bild 2-3: Potenzial und strategische Bedeutung ausgewählter Wettbewerbsfaktoren[68]

So sehen insbesondere Unternehmen des Maschinen- und Anlagenbaus das Verfehlen von Terminen als größtes Risiko im Projektgeschäft an (Bild 2-4).[69] Zeitlich enge Terminpläne kombiniert mit

---

[63] vgl. Lödding (2008), Verfahren der Fertigungssteuerung, S. 1
[64] vgl. Böge (2007), Handbuch Maschinenbau, S. T13 ff.
[65] vgl. Westkämper (1997), Kapazitätsgeprüfte Lieferterminbestimmung, S. 515
[66] vgl. Dehler (2001), Entwicklungsstand der Logistik
[67] vgl. Schuh (2007), Effizient, schnell und erfolgreich, S. 61
[68] vgl. Roth (1998), Vision in manufacturing; Schuh et al. (2011), Produktion am Standort Deutschland, S. 19
[69] vgl. VDMA Arbeitsgemeinschaft Großanlagenbau (2013), Großanlagenbau, S. 2

Pönalen (oder Liquidated Damages)[70] bilden in der Regel die vereinbarte Ausgangsbasis eines jeden Auftrages, sodass Zeitüberschreitungen dadurch schnell eine angemessene Projektrendite gefährden. Neben den finanziellen Auswirkungen spielt auch der Imagefaktor eine signifikante Rolle. An dieser Stelle genießen deutsche Produzenten aufgrund ihrer Qualitäts- und Termintreue einen exzellenten Ruf, den es immer wieder neu zu bestätigen gilt. Dies wird vor allem vor dem Hintergrund aufstrebender Wettbewerber aus dem asiatischen Bereich immer bedeutender, die in punkto Termintreue entscheidende Fortschritte nachweisen können.[71]

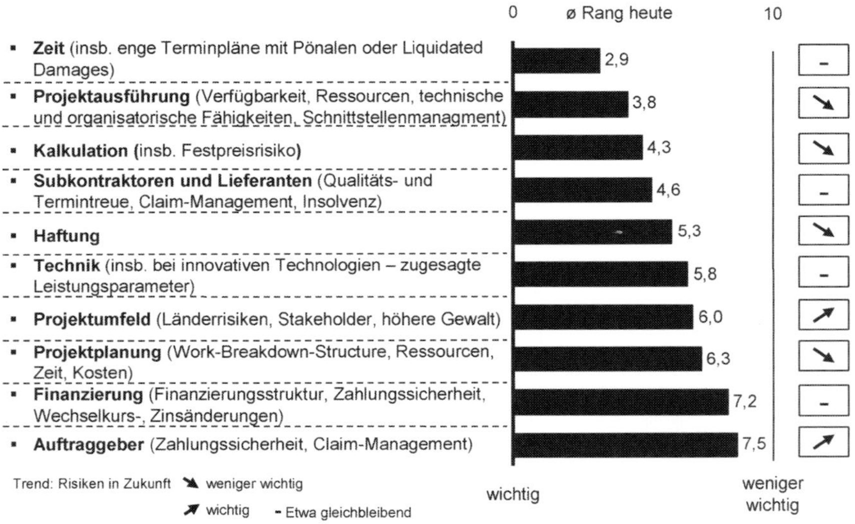

Bild 2-4: Unternehmerische Projektrisiken[72]

So kann zusammenfassend die Schlussfolgerung gezogen werden, dass der Kundennutzen zunehmend über die kundenbezogenen Leistungsmerkmale der Produktion wie Lieferfähigkeit, Lieferzeit und allen voran Termintreue bestimmt wird und für Unternehmen des Maschinen- und Anlagenbaus die Termintreue zur führenden logistischen Zielgröße wird.[73]

---

70 Als liquidated damages (englisch liquidierte Schäden) wird im anglo-amerikanischen und internationalen Recht ein pauschalierter Schadenersatz bezeichnet. Ein solcher wird in den meisten Verträgen im internationalen Anlagenbau anstelle einer Vertragsstrafe (englisch penalty) vereinbart, weil in vielen Ländern nach den Grundsätzen des Common Law Vereinbarungen von Vertragsstrafen unzulässig sind. Mit der Vereinbarung von liquidated damages ist der Kunde nicht zur Glaubhaftmachung der Schadenshöhe verpflichtet, weil bereits im Vertrag selbst eine angemessene Schadensvorausschätzung festgelegt wurde.

71 vgl. VDMA Arbeitsgemeinschaft Großanlagenbau (2013), Großanlagenbau, S. 2

72 vgl. VDMA Arbeitsgemeinschaft Großanlagenbau (2013), Großanlagenbau, S. 2

73 vgl. Schuh et al. (2011), Produktion am Standort Deutschland, S. 19

2.2 Profil des deutschen Maschinen- und Anlagenbaus

Ob als Zeichen der Stärke einer Volkswirtschaft oder ob als schwächstes Kettenglied, ganz offensichtlich sind kleine und mittelständische Unternehmen und speziell der Maschinen- und Anlagenbau als großer Vertreter dieser Branche heute ubiquitär in der deutschen Wirtschaft verwoben – ganz im Gegensatz zur Wahrnehmung im Ausland, wo die Marken und Namen der Großunternehmen das Bild der deutschen Volkswirtschaft prägen.[74] Beschäftigung und Innovation im heutigen Deutschland sind allerdings geprägt von den Leistungen, die in den mittelgroßen und kleinen Unternehmen erbracht werden. Ziel dieses Kapitels ist es, die heutige Wettbewerbssituation des deutschen Maschinen- und Anlagenbaus in den fünf Betrachtungsebenen Branche, Marktstruktur, Wettbewerb, Lieferantenstruktur und Innovation darzulegen.

2.2.1 Branche

Der Maschinen- und Anlagenbau als Lieferant von Investitionsgütern ist stark vom Investitionsverhalten seiner Kunden abhängig. Da die produzierende Industrie als Hauptkunde in ihren Investitionsentscheidungen stark auf Nachfrageschwankungen, wirtschaftspolitische Rahmenbedingungen und Stimmungen reagiert, ist der Maschinen- und Anlagenbau traditionell Schwankungen der Nachfrage und damit der Auftragslage unterworfen.[75] Somit ist die Investitionsgüterbranche stark von der globalen wirtschaftlichen Lage abhängig, wie in der jüngeren Vergangenheit zu sehen war. Durch Krisen, wie etwa die Weltwirtschaftskrise im Jahre 2009, war und ist die Branche und mit ihr die generierten Umsätze signifikant beeinflusst (Bild 2-5).[76]

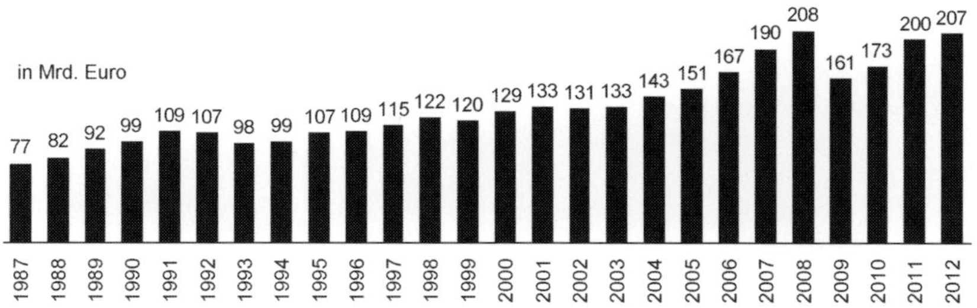

Bild 2-5: Umsatzentwicklung im Maschinenbau[77]

Das Investitionsverhalten der Unternehmen des produzierenden Gewerbes wurde tangiert, sodass Investitionen in Investitionsgüter aufgrund der unsicheren zukünftigen Entwicklung sehr vorsichtig bis gar nicht getätigt wurden.[78] So fiel im Maschinenbau der Umsatz im Jahr 2009 auf 161 Mrd. Euro. Eine ähnliche Struktur hatte die Krise Anfang der neunziger Jahre. Bedingt durch zahlreiche Konkur-

---

[74] vgl. Bass (2006), KMU in der deutschen Volkswirtschaft, S. 3

[75] vgl. Kriegbaum et al. (2001), EU-Maschinenbau – Strukturen und Trends, S. 20

[76] vgl. Kriegbaum et al. (2001), EU-Maschinenbau – Strukturen und Trends, S. 20

[77] Bis 1990 Westdeutschland, ab 1991 Deutschland. Vgl. VDMA (2012), Statistisches Handbuch für den Maschinenbau 2012, S. 43; VDMA (2007), Statistisches Handbuch für den Maschinenbau 2007, S. 43; VDMA (2012), Statistisches Handbuch für den Maschinenbau 2012, S. 43; VDMA (2013), Maschinenbau in Bild und Zahl, S. 7

[78] vgl. Berthold (2007), Motivatoren und Demotivatoren für Unternehmer, S. 13

se, Insolvenzen und Schrumpfungsprozesse ging der Umsatz 1993 bis auf 98 Mrd. Euro zurück.[79] Betroffen waren dabei vor allem Hersteller von Standardmaschinen; Anbieter von kundenindividualisierten Spezialmaschinen, die sie auf dem Weltmarkt anboten, trafen die Auswirkungen nicht so gravierend.[80] Bis 2008, kurz vor der Weltwirtschaftskrise, konnte bspw. der deutsche Maschinenbau, als einer der größten Vertreter im Verbund der Maschinen- und Anlagenbauer, eine stetige positive Umsatzentwicklung vorweisen, was in der hohen Kapazitätsauslastung von 91,3 % im Jahre 2008 gipfelte.[81] Mit 207 Mrd. Euro Umsatz hat er nach der Weltwirtschaftskrise bereits 2012 nahezu das Vorkrisenniveau (208 Mrd. Euro) wieder erreicht.[82] Dies spiegelt sich auch in der Beschäftigtenzahl wider. Zwar liegt der Umsatz des deutschen Maschinenbaus im verarbeitenden Gewerbe an zweiter Stelle hinter der Fahrzeugindustrie (270 Mrd. Euro Umsatz im Jahr 2011), jedoch beschäftigte die Branche mit 931.000 Mitarbeitern die meisten Arbeitnehmer (Bild 2-6 links). Der Branche kommt somit eine Schlüsselstellung in der deutschen Wirtschaft zu.[83]

Wirtschaftsgruppe	Umsatz Mrd. €	#	Mitarbeiter in Tsd.	#	Anzahl Untern.	#
Verarbeitendes Gewerbe, darunter	1.360		4.957		36.611	
Maschinenbau	**201**	**2**	**931**		**6.227**	
Elektrotechnik	174	3	821	2	4.264	3
Kraftwagen und Kraftwagenteile	270	1	694	3	1.030	5
Ernährungsgewerbe	131	4	426	4	5.295	2
Chem. Industrie	113	5	285	5	1.172	4

Anzahl Mitarbeiter	Betriebe in %	Mitarbeiter in %	Umsatz in %
1 - 49	39,9	7,7	5,1
50 - 99	24,5	10,6	7,8
100 - 249	21,4	20,7	18,5
250 - 499	8,6	18,4	18,4
500 - 999	3,5	15,0	17,0
1000 +	2,1	27,5	33,1

Angaben zu Betrieben und Beschäftigten Stand Ende September 2011, Umsatz kumulierte Monatsergebnisse

Bild 2-6: Profil und Betriebsgrößenklassen im Maschinenbau[84]

Traditionell ist die Branche des Maschinen- und Anlagenbaus stark mittelständisch geprägt. Durchschnittlich beschäftigt ein Unternehmen ca. 150 Mitarbeiter. Lediglich 2,1% der Unternehmen beschäftigen mehr als 1000 Mitarbeiter (Bild 2-6 rechts). Ungefähr zwei Drittel der Unternehmen haben sogar weniger als 100 Beschäftigte.

2.2.2 Marktstruktur

Ein besonderes Charakteristikum des deutschen Maschinen- und Anlagenbaus ist die besondere Fähigkeit, seine Produkte maßgeschneidert im Hinblick auf die Kundenwünsche anbieten und herstellen zu können.[85] Diese Fähigkeit zur Realisierung anspruchsvoller technischer Problemlösungen nach

---

[79] vgl. Widmaier (2000), Der deutsche Maschinenbau in den neunziger Jahren, S. 9

[80] vgl. Kalkowski et al. (1995), Technologiestandort Deutschland, S. 37

[81] vgl. VDMA (2010), Statistisches Handbuch für den Maschinenbau, S. 43

[82] vgl. VDMA (2013), Maschinenbau in Bild und Zahl, S. 7

[83] vgl. Berthold (2007), Motivatoren und Demotivatoren für Unternehmer, S. 14

[84] vgl. VDMA (2012), Statistisches Handbuch für den Maschinenbau 2012, S. 75; VDMA (2013), Maschinenbau in Bild und Zahl, S. 7

[85] vgl. Widmaier (2000), Der deutsche Maschinenbau in den neunziger Jahren, S. 409

Kundenvorgabe war und ist Grundlage des Gütesiegels „Made in Germany“ und die Kunden waren über die Jahre bereit, für ausgereifte Lösungen und hohe Qualitätsstandards einen höheren Preis zu bezahlen. In dieser Konstellation entwickelte sich der deutsche Maschinen- und Anlagenbau immer mehr zum Spezialisten für ausgefeilte technische Lösungen individueller Kundenprobleme und konnte sich mit dieser Strategie gegenüber anderen Wettbewerbern profilieren.[86]

So ist der deutsche Maschinen- und Anlagenbau durch einen hohen Diversifikationsgrad der Produktpalette und der industriellen Positionierung gekennzeichnet. Die Hersteller stellen die grundlegenden Betriebsmittel (Investitionsgüter) für sämtliche Industrie- und Dienstleistungsbranchen her und bieten dementsprechend verschiedenste Produkte mit unterschiedlichen Kompetenzen an.[87] Die Unterscheidung von Leistungen in Produkte, Systeme und Anlagen trifft in der gesamten Breite auf den Maschinen- und Anlagenbau zu. Produkte sind meist in Mehrfachfertigung erstellte Leistungen, die der Kunde zum isolierten Einsatz nachfragt. Produkte können dabei als Einzelaggregate zum direkten Einsatz kommen oder als Komponenten in eine Gesamtarchitektur eingebaut werden. Systeme werden als sukzessive Leistungen mit dem Ziel gekauft, sie zu einer Gesamtarchitektur zu vernetzen. Anlagen verkörpern ebenfalls Systeme, sind aber mit einer Projektrealisierung abgeschlossen und verlangen keine Erweiterungen oder Ergänzungen.[88]

So wird der Maschinen- und Anlagenbau als Schlüsselbranche und „Innovationsmotor“ für viele andere Wirtschaftssektoren angesehen.[89] Dies gilt insbesondere für den Werkzeugmaschinenbau als Bereitsteller von Fertigungssystemen. Die Automobil- und Automobilzulieferindustrie bildet dabei mit einem Anteil von 37% den größten Kundenstamm, gefolgt von brancheninternen Kunden mit 30% (Bild 2-7 links).

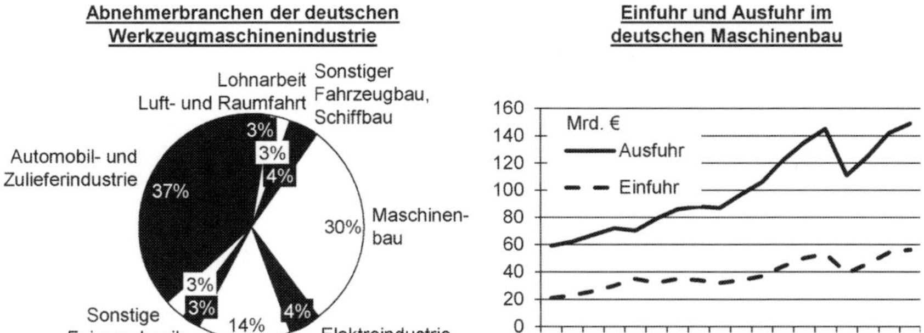

Bild 2-7: Abnehmerbranchen der deutschen Werkzeugmaschinenindustrie[90]

[86] vgl. Widmaier (2000), Der deutsche Maschinenbau in den neunziger Jahren, S. 409

[87] vgl. Kriegbaum et al. (2001), EU-Maschinenbau – Strukturen und Trends, S. 12

[88] vgl. Backhaus (1992), Investitionsgütermarketing, S. 233

[89] vgl. Eversheim (2001), Vom Marktteilnehmer zum Marktgestalter, S. 522

[90] vgl. VDW (2011), Die deutsche Werkzeugmaschinenindustrie; VDMA (2013), Maschinenbau in Bild und Zahl, S. 21

Ferner gibt es eine Fülle weiterer Anwendungssektoren, die selbst wiederum zum großen Teil als Innovationsbranchen gelten. Viele dieser Branchen sind wie der Maschinenbau selbst durch zum Teil ausgeprägte Marktzyklen und Volatilitäten gekennzeichnet, die sich in der Gesamtentwicklung des Werkzeugmaschinenmarktes niederschlagen. Dennoch wird der Branche im langfristigen Trend ein Wachstum prognostiziert.

Das Gesicht des Marktes hat sich im Zeichen der Globalisierung im neuen Jahrtausend nachhaltig geändert, was sich tendenziell auch in den nächsten Jahren fortsetzen wird.[91] So ist das Auslandsgeschäft des deutschen Maschinen- und Anlagenbaus durch starkes Wachstum gekennzeichnet. Die Exporte erreichten 2008 mit einem Zuwachs von 7,4% zum Vorjahr ein Rekordniveau von 145 Mrd. EUR (Maschinen einschließlich Teile, Zubehör). Im Anschluss an die konjunkturelle Schwächephase 2009 folgt nunmehr ein dreijähriger Aufschwung mit jährlichen Wachstumsraten fast im zweistelligen Bereich und einem Gesamtwachstum von 34% auf 149 Mrd. im Jahr 2012 (Bild 2-7 rechts).[92] Die dynamische Exportentwicklung der vergangenen Jahre zeigt die weltweit hohe Akzeptanz und Nachfrage nach deutschen High-Tech-Produktionstechnologien. Gleichzeitig ist Deutschland mit einem Anteil von über 30% auch der größte Verbraucher von Maschinen auf dem Europäischen Markt.[93]

Einen großen Anteil an diesem Aufwärtstrend hat die kräftige Investitionskonjunktur in vielen Schwellenländern. Märkte wie China, Indien, Russland, Türkei, Slowakei und Rumänien entwickeln ihre Volkswirtschaften und insbesondere ihre industrielle Basis weiter und sind als Produktionsstandorte für internationale Konzerne attraktiv. Wichtigster Absatzmarkt für die deutschen Werkzeugmaschinenhersteller ist die Volksrepublik China, in die 18,9 Mrd. Euro an deutschen Maschinen exportiert werden (Bild 2-8). Die USA nehmen mit 12,2 Mrd. Euro den zweitwichtigsten Absatzmarkt für deutsche Maschinenbauer ein, gefolgt von Frankreich (9,1 Mrd. Euro) und Russland (7,5 Mrd. Euro).[94]

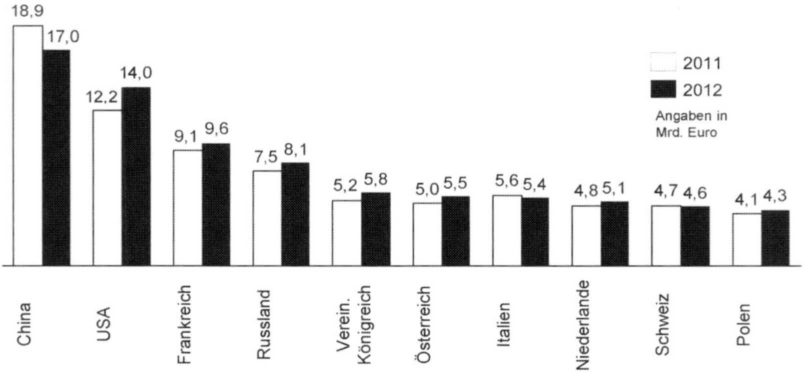

Bild 2-8: Wichtigste Absatzmärkte des deutschen Werkzeugmaschinenbaus[95]

[91] vgl. VDMA (2010), Maschinenbau in Bild und Zahl 2010, S. 3
[92] vgl. VDMA (2013), Maschinenbau in Bild und Zahl, Anhang (Zeitreihen)
[93] vgl. Berkermann (2006), Werkzeugmaschinenbau – Branchenbericht, S. 3
[94] vgl. VDMA (2013), Maschinenbau in Bild und Zahl, S. 23
[95] vgl. VDMA (2013), Maschinenbau in Bild und Zahl, S. 23

Bemerkenswert ist die Tatsache, dass die Exporterfolge trotz schwieriger Wechselkursbedingungen möglich sind. Im letzten Exportaufschwung 2000/2001 profitierten die deutschen Hersteller von einem schwachen Euro. Heute liegt der Euro im Vergleich zu 2001 um 47% über dem Wert des US-Dollars und um 18% über dem Wert des Yen.[96] Dabei ist der niedrige Wert des Yen für den deutschen Export besonders kritisch, da er die preisliche Wettbewerbsfähigkeit des größten Konkurrenten Japan im High-End-Segment stützt. Dennoch wird insgesamt die These belegt, dass konjunkturelle Faktoren einen größeren Einfluss auf die Exportentwicklung haben als Wechselkurse. Das ist ein Zeichen für die vorhandene technologische Spitzenstellung deutscher Maschinen- und Anlagenbauer. Innovative Maschinenkonzepte und Fertigungsprozesse sowie weltweite Service- und Vertriebskonzepte sind wichtige Säulen für eine erfolgreiche Stellung auf den internationalen Märkten.[97]

Zukünftig werden sich die Märkte und Marktsegmente heterogen entwickeln. Die Nachfrage nach Produkten des High-End-Segments wird in den heimischen Märkten des deutschen Maschinen- und Anlagenbaus lediglich mittelfristig ansteigen. Nicht zuletzt wegen der hohen Nachfrage aus den Schwellenländern sowie jungen aufstrebenden Industrienationen wird das Mid- und Low-End-Segment in naher Zukunft wesentlich größere Marktpotenziale bieten (Bild 2-9). Das für die deutschen Anbieter nicht lukrative Low-Low-End-Segment hingegen wird langfristig verschwinden. So werden für das High-End-Segment 5% Wachstum bis zum Jahr 2015 vorausgesagt, während das Mid-End-Segment mit 11% und das Low-End-Segment mit 12% wesentlich stärker wachsen werden.[98] Gerade im Markt der beiden letztgenannten Segmente werden deutsche Anbieter verstärkt auf asiatische Konkurrenz treffen, die sich dort genauso positionieren möchten wie die bisher bekannten Wettbewerber aus Japan und Italien.[99]

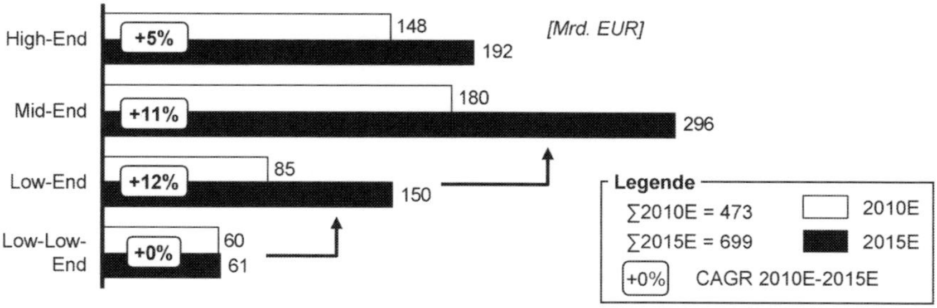

Bild 2-9: Strukturverschiebung des Weltmarktvolumens (Modellrechnung)[100]

So werden die Hersteller im Nischengeschäft des Mid-End-Segments trotz eines technologiegetriebenen Geschäftsmodells klar den Kostenfokus in den Mittelpunkt stellen müssen. Zudem werden sie versuchen, die Nische global zu entwickeln, ohne dabei die Wettbewerber aus den Schwellen- und Entwicklungsländern aus den Augen zu lassen. Im Massenmarkt des Mid-End-Segments werden die zum Over-Engineering neigenden deutschen Maschinen- und Anlagenbauer versuchen müssen, sich

---

[96] Auswertung Währungsrechner Oanda (http://www.oanda.com), Vergleich 03.05.2013 zu 30.05.2001
[97] vgl. VDW (2006), VDW 2006 – Die deutsche Werkzeugmaschinenindustrie im Jahr, S. 27
[98] vgl. Roland Berger (2010), Globale Megatrends, S. 17
[99] vgl. Schuh et al. (2012), Zukunftsperspektive des deutschen Maschinenbaus, S. 13
[100] vgl. Roland Berger (2010), Globale Megatrends, S. 17

einem Paradigmenwechsel zu unterziehen und den Fokus von Technologie wesentlich stärker auf die Kosten auszurichten.[101] Anbieter von technologiegetriebenen Maschinen im High-End-Segment werden gerade vor dem Hintergrund einer stagnierenden Nachfrage in den Heimatmärkten ihre Marktposition weiter ausbauen und ihr Exportgeschäft durch Anpassung des globalen Footprints vorantreiben müssen. Für den Massenmarkt des High-End-Segments gilt es, Innovationen vor allem im Bereich der Produktarchitektur voranzutreiben, um so trotz eines relativ hohen Margenpotenzials Massen- und Skaleneffekte im Einkauf und der Produktion generieren zu können.[102]

2.2.3 Wettbewerb

Der internationale Wettbewerb nimmt im Zuge des Globalisierungsprozesses stetig zu. Im Inland sowie auf dem europäischen Markt kommen die Hauptkonkurrenten der Unternehmen des deutschen Maschinen- und Anlagenbaus aus dem eigenen Land sowie aus Italien, während in den asiatischen Märkten japanische und chinesische Unternehmen die Hauptwettbewerber darstellen. In Nordamerika hingegen wird der größte Konkurrenzdruck von den amerikanischen sowie japanischen Unternehmen ausgeübt (Bild 2-10).[103]

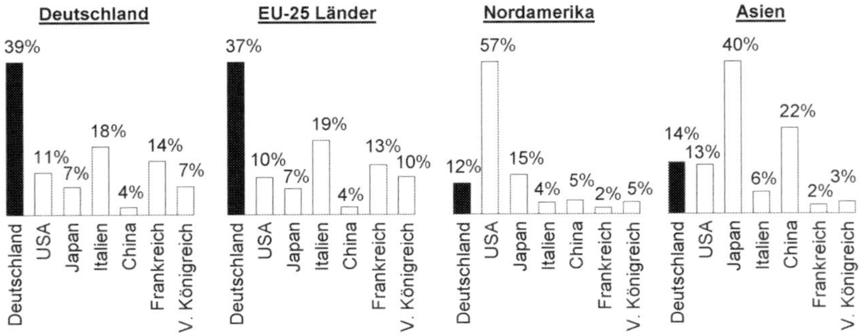

Bild 2-10: Marktanteile des deutschen Maschinenbaus[104]

Der gestiegene Wettbewerb führt dazu, dass der Preisdruck zunimmt.[105] Gelingt es einem Unternehmen nicht, die Produktionskosten verglichen zu seinen direkten Wettbewerbern zu senken, scheidet es aus dem Markt aus. Gerade kleine Unternehmen des Maschinen- und Anlagenbaus leiden unter dem zunehmenden Preisdruck, da sie Skalenerträge häufig nicht realisieren können.[106] Japanische Unternehmen haben es in der Vergangenheit hingegen geschafft, aufgrund großer Stückzahlen, verbunden mit Skaleneffekten in Produktion, Entwicklung, Beschaffung und Finanzierung eine hohe Produktivität zu realisieren.[107] Dies trifft insbesondere auf die großen Volumenmärkte für NC-Drehmaschinen oder Bearbeitungszentren zu. Japanische Werkzeugmaschinenanbieter legten den

---

[101] vgl. Schuh et al. (2012), Zukunftsperspektive des deutschen Maschinenbaus, S. 41
[102] vgl. Schuh et al. (2012), Zukunftsperspektive des deutschen Maschinenbaus, S. 42
[103] vgl. Qian (2002), Strategisches Technologiemanagement im Maschinenbau, S. 156
[104] vgl. VDMA (2007), Statistisches Handbuch für den Maschinenbau 2007, S. 228 ff.
[105] vgl. Maennig et al. (1998), Außenwirtschaft, S. 227
[106] vgl. Berthold (2007), Motivatoren und Demotivatoren für Unternehmer, S. 24
[107] vgl. Langerwisch (2000), Organisation von Forschung und Entwicklung in Japan, S. 174

Fokus dabei auf die Marktsegmente der mittleren bis kleineren Maschinen. Die Produktspezifikationen wurden bewusst in Anlehnung an Kundenbedürfnisse der breiten Masse angelegt, um so höhere Auftragszahlen (20-100 Maschinen in einem Auftrag) generieren zu können, was letztendlich eine Auftragsabwicklung mit hohen Losgrößen erlaubt hat. Im Gegensatz dazu produzieren deutsche Hersteller Maschinen für spezielle Anwendungsgebiete mit geringen Stückzahlen bzw. Einzelfertigungen nach Kundenwünschen.[108]

Im mittleren Segment der deutschen Maschinen- und Anlagenbauer werden mit Kleinserien aufgrund geringer Losgrößen und entsprechend fehlender Skalenerträge hohe Kosten in der Auftragsabwicklung induziert. Die relativ hohe Arbeits- und entsprechend niedrige Kapitalintensität führt zu einem deutlichen Renditeverfall.[109] Den deutschen Maschinenbauern wird hingegen in den Premium-Segmenten, wo tendenziell komplexere Erzeugnisse nachgefragt werden und explizites Engineering- und Prozess-Wissen verlangt wird, ein Vorteil eingeräumt.[110] Die Differenzierung des deutschen Maschinen- und Anlagenbaus am globalen Markt wird vornehmlich durch eine überlegene Systemarchitektur und -konzeption erreicht.[111]

Während chinesische Unternehmen bisher sehr erfolgreich das Low-Cost-Segment und teilweise das Mittel-Segment bedient haben, stellt China zunehmend qualitatives statt quantitatives Wachstum in den Mittelpunkt. Eine Betrachtung des Anteils der Forschungs- und Entwicklungsaufwendungen am chinesischen Bruttoinlandsprodukt verdeutlicht, dass chinesische Unternehmen ihre F&E-Quote zwischen den Jahren 2004 und 2010 fast verdreifachen konnten.[112] Bis 2020 soll der Anteil der F&E-Investitionen 2,5% des Bruttoinlandsproduktes ausmachen – dies entspricht dem vierfachen Wert von 1995. Die bisherige Nachahmungsstrategie chinesischer Konkurrenten soll in Zukunft der Eigeninnovation weichen. Die chinesische Regierung hat hierfür im Maschinenbau zehn Produkttypen ausgewählt, auf die ein besonderer Fokus bei zukünftigen Entwicklungen gelegt werden soll.[113] Somit verabschiedet sich China weg vom Image und der Rolle als Imitator hin zum Innovator. Dabei wird sich der Fokus chinesischer Produkte nicht mehr auf Low-Cost und Mittel-Segment beschränken. Die zukünftige Produktpositionierung wird sich ebenfalls im Premium-Bereich wiederfinden – mit dem klaren Ziel einer Eroberung und Sicherung von Marktanteilen.[114]

Die Entwicklung Chinas hin zum Anbieter von Erzeugnissen im Premium-Segment schlägt sich zudem darin nieder, dass immer mehr chinesische Unternehmen am deutschen Markt partizipieren. Die Konkurrenz aus China setzt dabei zunehmend auf die Bedienung des deutschen Markts durch eigene Standorte vor Ort. Im gleichen Zug besteht die Gefahr durch Übernahmen deutscher Unternehmen durch finanzstarke chinesische, oft staatlich finanzierte Maschinenanbieter. Akquisitionsobjekte sind technologisch und operativ exzellent aufgestellte Maschinen- und Anlagenbauer mit sehr gutem Marktzugang.[115]

---

[108] vgl. Langerwisch (2000), Organisation von Forschung und Entwicklung in Japan, S. 175
[109] vgl. NIFA-Panel (1998), Mitteilungen für den Maschinenbau, S. 3
[110] vgl. Langerwisch (2000), Organisation von Forschung und Entwicklung in Japan, S. 423
[111] vgl. Herlitz (1995), Lean Management als Wettbewerbsstrategie, S. 134
[112] vgl. OCED (2013), Country statistical profile China
[113] vgl. VDMA (2007), China's strategies to become an innovation juggernaut, S. I, X f.
[114] vgl. Schuh et al. (2012), Zukunftsperspektive des deutschen Maschinenbaus, S. 14
[115] vgl. Schuh et al. (2012), Zukunftsperspektive des deutschen Maschinenbaus S. 14

Zusammenfassend wird die Differenzierung hinsichtlich des nachgefragten Funktions- und Leistungsspektrums der Produkte auf den Märkten zu unterschiedlichen erwarteten Entwicklungen innerhalb der verschiedenen Produktsegmente führen. In den Triadenmärkten (Westeuropa, NAFTA, Japan) wird ein moderates Wachstum des Premium-Segments erwartet. Gleiches gilt für das durch Erzeugnisse mit stark reduziertem Funktionsumfang gekennzeichnete mittlere Segment, innerhalb dessen in Westeuropa und der NAFTA Wachstumspotenziale gesehen werden. Ebenfalls ein starkes Wachstumspotenzial wird für Produkte des mittleren Segments in den Schwellenländern und Osteuropa gesehen (Bild 2-11).[116]

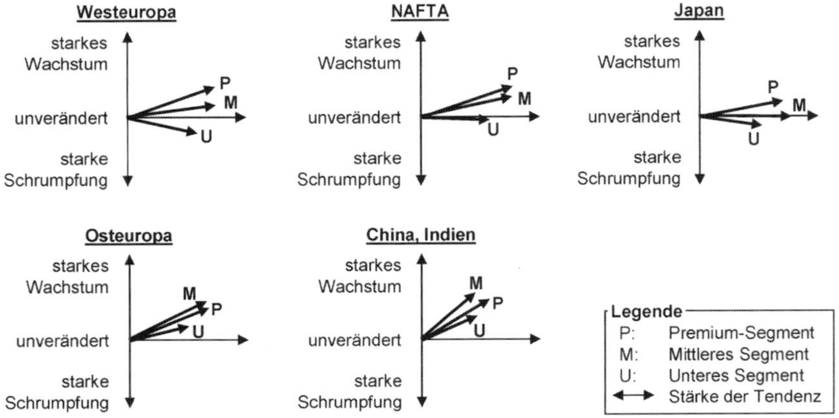

Bild 2-11: Qualitative Entwicklung der Marktsegmente[117]

2.2.4 Lieferantenstruktur

Der größte Anteil der Zulieferer des deutschen Maschinen- und Anlagenbaus kommt aus der eigenen Branche (Bild 2-12 links). Geliefert werden vornehmlich Komponenten oder Subsysteme, die dann in das finale Erzeugnis integriert werden. Neben Unternehmensdienstleistern und dem Grundstückwesen stellen ferner Lieferanten von Rohmaterialen eine große Lieferantengruppe. Die Rohmaterialien werden in Form von Halbzeugen bereitgestellt und im Unternehmen selbst weiterverarbeitet und an die entsprechenden Bedürfnisse angepasst. Prinzipiell lassen sich die bezogenen Leistungen in Materialien (z.B. Guss, Stahl, Schmiedestücke), mechanische Teile (z.B. Getriebe, Lager, Werkzeuge, hydraulische Komponenten), elektrische und elektronische Teile (z.B. Steuerungen, Schaltschrankkomponenten) und Bearbeitungsprozesse (z.B. Blechbearbeitung, Montage, Lackiererei) unterscheiden.[118] Diese Gruppen lassen sich durch die Intensität der Zusammenarbeit zwischen den Maschinenbauunternehmen und deren Lieferanten sowie der Marktmacht und technischen Exzellenz der Lieferanten differenzieren (Bild 2-12 rechts).

[116] vgl. Schuh (2007), Effizient, schnell und erfolgreich, S. 13
[117] vgl. Schuh (2007), Effizient, schnell und erfolgreich, S. 14
[118] vgl. Langerwisch (2000), Organisation von Forschung und Entwicklung in Japan, S. 196

Eine Differenzierung der Lieferanten nach Inhalt und Komplexität der bezogenen Leistungen lässt eine entsprechende Gestaltung der Beziehungen zu den Lieferanten zu. So existieren bspw. marktorientierte Beziehungen mit kurzfristigen Verträgen und intensivem Preiswettbewerb zu Zulieferern von einfachen, austauschbaren Teilen. Hingegen können jene Lieferanten, deren Leistungen einer steigenden technologischen Komplexität und höheren Produktanforderungen unterliegen, durchaus stärkere kooperative Züge mit intensiverem Informationsaustausch tragen. Eine solche Beziehung kann dann in der Auslagerung von F&E-Kapazitäten gipfeln.[119] Besonderheiten in der Beschaffung ergeben sich aus den oligopolistischen Marktstrukturen bei Steuerungen, Motoren, elektronischen Teilen, Lagern, Hydraulik und Pneumatik. In diesen Bereichen wird zwar eine längerfristige Zusammenarbeit mit wenigen Zulieferern angestrebt, lässt sich allerdings aufgrund der heterogenartigen Marktstrukturen nicht immer realisieren. Für Materialien und Prozesse wiederum sind kleinbetriebliche, zersplitterte Strukturen vorzufinden.[120]

Bild 2-12: Lieferantenstruktur und Zusammenarbeit von Herstellern und Lieferanten[121]

Verglichen zur Automobilindustrie sieht sich der Maschinen- und Anlagenbau einer stark heterogenen Zulieferpyramide gegenübergestellt (Bild 2-13). Während im Automobilbau die Lieferkette im Vergleich zu großen marktmachtbesitzenden OEMs durch deutlich kleinere Unternehmen gekennzeichnet ist, liegt in den Produktionsnetzwerken des Maschinen- und Anlagenbaus eine wesentlich unstrukturiertere, heterogene Situation vor. Marktmachtbesitzende Großunternehmen mit träger und inflexibler Auftragsabwicklung sind in der Regel im Zulieferbereich vorzufinden und schaffen so eine starke Abhängigkeit zu Ungunsten der mittelständisch geprägten Maschinen- und Anlagenbauer.[122]

Traditionell ist der Maschinen- und Anlagenbau als Systemlieferant und -integrator durch eine hohe Wertschöpfungstiefe gekennzeichnet. Dennoch zeichnet sich ein Trend sinkender Fertigungstiefen innerhalb der Branche ab und zielt auf die Nutzung der Spezialisierungsvorteile der Zulieferer ab. So zeigen die Ergebnisse der vom VDMA, Roland Berger und WZL durchgeführten Studie, dass Unter-

---

[119] vgl. Droege & Comp. (1995), Unternehmensorganisation im internationalen Vergleich, S. 78

[120] vgl. Raupach-Sumiya (1999), Anpassungsstrategien des japanischen Maschinenbaus, S. 344

[121] Input-Output-Daten liegen beim Statistischen Bundesamt nur mit großer Verzögerung vor. Daher können hier erst Daten aus dem Jahr 2006 dargestellt werden. Vgl. VDMA (2011), Statistisches Handbuch für den Maschinenbau 2011, S. 76; Langerwisch (2000), Organisation von Forschung und Entwicklung in Japan, S. 197

[122] vgl. Schmidt et al. (2004), Plug and do business, S. 217 ff.

nehmen des Maschinen- und Anlagenbaus bis 2012 die Fertigungstiefe von 52% (1997) auf 42% senken wollen, um durch die Trennung von vermeintlichen Randkompetenzen Kosteneinsparungen realisieren zu können.[123] Ferner hängt die Fertigungstiefenreduktion von der Unternehmensgröße ab. Kleine Unternehmen mit weniger als 10 Millionen Euro Umsatz haben tendenziell eine höhere Fertigungstiefe (53,4%) als Unternehmen mit über 100 Millionen Euro Umsatz.[124] Zurückzuführen ist diese Tendenz auf das geringere Einkaufsvolumen, was kleine Unternehmen als Kunde unattraktiv macht.

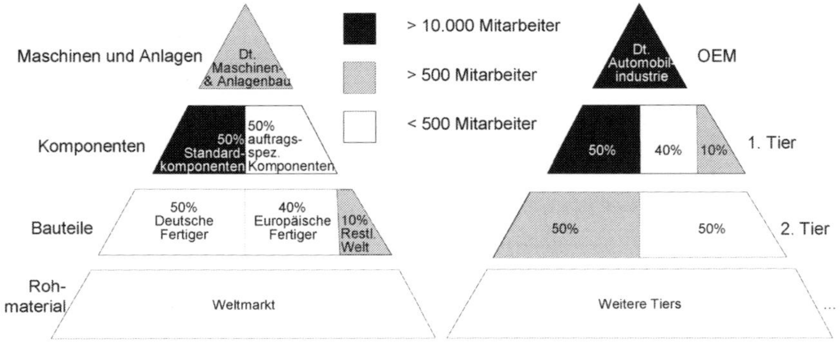

Bild 2-13: Zulieferpyramide der Branchen Automobil und Maschinen- und Anlagenbau[125]

Das Engineering als Kernkompetenz ist eine wesentliche Wettbewerbsgröße im Maschinen- und Anlagenbau. Der sehr enge Wettbewerb in der Branche führte deshalb zu einer weitgehend internen Entwicklung der kritischen Teile. Im Laufe des technologischen Fortschritts und dem Angleichen der mechanischen Eigenschaften der Maschinen sank jedoch die Selbstversorgungsbereitschaft der Unternehmen, und Lieferanten im Bereich mechanischer Komponenten wurden verstärkt einbezogen. Heutzutage wird der überwiegende Teil der mechanischen Komponenten nach Spezifikationen der Hersteller vom Lieferanten gefertigt. So dominieren im Maschinen- und Anlagenbau Lieferanten für Standardkomponenten (49%) sowie Sonderkomponenten (31%). Entwicklungs- sowie Partnerlieferanten mit einem Anteil von jeweils 10% an der Gesamtlieferantenanzahl spielen nur eine untergeordnete Rolle, wobei zukünftig ein leichter Trend zur Intensivierung solcher Partnerschaften absehbar ist.[126] Die „up-stream" Bewegung der gesamten Branche verursachte generell eine weitgehende Auslagerung der einfachen, „schmutzigen" Arbeiten (z.B. Produktion von Gussteilen) ins Ausland.[127]

2.2.5 Innovation

Traditionell gelten Maschinen- und Anlagenbauer als Innovatoren.[128] Ungefähr 30% der Umsätze werden mit innovativen, signifikant verbesserten Produkten erwirtschaftet. 70% der Unternehmen

---

[123] vgl. Schuh (2007), Effizient, schnell und erfolgreich, S. 24
[124] vgl. Schuh (2007), Effizient, schnell und erfolgreich, S. 24
[125] vgl. Schuh (2006), OpenSource in ERP-Systemen
[126] Nicht veröffentlichte Erhebung der Studie Schuh (2007), Effizient, schnell und erfolgreich
[127] vgl. Vieweg et al. (1993), Japans Herausforderung an den deutschen Maschinenbau, S. 26
[128] Als Innovatoren werden jene Unternehmen bezeichnet, die nach eigenen Angaben innerhalb eines zurückliegenden Dreijahreszeitraums zumindest eine Innovation eingeführt haben. Unter Innovation werden dabei neue oder merklich verbesserte Produkte verstanden, die das Unternehmen den Kunden anbietet oder neue

haben im Jahr 2010 mindestens eine Produkt- oder Prozessinnovation generiert und im selben Jahr beliefen sich die Innovationsaufwendungen des Maschinen- und Anlagenbaus auf 11,8 Mrd. Euro.[129] Notwendig sind diese relativ hohen Investitionen in Entwicklung und Konstruktion, um ein neues Produkt marktfähig zu machen.[130] Die durchschnittliche Mitarbeiteranzahl im F&E-Bereich von Maschinenbauunternehmen liegt zwischen 2,7% und 4% des Gesamtpersonals.[131] Im Vergleich zu forschungsintensiven Branchen (Automobil-, Pharmaindustrie etc.) mit mehreren 100 bis über 1000 F&E-Mitarbeitern ist diese vergleichsweise geringe Mitarbeiteranzahl für den Maschinen- und Anlagenbau charakteristisch.[132] Dabei ist im Maschinen- und Anlagenbau die Quote radikaler Innovationen, d.h. Neuentwicklungen mit einem hohen Innovationsgrad, relativ gering.[133] Der Fokus liegt verstärkt auf der kontinuierlichen Verbesserung der Produkte, die in der Regel in kundenindividuellen Produktentwicklungsprojekten erreicht wird. Der Anteil der auftragsneutralen Produktentwicklung, die auf der Basis der Ergebnisse einer Produktplanung für den Markt unbekannte Problemlösungen entworfen werden, ist relativ gering.[134] Bild 2-14 zeigt die Entwicklung der F&E-Aufwendungen im Maschinenbau von 1999 bis 2012.

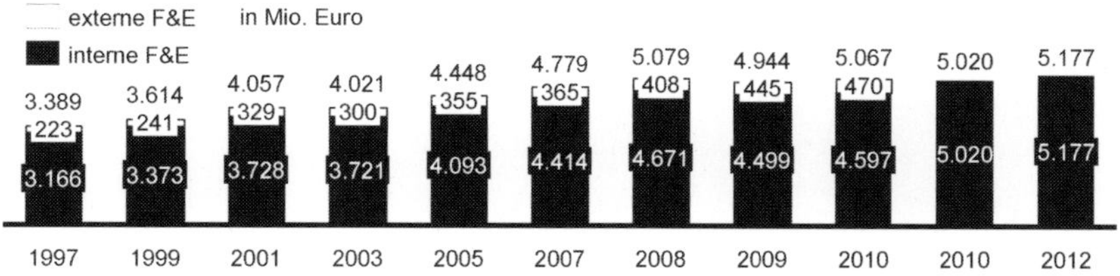

Bild 2-14: F&E-Aufwendungen des Maschinenbaus[135]

Der kunden- bzw. marktorientiert geprägte Innovationsprozess auf Basis permanenter Produktverbesserungen in dieser Branche ist zurückzuführen auf den für den Maschinenbau typischen Zusammenhang von Produktinnovationsstrategie und Absatzmarkt. Produktinnovation im Maschinenbau ist durch seine Funktion und Stellung im Industriesystem geprägt; er liefert vor allem Produktionsmittel (die technischen Kerne, konkrete Problemlösungen) für die Produktionsprozesse anderer Industrien. Möglichst effiziente Produktionsprozesse bei seinen Kunden sind das Ziel, an dem er seine Aktivitäten zur Produktinnovation auszurichten hat. Bei den Produktinnovationen im Maschinenbau handelt es sich weitestgehend um angeleitete, evolutionäre Produktinnovation, angeleitet von Maschinenanwendern und abgestimmt auf deren Innovationsstrategien, was letztendlich aus der Stellung des Maschinenbaus im Industriesystem resultiert. Aus ökonomischen Gründen und angesichts der Anforderungen an die Beherrschbarkeit der Technik werden Neuerungen vom Maschinenbau eher dosiert an die

bzw. merklich verbesserte Fertigungstechniken, die in einem Unternehmen eingeführt werden. Vgl. VDMA (2012), Kennzahlen zu Forschung und Innovation

[129] vgl. VDMA (2012), Kennzahlen zu Forschung und Innovation, S. 9 ff.

[130] vgl. Berthold (2007), Motivatoren und Demotivatoren für Unternehmer, S. 67

[131] vgl. Braczyk (1997), Innovationsstrategien im deutschen Maschinenbau, S. 30

[132] vgl. Schröder (2003), Benchmarking von Entwicklungsbereichen im Maschinenbau, S. 29

[133] vgl. Kalkowski (1996), Innovationsstrategien des deutschen Maschinenbaus, S. 71

[134] vgl. Mateika (2005), Unterstützung der lebenszyklusgerechten Produktplanung, S. 15

[135] Bis 2005 Maschinenbau inkl. Waffen und Haushaltsgeräte, die Jahre 2010 und 2012 basieren auf Plandaten. Vgl. VDMA (2007), Statistisches Handbuch für den Maschinenbau 2007, S. 42

Kunden weitergegeben. Da Investitionen in neue Maschinen oft einen hohen Kapitaleinsatz erfordern, erwarten die Kunden, dass die Maschinen über einen längeren Zeitraum anwendbar sind und technologisch nicht allzu schnell veralten. Ferner könnten große technologische Sprünge zudem die Anwender und Bediener der Maschinen überfordern. So wird das Innovationstempo dem Maschinenbau weitgehend von seinen Kunden vorgegeben.[136]

Die konkrete Bewältigung und Organisation der Produktinnovation variiert je nach Betrieb stark in Abhängigkeit vom Fertigungstyp (z.B. Einzelfertiger versus Programmfertiger), von der Produktkomplexität (z.B. Werkzeugbau versus komplexe Anlagen), der Zugehörigkeit des jeweiligen Betriebs zu den über 30 Fachzweigen des Maschinenbaus, der Betriebs- bzw. Unternehmensgröße und den zur Verfügung stehenden finanziellen Ressourcen. So betreiben Einzelfertiger (z.B. Ausrüster der Automobilindustrie) ihre Produktentwicklung stets in enger Kooperation mit den Anwendern. Die Produktinnovation erfolgt hier weitestgehend in Reaktion auf konkrete Vorgaben einzelner Kunden, d.h. nachfrageorientiert. Einen vergleichsweise anonymen Absatzmarkt haben demgegenüber die Programmfertiger, wo die Kunden die Maschinen per Katalog bestellen können. Die Produktentwicklung erfolgt hier stärker entkoppelt von Kundenaufträgen und in organisatorisch eigenständigen Abteilungen, sodass die Innovationsstrategie bei Programmfertigern per se eher angebotsorientiert ist. Allerdings sind auch sie in zunehmendem Maße gefordert, auf individuelle Kundenanforderungen einzugehen, indem sie etwa zusätzliche vorkonstruierte Optionen oder individuelle Lösungen für die Maschinenperipherie anbieten.[137]

2.3 Herausforderung Termintreue in der Auftragsabwicklung

Die Branchenstruktur des Maschinen- und Anlagenbaus erschwert die termintreue Abwicklung des unternehmensübergreifenden Auftragsabwicklungsprozesses. Im Folgenden wird zunächst die Auftragsabwicklung im Maschinen- und Anlagenbau in den Kernprozessen Beschaffung, Leistungserstellung sowie Auslieferung beschrieben. Darauf aufbauend werden die Ursachen und Auswirkungen schlechter Termintreue anhand der charakteristischen Problematisierungsfelder Produkt, Marktvolatilität, Prozess und heterarchische Wertschöpfungsnetzwerke diskutiert.

2.3.1 Auftragsabwicklung im Maschinen- und Anlagenbau

Die Auftragsabwicklung im Maschinen- und Anlagenbau ist durch eine komplexe und vielschichtige Struktur gekennzeichnet. Angefangen von der Kundenanfrage über die Beschaffung bis hin zur Leistungserstellung und Auslieferung werden zahlreiche Prozesse und Subprozesse durchlaufen. Im Folgenden wird der Auftragsabwicklungsprozess im Maschinen- und Anlagenbau in den drei Hauptprozessen Beschaffung, Leistungserstellung und Auslieferung näher beleuchtet.

[136] vgl. Kalkowski (1996), Innovationsstrategien des deutschen Maschinenbaus, S. 71 f.
[137] vgl. Kalkowski (1996), Innovationsstrategien des deutschen Maschinenbaus, S. 71 f.

2.3.1.1 Beschaffung

Der Beschaffung kommt im Maschinen- und Anlagenbau eine entscheidende und erfolgskritische Rolle zu. Zukaufteile machen in der Branche im Schnitt 75% der Materialkosten aus.[138] Eine hohe Artikelvielfalt von teilweise über 100.000 Einzelartikeln je Unternehmen bei geringen Stückzahlen und einem hohen technischen Einfluss verkomplizieren den Beschaffungsprozess.[139] So werden Tätigkeitsbereiche außerhalb der eigenen Kernkompetenzen zunehmend an professionelle Partner und Lieferanten übertragen. Das Knowhow der Lieferanten wird genutzt, um die eigene Wettbewerbsposition zu verbessern.[140]

Die Beschaffung umfasst nach ARNOLD ET AL. sämtliche Tätigkeiten, um alle von einem Unternehmen benötigten, aber nicht selbst hergestellten Objekte verfügbar zu machen.[141] Nach BÜSCH ist es die Aufgabe der Beschaffung, die Bedürfnisse des eigenen Unternehmens mit den Fähigkeiten der Lieferanten zu verbinden, um einen nachhaltigen Wettbewerbsvorteil für das eigene Unternehmen zu erzielen.[142] Auch GRÜN ET AL. definieren Beschaffung als Maßnahme zur Versorgung des Unternehmens mit allen nicht selbst erstellten Produktionsfaktoren, wobei neben Komponenten, Teilen und Betriebsstoffen auch Anlagen, Dienstleistungen, Personal, Informationen und Kapital eingeschlossen sind.[143] Eine reine Fokussierung auf die operative Tätigkeit mit dem Ziel des geringsten Einkaufspreises[144] für ein Gut führte in der Vergangenheit zu losen Lieferantenbeziehungen mit geringem Vertrauen.[145] Nach heutigem Verständnis in der prozess- und wertschöpfungsorientierten Wahrnehmung ist die Beschaffung als strategischer Teil der Lieferkette zu sehen. Operative Tätigkeiten werden möglichst eliminiert und automatisiert, der Fokus liegt auf strategischen Aufgaben wie bspw. dem Lieferantenmanagement.[146] Diese Facette hält auch im Maschinen- und Anlagenbau Einzug – trotz limitierten Ressourcen in den Einkaufsabteilungen sowie einer starken Fokussierung auf das operative Tagesgeschäft (Feuerwehr-Mentalität)[147].

Der Beschaffungsprozess kann in die fünf Phasen Situations- und Bedarfsanalyse, Lieferantenanalyse und -auswahl, Lieferantenverhandlung und Bestellung, Lieferung und Empfang sowie Rechnungsprüfung und Zahlung unterteilt werden.[148] Eng verwoben mit dem Beschaffungsprozess ist das Lieferantencontrolling. Im Zuge größer werdender Abhängigkeit von den Lieferanten durch sinkende

---

[138] Eine Einsparung in der Beschaffung von nur einem Prozent bewirkt eine Verbesserung der EBIT-Marge um durchschnittlich fast 20%. Im Maschinen- und Anlagenbau beträgt die Steigerung immerhin noch 11%. Vgl. Pritzl et al. (2002), Herausforderungen für Top-Manager, S. 1

[139] vgl. Gulden (2009), Wertorientierte Gestaltung kundenindividueller Kleinserienproduktion, S. 27

[140] vgl. Wu (2007), Constructing supplier selection criteria, S. 391

[141] vgl. Arnold et al. (2008), Handbuch Logistik, S. 255

[142] vgl. Büsch (2011), Praxishandbuch Strategischer Einkauf, S. 3

[143] vgl. Grün et al. (2009), Grundzüge der Beschaffung, Produktion und Logistik, S. 90

[144] Nach ARNOLD können vier beschaffungswirtschaftliche Ziele in der Beschaffung identifiziert werden: Kostensenkungsziele, Qualitätsziele, Sicherheitsziele sowie Flexibilitätsziele. Diese werden in der Literatur unterschiedlich stark gewichtet und teilweise auch inhaltlich unterschiedlich interpretiert. Vgl. Arnold (1997), Beschaffungsmanagement, S. 10; Janker (2008), Multivariate Lieferantenbewertung, S. 17

[145] vgl. Appelfeller et al. (2011), Modernes Beschaffungsmanagement, S. 3

[146] vgl. Eyholzer et al. (2002), Partnerschaftliches Lieferantenmanagement, S. 66

[147] siehe hierzu Kap. 2.3.2.3 Problematisierung Prozess

[148] vgl. Schuh (2006), Produktionsplanung und -steuerung, S. 56 ff.; Koppelmann (2004), Beschaffungsmarketing, S. 86; Wiendahl (1997), Betriebsorganisation für Ingenieure, S. 250; Janker (2008), Multivariate Lieferantenbewertung, S. 23

Wertschöpfungstiefen und komplexer werdender Produkte nimmt das Bewusstsein zu, dass eine umfassende Steuerung und Bewertung der Lieferanten sowie ihrer Fähigkeiten und Potenziale essentiell für erfolgreiche Geschäftsprozesse ist.[149] Daher hat sich mit dem Lieferantencontrolling ein Tätigkeitsfeld entwickelt, welches sich auf die Gestaltung, Lenkung und Entwicklung der Lieferantenbasis sowie der Lieferantenbeziehungen fokussiert.[150]

2.3.1.2 Leistungserstellung

Zentraler Bestandteil der Auftragsabwicklung ist die (unternehmensinterne) Leistungserstellung.[151] Traditionell wird die Leistungserstellung (oder auch Produktion[152] genannt) als die Kombination der Faktoren Arbeit, Betriebsmittel und Werkstoffe mit dem Ziel der Produktherstellung verstanden.[153] Oft wird der Begriff Leistungserstellung mit dem Begriff Fertigung i.w.S. gleichgesetzt.[154] Dabei wird unter Fertigung i.e.S. oft die physische Produktherstellung bestehend aus Teilefertigung und Montage verstanden. Im Kontext dieser Arbeit fallen unter den Begriff der Leistungserstellung direkte Tätigkeiten der Montage, die produktions- bzw. wertschöpfungsnahen Tätigkeiten des Transports, der Bereitstellung und der Lagerung sowie administrative Tätigkeiten der Planung und Steuerung. Die (mechanische) Fertigung wird im Rahmen dieser Arbeit nicht betrachtet.

Die Leistungserstellung im Maschinen- und Anlagenbau ist vor dem Hintergrund der Branchencharakteristik durch eine hohe Komplexität gekennzeichnet. Ihre Aufgabe ist es, unter vorgegebenen Zielgrößen das vom Markt bzw. Kunden nachgefragte Erzeugnis zu erstellen.[155] Die Geschäfts- bzw. Betriebsleitung legt dabei unter Beachtung der festgelegten Zielgrößen die einzusetzenden Faktorkombinationen fest.[156] Dabei korrespondieren die produktionsseitigen oder logistischen Zielgrößen nicht immer unmittelbar mit den klassischen Unternehmenszielen (der Gewinnmaximierung oder der Steigerung des Return on Investment), wie das klassische Dilemma der Ablaufplanung zeigt.[157] Durch die Reduktion der Durchlaufzeiten eines Auftrages oder Projektes kann die Kapitalbindung reduziert werden und hat demnach einen positiven Einfluss auf den zu erwartenden Deckungsbeitrag respektive Gewinn, wie eine optimierte Ressourcenallokation und -ausschöpfung. Eine optimierte Ressourcennutzung jedoch erfordert, dass zu jedem Zeitpunkt genügend Aufträge im System eingelastet sind bzw. jeder Mitarbeiter entlang der Auftragsabwicklungskette vollkommen beschäftigt ist. Jenseits einer strikten Fließproduktion mit vollständig ausgetakteten Taktzeiten ohne Zwischenpuffer (im One Piece

---

149 vgl. Brooks (2009), Suppliers on a short leash, S. 40; Bevilacqua et al. (2002), Fuzzy Logic-based Approach to Supplier Selection, S. 237

150 vgl. Hartmann (2004), Lieferantenmanagement, S. 46; Bundesverband Materialwirtschaft (2004), Best practice in Einkauf und Logistik, S. 172

151 vgl. Wildemann (1987), Auftragsabwicklung in einer computergestützten Fertigung, S. 6-31

152 Das Verständnis des Begriffs Produktion lehnt sich an den wissenschaftlichen sowie umgangssprachlichen Gebrauch des Synonyms Erzeugung an. Vgl. Kortzfleisch (1990), Systematik der Produktionsmethoden, S. 107

153 vgl. Gutenberg (1983), Grundlagen der Betriebswirtschaftslehre, S. 1 ff.

154 vgl. Hoitsch (1993), Grundlagen einer industriellen Betriebswirtschaftslehre, S. 2; Adam (1998), Produktionsmanagement, S. 710; Jacob et al. (1990), Industriebetriebslehre, S. 992

155 vgl. Erlach (2007), Wertstromdesign, S. 13

156 vgl. Adam (1996), Planung und Entscheidung, S. 99; Eversheim (1990), Organisation in der Produktionstechnik, S. 12 f.

157 vgl. Gutenberg (1983), Grundlagen der Betriebswirtschaftslehre, S. 216; Kurbel (2003), Grundlagen von PPS-Systemen S. 167

Flow) lässt sich eine Vollauslastung aller am Auftrag beteiligten Ressourcen nur durch die Bildung von Zwischenbeständen und somit längeren Durchlaufzeiten realisieren.[158]

2.3.1.3 Auslieferung

Den letzten Hauptprozess entlang der Auftragsabwicklungskette stellt die Auslieferung der hergestellten Güter dar. Grundlegendes Ziel der Auslieferung (oft auch Distribution genannt) ist laut SCHULTE, das Erzeugnis zum richtigen Zeitpunkt am richtigen Ort (mit der geforderten Funktionalität und Qualität) bereitzustellen.[159] So argumentiert PFOHL, dass die Auslieferung die Funktion des Bindeglieds zwischen der unternehmensinternen Leistungserstellung sowie der Marktseite der Unternehmung übernimmt und dabei sowohl die physischen Lager- und Transportvorgänge der Waren zum Abnehmer als auch die dafür erforderlichen Informations-, Steuerungs- und Kontrolltätigkeiten beinhaltet.[160] SPECHT und FRITZ nennen als zentrale Handlungsfelder die Aktivitäten der Planung und Gestaltung der Lagerhäuser, der Lagerhaltung, des Lagerumschlags, des Transportes und der Zustellung der Erzeugnisse, der Verpackung als auch der Abwicklung.[161] GABLER führt an, dass Gegenstand des Auslieferungsprozesses die Planung, Realisierung und Kontrolle des Gütertransports sowie die damit verbundene informationstechnische Unterstützung zwischen Unternehmen und (End-) Kunden sind; es besteht also ein Zusammenspiel aus Waren- und Informationsfluss, wobei der Letztere in der Regel vorlaufenden Charakter hat.[162]

Das logistische Kostenbewusstsein war im Rahmen des Auslieferungsprozesses im Vergleich des restlichen Auftragsabwicklungsprozesses lange Zeit unterentwickelt bzw. stand nicht im Fokus der Betrachtung. Erst Ende des letzten Jahrhunderts war im Speziellen in der Branche des Maschinen- und Anlagenbaus ein Trend hin zu einer ganzheitlichen Betrachtung des Auftragsabwicklungsprozesses zu erkennen.[163] So hat die Auslieferung bzw. die Distribution ihre traditionelle Position als Hilfsfunktion abgelegt und bekleidet heute ein eigenständiges mikrologistisches System.[164] Unternehmen mit gut organisierten Auslieferungsprozessen stellen dabei eine gute Möglichkeit dar, die Profitabilität eines Auftrages positiv zu gestalten. Dabei ist zu beachten, dass jegliche vertraglich zu fixierende Zusagen bezüglich der Lieferart (bspw. montiert oder demontiert), dem Lieferort sowie der Lieferzeit bereits in der Angebotsphase mit den Mitarbeitern der Versandabteilungen abgestimmt werden, sodass die logistischen Leistungen erfüll- und bezahlbar sind.[165]

Nach WILDEMANN werden im Rahmen der Auslieferung Kosten- und Leistungskriterien betrachtet. Dabei beinhaltet die Kostenbetrachtung die Frachtkosten, Transportnebenkosten, Handlingkosten und sonstige Logistikkosten. Gegenstand der Leistungskriterien sind Transportzeit, Transportfrequenz, technische Eignung des Transportsystems, Vernetzungsfähigkeit, Flexibilität, Anfangs- und Endpunkte des Transportsystems und dessen Zuverlässigkeit.[166] Weiterer Bestandteil des Auslieferungsprozesses kann die Inbetriebsetzung, also der finale Aufbau und die finale Abnahme des Erzeugnisses vor

---

[158] vgl. Serries (2004), Situationsbezogene Informationsversorgung, S. 18 f.
[159] vgl. Schulte (1991), Optimierung des Material- und Informationsflusses, S. 221
[160] vgl. Pfohl (1972), Marketing-Logistik, S. 26
[161] vgl. Specht et. al. (2005), Distributionsmanagement, S. 115
[162] vgl. Krieger (2013), Stichwort: Distributionslogistik
[163] vgl. Baumgartner (1990), Trends in der Logistik der 90er Jahre, S. 12
[164] vgl. Bröcker (1972), Distributionsweg einer Unternehmung, S. 191
[165] vgl. Witt (2009), Funktionen der Unternehmenslogistik, S. 31
[166] vgl. Wildemann (2001), Logistik Prozeßmanagement, S. 201 f.

Ort beim Kunden sein. Je nach Art des Versandes (montiert oder demontiert) werden Personalressourcen der Service- oder Inbetriebnahme-Abteilungen zum Auslieferungsort geschickt, die für den Aufbau und die Endmontage verantwortlich sind. Wird das Erzeugnis vom Kunden abgenommen, führt dieser eine Rechnungsprüfung durch und initiiert den Zahlungsfluss.

2.3.2 Herausforderung Termintreue im Maschinen- und Anlagenbau

Nachdem der Auftragsabwicklungsprozess im Maschinen- und Anlagenbau beschrieben worden ist, werden im Folgenden die zentralen Herausforderungen einer termintreuen Auftragsabwicklung anhand der Problematisierungsfelder Produkt, Marktvolatilität, Prozess und heterarchische Wertschöpfungsnetzwerke dargelegt.

2.3.2.1 Problematisierung Produkt

Besonders charakteristisch für den Maschinen- und Anlagenbau ist seine komplexe Erzeugnisstruktur. Dabei umfasst das Produktangebot Erzeugnisse aus dem High-End-, dem Mid-End-, dem Low-End- sowie dem Low-Low-End-Bereich (Bild 2-15). Charakteristische Unterschiede der Segmente sind ausgeprägt durch den Grad der Produktkomplexität und der Kundenindividualisierung. Perspektivisch nimmt die Produktkomplexität mit dem technologischen Fortschritt weiter zu. Die Komplexität eines Produktes steigt mit der Anzahl und der Heterogenität seiner Bauteile. Die Erzeugnisse des Maschinen- und Anlagenbaus setzen sich aus sehr vielen und technisch stark unterschiedlichen Komponenten zusammen. Neben der Mechanik und pneumatischen, hydraulischen sowie elektrischen Elementen finden immer mehr elektronische und optische Komponenten, programmierbare Steuerungen und verschiedene Arten von Software und IT-Schnittstellen Anwendung.[167] Neben einer starken Interdependenz zwischen den einzelnen Komponenten geht ein geringer Standardisierungsgrad mit einer Erhöhung der Produktkomplexität einher.[168]

Speziell im High-End-Bereich sind die Produkte durch einen hohen Anteil kundenindividualisierter Umfänge geprägt und stellen die Kernkompetenz des deutschen Maschinen- und Anlagenbaus dar. In den Mid-End- und Low-End-Segmenten ist ein wesentlich höherer Standardisierungsanteil vorzufinden. Maschinen und Anlagen sind auf ihre wesentlichen Funktionen beschränkt. Das Low-Low-Segment ist im deutschen Maschinen- und Anlagenbau eher nicht vorzufinden.

Die Produkte des Maschinen- und Anlagenbaus sind durch einen hohen Komplexitäts- und Technologiegrad gekennzeichnet.[169] Innerhalb der Massenproduktion gelten Produkte mit mehr als etwa 100 Teilen als komplex, bei Kleinserien reicht die Anzahl der Bauteile komplexer Produkte typischerweise von einigen hundert bis mehr als zehntausend Bauteile. Komplexe Kleinserienprodukte sind gekennzeichnet durch das Zusammenwirken von Elektrik/Elektronik, Mechanik, Hydraulik, Pneumatik.[170] Im

---

[167] vgl. Klabunde et al. (2003), Wissensmanagement bei Produkt- und Prozessgestaltung, S. 7

[168] vgl. Beutin (2000), Kundennutzen in industriellen Geschäftsbeziehungen, S. 34

[169] Ein Produkt wird als komplex bezeichnet, wenn der Zusammenhang zwischen Eingangs- und Ausgangsgrößen aufgrund der Vielzahl verschiedener Komponenten und deren unterschiedlichen Verbindungen im Gesamtzusammenhang für eine einzelne Person nicht mehr zu überschauen ist (vgl. Klabunde et al. (2003), Wissensmanagement bei Produkt- und Prozessgestaltung, S. 7). Quantitativ beschreibbar ist Produktkomplexität durch Merkmale wie Bauteilanzahl, Anzahl der Funktionen, räumliche Ausdehnung, Integrationsgrad oder Bewegungsdynamik. Vgl. Köhler (1997), Disposition und Materialbereitstellung bei komplexen variantenreichen Kleinserienprodukten, S. 9

[170] vgl. Konz (1989), Steuerung der Standplatzmontage komplexer Produkte, S. 5

Allgemeinen ergibt sich aus diesen Voraussetzungen eine komplexe, mehrteilige Erzeugnisstruktur. Sie ist dadurch charakterisiert, dass (abgesehen von einer Unikatproduktion) durchschnittlich 20-30% der Produktfunktionen bei jedem Auftrag vollständig neu gelöst werden müssen. Diese neuen Funktionen haben zur Folge, dass ca. 15% des Produktumfangs neu konstruiert und bei ca. 75% eine Geometrieveränderung durchgeführt werden muss. Demgegenüber steht lediglich ein Wiederverwendungsanteil von 10% bereits vorhandener Konstruktionszeichnungen.[171] So ist es schwierig, für einen Auftrag gefundene „Best Practices" auf neue Produkte zu übertragen.[172] Erschwerend kommt hinzu, dass bereits spezifizierte Produkte nachträglich, teilweise noch nach Montagebeginn, durch den Kunden verändert werden. Bereits produzierte oder montierte Produkte müssen so kostenintensiv geändert und demontiert werden; im schlimmsten Fall müssen Bestellvorgänge erneut angestoßen werden. Oft werden die damit verbundenen Kosten weder berücksichtigt noch dem Kunden in Rechnung gestellt.

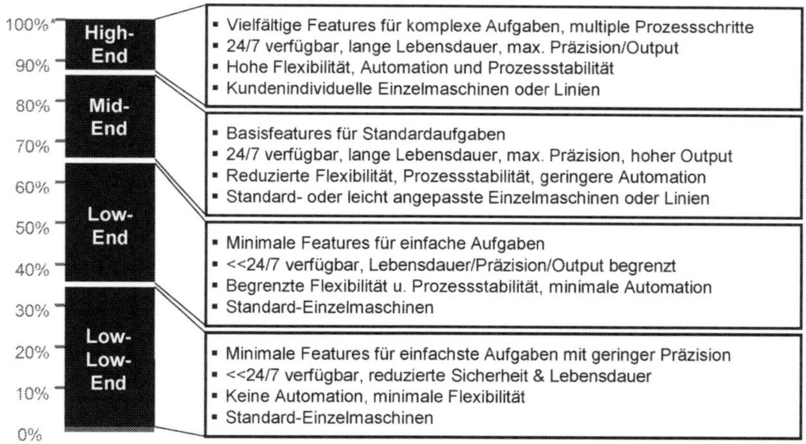

*100%=höchste/innovativste heute am Markt erhältliche Performance, 1% = manuell; niedrigste Kosten und niedrigste Performance

Bild 2-15: Produktklassifizierung im Maschinen- und Anlagenbau[173]

Die Produkte des Maschinen- und Anlagenbaus sind ferner durch eine niedrige Produktstabilität gekennzeichnet. Die Produktstabilität ist dabei ein Maß für die konstruktive Konstanz, mit der ein Produkt oder eine Produktreihe hergestellt wird.[174] Eine hohe Produktstabilität kennzeichnet Produkte, die über mehrere Jahre nahezu unverändert produziert werden. Modifikationen ergeben sich nur im Rahmen der Produktpflege, der Kostenoptimierung von Zukaufteilen oder wie in der Serienproduktion typisch bei Produktneuauflagen. Geringe Produktionsstabilität bedeutet, dass ein Produkt während des Produktlebenszyklus ständig umfangreichen Änderungen unterworfen ist. Die Erzeugnisse des Maschinen- und Anlagenbaus unterliegen einer stetigen Änderung und kontinuierlichen Weiterentwicklung. Das Problem dieser sich ergebenden Produktion von Erzeugnissen mit Prototypcharakter besteht

[171] vgl. Kosmas (1988), Strategien und Hilfsmittel für die Montagevorbereitung, S. 3
[172] vgl. Lotter (1992), Wirtschaftliche Montage, S. 1
[173] vgl. Roland Berger (2010), Globale Megatrends, S. 16
[174] vgl. Köhler (1997), Disposition und Materialbereitstellung bei komplexen variantenreichen Kleinserienprodukten, S. 37

darin, dass die Produktion und Entwicklung innerhalb des Leistungserstellungsprozesses in einen Schritt fällt. Analog zur Problematik nachträglicher Kundenwünsche und Konstruktionsänderungen basiert diese prototypenähnliche Leistungserstellung auf einem niedrigen Grad der Prognostizierbarkeit und ist mit starken Schwankungen der Durchlaufzeiten verbunden.

Mit einer steigenden Produktvielfalt, kurzen Lieferzeiten und einer hohen Servicequalität wird im Zuge einer konsequenten Kundenorientierung versucht, den Wünschen der Kunden nachzukommen und somit ihren Nutzen zu maximieren.[175] Hieraus resultiert für ein Unternehmen die Notwendigkeit, seine Produktpalette stärker in Kunden- und Marktsegmente zu differenzieren und zusätzliche Service- und Dienstleistungen anzubieten.[176] Als Konsequenz der Variantenvielfalt ergeben sich neben der steigenden Komplexität auch Probleme bei der Realisierung von Skaleneffekten, wodurch die Kostenstruktur eines Unternehmens negativ beeinflusst werden kann.[177]

Generell ist eine kundenindividualisierte Erstellung von Maschinen und Anlagen mit Kostensteigerungen verbunden, die nicht immer durch die bei dem Kunden erzielbaren Erlöse gedeckt werden.[178] Zwar ist ein Maschinenhersteller auf der einen Seite in der Lage, seine Produkte in hohem Maß an den individuellen Bedürfnissen einzelner Kunden auszurichten, allerdings geht dieser hohe Effektivitätsgrad mit einem niedrigen Effizienzgrad der Leistungserstellung einher.[179] Die Kosten, welche durch die so praktizierte Kundenorientierung „zusätzlich" verursacht werden, sind oft hoch und werden durch den Kunden nicht über den Verkaufspreis „honoriert".[180]

Untersuchungen zeigen, dass der Anteil kundenindividualisierter Erzeugnisse am Produktportfolio der Maschinen- und Anlagenbauer tendenziell steigt. Bereits zwischen 1991 und 1998 stiegen die kundenspezifischen Erzeugnisse von 51% auf fast 60%, während der Anteil der Standarderzeugnisse um 5% auf 15% sank (Bild 2-16). Seither hat sich der Trend bestätigt und aktuelle Studien prognostizieren, dass sich das Produktionsprogramm weiterhin zugunsten kundenindividualisierter Produkte verschieben und die Problematik einer effizienten Leistungserstellung weiterhin verschärfen wird.[181]

Die aus dem hohen Kundenindividualisierungsgrad und heterogenen Marktanforderungen hervorgehende Erzeugnisstruktur ist demnach durch eine hohe Variantenvielfalt gekennzeichnet. Abgesehen von Sondermaschinen mit Prototypencharakter hat jeder Produkttyp im Maschinen- und Anlagenbau eine mehr oder weniger große Anzahl an Varianten und Optionen, die die Produktvarianz bilden.[182] Die Problematik liegt darin, dass mit steigender Varianz der produzierten Erzeugnisse das zu handhabende Teilespektrum größer wird, und umso schwieriger ist es dann, die Bedarfe an Bauteilen transparent zu machen. Der Aufwand für die Koordination, Planung und Steuerung, Materialwirtschaft und

---

175 vgl. Schuh (2005), Produktkomplexität managen, S. 15

176 vgl. Nagel et al. (1994), Unternehmenssignale, S. 110 ff.

177 vgl. Klabunde et al. (2003), Wissensmanagement bei Produkt- und Prozessgestaltung, S. 4 f.

178 vgl. Widmaier (2000), Der deutsche Maschinenbau in den neunziger Jahren, S. 409

179 Speziell in den 90er Jahren wurde davon gesprochen, dass der deutsche Maschinen- und Anlagenbau sich in einer Individualisierungsfalle befände. Vgl. Widmaier (1996), Strukturierte Vielfalt, S. 13

180 vgl. Widmaier (2000), Der deutsche Maschinenbau in den neunziger Jahren, S. 411

181 Nicht veröffentlichte Erhebung in der Studie Schuh (2007), Effizient, schnell und erfolgreich.

182 Die Produktvarianz beschreibt dabei die Unterschiede der Produkte in Produkt- und Baugruppenstruktur sowie der Einzelteilkonstruktion (vgl. Schuh (1989), Gestaltung und Bewertung von Produktvarianten, S. 23). Die Produktvarianz wird durch die im Baukasten vorgesehene Baugruppenvielfalt gebildet (vgl. Köhler (1997), Disposition und Materialbereitstellung bei komplexen variantenreichen Kleinserienprodukten, S. 37).

vor allem die Beschaffung wird höher.[183] So steigt mit der Anzahl zu beschaffender Teile die Anzahl zu koordinierender Lieferanten. Die Abwicklung aller mit der Beschaffung verbundenen Tätigkeiten (Lieferantenanalyse und -auswahl, Lieferantenverhandlung und Bestellung, Lieferantencontrolling) sowie die Sicherstellung einer termintreuen Belieferung aller für die Montage benötigten Komponenten werden zur komplexen Herausforderung.

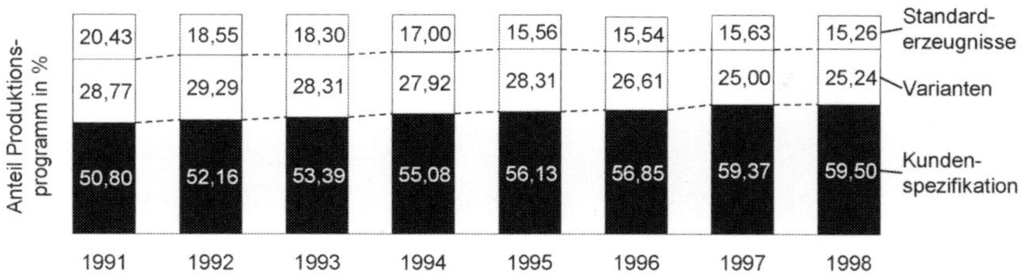

Bild 2-16: Entwicklung des Produktionsprogramms im Maschinen- und Anlagenbau[184]

2.3.2.2 Problematisierung Marktvolatilität

Der Maschinen- und Anlagenbau als Investitionsgüterbranche unterliegt starken konjunkturellen Schwankungen. Sie führen zu geringer Marktstabilität sowie Varietätsasymmetrie und haben enorme Auswirkungen auf den Leistungserstellungsprozess. Die besondere Stellung des Maschinen- und Anlagenbaus als Lieferant von Investitionsgütern führt zu einer starken Abhängigkeit vom Investitionsverhalten seiner Kunden und äußert sich in Marktturbulenzen und einer signifikanten Volatilität des Bedarfes.[185]

Da die produzierende Industrie als Hauptkunde in ihren Investitionsentscheidungen stark auf Nachfrageschwankungen, wirtschaftliche Randbedingungen und Stimmungen reagiert, ist der Maschinen- und Anlagenbau starken Schwankungen der Nachfrage und damit der Auftragslage unterworfen.[186] Zeugnis hierfür ist die durchschnittliche Schwankungsbreite im monatlichen Auftragseingang von ca. 20-30% (Bild 2-17). Selbst eine Mehrjahresbetrachtung zeigt eine große Zyklizität auf, sodass letztendlich eine gleichmäßige Auslastung des Leistungserstellungssystems eine große Herausforderung darstellt.[187]

Die geringe Marktstabilität der Investitionsgüterbranche zeigt sich insbesondere in der charakteristischen Varietätsasymmetrie. Es lassen sich in diesem Zusammenhang vier verschiedene Typen von Turbulenz bzw. Volatilität identifizieren, denen ein Unternehmen des Maschinen- und Anlagenbaus ausgesetzt ist:[188]

---

[183] vgl. Caesar (1991), Kostenorientierte Gestaltungsmethodik, S. 13

[184] vgl. Widmaier (2000), Der deutsche Maschinenbau in den neunziger Jahren, S. 410

[185] BHATTACHARYA et al. bezeichnen mit „Turbulenz" das Phänomen, welches aufgrund einer Varietät und Ungewissheit jeglicher betrieblicher Inputs auftritt und dadurch den Leistungserstellungsprozess unprognostizierbar und suboptimal werden lässt, sodass Unternehmen Schwierigkeiten haben, die gewünschten betrieblichen Outputs zu generieren. Vgl. Bhattacharya et al. (1996), Product market, turbulence and time compression, S. 35

[186] vgl. Braczyk (1997), Innovationsstrategien im deutschen Maschinenbau, S. 10

[187] vgl. Schuh (2007), Effizient, schnell und erfolgreich, S. 20

[188] vgl. Jina et al. (1997), Lean principles for high product variety and low volumes, S. 7

- Absatzplanung: Kurzfristige Absatzplanänderungen in einem diskreten Zeitraum, speziell wenn der Liefertermin näher rückt;
- Produktmix: Hohes Angebot verschiedenartiger Produktmodelle, die über einen diskreten Zeitraum produziert werden müssen;
- Absatzvolumen: Stark schwankender Absatz der Produkte über einen diskreten Zeitraum;
- Design: Viele späte und nachträgliche Anpassungen von Produktfunktionalitäten oder -design, speziell nach Auftragseingang.

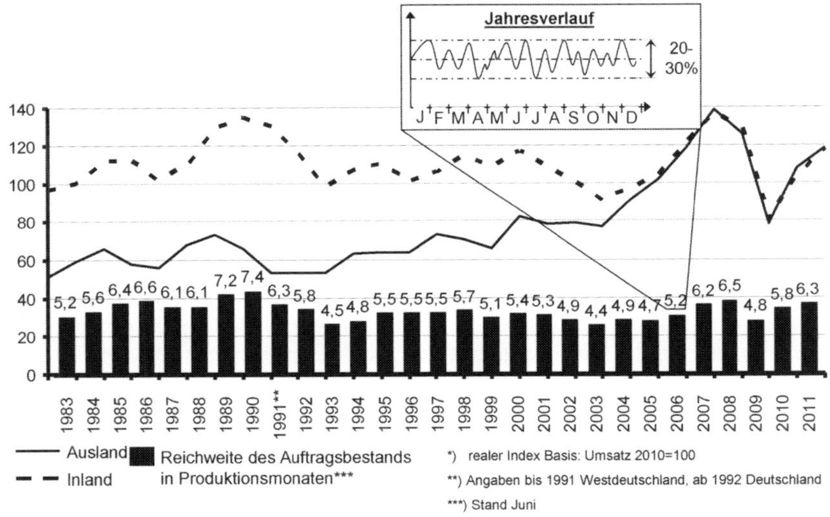

Bild 2-17: Auftragseingang und Auftragsbestand[189]

In Summe führt diese Struktur wie in Bild 2-18 dargestellt zu einer hohen Varietät.[190] Die dargestellten Amplituden- und Frequenzgestalten hängen von der Ausprägung verschiedener Parameter ab. Aus einem straffen Leistungsprogramm mit geringer Leistungsvielfalt und einem stabilen Kundenauftragsmix resultiert eine stabile, vorhersehbare, kontinuierliche und geringe Amplitude. Ein regelmäßiger Bedarfsverlauf mit langer Lieferzeit und geringer Liefermenge sowie eine gleichzeitig geringe Bestellintensität (langer Abstand zwischen den Aufträgen) bilden eine stabile, vorhersehbare, kontinuierliche und geringe Frequenz. Somit ergibt sich in der Summe aus niedriger Frequenz und Amplitude eine geringe Varietät. Im umgekehrten, für den stark kundenindividuellen Maschinen- und Anlagenbau charakteristischen Fall führen volatile und teilweise noch unbestimmte Amplituden und

---

[189] vgl. VDMA (2012), Statistisches Handbuch für den Maschinenbau 2012, S. 44

[190] KÖSTER bezeichnet mit Varietät allgemein die Anzahl möglicher Zustände eines Systems, welche durch eine Kurve mit variabler Amplitude und Frequenz zum Ausdruck gebracht werden kann und symptomatisch für den dynamischen, diskontinuierlichen Absatzmarkt des Maschinen- und Anlagenbaus steht. Je nach Gestalt der Amplitude und Frequenz resultieren unterschiedliche Varietätsmuster. Vgl. Köster (1998), Komplexitätsmanagement in der Industrie, S. 33

Frequenzen zu einer hohen Varietät und induzieren die Varietätsasymmetrie zwischen dem (dynamischen und diskontinuierlichen) Absatzmarkt und dem betrieblichen Leistungserstellungssystem.[191]

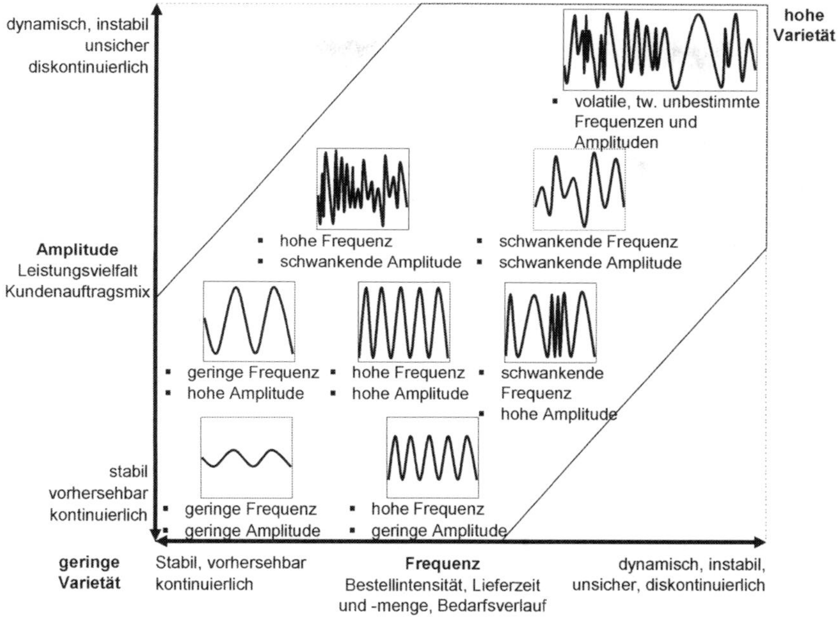

Bild 2-18: Varietätsmuster[192]

Die Nachfrageschwankungen ziehen starke Auswirkungen auf den Leistungserstellungsprozess nach sich. Neben dem Auftreten von Engpässen sind Eilaufträge die Konsequenz. Durch die Beschleunigung einzelner Aufträge wird der Leistungserstellungsprozess generell gehindert, sodass unter Umständen andere Aufträge ins Hintertreffen geraten und wiederum nicht rechtzeitig ausgeliefert werden können. Dabei werden Probleme nur verlagert und nicht nachhaltig gelöst. Neben einem Mangel an Ressourcen und Kapazitäten, der zu einem nicht termingerechten Fertigstellen der Erzeugnisse führen kann, stellt ein durch Nachfrageschwankungen hervorgerufener Überschuss an Kapazitäten die Unternehmen vor Probleme. Sie werden insbesondere mit der Fragestellung konfrontiert, wie Mitarbeiter anderweitig eingesetzt werden können, wenn gerade ein durch die Marktvarietät bedingtes Nachfrageminimum vorliegt, sodass nicht die vollständige Belegschaft zur Erzeugung der nachgefragten Leistungen benötigt wird.

Die geringe Marktstabilität und Varietätsasymmetrie führen auf operativer Ebene zu einer schlechten Plan- und Steuerbarkeit der gesamten Leistungserstellung. Im Speziellen führen die branchenimmanenten Turbulenzen zu einer nur schwer realisierbaren synchronen Einbindung der Lieferkette in den Leistungserstellungsprozess. Weiterhin sind auftretende kurzfristige Eilaufträge mit einer ad hoc

[191] vgl. Köster (1998), Komplexitätsmanagement in der Industrie, S. 34
[192] vgl. Köster (1998), Komplexitätsmanagement in der Industrie, S. 34

Umdisponierung und Verlagerung von Prioritäten mit einer fehlenden zeitnahen Transparenz über die logistische Situation verbunden. Die Folge sind „chaotische“ Verhältnisse, die sich in Form von fehlenden Teilen oder einer mangelnden Einsicht in den aktuellen Produktionsstatus äußern.[193]

2.3.2.3 Problematisierung Prozess

Die Komplexität sowie Teileviel- und -unterschiedlichkeit der Produkte des Maschinen- und Anlagenbaus verbunden mit der starken Marktvolatilität stellt speziell die Gestaltung und Koordination der Produktionsprozesse vor enorme Herausforderungen und verursacht nicht zuletzt bei der Planung und Steuerung einen hohen Aufwand verbunden mit einem geringen Transparenzgrad. Dies führt zu einem turbulenten Unternehmungsumfeld mit zahlreichen Auswirkungen auf die Prozesse des Leistungserstellungssystems. Die beschriebenen Merkmale Kundenauftragsorientierung, Marktvolatilität, hohe Produktkomplexität und eine sinkende Wertschöpfungstiefe, welche mit einem Ansteigen des Zukaufanteils einhergeht, machen deutlich, dass ein hoher Planungs- und Koordinierungsaufwand erforderlich ist. So wird im Maschinen- und Anlagenbau versucht, Kundenauftragsprojekte von der Initiierung an über das Angebot, den konkreten Auftrag bis hin zur erfolgreichen Inbetriebnahme nach Möglichkeit zu planen. Grundsätzlich versuchen die Unternehmen dabei Finanzen, Termine und Prioritäten, Kapazitäten und die Materialverfügbarkeit zu berücksichtigen.[194]

Der durch die Kundenindividualität erzwungene niedrige Vorleistungsgrad führt allerdings dazu, dass durchschnittlich 87% der Wertschöpfung auftragsspezifisch unter knappen Zeitvorgaben durchgeführt werden muss.[195] Während Hersteller von Standarderzeugnissen aufgrund einer fortgeschrittenen Standardisierung und Modularisierung ihrer Produkte immerhin zu 33% auftragsneutral auf Lager produzieren können, liegt der Anteil auftragsneutraler Vorleistungen bei den Maschinenherstellern mit hohem Kundenindividualisierungsgrad bei lediglich 13%. Letztendlich führt das dazu, dass eine auftragsneutrale Vorfertigung von Bauteilen und Baugruppen, um bspw. Lieferzeiten zu verkürzen und die Liefertermintreue zu verbessern, im Maschinen- und Anlagenbau schwierig umzusetzen ist. Da eine Entkopplung von externer Nachfrage und interner Bearbeitung nicht möglich ist, steigt somit die Belastung des Produktionssystems mit der Anzahl der Produktionsaufträge, und die Anforderung an die Auftragssteuerung nimmt zu.[196]

Prioritäten werden fast täglich neu gesetzt, sodass gestern noch als wichtig eingestufte Prozesse am darauf folgenden Tag bereits überschrieben werden. Sichtbar wird dies in der Montagehalle, wo halbfertige Maschinen und Anlagen verstreut auf den Produktionsflächen vorgefunden werden und Baugruppen oder Komponenten nicht wiedergefunden werden können. Die selbsternannte Flexibilitätsfähigkeit gerät dann in den Hintergrund und die Produktion ist gekennzeichnet durch unübersichtliche „Brandherd-Bekämpfungen“ und einen Mangel an Transparenz. Zwar wird vereinzelt versucht, durch planerische Aktivitäten mithilfe von verschiedenen Projektplanungsinstrumenten Netzpläne und Meilensteine zu generieren oder Kapazitäten zu berechnen, jedoch mangelt es an einer organisierten Durchsetzung der Planungsaktivitäten. Zumeist werden Pläne erstellt, denen dann allerdings auf der operativen Ebene nicht gefolgt wird. Prioritäten werden nochmals lokal gesetzt und es erfolgt keine

193 vgl. Grundmann (2006), Flexible Kapazitäten im Maschinen- und Anlagenbau, S. 42
194 vgl. Langer (2000), Maschinen- und Anlagenbau, S. 26
195 vgl. Schuh (2007), Effizient, schnell und erfolgreich S. 21
196 vgl. Schuh (2007), Effizient, schnell und erfolgreich, S. 21

Rückmeldung über fertiggestellte Aufträge, sodass der Produktionsstatus zu keiner Zeit ersichtlich ist.[197]

Die Dynamik der Leistungserstellung, bedingt durch die ständige Umverteilung der Ressourcen in Abhängigkeit von Gebrauch und Verfügbarkeit, führt demnach zu einem großen organisatorischen Aufwand, einem hohen Transportaufkommen und einem damit verbundenen unübersichtlichen Materialfluss. Allgemein ergeben sich daraus ein hohes Störaufkommen und eine geringe Auslastung von Personal und Betriebsmitteln.[198] So machen Kapazitätsengpässe insbesondere in der arbeitsintensiven Montage, bei der Ressource Personal, einen nicht zu vernachlässigenden Anteil der Störungsarten aus. Durch mangelnde Koordination und Organisation ist die Verfügbarkeit von qualifizierten Mitarbeitern zur richtigen Zeit und an der richtigen Stelle nicht immer gewährleistet. Aufgrund des unübersichtlichen Produktionsablaufs bei der Werkstattfertigung oder der Baustellenmontage wird zudem eine effiziente Planung und Steuerung erschwert, was zu einer Unschärfe des Produktionsprozesses im Maschinen- und Anlagenbau führt.[199]

Die zeitlichen Determinanten der Montage komplexer Produkte sind kaum genau bestimmbar, da eine Reihe von Unwägbarkeiten im Vorfeld nicht einkalkuliert werden können.[200] Oft sind die Vorgangsdauern geschätzt oder durch Vergleiche mit Planzeitkatalogen und Referenzaufträgen ermittelt. In der Praxis kann die reale Vorgangsdauer bis zu 50% (Durchschnitt 19%) nach oben und bis zu 20% (Durchschnitt 10%) nach unten von den Soll-Werten abweichen.[201] Eine termintreue Planung und Steuerung wird dadurch sichtlich erschwert.

Die Montage im Maschinen- und Anlagenbau ist durch eine Vielfalt an schwer formalisierbaren Einzelaufgaben charakterisiert. Diese sind meist von höherer Komplexität als Routineaufgaben und damit nur schwer plan- und strukturierbar. Der Wissens- und Informationsbedarf ist dadurch immens, allerdings auch in der Regel unbestimmt.[202] Eine weitere Schwierigkeit besteht darin, dass ein Montagevorgang nur dann abgearbeitet werden kann, wenn zusätzliches Material bereitgestellt wurde, während in der Fertigung vom zweiten Arbeitsschritt an nur die Verfügbarkeit des Arbeitsplatzes über die Durchführbarkeit des nächsten Vorgangs entscheidet. Auch Material und Information können in der Fertigung leichter als Einheit aufgefasst werden, da der Arbeitsplan und die Zeichnungen das Werkstück in der Regel durch die Werkstatt begleiten.[203] So tritt in der Montage durchschnittlich eine Störung pro Stunde auf. Diese hohe Fehlerfrequenz führt zu einer ständigen Umplanung und Umstrukturierung (Änderung der Termine sowie des Kapazitäts- und Ressourceneinsatzes) des Montageprozesses und schließlich zu einer unproduktiven Unruhe. Diese so entstehenden Störungen sind nicht auf defekte Maschinen oder Werkzeuge zurückzuführen, sondern vielmehr auf die mangelnde Verfügbarkeit von Ressourcen, insbesondere von Material.[204]

[197] vgl. Langer (2000), Maschinen- und Anlagenbau, S. 27
[198] vgl. Stolz (1988), Materialbereitstellung in der Montage, S. 11, 21
[199] vgl. Lehmann (1992), Störungsmanagement in der Einzel- und Kleinserienmontage, S. 22
[200] z.B. Wiederholungseffekte, Lernkurve der Mitarbeiter, Störungen, neue Produkte etc.
[201] vgl. Lehmann (1992), Störungsmanagement in der Einzel- und Kleinserienmontage, S. 24
[202] vgl. Böhl (2001), Wissensmanagement in KMUs, S. 16
[203] vgl. Eversheim (1989), Fertigung und Montage, S. 31
[204] vgl. Eversheim (1992), Störungsmanagement in der Montage, S. 2

Werden alle in der Montage des Maschinen- und Anlagenbaus auftretenden Störungsarten untersucht, so ergibt sich, dass 63% der Störungen dem Bereich Material zuzuordnen sind (Bild 2-19). Dabei machen Fehlteile mit 68% den größten Anteil aus.[205] Daraus folgend besteht die Montagearbeit zu 20% aus Fehlteilsuche, die ständig 25% der qualifizierten, lohnintensiven Montagemitarbeiter beschäftigt, sodass die Auftragsdurchlaufzeit unweigerlich verlängert wird.[206]

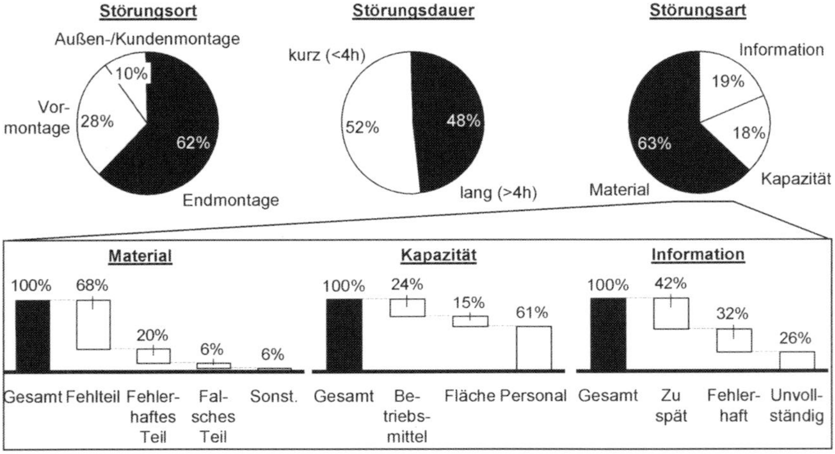

Bild 2-19: Auftreten von Störungen in der Montage des Maschinen- und Anlagenbaus[207]

Die Ursachen für die Fehlteilentwicklung, speziell in der Montage, sind vielfältig, werden zu 75% von wechselnden stochastischen Einflüssen bestimmt und lassen sich den folgenden Bereichen zuordnen:[208]

- Fertigung,
- Materialbereitstellung in der Montage,
- Beschaffung und Disposition sowie
- Organisation.

Da die Fertigung oft zu stark produktionsorientiert ist, steht die Minimierung der Rüstzeiten im Vordergrund. So wird der Zielkonflikt zwischen hoher Auslastung und niedrigen Umlaufbeständen nur ungenügend gelöst. Ferner führen Kapazitätsengpässe, die aus ungenauer Kapazitätsabstimmung herrühren, zu verspäteter Festlegung von Aufträgen. Ein nicht ersichtlicher Produktionsstatus sowie mangelnde Transparenz über Termine und Prioritäten führen lediglich zu lokaler Optimierung der Fertigung – der Gesamtfokus geht verloren.

[205] vgl. Eversheim (1992), Störungsmanagement in der Montage, S. 13
[206] vgl. Groß (1990), Planung der Auftragsabwicklung komplexer Produkte, S. 4 f.
[207] vgl. Eversheim (1989), Fertigung und Montage, S. 13
[208] vgl. Köhler (1997), Disposition und Materialbereitstellung bei komplexen variantenreichen Kleinserienprodukten, S. 17 ff.

Oft ist die Kommissionierzeit so lang, dass zu Beginn der Kommissionierung noch nicht alle Materialien im Lager bereitstehen. So werden die fehlenden Materialien in einem zweiten Durchgang „nachkommissioniert“, wobei die Informationsverarbeitung dabei fehleranfällig ist und einen hohen Aufwand verursacht. Ferner ist die Materialbereitstellung der vielen Positionen in der Montage unübersichtlich, sodass Störungen durch sehr lange Suchzeiten der Monteure und Meister entstehen. Durch den Schwund von Teilen, welcher durch ungeplante oder ungenehmigte Serviceentnahmen, nicht rückgemeldeten Ausschuss oder Diebstahl entsteht und durch die Bereitstellungsmechanismen nicht registriert wird, fehlen diese Teile später unerwartet. Zusätzlich kann es vorkommen, dass falsche Teile bereitgestellt oder beschafft werden, da die Stücklisten die Produkte nur ungenau beschreiben, weil bspw. konstruktive Änderungen nicht vermerkt wurden.

Lieferverzug durch den Lieferanten stellt eine der Hauptursachen für Fehlteile dar. Zugesagte Termine können nicht eingehalten werden oder der Einkauf schreibt unrealistische Liefertermine vor. Zusätzlich kann eine zu späte Bestellung als Versäumnis der Disponenten oder Einkäufer die Problematik verschärfen und eine rechtzeitige Anlieferung verhindern. Ferner werden durch fehlende Lieferterminüberwachung Versäumnisse erst dann entdeckt, wenn die Teile benötigt werden. Bei den auftragsneutral zu beschaffenden Bauteilen existieren keine ausreichenden Informationen, in welcher Stückzahl diese benötigt werden. Es kommt daher insbesondere bei Variantenteilen zu Fehleinschätzungen über den tatsächlichen Bedarf. Zusätzlich kommt hinzu, dass durch eine ungenaue Bestandsführung Material nicht in der erforderlichen Menge beschafft wird. Insbesondere wird der Zielkonflikt zwischen Materialverfügbarkeit und Beständen nur unzureichend gelöst und Sicherheitsbestände als zu gering angenommen. Letztendlich müssen alle Bauteile mit hohem personellem Aufwand disponiert und bestellt werden, da keine adäquaten Automatismen sowie nicht vorhandene oder schlecht angepasste IT-Systeme vorliegen.

Bei der Gestaltung der Informationswege wird der Informationsfluss, der zur Behebung der Störungen, die durch Fehlteile verursacht werden, notwendig ist, nicht eingeplant. So werden Vorgänge, die ein frühzeitiges Erkennen von Fehlteilen ermöglichen, als nicht dringlich eingestuft. Bereiche wie die Konstruktion werden mit Aufgaben für neue Produkte und Funktionalitäten beschäftigt, sodass keine Kapazitäten vorgehalten werden, um die kleinen und großen Änderungen in Zeichnungen und Stücklisten schnell und in ausreichendem Maß durchzuführen.

Die Komplexität in der Planung und Steuerung sowie im Speziellen die Fehlteile in der Montage erschweren eine termintreue Auftragsabwicklung. Die Schaffung von Kostentransparenz äußert sich aufgrund der mangelnden Verfügbarkeit aller aus der Vorkalkulation, der mitlaufenden Kalkulation sowie der Kosten- und Erlösrechnung ermittelten Daten als schwierig. Oft entsteht ein Bruch zwischen der Grob- und Feinplanung, da nicht jede Änderung sowie jede neu zu planende Tätigkeit sowohl in der Grobplanung als auch in der Fertigungs- bzw. Montageplanung und Materialwirtschaft aufgezeigt und ihre Auswirkungen berücksichtigt werden. Aus bereits aufgeführten Gründen erweist sich eine Terminplanung mit einer vorgeschalteten Machbarkeitsprüfung, in welche die tatsächlich vorhandenen Kapazitäten eingehen, um sicherzustellen, dass verplante Materialien zum richtigen Zeitpunkt, am richtigen Ort in der entsprechenden Qualität verfügbar sind, als äußerst schwierig. Somit wird in den seltensten Fällen die rechtzeitige Verfügbarkeit von akkuraten Informationen in brauchbarer Form für die zuständigen Mitarbeiter gewährleistet.

2.3.2.4 Problematisierung heterarchische Wertschöpfungsnetzwerke

Die unternehmensübergreifende Auftragsabwicklung im Maschinen- und Anlagenbau ist gekennzeichnet durch eine heterarchische Netzwerkstruktur,[209] die im starken Gegensatz zu einer hierarchischen Struktur steht, welche bspw. in Ausprägung einer linearen Lieferkette in der Automobil- oder Konsumgüterindustrie vorzufinden ist (Bild 2-20).

Hierarchische Strukturen basieren grundsätzlich auf einer sog. vertikalen Machtverteilung.[210] Die Koordination erfolgt anhand von Plänen, Ordnungen und Vorschriften, die von einer zentralen Instanz bzw. Autorität definiert werden.[211] Im Gegensatz zu den marktbasierten Strukturen ist es in hierarchischen Strukturen nicht der Preis, sondern die Macht, die die Rolle des koordinierenden Instruments einnimmt. Diese Tatsache ermöglicht es einer zentralen Instanz, ihre Geschäftspartner gezielt zu beeinflussen und den nötigen Austausch von Informationen zu erzwingen. Darüber hinaus ist es die Aufgabe der zentralen Instanz, die Ausführung und die Einhaltung des geplanten Prozessablaufs zu überwachen. Somit fallen die Aktivitäten des Monitorings und Controllings in ihren Aufgabenbereich.[212] In dieser Koordinationsform überwiegt der Kooperationsgedanke. Die einzelnen Akteure verfolgen ein gemeinsames Ziel und zeigen dabei ein kooperatives Verhalten. Die Geschäftsbeziehungen fokussieren sich auf den Austausch unspezifischer Leistungen und sind langfristig ausgelegt. Dies ermöglicht im Vergleich zur marktbasierten Koordinationsform einen höheren Integrationsgrad und eine stärkere Ausrichtung der einzelnen Aktivitäten an den übergeordneten Zielen der Lieferkette.[213]

Die im Maschinen- und Anlagenbau vorzufindenden heterarchischen Wertschöpfungsnetzwerke hingegen folgen dem Marktgesetz. Der Markt als Modell der vollkommenen Konkurrenz ist damit idealtypisch durch gleichberechtigte Akteure gekennzeichnet. Die Koordination dieser folgt dabei den

---

[209] Eine einheitliche Definition bzw. einheitliche Begriffe zur Beschreibung heterogener bzw. heterarchischer Netzwerkstrukturen haben sich bisher in der Literatur nicht behaupten können. (vgl. Seuring (2001), Die Produkt-Kooperations-Matrix im Supply Chain Management). Neben dem in frühen Veröffentlichungen verwendeten Begriff des production/distribution system, finden sich inzwischen unter anderem folgende Bezeichnungen: Supply Chain, Supply Chain Network, Supply Network, Value Stream Network und Demand Chain. In der deutschsprachigen Literatur werden die Begriffe: Lieferkette (vgl. Zäpfel (2001), Bausteine und Architekturen von Supply Chain Management-Systemen, S. 10), Logistikkette (vgl. Stiefbold (1998), Konzeption eines reaktionsschnellen Planungssystems), logistisches Netzwerk, Liefernetz (vgl. Zäpfel (2001), Bausteine und Architekturen von Supply Chain Management-Systemen, S. 11), Produktionsnetzwerk (vgl. Schallner et al. (2001), Auftragskoordination über verbindliche Lieferterminzusagen, S. 59) und Wertschöpfungsnetzwerk genutzt. Der am weitesten verbreitete Begriff ist dennoch der Supply bzw. der Value Chain, in letzter Zeit auch häufig an das Wortteil Network gekoppelt bzw. -netzwerk sowie Liefer- bzw. Versorgungskette (vgl. Habicht (2009), Einsatz und Auslegung zeitfensterbasierter Planungssysteme, S. 9). Choi und Hong betonen, dass mit dem Wortzusatz -netzwerk (Network) anstatt -kette (Chain) die Beziehungen der beteiligten Unternehmen besser charakterisiert werden, da diese selten genau einen Lieferanten und Kunden besitzen (vgl. Choi et al. (2002), Unveiling the structure of supply networks, S. 471). In der Literatur werden Wertschöpfungsnetzwerke ferner auch als Projektnetzwerke bezeichnet (vgl. Hensel (2007), Netzwerkmanagement in der Automobilindustrie, S. 55; Schuh (2008), Effiziente Auftragsabwicklung mit myOpenFactory, S. 7 ff.).

[210] vgl. Sydow (1992), Strategische Netzwerke, S. 98; Klein (1995), Die Konfiguration von Unternehmensnetzwerken, S. 333

[211] vgl. Sanz et al. (2007), Automobilindustrie auf dem Weg zur globalen Netzwerkkompetenz, S. 219

[212] vgl. Thompson (2005), Between hierarchies and markets, S. 114 ff.

[213] vgl. Sydow (1992), Strategische Netzwerke, S. 98; Klein (1995), Die Konfiguration von Unternehmensnetzwerken, S. 333

Gesetzen des Wettbewerbs, des Eigeninteresses, der Selbstregulation und des Preismechanismus.[214] Reale Marktstrukturen sind dabei im Wesentlichen das Ergebnis emergenter Prozesse und nicht bewusster Planung.[215] So erfolgt am Markt die Koordination mit dem Instrument Preis, der alle wettbewerbsrelevanten Informationen impliziert.[216] Ein zentraler Koordinator, der über Pläne alle Einzeltätigkeiten fest determiniert, existiert nicht.

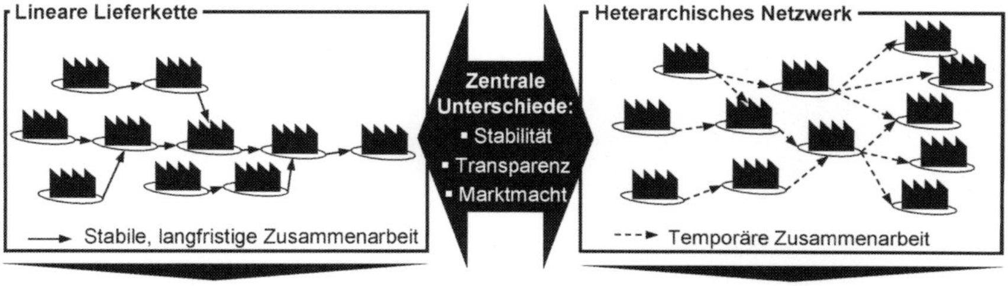

- Make-to-Order bzw. Assemble-to-Order mit mehrteiligen Erzeugnissen komplexer oder einfacher Struktur
- Fertigungs-, Logistik- und Entwicklungspartnerschaften
- Zusammenarbeit langfristig/stabil
- Partnerschaftliche Beziehung, Zusammenarbeit auf Basis von festen Plänen
- Absatzmarktnahe Unternehmen haben häufig eine dominante Rolle

- Engineer-to-Order mit mehrteiligen Erzeugnissen komplexer Struktur
- Hoher Einfluss auf Konstruktion und Entwicklung durch Kunden
- Zusammenarbeit temporär – kann aber wiederkehrend sein
- Lokale/regionale Ausdehnung des Netzwerks
- Hohes Maß an Eigenständigkeit der Unternehmen innerhalb des Netzwerkes

Bild 2-20: Vergleich lineare Lieferkette vs. heterarchisches Netzwerk[217]

Die hohe Produktkomplexität verbunden mit einem hohen Kundenindividualisierungsgrad und daraus folgender hoher Komponentenvielfalt und -varianz äußert sich in temporär limitierten Kunden-Lieferanten-Beziehungen.[218] Geschäftsbeziehungen existieren in der Regel nur über die Auftragslaufdauer und sind nicht in allen Fällen wiederkehrend. Dies führt dazu, dass entlang einer Lieferkette kaum Transparenz über mittelfristige Kapazitätsbedarfe oder Prognosen entsteht, noch sich partnerschaftliche Kunden-Lieferanten-Beziehungen entwickeln können.[219]

In heterarchischen Wertschöpfungsnetzwerken wickeln die einzelnen Akteure unabhängig voneinander ihre eigenen Prozesse ab, was in der Regel nicht zu einem Gesamtoptimum führt.[220] Eine ganzheitliche bzw. systematische Betrachtung aller beteiligten Einheiten eines Liefernetzwerks findet nicht statt. Es existiert keine koordinierende Einheit, welche die Koordination der gesamten Lieferkette oder des Netzwerkes übernimmt. Vielmehr lassen sich Bereichsegoismen und Planung der Prozesse vor dem Hintergrund lokaler Suboptima einzelner Unternehmen vorfinden.[221] Es sind keine

[214] vgl. Sydow et al. (2009), Produktion in Netzwerken, S. 23
[215] vgl. Sydow et al. (2009), Produktion in Netzwerken, S. 24
[216] vgl. Hayek (1945), The use of knowledge in society, S. 525
[217] vgl. Schuh (2008), Effiziente Auftragsabwicklung mit myOpenFactory, S. 18
[218] vgl. Schuh et. al. (2011), Framework for Complexity-Oriented Allocation of Production, S. 98
[219] vgl. Schuh (2008), Effiziente Auftragsabwicklung mit myOpenFactory, S. 19
[220] vgl. Blackhurst et al. (2004), Modelling uncertainty in a supply chain, S. 1640
[221] vgl. Zäpfel (2001), Bausteine und Architekturen von Supply Chain Management-Systemen, S. 9

strukturellen Voraussetzungen gegeben, die einzelne Unternehmen zur ganzheitlichen, mehrere Unternehmen einbeziehenden Kooperation motivieren.[222]

Jede einzelne Geschäftsbeziehung führt zu einer Schnittstelle mit einer Vielzahl an Transaktionen (z. B. Anfragen, Bestellungen, Informationen über Änderungen), deren Komplexität durch den Reifegrad dieser Geschäftsbeziehung geprägt ist und sich bspw. im Ausmaß der Informationstransparenz äußert. Die personellen und finanziellen Ressourcen der Unternehmen – auch die des Generalunternehmers – zur Gestaltung dieser Schnittstellen sind branchentypisch meist begrenzt, die Unterstützung der Netzwerkkoordinierung durch computergestützte Systeme meist nicht stark ausgeprägt.[223]

Da die Teilnehmer marktbasierter Strukturen einzig ihre individuellen Interessen verfolgen, steht der Wettbewerbsgedanke eindeutig über dem Kooperationsgedanken. Dieses maximal opportunistische Verhalten der Marktteilnehmer kann in Verbindung mit den Informationsasymmetrien innerhalb des Marktes zu einem besonders hohen Aufwand im Bereich des Monitorings und Controllings führen. Auch die Beschaffung der relevanten und benötigten Informationen kann unter diesen Voraussetzungen eine große Herausforderung darstellen.[224] Dies liegt einerseits in der relativ losen Form und der geringen Intensität der Geschäftsbeziehungen begründet. Während sich die Beziehungen der Netzwerkpartner in den hierarchisch-stabilen Ketten der Automobilindustrie durch Stabilität und Langfristigkeit auszeichnen, beschränkt sich die Zusammenarbeit in Netzwerken zumeist auf die Dauer eines Auftrages. Darüber hinaus ist die Kooperation infolge der häufig wechselnden Wertschöpfungspartner oft von einem Mangel an Vertrauen geprägt. In einem solchen Fall ist das Bestreben, den gemeinsamen Gewinn zu maximieren, nicht genügend ausgeprägt, und das Bestreben, den eigenen Gewinn zu maximieren, mit deutlich geringeren (weil nicht langfristigen) Konsequenzen behaftet. An dieser Stelle überwiegt wie in marktbasierten Strukturen der Konkurrenzgedanke. Der Kooperationsgedanke steht lediglich an zweiter Stelle.

Eine umfassende Informationsversorgung über alle Partner des Wertschöpfungsnetzwerkes hinweg ist essenziell für eine effiziente und effektive Leistungserstellung. Nicht kommunizierte Änderungen des Liefertermins aufgrund zugesagter, aber nicht verfügbarer Kapazitäten bei den Zulieferern erzeugen Turbulenzen und Störungen, die sich über alle Ebenen des Projektverbundes hinweg fortsetzen.[225] Nur ein Bruchteil von Unternehmen (ca. 25%) in nicht-hierarchischen Wertschöpfungsnetzwerken ist bspw. bereit, Bestandsdaten mit ihren Kunden auszutauschen; wesentlich weniger noch geben Auskünfte über die Kapazität preis (ca. 16%). Hintergrund ist ein geringes Vertrauen zu den Kunden. So besteht prinzipiell die Gefahr, dass diese Informationen z. B. im Rahmen der Preisfindung „missbraucht" werden; ein bereitwilliger und intensiver Informationsaustausch kommt nur selten zustande.[226] Deutlich wird dies, da mit 50% doppelt so viele Unternehmen mit Partnerwerken Bestandsdaten austauschen würden. In der Kapazitätsansicht ist dies noch deutlicher. Hier könnten sich mit 71% fünfmal so viele Unternehmen einen Informationsaustausch mit vertrauenswürdigen Partnern vorstellen.[227]

---

[222] vgl. Bititci et al. (2003), Competitive advantage in collaborative systems, S. 411
[223] vgl. Schuh (2006), Produktionsplanung und -steuerung, S. 514 f.
[224] vgl. Schonert (2008), Interorganisationale Wertschöpfungsnetzwerke, S. 80
[225] vgl. Schuh (2008), Effiziente Auftragsabwicklung mit myOpenFactory, S. 39
[226] vgl. Schmidt (2008), Konfiguration überbetrieblicher Koordinationsprozesse, S. 2 f.
[227] vgl. Schuh et al. (2006), Liefertreue im Maschinen- und Anlagenbau, S. 41 f.

Geschäftsbeziehungen werden in diesen Strukturen durch das Schließen von Standardverträgen eingegangen. Diese Verträge beinhalten Informationen bzgl. der technologischen Anforderungen, der qualitativen Standards und der zeitlichen Aspekte.[228] Darüber hinaus werden keine weiteren Informationen bzw. Spezifikationen benötigt. Demnach ist der Informationsaustausch auf ein Minimum begrenzt. Die Geschäftsbeziehungen der grundsätzlich gleich gestellten und unabhängigen Leistungspartner sind, wie oben bereits dargestellt, zumeist von kurzer Dauer. Mit dem Ziel des Austauschs einer exakt spezifizierten Leistung bilden sich regelmäßig neue Geschäftsbeziehungen.[229]

Die hohe Produktkomplexität und heterogenen Produktanforderungen im Maschinen- und Anlagenbau führen vor dem Hintergrund eines steigenden Spezialisierungsgrades der Unternehmen als auch der Lieferanten dazu, dass eine hohe Anzahl an Zulieferern am Leistungserstellungsprozess beteiligt ist. Die Häufigkeit der Zusammenarbeit zweier konkreter Unternehmen ist dabei eher gering. Mit Abschluss der oft als Projekte strukturierten Leistungserstellung ist die Kooperation beendet.[230] Der Umstand, dass Unternehmen eher selten und kurz zusammenarbeiten, führt dazu, dass sich keine ausgeprägte Kooperationskompetenz und daraus folgend Vertrauen, gemeinsame Prozesse und Informationsbereitschaft entwickeln können. Der zeitlichen Dynamik und großen Anzahl ständig wechselnder Lieferanten ist geschuldet, dass sich zwischen den einzelnen Akteuren des Wertschöpfungsnetzwerkes kein Vertrauensverhältnis aufbauen kann. Die Beziehungen sind daher in der Regel auf kurzfristigen wirtschaftlichen Gewinn des Einzelnen ausgerichtet und verfolgen keinerlei mittel- oder langfristige strategische Intentionen, da nicht von einer längeren Zusammenarbeit ausgegangen wird. Dies mündet in der Regel in einem ausgeprägten opportunistischen Verhalten der Transaktionspartner.[231]

Zu den unterschiedlichen Netzwerkpartnern existiert darüber hinaus eine Vielzahl verschiedener Geschäftsbeziehungen. Diese lassen sich anhand der Intensität oder des Reifegrads der Beziehung systematisieren.[232] Hinsichtlich der Beziehungsintensität lassen sich z.B. die Geschäftsbeziehungen zu Standardlieferanten, zu Entwicklungslieferanten und zu unternehmenseigenen Produktionsgesellschaften unterscheiden. Bezüglich des Reifegrads einer Geschäftsbeziehung sind z.B. Beziehungen zu einem erstmals eingebundenen und einem bereits etablierten Lieferanten, mit dem schon mehrfach kooperiert wurde, zu differenzieren.[233] Die Vielschichtigkeit der Koordinationsprozesse und Transaktionen ist somit ein erheblicher Komplexitätstreiber für Unikat- und Kleinserienfertiger. Oftmals ist für die einzelnen Unternehmen eine Zusammenarbeit über den konkreten Auftrag hinaus nicht absehbar, was eine geringe Bereitschaft begründet, aufwands- und kostenintensive Geschäftsbeziehungen zu

---

[228] vgl. Schonert (2008), Interorganisationale Wertschöpfungsnetzwerke, S. 80

[229] vgl. Sydow (1992), Strategische Netzwerke, S. 98

[230] vgl. Bach et al. (2003), Geschäftsmodelle für Wertschöpfungsnetzwerke, S. 7. Unter Umständen kann die Geschäftsbeziehung je nach Anforderung an die zu erstellende Leistung sowie die Projektkonfiguration aber wiederkehrend sein. Vgl. Knöpfler (2009), Soziales Kapital in interorganisationalen Projekten, S. 20

[231] vgl. Bach et al. (2003), Geschäftsmodelle für Wertschöpfungsnetzwerke, S. 7; Schuh (2008), Effiziente Auftragsabwicklung mit myOpenFactory, S. 73

[232] vgl. Corsten et al. (2001), Einführung in das Supply Chain Management, S. 5 ff.; Killich et al. (2003), Unternehmenskooperation für KMUs, S. 45 ff.

[233] vgl. Schmidt (2008), Konfiguration überbetrieblicher Koordinationsprozesse, S. 2 f.

unterhalten.[234] Verstärkt wird dieses Phänomen durch die Restriktion personeller sowie finanzieller Ressourcen der kleinen und mittelständischen Unternehmen.[235]

Die charakteristische Struktur von heterarchischen Wertschöpfungsnetzwerken verhindert eine ausgewogene Machtverteilung entlang der gesamten Lieferkette. Während in anderen Industrien wie bspw. im Automobilbau der große OEM am Ende der Wertschöpfungskette sitzt und die größte Marktmacht besitzt, finden sich im Maschinen- und Anlagenbau die großen Unternehmen eher als Rohteil- oder Komponentenzulieferer inmitten des Wertschöpfungsnetzwerkes wieder. Kleinere Unternehmen in der Rolle des OEMs haben kaum Möglichkeiten, sich gegenüber diesen deutlich größeren Lieferanten markttechnisch zu positionieren. In der Regel besitzen sie nicht die Autorität, die Lieferanten zu bestimmten Aktionen (z.B. zwingende Einhaltung eines vorgegebenen Liefertermins) bewegen zu können.[236]

Generell steigt die Verhandlungsposition mit steigendem Anteil des Einzelunternehmens am Gesamtumsatz des Lieferanten.[237] In der Beschaffung von Standardkomponenten oder Rohteilen bei den großen Zulieferern sind die OEMs (insb. bezogen auf den Umsatz) nur ein Kunde unter vielen. Daher sind diese Zulieferer nicht von den einzelnen kleinen Kunden und deren Aufträgen wirtschaftlich abhängig, was dazu führt, dass die Zulieferer ihre Leistungserstellung eher auf Wirtschaftlichkeit (z.B. durch Losbündelung oder Priorisierung von A- und B-Kunden) ausrichten, als eine hohe Termintreue (insbesondere bei C-Kunden) anzustreben.[238] Hier bestätigt sich die schlechte Positionierung der Einzel- und Kleinserienfertiger bei den Lieferanten. Nur bei 26% des Beschaffungsvolumens werden sie bei ihren Lieferanten als A-Kunde klassifiziert und können entsprechend einen hohen Einfluss geltend machen. 35% des Volumens werden als B-Kunde und sogar 39% als C-Kunde bezogen. Die Auswirkung dieser schlechten Gesamtpositionierung bei den Lieferanten wird durch eine mangelnde Liefertermintreue von fast 18% des Beschaffungsvolumens bestätigt.[239]

So erschwert die Interaktion in heterarchischen Wertschöpfungsnetzwerken die Sicherstellung einer hohen Belieferungstreue. Die spezielle Charakteristik heterarchischer Strukturen, die sich aufgrund der in der Investitionsgüterindustrie vorherrschenden Marktgegebenheiten ausbilden sowie die komplexe, durch Kundenindividualisierung geprägte Erzeugnisstruktur erschweren eine unternehmensübergreifend termintreue Auftragsabwicklung. Da keine zentral koordinierende Einheit existiert, agieren Netzwerkpartner in der Regel im Eigeninteresse. Durch dieses opportunistische Verhaltens, ist die Zielgröße Termintreue der Auslastung bzw. dem Umsatz untergeordnet. Diese Effekte werden durch temporär begrenzte Kunden-Lieferanten-Beziehungen verstärkt. Die Kurzfristigkeit in der Zusammenarbeit mündet in einem geringen gegenseitigen Vertrauen und einem Mangel an Transparenz entlang der Abwicklungskette. Zusätzlich führt die Positionierung der marktmachtbesitzenden Großunternehmen inmitten eines Wertschöpfungsnetzwerkes verbunden mit der oftmals nachteiligen Stellung der mittelständisch geprägten OEMs als C-Kunde zu einer geringen Verhandlungsposition und demzufolge zur Benachteiligung in der Belieferungspriorisierung.

---

234 vgl. Schuh (2006), Produktionsplanung und -steuerung, S. 514
235 vgl. Cox et al. (2001), E-supply applications, S. 190
236 vgl. Schuh (2006), Produktionsplanung und -steuerung, S. 92
237 vgl. Atli (2007), Beschaffung in elektronischen B2B-Marktplätzen, S. 62
238 vgl. Schuh et al. (2009), Beschaffungslogistik im Maschinen- und Anlagenbau, S. 15
239 vgl. Schuh et al. (2009), Beschaffungslogistik im Maschinen- und Anlagenbau, S. 15 ff.

2.4 Handlungsbedarf aus der Praxis

2.4.1 Zusammenfassung und Bewertung – Mangelnde Termintreue als Folge der Branchenstruktur

Termintreue stellt im heutigen Geschäftsumfeld des Maschinen- und Anlagenbaus die zentrale logistische Zielgröße im Auftragsabwicklungsprozess dar – die Fähigkeit, termintreu liefern zu können, ist eine strategische Erfolgsposition für Maschinen- und Anlagenbauer. Allerdings zeichnet sich schlechte Termintreue auf Beschaffer- als auch auf Lieferantenseite als ein durchgängiges Branchenphänomen der durch eine variantenreiche Erzeugnisstruktur gekennzeichneten Branche ab. Die Investitionsgüterbranche mit ihren komplexen, kundenindividuellen Produkten verbunden mit signifikanten kurz-, mittel und langfristigen Marktschwankungen und somit einer schlechten Prognostizierbarkeit ist gekennzeichnet durch eine komplexe Prozessstruktur und die Ausbildung heterarchischer Wertschöpfungsnetzwerke. Eine adäquate Planung und Steuerung der Leistungserstellung ist nur schwer möglich. Zusätzliche unvorhergesehene Planungsänderungen sowie eine prototypenähnliche Leistungserstellung machen die genaue Bestimmung von Planzeiten in direkten sowie indirekten Bereichen nahezu unmöglich. Die schlechte Prognostizierbarkeit führt zu einer Unkenntnis über die zukünftigen Bedarfe; eine konstante Teileverfügbarkeit (insbesondere bei der Montage) kann nur schwer gewährleistet werden (Bild 2-21). In diesem Umfeld scheint eine branchenweit hohe Termintreue nicht erreichbar zu sein. Dies wiederum steht im Gegensatz zu branchenweit nicht ausgelasteten Kapazitäten. Folglich liegt die Vermutung nahe, dass Kapazitäten prinzipiell verfügbar sind, allerdings nicht adäquat verteilt werden.

Die mangelnde Teileverfügbarkeit in der Montage, die zu einem signifikanten Anteil durch mangelnde Belieferungstreue auf Lieferantenseite verursacht wird, stellt sich demnach als ein strukturelles, branchenimmanentes Defizit dar. Diese Tatsache wird von einer Vielzahl unterschiedlicher, voneinander unabhängiger Studien gestützt.[240] Scheinbar ist es trotz modernster, IT-gestützter Planungs- und Steuerungslösungen sowie modernen Koordinations- und Kollaborationsansätzen in den letzten Jahrzehnten nicht gelungen, signifikante Fortschritte in der Verbesserung der Termintreue in der Branche des Maschinen- und Anlagenbaus zu machen. Die Vermutung eines branchenimmanenten Strukturdefizits liegt nahe.

In Summe führt schlechte Belieferungstreue zu signifikanten ungeplanten Mehrkosten im Auftragsabwicklungsprozess, die in der Regel weder an den Lieferanten noch an den Endkunden weitergegeben werden können. Haben sich Abnehmer und Lieferant im Ausschreibungs- und Angebotsprozess auf einen verbindlichen Belieferungstermin geeinigt und ist dieser vom Lieferanten mit der Bestellbestätigung bestätigt worden, stellt sich der Beschaffer auf diesen Liefertermin ein und plant seine Produktionsprozesse sowie die Beschaffung weiterer Komponenten und Teile. Ist ein Lieferant nicht in der Lage, den zugesagten Belieferungstermin zu halten, werden unterschiedliche Wirkmechanismen ausgelöst. Effizienzverluste und Opportunitätskosten in der Montage bedingt durch Montagestopps und Fehlteilsuche, Zusatzaufwände bei Disponenten und Einkäufern, ungeplante kostenintensive

[240] vgl. Schuh et al. (2009), Beschaffungslogistik im Maschinen- und Anlagenbau; Schuh et al. (2012), Delivery reliability in machinery industry – A European study; Schuh (2008), Effiziente Auftragsabwicklung mit myOpenFactory; Eversheim (1989), Fertigung und Montage; Eversheim (1992), Störungsmanagement in der Montage

Nacht-, Samstags- oder Sonntagsschichten zu Kompensationszwecken, aus Termingründen notwendig gewordene Luftfracht oder im schlimmsten Fall Strafzahlungen an den Endkunden führen zu erheblichen Zusatzkosten im Auftragsabwicklungsprozess.

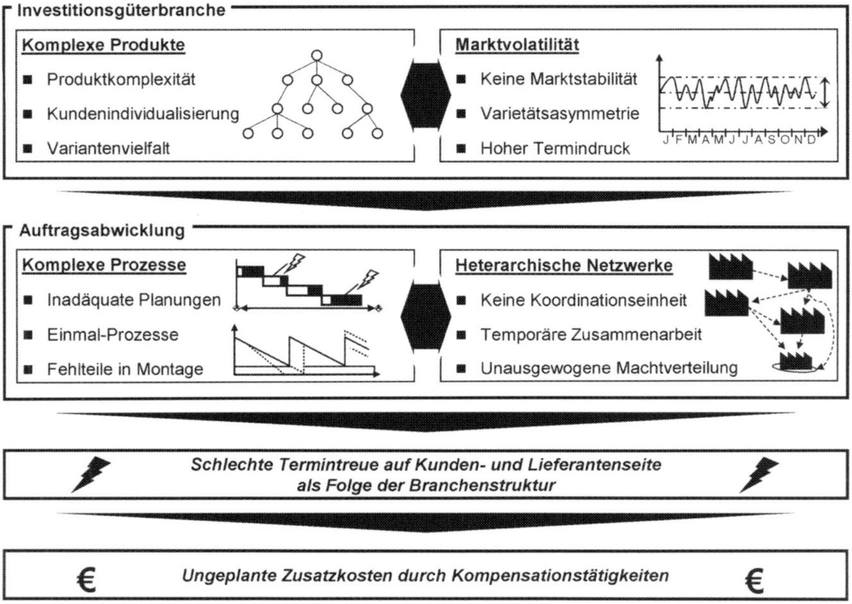

Bild 2-21: Mangelnde Termintreue als Folge der Branchenstruktur

Diese Zusatzkosten sind in der Regel ungeplant und werden in einer Auftragskalkulation nicht beachtet. Folglich werden diese Kosten in den Gemeinkosten verortet, was wiederum zu erhöhten Gemeinkostenzuschlägen führt. In Summe verschlechtert sich dadurch die Wettbewerbssituation des Unternehmens, da infolge der falsch bepreisten, überhöhten Gemeinkostenzuschläge die Produkte im Standardprogramm zu teuer angeboten werden und die komplexen Erzeugnisse mit wesentlich höherem Anteil an Fehlteilen nicht verursachungsgerecht am Mark angeboten werden (Bild 2-22).

Unternehmen sind sich in der Regel über diese zusätzlich anfallenden Kosten nicht im Klaren oder aber besitzen keine Möglichkeit, diese monetär zu erfassen. Ferner können diese Kosten oft nicht an Lieferanten weitergegeben werden, da diese umsatzmäßig zu klein sind und bei Konfrontation mit signifikanten, ungeplanten Zusatzkosten der Gefahr der Insolvenz ausgesetzt werden würden – eine Konstellation, die im Speziellen bei technologischen Exklusivlieferanten nicht umsetzbar ist. Bei Lieferanten wiederum, die wesentlich größer sind und finanziell in der Lage wären, Pönalen auf sich zu nehmen, wird aufgrund der Positionierung als B- oder C-Kunde kein Einfluss auf die schlechte Belieferungssituation erzielt.

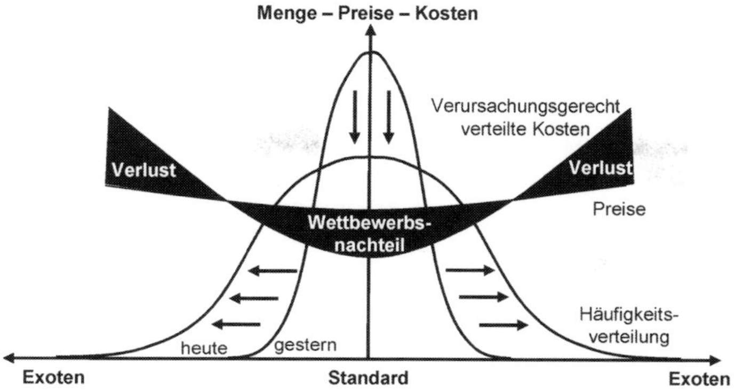

Bild 2-22: Kostenmäßige Auswirkungen schlechter Termintreue[241]

Strategien zur Absicherung der Produktionsprozesse wie bspw. das Vorhalten zeitlicher Puffer bei der Auftragsplanung führen unweigerlich zu längeren Lieferzeiten und verringern die Reaktionsfähigkeit und damit auch Wettbewerbsfähigkeit des Abnehmers. Alternative Absicherungsstrategien bei stetig schlechter Belieferungstreue eines Lieferanten stellen Sicherheitsbestände dar. Diese wiederum sind nur im Segment der standardisierten Erzeugnisse einsetzbar und führen zudem zu hohen Bestandskosten – also ebenfalls zu einer Verringerung der Wettbewerbsfähigkeit des Abnehmers.

2.4.2 Positionierung und Ableitung des Handlungsbedarfes

Mit der Dominanz des Premium-Segments in den Triaden-Märkten einerseits und erneut bedeutender werdenden, unter enormem Kostendruck stehenden Erzeugnissen des mittleren Segments andererseits wird sich die Lage für den deutschen Maschinen- und Anlagenbau weiter verschärfen. Die von den Unternehmen zu beherrschende Komplexität in der gesamten Wertschöpfungskette wird sich weiterhin vergrößern. Unternehmen werden in der Lage sein müssen, Erzeugnisse des mittleren Segments konkurrenz-, also preisfähig gegenüber dem globalen Wettbewerb anbieten zu können und gleichzeitig hochkomplexe, stark kundenindividualisierte Maschinen und Anlagen möglichst plankostengenau abwickeln zu können. Die Unkenntnis über zusätzlich anfallende, ungeplante Kosten aufgrund von Belieferungsverspätungen führt allerdings heute schon zu einem Wettbewerbsnachteil bei Maschinen- und Anlagenbauern. Standarderzeugnisse werden über Markpreis angeboten und Erzeugnisse aus dem Exotensegment werden nicht verursachungsgerecht abgerechnet und ganzheitlich betrachtet unbewusst mit negativen Deckungsbeiträgen abgewickelt. Im Rahmen des Leistungserstellungsprozesses und im Speziellen in der Projektierungsphase fehlt es an unternehmensinterner Transparenz über tatsächlich anfallende Kosten entlang der Auftragsabwicklungskette im Kontext verspäteter Belieferungen der Zulieferer.

Ferner fehlen offensichtlich Mittel, die Termintreue auf Lieferantenseite in einem akzeptablen Bereich zu halten, um die eigene Ausliefertreue nicht zu gefährden. Die klassischen Konzepte des Supply Chain Managements zur Sicherung bzw. Verbesserung der lieferantenseitigen Belieferungstreue sind

[241] vgl. Schuh (1993), Wettbewerbsvorteile durch Prozeßkostensenkung, S. 62

aufgrund der spezifischen Charakteristik dieser Branche nur schwer einsetzbar oder nicht wirkungsvoll. Die sich permanent verändernden Kapazitätsbedarfe und die Schwierigkeit in der Bedarfsermittlung („Einmal-Prozesse"), die sich ungünstig auf den Leistungserstellungsprozess auswirken, erschweren die Sicherstellung einer hohen Teileverfügbarkeit. Mit der Dynamik und Individualität des Leistungsangebotes der Investitionsgüterbranche steigen sowohl die Vielfalt unterschiedlicher Aufträge als auch die Schwankung der Dauern, was sich in der Ausbildung von heterarchischen Wertschöpfungsnetzwerken manifestiert. Somit besteht kaum die Möglichkeit, eine Kunden-Lieferanten-Beziehung universell zu optimieren. Jeder Auftrag hat seine charakteristischen Besonderheiten, und was für einen Auftrag termintreu bedeuten kann, kann somit für einen anderen zu spät sein. Dies führt dazu, dass jeder Auftrag einzeln für sich betrachtet werden muss und dass die Sicherstellung von Teileverfügbarkeit zu einem komplexen Optimierungsproblem wird. Erschwerend hinzu kommt, dass Lieferanten oft Liefertermine zusagen, mit dem Bewusstsein, diese nicht halten zu können, aus Angst, den Zuschlag nicht zu erhalten und entsprechend den Umsatz nicht generieren zu können. So stehen Abnehmer vergleichbarer Komponenten oder Rohteile im Konkurrenzkampf um die Kapazitäten der Lieferanten – ein Wettkampf, der zum prognostizierten Belieferungstermin immer signifikanter wird. Das führt dazu, dass Abnehmer mit einem nicht unerheblichen zeitlichen Sicherheitspuffer bestellen, was demnach nicht den tatsächlichen Bedarfszeitpunkt widerspiegelt. So fehlt es an unternehmensübergreifender Transparenz über tatsächliche Kapazitätsbedarfe als auch an Mechanismen, die eine Einhaltung der tatsächlichen Belieferungstermine garantieren oder zumindest die Wahrscheinlichkeit signifikant steigern.

3 Produktions- und kostentheoretische Modellierung sowie Koordination überbetrieblicher Auftragsabwicklung

„WER SICH ZU GROSS FÜHLT, UM KLEINE AUFGABEN ZU ERFÜLLEN, IST ZU KLEIN, UM MIT GROSSEN AUFGABEN BETRAUT ZU WERDEN."

-Jacques Tati-

Die vorangegangenen Ausführungen haben schlechte Termintreue als branchenimmanentes Strukturdefizit in heterarchischen Wertschöpfungsnetzwerken des Maschinen- und Anlagenbaus dargestellt sowie den Bedarf aufgezeigt, die mit Belieferungsverspätungen verbundenen ungeplanten Kosteneffekte monetär zu quantifizieren. Ziel dieses Kapitels ist die Vorstellung und Diskussion von produktions- und kostentheoretischen Modellierungsansätzen, die als Grundlage eines Kostenmodells zur monetären Erfassung von Belieferungsverspätungen dienen könnten, als auch von Kollaborationskonzepten zur Termintreuesteigerung in Netzwerken. Zur Darstellung bestehender Ansätze der Modellierung betriebsinterner logistischer Vorgänge wird dazu in Kapitel 3.1 insbesondere auf die Produktionstheorie sowie unternehmensinterne Planungs- und Steuerungsmodelle eingegangen (Bild 3-1).

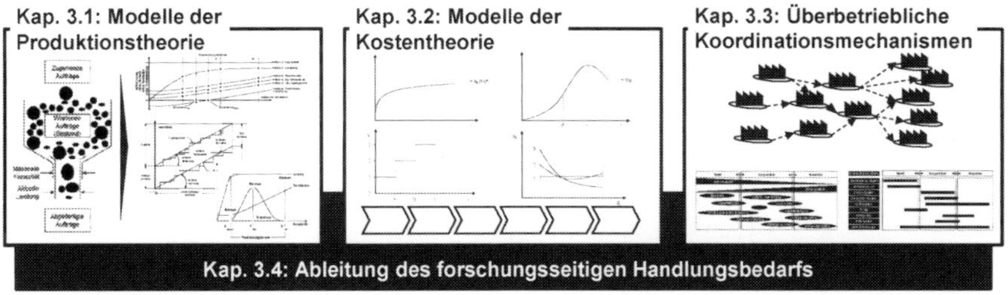

Bild 3-1: Struktur des Kapitels

Ansätze der in engem Zusammenhang zur Produktionstheorie stehenden Kostentheorie[1] als auch der unternehmerischen Kostenrechnung werden in Kapitel 3.2 diskutiert. Kapitel 3.3 dient zur Darstellung bestehender Gestaltungsansätze zur überbetrieblichen Koordination des unternehmensübergreifenden Auftragsabwicklungsprozesses mit dem Fokus auf der Steigerung von Termintreue.

[1] Die Produktions- und Kostentheorien sind Teilmengen der theoretischen Aussagesysteme der Betriebswirtschaftslehre. Dabei stehen die Aussagesysteme, wie Investitions-, Finanz-, Organisations-, Absatz- oder Beschaffungstheorie, nicht disjunkt nebeneinander, sondern beruhen auf demselben empirischen Betrachtungsgegenstand und zeigen daher wechselseitige Abhängigkeit. Vgl. Schweitzer (1997), Produktions- und Kostentheorie, S. 17

Im Sinne der Forschungskonzeption dient das Kapitel als Grundlage für die Herleitung eines Konzeptes zur Steigerung von Termintreue in nicht-hierarchischen Wertschöpfungsnetzwerken des Maschinen- und Anlagenbaus im darauf folgenden Kapitel.

3.1 Modelle der Produktionstheorie und ihre industrielle Anwendung

Innerhalb der Produktionstheorie als theoretisches Aussagesystem wird die quantitative und strukturelle Beziehung zwischen dem Input und Output von Realgütern in einer Unternehmung unter dem zeitlichen Aspekt untersucht.[2] Demgegenüber wird im Rahmen der Kostentheorie erforscht, welche regelmäßige Relation zwischen der Kostenhöhe und den entsprechenden Einflussgrößen besteht. Infolgedessen soll eine Prognose der Kostenhöhe für alternative Ausprägungen der sie bewirkenden Bestimmungsgrößen ermöglicht werden.[3]

Die quantitative Relation zwischen Kosten der Produktion von Gütern und Kosteneinflussgrößen werden durch Kostenfunktionen beschrieben.[4] Entsprechend Bild 3-2 ergeben sich die wesentlichen Einflussgrößen durch die Produktionsmengen, die Faktorpreise und die sich daraus ergebenden Minimalkostenkombinationen der Faktormenge bzw. Faktorproportionen. Aus diesem unmittelbaren Zusammenhang zwischen der Produktions- und Kostentheorie kann angenommen werden, dass die Aussagen der Kostentheorie zu einem Großteil vom Entwicklungsstand der Produktionstheorie abhängen.[5]

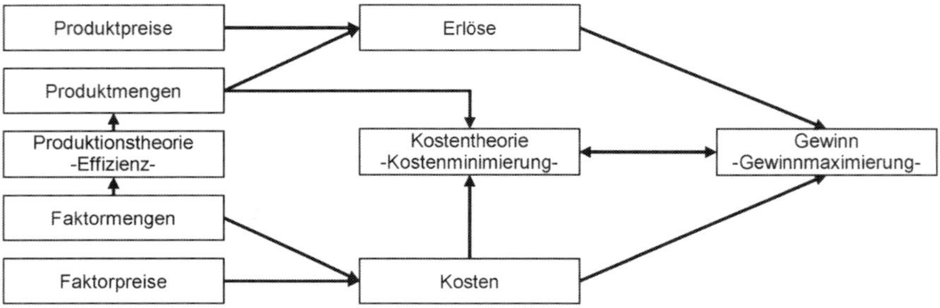

Bild 3-2: Beziehung zwischen Produktions- und Kostentheorie[6]

Im Folgenden werden die für diese Arbeit relevanten Modelle der Produktionstheorie im historischen Kontext vorgestellt. Ferner werden Modelle der Produktionsplanung und -steuerung als evolutionäre Weiterentwicklung der Denkansätze der Produktionstheorie vorgestellt und bzgl. der Relevanz für die vorliegende Arbeit diskutiert.

3.1.1 Modelle betriebswirtschaftlicher Produktionsfunktionen

Die Produktionstheorie befasst sich mit der Analyse von Input-Output-Beziehungen betriebswirtschaftlicher Prozesse. Dabei wird die quantitative, zeitliche und strukturelle Beziehung von materiel-

---

[2] vgl. Schweitzer (1997), Produktions- und Kostentheorie, S. 15
[3] vgl. Schweitzer (1997), Produktions- und Kostentheorie, S. 16
[4] vgl. Fandel (2010), Produktions- und Kostentheorie, S. 335
[5] vgl. Schweitzer (1997), Produktions- und Kostentheorie, S. 219
[6] vgl. Fandel (2010), Produktions- und Kostentheorie, S. 17

len und immateriellen Realgütern betrachtet.[7] Eingebrachte Realgüter werden als Einsatzgüter, Produktoren, Anfangsprodukte oder Produktionsfaktoren bezeichnet, die bei den Prozessen ausgebrachten Realgüter als Ausbringungsgüter, Produkte, Endprodukte oder Erzeugnisse. Als Ergebnis dieser Analyse steht in der Produktionstheorie ein theoretisches Aussagesystem, das dem bekannten Input einen Output zuordnet bzw. von einem gegebenen Output auf einen Input führt. In der Produktionstheorie wird vornehmlich der Fokus auf den Bereich der Fertigung in Unternehmen gesetzt. Dabei kann das Betrachtungsfeld der Produktionstheorie auf jeden Bereich ausgedehnt werden, bei dem eine Input-Output-Beziehung vorliegt.[8]

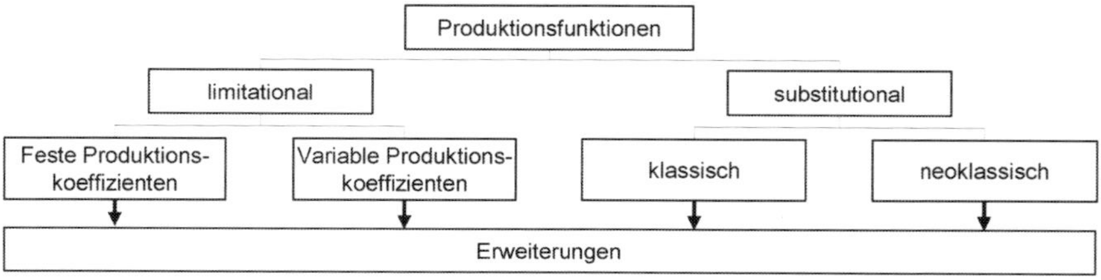

Bild 3-3: Einteilung der Produktionsfunktionen[9]

Das Ziel dieses Abschnittes ist es, Modelle betriebswirtschaftlicher Produktionsfunktionen vorzustellen. Dazu werden nachfolgend gemäß Bild 3-3 substitutionale sowie limitationale Produktionsfunktionen näher erläutert und ihre Ausprägungen vorgestellt.

3.1.1.1 Substitutionale Produktionsfunktionen

Substitutionale Produktionsfunktionen liegen vor, wenn sich eine bestimmte Ausbringungsmenge im Rahmen einer Produktionsfunktion durch mindestens zwei oder mehreren unterschiedlich effiziente Kombinationsmöglichkeiten von Faktoreinsatzmengen herstellen lässt.[10] Die Steigerung einer Faktoreinsatzmenge muss somit ceteris paribus zu einer höheren Ertragsmenge führen.[11] Im Folgenden werden die wichtigsten substitutionalen Produktionsfunktionen, das Ertragsgesetz, die Cobb und Douglas- sowie die CES-Produktionsfunktion näher erläutert.

Die klassische Produktionsfunktion (Ertragsgesetz)

Die klassische Produktionsfunktion (auch ertragsgesetzliche Produktionsfunktion oder Produktionsfunktion vom Typ A genannt)[12] ist durch den ertragsgesetzlichen Verlauf charakterisiert, sodass sie bei unterschiedlichen Faktoreinsatzmengen einen Bereich zunehmender Grenzerträge besitzt.[13] Sie wurde im 18. Jahrhundert von TURGOT formuliert und war ursprünglich für die landwirtschaftliche Produktion bestimmt. Erst im 19. Jahrhundert wurde sich durch V. THÜNEN überprüft und analog auf die industrielle Fertigung übertragen. Annahme dabei war, dass das Ertragsgesetz für jeden

[7] vgl. Schweitzer (1997), Produktions- und Kostentheorie, S. 15
[8] vgl. Schweitzer (1997), Produktions- und Kostentheorie, S. 15
[9] vgl. Fandel (2010), Produktions- und Kostentheorie, S. 62
[10] vgl. Fandel (2010), Produktions- und Kostentheorie, S. 60
[11] vgl. Krapp (2001), Einführung in die Produktions- und Kostentheorie, S. 36
[12] vgl. Krapp (2001), Einführung in die Produktions- und Kostentheorie, S. 38
[13] vgl. Fandel (2010), Produktions- und Kostentheorie, S. 61

Produktionsvorgang eine allgemeingültige Grundregel darstelle.[14] Die klassische Produktionsfunktion auf der Basis des Ertragsgesetzes ist primär durch zwei Merkmale geprägt:[15]

- Es wird die Annahme der peripheren Substituierbarkeit der für die Herstellung einer bestimmten Ausbringungsmenge erforderlichen Produktionsfaktoren getroffen.
- Des Weiteren wird angenommen, dass bei Erhöhung einer Faktoreinsatzmenge die Ausbringungsmenge ansteigen muss. Ab dem Erreichen eines kritischen Punktes jedoch setzen fallende Grenzerträge ein.

Darüber hinaus wird vorausgesetzt, dass die Dauer der Produktion konstant bleibt und keine zeitlichen Anpassungen der Faktoren möglich sind, sodass die Faktoreinsatzmengen beliebig variierbar und teilbar sind sowie dass in einem Einproduktunternehmen ein qualitativ gleichbleibendes Produkt erzeugt wird. Bild 3-4 zeigt den Verlauf der klassischen ertragsgesetzlichen Produktionsfunktion.

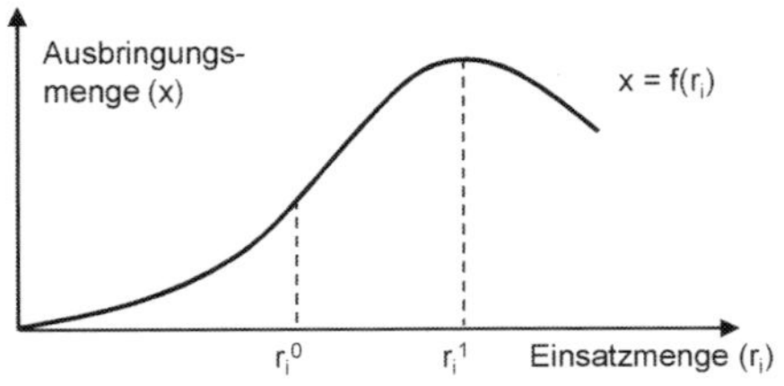

Bild 3-4: Verlauf der ertragsgesetzlichen Produktionsfunktion[16]

Die Produktionsfunktion nach COBB und DOUGLAS

Die Produktionsfunktion von COBB und DOUGLAS gehört zu den neoklassischen Produktionsfunktionen. Sie unterscheiden sich gegenüber den klassischen Produktionsfunktionen dahingehend, dass keine Bereiche zunehmender Grenzerträge bestehen. Vielmehr sind sie dadurch beschrieben, dass bei ihnen im Fall einer partiellen Faktorvariation von Beginn an das Gesetz der abnehmenden Ertragszuwächse gilt und somit die Grenzproduktivität eines jeden Faktors über den gesamten Variationsbereich der Einsatzmenge positiv ist.[17] Folglich ergibt sich die Ausbringungsmenge x aus dem Produkt der potenzierten Faktoreinsätze. Somit ist die C-D-Produktionsfunktion für eine Produktmenge x definiert und setzt eine beliebige Teilbarkeit der Faktoreinsatzmenge r_i voraus. Entgegen der Annahme des Ertragsgesetzes kann hier kein Faktor vollständig substituiert werden, denn wenn ein Faktor auf Null reduziert wird, ist bezüglich der multiplikativen Verknüpfung auch die Ausbringungsmenge gleich Null. Aus diesem Grunde wird die C-D-Produktionsfunktion auch als peripher substitutional bezeichnet. Bild 3-5 zeigt den charakteristischen Verlauf der Cobb-Douglas-Produktionsfunktion. So wird deutlich, dass die Ausbringungsmenge x auf Null zurückfällt, wenn der Faktoreinsatz r_i kontinuierlich reduziert wird.[18]

[14] vgl. Blohm (1997), Produktionswirtschaft, S. 63
[15] vgl. Fandel (2010), Produktions- und Kostentheorie, S. 130; Krapp (2001), Einführung in die Produktions- und Kostentheorie, S. 38
[16] vgl. Schweitzer (1997), Produktions- und Kostentheorie, S. 82
[17] vgl. Fandel (2010), Produktions- und Kostentheorie, S. 136
[18] vgl. Fandel (2010), Produktions- und Kostentheorie, S. 138

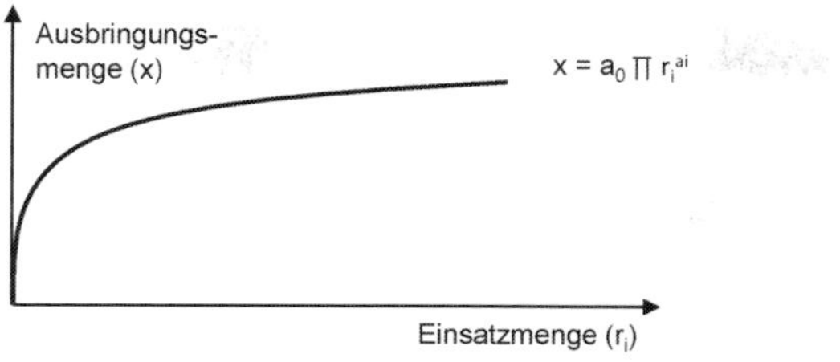

Bild 3-5: Die Produktionsfunktion nach COBB und DOUGLAS bei partieller Faktorvariation[19]

CES-Produktionsfunktion (+ Erweiterung)

Die CES-Produktionsfunktion (Constant Elasticity of Substitution) wurde im Jahre 1961 von ARROW ET AL. vorgestellt und zunächst für zwei Faktoren formuliert.[20] Aufbauend auf den ersten Formulierungen wurde sie später von anderen Autoren auf mehr als zwei Faktoren verallgemeinert und empirisch getestet.[21] Die CES-Produktionsfunktion ist eine stark verallgemeinerte Produktionsfunktion, deren charakteristisches Merkmal die Konstanz der Substitutionselastizität darstellt.[22] Sowohl die oben beschriebene Produktionsfunktion nach COBB-DOUGLAS mit einer Substitutionselastizität von Eins als auch die nachfolgende Produktionsfunktionen nach LEONTIEF mit einer Substitutionselastizität von Null können als Spezialfälle der allgemeinen CES-Produktionsfunktion verstanden werden.[23] Infolgedessen ergibt sich das Endprodukt der CES-Produktionsfunktion aus der Potenzierung einer Summe, wobei sich die einzelnen Summanden aus dem Vielfachen eines potenzierten Faktoreinsatzes zusammensetzen. Die CES-Produktionsfunktion ist basierend auf ihren Eigenschaften nur für einstufige Einproduktfertigungen bestimmt.[24] In einer Erweiterung ist sie auf eine bestimmte Anzahl Faktoren bei Linearhomogenität bzw. konstanten Skalenerträgen ausbaubar.

3.1.1.2 Limitationale Produktionsfunktionen

Im Gegensatz zu den substitutionalen Produktionsfunktionen stehen die Faktoreinsatzmengen bei den limitationalen Produktionsfunktionen stets in einem eindeutigen Verhältnis zur Produktmenge, sodass die Limitationalität nicht notwendigerweise konstante Produktionsfunktionen bedingt.[25] Entsprechend treten limitationale Produktionsfunktionen mit konstanten sowie mit variablen Produktionskoeffizienten auf (vgl. Bild 3-3).

Produktionsfunktion nach LEONTIEF

Die Produktionsfunktion nach LEONTIEF ist durch die universelle Aussage gekennzeichnet, die Relation zwischen der Gütereinsatzmenge und der Güterausbringungsmenge von Produktionsprozessen sei konstant.[26] Sie ist speziell bei der Lösung praktischer Prognose-, Entscheidungs- und Rechnungs-

---

[19] vgl. Fandel (2010), Produktions- und Kostentheorie, S. 138
[20] vgl. Endres (2007), Mikroökonomik, S. 221
[21] vgl. Fandel (2010), Produktions- und Kostentheorie, S. 144
[22] vgl. Endres (2007), Mikroökonomik, S. 116
[23] vgl. Endres (2007), Mikroökonomik, S. 724
[24] vgl. Fandel (2010), Produktions- und Kostentheorie, S. 144
[25] vgl. Fandel (2010), Produktions- und Kostentheorie, S. 60
[26] vgl. Schweitzer (1997), Produktions- und Kostentheorie, S. 71

probleme interessant, da die lineare Funktion meistens wenige Einflussgrößen hat.[27] Sie wird daher auch linear-limitationale Produktionsfunktion genannt.[28]

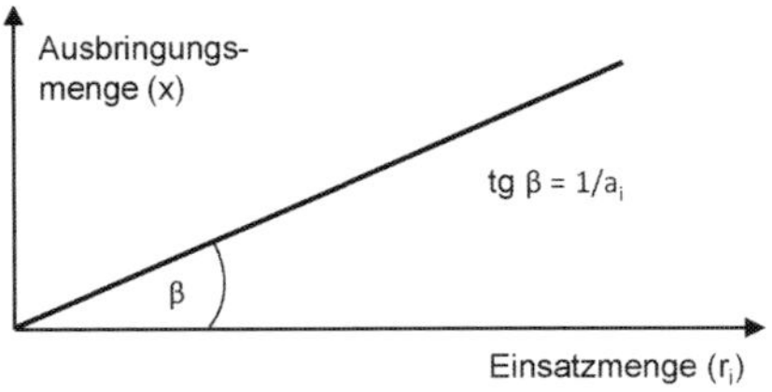

Bild 3-6: Produktionsfunktion nach LEONTIEF[29]

Bild 3-6 zeigt den typischen linearen Verlauf der Leontief-Produktionsfunktion. Sie ist im n-dimensionalen Raum definiert (bei zwei Faktoren als vom Koordinatenursprung ausgehender Strahl). Die Schnittprojektion zur Grundfläche ergibt eine im Koordinatenursprungspunkt beginnende Gerade.[30] Der Grenzertrag der Leontief-Produktionsfunktion ist an jeder Stelle der Funktion konstant und positiv. Das Gesetz vom abnehmenden Grenznutzen gilt nicht.[31]

Engineering Production Function

Die Engineering Production Function[32] zeichnet sich durch ihre explizite Berücksichtigung technischer Eigenschaften der Einsatzgüter, Aggregate und Produkte in der Input-Output-Relation aus.[33] Der Grundgedanke bei der Engineering Production Function ist die Erkenntnis, dass ein Zusammenhang zwischen dem Verbrauch von Einsatzgütern und den technischen Produktionsbedingungen besteht. Damit eine Engineering Production Function formuliert werden kann, ist zunächst eine Zerlegung des Produktionsprozesses in seine einzelnen Elementarvorgänge notwendig, um daraus auf die wechselseitigen Wirkzusammenhänge und Transformierungen schließen zu können. Aufgrund der großen Vielfältigkeit solcher Funktionen, die infolge unterschiedlichster Technologien entstehen, sind vielfältige Anwendungsgebiete möglich. Zwar liefern sie lediglich singuläre Aussagen für bestimmte technische Variablen, allerdings weisen Aussagen, die auf Basis der Engineering Production Function getroffen worden sind, in der Regel einen hohen Präzisionsgrad auf.[34] Dabei werden gewöhnlich zwischen allen berücksichtigten Gebrauchs- und Verbrauchsgütern detaillierte Abgrenzungen durchgeführt.[35]

Produktionsfunktion nach GUTENBERG

Die Grundüberlegung der Produktionsfunktion nach GUTENBERG (auch Produktionsfunktion vom Typ B genannt) knüpft an der Kritik der empirischen Geltung der Produktionsfunktion nach LEONTIEF

---

27 vgl. Schweitzer (1997), Produktions- und Kostentheorie, S. 74
28 vgl. Fandel (2010), Produktions- und Kostentheorie, S. 153
29 vgl. Fandel (2010), Produktions- und Kostentheorie, S. 157
30 vgl. Schweitzer (1997), Produktions- und Kostentheorie, S. 60
31 vgl. Fandel (2010), Produktions- und Kostentheorie, S. 156
32 Im deutschen Sprachgebrauch werde sie als „technisches Produktionsmodell" bezeichnet. Vgl. Zschocke (1974), Betriebsökonometrie, S. 45
33 vgl. Schweitzer (1997), Produktions- und Kostentheorie, S. 75
34 vgl. Fandel (2010), Produktions- und Kostentheorie, S. 31
35 vgl. Schweitzer (1997), Produktions- und Kostentheorie, S. 79

an.[36] GUTENBERG teilt zwar grundsätzlich die Idee der limitationalen Produktionsfaktoren, geht aber davon aus, dass sich in einem bestimmten Umfang Substitutionsmöglichkeiten zwischen Faktoren ergeben können. Die Beziehungen zwischen Input- und Output-Mengen werden jedoch in mehreren Hinsichten modifiziert und somit teilweise unter neuen Voraussetzungen untersucht.[37] Des Weiteren nimmt er eine Einteilung zwischen Gebrauchs- und Verbrauchsfaktoren vor. Gebrauchsfaktoren, wie z.B. Maschinen und Betriebsmittel, können einzeln oder in Gruppen eingeteilt als Aggregate oder andere betriebliche Teileinheiten aufgefasst werden. Diese Verbrauchserhebungen beziehen sich sowohl auf die Leistungsabgaben der Gebrauchsfaktoren hinsichtlich des produktionsbedingten Potenzialgüterverzehrs als auch auf die Mengen der Verbrauchsfaktoren, die bei der Leistungserstellung an den unterschiedlichen Aggregaten des Betriebes zum Einsatz kommen. Verbrauchsfaktoren können hierbei z.B. Werkstoffe sein. Somit wird für die produktionstheoretische Analyse der Komplex der Produktionsfunktion in eine hohe Anzahl unterschiedlicher Aufwandsfunktionen aufgeteilt, die jeweils für den Einsatz eines Aggregates bzw. einer Verbrauchsfaktorart an einem Aggregat ihre Gültigkeit haben. Somit ist die Produktionsfunkton vom Typ B folgendermaßen charakterisiert:[38]

- Es herrscht keine freie Variierbarkeit der Faktoreinsatzmengen (Substitutionalität), sondern feste Faktoreinsatzrelationen (also Limitationalität).
- Kleinste Einheiten wie einzelne Maschinen und Arbeitssysteme sind Gegenstand der Untersuchung, nicht globale Gesamtbetriebe.
- Unterschieden werden unmittelbare und mittelbare Input-Output-Beziehungen.

Unmittelbare Input-Output-Relationen sind einfacher zu bestimmen, da die Faktoreinsatzmengen aller Faktorarten eindeutig und direkt von der Ausbringungsmenge abhängen. Die Bestimmung der mittelbaren Input-Output-Relationen kann hingegen ein Problem darstellen, da die Einsatzmengen nicht direkt in die Erzeugnisse eingehen (bspw. Schmiermittel und Energie). Nach GUTENBERG hängen diese Einsatzmengen von den technischen Eigenschaften ab.[39]Für jedes Gut, das beim Einsatz eines Potenzialgutes verbraucht wird, kann eine Verbrauchsfunktion pro Arbeitseinheit bestimmt werden.

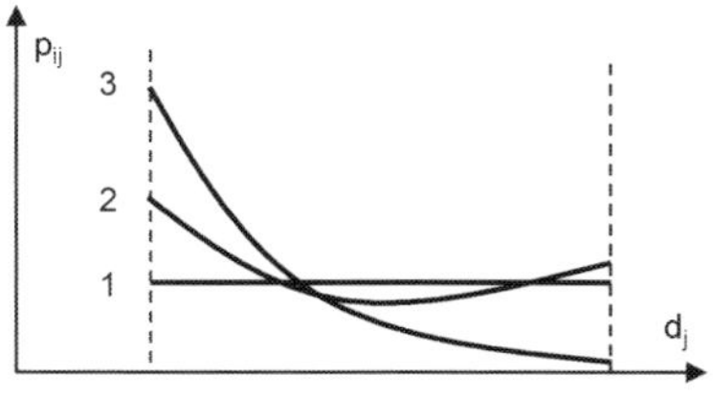

Bild 3-7: Verbrauchsfunktion nach GUTENBERG[40]

[36] vgl. Schweitzer (1997), Produktions- und Kostentheorie, S. 106
[37] vgl. Fandel (2010), Produktions- und Kostentheorie, S. 165
[38] vgl. Fandel (2010), Produktions- und Kostentheorie, S. 165 f.
[39] vgl. Blohm (1997), Produktionswirtschaft, S. 70
[40] vgl. Schweitzer (1997), Produktions- und Kostentheorie, S. 109 f.

Bild 3-7 zeigt beispielhaft die Verbrauchsfunktion für menschliche Arbeit bei Stücklohn (Funktion 1), bei Zeitlohn (Funktion 2) sowie den Brennstoffverbrauch eines Benzinmotors in Abhängigkeit von der Umdrehungszahl (Funktion 3).

Produktionsfunktion nach HEINEN

Die Produktionsfunktion nach HEINEN (auch Produktionsfunktion vom Typ C genannt) ist als Weiterentwicklung der –Produktionsfunktion nach GUTENBERG zu verstehen. HEINEN zielte darauf ab, insbesondere die Probleme der Abgrenzung von Partialprozessen und der Umrechnung der technisch-physikalischen hin zu ökonomischen Leistungsgrößen zu untersuchen.[41] Die Produktionsfunktion nach HEINEN berücksichtigt in stärkerem Maße den Einfluss der Produktionsstruktur auf die Produktionsfunktion als GUTENBERG und ist sowohl für limitationale wie auch substitutionale Produktionsprozesse formuliert. Ferner beachtet sie Ein- und Mehrproduktunternehmen.[42]

So stellt HEINEN die grundlegende Bedeutung von Verbrauchsfunktionen dar, die die Input-Output-Relationen von Potenzialgütern widerspiegeln. Er differenziert zwischen zwei Arten von Verbrauchsfunktionen – technische und ökonomische Verbrauchsfunktionen. Ökonomische Verbrauchsfunktionen bilden die quantitative Relation zwischen dem Güterinput und der Ausbringungsmenge an Zwischen- und Endprodukten eines Potenzialgutes ab. Technische Verbrauchsfunktionen geben wiederum die quantitative Beziehung zwischen dem Güterinput und der technisch-physikalischen Leistung von Potenzialgütern wieder.[43]

Als hauptsächliche Neuerung der Produktionsfunktion vom Typ C sind die Elementarkombinationen und die Wiederholungsfunktionen zu verstehen. Als Elementarkombination werden die kleinsten Partialprozesse bezeichnet, für die die quantitative Relation zwischen Input und Output untersucht werden. Für den Input von Betriebsmitteln, Werkstoffen und Arbeit in Elementarkombinationen werden Transformationsfunktionen formuliert. Die Beziehung zwischen der Ausbringungsmenge pro einmaligen Vollzug der Elementarkombinationen und der Menge des Endproduktes pro Periode werden schließlich durch Wiederholungsfunktionen dargestellt, deren Ausgestaltung auf der Analyse der Produktstruktur beruht.[44]

Produktionsfunktion nach KLOOCK

In der Produktionsfunktion nach KLOOCK (auch Produktionsfunktion vom Typ D genannt) wird die Produktionsstruktur einer Unternehmung in den Fokus der Betrachtung gestellt. KLOOCK untersucht weniger die zusätzlichen Einflussgrößen der Input-Output-Beziehungen von Produktionsstellen oder formuliert Hypothesen über deren Relationen, als vielmehr den Wirkzusammenhang zwischen der Produktionsstruktur und der Produktionsfunktion zu analysieren.[45] Die Produktionsfunktion beruht auf den Annahmen von HEINEN, dass der Produktionsprozess gemäß den vorgeschlagenen Kriterien sowie dem Invarianzprinzip in Produktionsstellen und Partialprozessen eingeteilt werden kann, die diese Prozesse ausführen.[46] Dies impliziert eine eindeutige Zuordnung zwischen dem Einsatzgüterverbrauch und der Potenzialgüterleistung in den Produktionsstellen sowie die Annahme bzgl. des Invarianzprin-

41 vgl. Schweitzer (1997), Produktions- und Kostentheorie, S. 132
42 vgl. Heinen (1983), Betriebswirtschaftliche Kostenlehre, S. 220 ff.
43 vgl. Schweitzer (1997), Produktions- und Kostentheorie, S. 133
44 vgl. Schweitzer (1997), Produktions- und Kostentheorie, S. 132 f.
45 vgl. Kloock (1969), Betriebswirtschaftliche Input-Output-Modelle, S. 43 f.
46 vgl. Fandel (2010), Produktions- und Kostentheorie, S. 215 f.

zips. Der Aussagegehalt des Gesamtsystems bleibt unverändert, wenn die Transformationsfunktion nach einer bestimmten Berechnung zu einer Gesamtproduktionsfunktion zusammengefasst wird.[47]

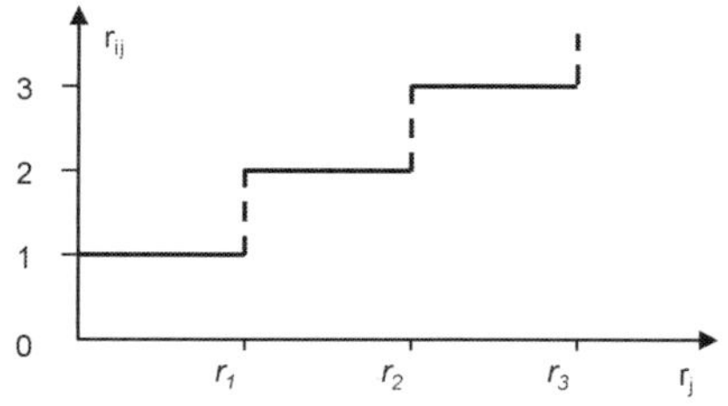

Bild 3-8: Transformationsfunktion für den Einsatz von Arbeitskräften[48]

Für alternative Ausprägungen der Produktionsstruktur stellt KLOOCK dar, wie sich Teilproduktionsfunktionen aus der Gesamtproduktionsfunktion bestimmen lassen. Teilproduktionsfunktionen lassen sich bspw. für den Bedarf an materiellen Potenzialgütern und Arbeitskräften bestimmen.[49] Bild 3-8 zeigt den Verlauf einer Teilproduktionsfunktion in Form einer Transformationsfunktion für den Einsatz von Arbeitskräften bei konstanter Intensität. Die Leistungsabgabe der Arbeitskräfte wird bestimmt durch die Anzahl der eingesetzten Arbeitskräfte und stellt somit ein produktionstheoretisch relevantes Maß der Einsatzmenge dar.[50]

Produktionsfunktion nach PICHLER

Eine Modifikation der Produktionsfunktion nach LEONTIEF stellt die Produktionsfunktion nach PICHLER dar.[51] Ihr Ziel ist die Beschreibung der Gesetzmäßigkeiten der Produktion auf Basis so genannter Durchsatzfunktionen und die Darstellung in substitutionalen Produktionsmodellen.[52] Dabei handelt es sich um Aktivitäten der Einbringungs- und Ausbringungsmenge. Die wesentlichen Leitgrößen (Zustandsmerkmale) sind die Durchsätze und betriebliche Nebenbedingungen. Hierbei wird der Durchsatz als Quantität eines Gutes verstanden, die pro Zeiteinheit eine Anlage durchläuft, wobei dies ein Input oder Output sein kann.[53] Mit betrieblichen Nebenbedingungen sind technische Merkmale eines Produktionsprozesses gemeint, welche die Eigenschaften besitzen, den Güterinput und -output zu bestimmen.[54] Besondere Beliebtheit hat die Pichler-Produktionsfunktion in der chemischen Industrie, da dort komplizierte technische Produktionsverhältnisse beschrieben werden können.[55]

Dynamische Produktionsfunktionen auf Basis des Input-Output-Modells

Die dynamische Produktionsfunktion auf Basis des Input-Output-Modells (auch Produktionsfunktion vom Typ E genannt) ist im Gegensatz zu den oben aufgelisteten Produktionsfunktionen nicht statisch. Infolgedessen, dass für eine detaillierte Darstellung von realen Gegebenheiten eine explizite

---

[47] vgl. Kloock (1969), Betriebswirtschaftliche Input-Output-Modelle, S. 43 f.
[48] vgl. Schweitzer (1997), Produktions- und Kostentheorie, S. 166
[49] vgl. Schweitzer (1997), Produktions- und Kostentheorie, S. 163
[50] vgl. Fandel (2010), Produktions- und Kostentheorie, S. 216
[51] vgl. Pichler (1953), Anwendung der Matrizenrechnung
[52] vgl. Fandel (2010), Produktions- und Kostentheorie, S. 212
[53] vgl. Schweitzer (1997), Produktions- und Kostentheorie, S. 180 f.
[54] vgl. Fandel (2010), Produktions- und Kostentheorie, S. 213
[55] vgl. Schweitzer (1997), Produktions- und Kostentheorie, S. 191

Berücksichtigung der Zeitdimension erforderlich ist, wird in dieser Produktionsfunktion die in mehrperiodischen Produktionsprozessen auftretende zeitliche Komponente erfasst.[56] Diese Prozesse sind in der Regel davon geprägt, dass die Produktionsmöglichkeiten in einer Periode von der in vorhergehenden Perioden realisierten Produktion abhängen. So basieren sie auf Unterteilungen des Planungszeitraums in diskrete Zeitintervalle und einer zeitlichen Indizierung der hergestellten Güterquantitäten.[57]

3.1.2 Modelle der Planung und Steuerung in der Produktion

Im Zuge der evolutionären Entwicklung der Produktionssystematik und immer wichtiger werdender logistischer Zielgrößen[58] sowie komplexer werdender Produktionsprozesse sind im Laufe der Zeit in Anlehnung an die betriebswirtschaftlich orientierten Modelle der Produktionstheorie Modelle und Konzepte entwickelt worden, um die Planung und Steuerung der Leistungserstellung zu unterstützen und die logistische Leistungsfähigkeit zu bewerten. Gegenstand solcher in der Regel IT-gestützter Planungs- und Steuerungssysteme ist die unter Beachtung der verfügbaren Kapazitäten mengenmäßige sowie zeitliche Regelung der Produktion zur Sicherstellung eines wirtschaftlichen Leistungserstellungsvollzugs.

3.1.2.1 Entwicklung betrieblicher Planungs- und Steuerungssysteme

Erste Ansätze der systemisch unterstützten Ressourcenplanung fanden sich in der linearen Programmierung Ende der vierziger Jahre des zwanzigsten Jahrhunderts (Bild 3-9).[59] Diese IT-basierten Programme wurden in der Frühphase der sechziger Jahre zu den ersten Material Requirement Planing Systemen (MRP) weiterentwickelt, die im Wesentlichen die Funktion der Materialbedarfsplanung übernahmen. Mithilfe eines sogenannten Stücklistenprozessors wurden ohne Betrachtung zur Verfügung stehender Kapazitäten die benötigten Materialbedarfe sowie Fertigungstermine berechnet.[60] Der nächste Evolutionssprung lag Anfang der siebziger Jahre in den realisierten Material Ressource Planing Systemen (MRP2) begründet, bei denen die Ressourcensicht mit in den Planungs- und Steuerungsprozess integriert wurde.[61] Neben einer Materialbedarfsplanung konnte nun eine Kapazitäts- sowie Terminplanung durchgeführt werden, indem einzelne Fertigungsschritte sukzessiv modelliert wurden.[62] Besondere Betrachtung bekam die Termintreue, die durch eine Kombination aus Vorwärts- und Rückwärtsterminierungen sichergestellt werden sollte.

Durch die Integration produktionsfernerer Funktionen wie des Rechnungswesens, Controllings, der Personalwirtschaft, der Distributionsplanung und des Produktdatenmanagements wurden Mitte der achtziger Jahre die MRP2-Systeme zu Enterprise Ressource Planing Systemen (ERP) ausgebaut.[63] Speziell durch die prozessorientierte Ausrichtung der ERP-Systeme konnten über Funktions- und Abteilungsgrenzen hinweg die interne Steuerung sowie die betrieblichen Abläufe erheblich verbessert werden. Ferner wurden mit der ERP-Entwicklung die Systematisierung und Standardisierung von

---

[56] vgl. Schweitzer (1997), Produktions- und Kostentheorie, S. 192
[57] vgl. Schweitzer (1997), Produktions- und Kostentheorie, S. 193
[58] siehe hierzu Kap. 2.1 Evolution der Produktionssystematik im Kontext von Zielgrößen
[59] vgl. Philippson et al. (1999), Marktspiegel Supply Chain Management Software, S. 7
[60] vgl. Bartsch et al. (2000), Supply-chain-Management mit SAP APO, S. 16-19
[61] vgl. Ayers (2001), Handbook of supply chain management, S. 168-172
[62] vgl. Thaler (1999), Prozessoptimierung in der logistischen Kette, S. 152-153
[63] vgl. Nicolai (2002), Praxiselemente für erfolgreiche eSCM-Realisierung, S. 82

Geschäftsprozessen und Abläufen sowie eine konsistentere Datenhaltung forciert.[64] Im Kontext wichtiger werdender unternehmensübergreifender Auftragsabwicklung wurden in den neunziger Jahren verstärkt Advanced Production Scheduling Systeme (APS) entwickelt, die auf eine systemische Vernetzung von Unternehmen abzielten und die übergreifende Planung und Steuerung im Fokus hatten. Bis dato letzte Entwicklungsstufe im Bereich logistischer Planungs- und Steuerungssysteme stelllen elektronische Märkte dar; diese werden im Rahmen überbetrieblicher Auftragsabwicklung und Kollaboration thematisiert.[65]

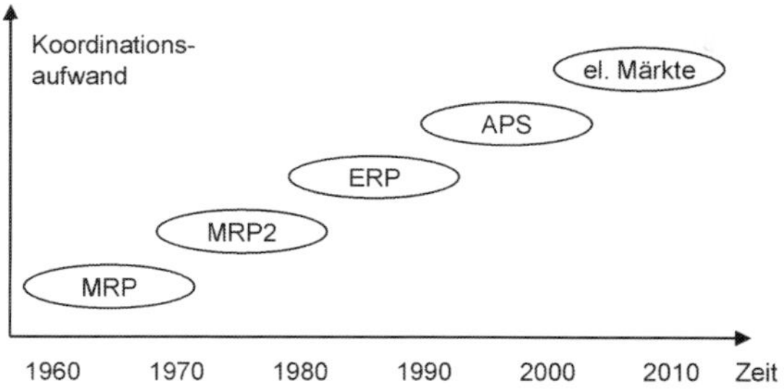

Bild 3-9: Entwicklung betrieblicher Planungs- und Steuerungssysteme[66]

3.1.2.2 Ausgewählte Modelle betrieblicher Planung und Steuerung

Den soeben vorgestellten Systemen liegen spezifische Modelle der Produktionsplanung und -steuerung zugrunde. Im Folgenden werden die wichtigsten und für diese Arbeit relevanten Ansätze im historischen Kontext näher dargestellt und diskutiert.

Terminplanungssysteme nach BRANKAMP, DOMBROWSKI und HOLDHOF

BRANKAMP untersucht im Jahre 1967 die Terminplanung in der Einzel- und Kleinserienfertigung des Maschinenbaus. Dazu betrachtet er nicht nur die Terminplanung der Fertigungssteuerung, sondern bezieht die Produktionsbedingungen in die Planung mit ein. Ferner wird der Einfluss der ersten elektronischen Datenverarbeitungssysteme analysiert.[67] BRANKAMP liefert eine systematische Analyse der operativen und administrativen Terminplanung und -steuerung in der Einzel- und Kleinserienfertigung. Eine kostenmäßige Betrachtung der Einflüsse wird jedoch gänzlich vernachlässigt.

In Anlehnung an die Qualitätsregelkarte entwickelt DOMBROWSKI eine Terminregelkarte mit Warn- und Eingriffsgrenzen für die zulässigen Terminabweichungen. Mit dem von ihm entwickelten Modell trägt er maßgeblich zu der theoretischen Grundlage von Durchlaufzeit- und Termintreueberechnung bei.[68] DOMBROWSKI liefert Grundlagen in Bezug auf die Terminqualität sowie die Terminsituation in der betrieblichen Praxis. Er formuliert bereits 1988, dass sowohl in der betrieblichen Praxis

---

64 vgl. Pfohl (2000), Supply-chain-management: Logistik plus?, S. 164

65 siehe hierzu Kap. 3.3.1 Koordination als Instrument der Interdependenzregulation

66 i.A.a. Albert et. al. (2007), Durchblick im Begriffsdschungel der Business-Software, S. 4; Gabler-Wirtschafts-Lexikon (2013), Enterprise-Resource-Planning-System

67 vgl. Brankamp (1967), Terminplanungssystem für die Einzel- und Kleinserienfertigung

68 vgl. Dombrowski (1988), Qualitätssicherung im Terminwesen der Werkstattfertigung

als auch in der Theorie der Wunsch besteht, Termintreue in Geldwerten zu bewerten.[69] Er liefert allerdings keinen entsprechenden Ansatz.

HOLDHOF versucht mit seinem Ansatz die Verfahrensauswahl für Terminplanungssysteme und Methoden einzugrenzen.[70] Dazu löst er sich von der Betrachtung eines einzelnen Betriebes und untersucht stattdessen die Auswirkungen einzelner Bestimmungsgrößen der Fertigungs- und Auftragsstruktur auf die Verfahrensqualität. Weiter beschreibt er die Zurechnung der Kosten innerhalb eines produzierenden Betriebs und den Einfluss der Terminplanung auf die einzelnen Kostenpositionen in Bezug auf Durchlaufzeitverkürzungen und Maschinenbelegungsplanung bei einer Werkstattfertigung. HOLDHOF bezeichnet die Angabe der Kosten für Lieferterminabweichungen als problematisch.[71] Obwohl er die verschiedenen Planungssysteme und ihren spezifischen Einfluss auf die Termintreue der Unternehmen untersucht, bietet sich kein Ansatz zur monetären Quantifizierung. Die Untersuchung der einzelnen Kostenarten, welche durch Terminplanungssysteme berührt werden, können allerdings als Grundlage für den Aufbau eines Modells betrachtet werden.

Trichtermodell und Durchlaufdiagramm nach BECHTE

Das Trichtermodell und Durchlaufdiagramm nach BECHTE hat sich in der industriellen Praxis als Ansatz für das logistische Controlling von Prozessketten etabliert.[72] In Analogie zur Abbildung von Fließprozessen geht dieses Modell davon aus, dass durch die Größen Zugang und Abgang sowie dem daraus resultierenden Bestand jede beliebige Kapazitätseinheit einer Fertigung und ihr Durchlaufverhalten vollständig beschrieben werden kann. Nach einem Vorschlag von BECHTE wird ein Arbeitssystem als Trichter modelliert, dem Aufträge zugehen und so den Bestand des Arbeitssystems bilden, bis diese nach der Bearbeitung den Trichter bzw. das Arbeitssystem wieder verlassen.[73]

Die Aktivitäten innerhalb des Trichters lassen sich auf ein Durchlaufdiagramm übertragen (Bild 3-10), bei dem die Zugänge und Abgänge an einem Produktionssystem in zwei separaten Kurven dargestellt werden. Dazu werden die Aufträge mit ihrem Arbeitsinhalt zum jeweiligen Buchungszeitpunkt im Zugang oder entsprechend im Abgang kumuliert aufgetragen. Der Koordinatenursprung bildet den Startpunkt für die Abgangskurve, während der Anfangsbestand des Systems im Untersuchungszeitraum den Ursprung der Zugangskurve bildet. Neben Zugangs- und Abgangskurve ist auch die mittlere Leistung des Systems im Betrachtungszeitraum eingetragen. Sie wird aus der Summe der im Betrachtungszeitraum fertiggestellten Arbeitsinhalte dividiert durch die Periodenlänge berechnet. Der horizontale Abstand der beiden Kurven entspricht der Reichweite des Systems und gibt somit Auskunft darüber, wie lange ein Arbeitssystem mit Arbeit versorgt werden kann.[74] Falls die Aufträge in der Reihenfolge ihres Zugangs abgearbeitet werden (FIFO-Prinzip), entspricht sie der Durchlaufzeit eines dem Arbeitssystem zugehenden Auftrags. Jeweils der vertikale Abstand zwischen Zugangs- und Abgangskurve entspricht dem Bestand im betrachteten System zum entsprechenden Zeitpunkt.[75] Zur Ermittlung des mittleren Bestands wird die Bestandsfläche durch die Länge des Untersuchungszeit-

---

[69] vgl. Dombrowski (1988), Qualitätssicherung im Terminwesen der Werkstattfertigung, S. 53
[70] vgl. Holdhof (1986), Terminplanungssysteme für Werkstätten mit heterogenen Bedingungen
[71] vgl. Holdhof (1986), Terminplanungssysteme für Werkstätten mit heterogenen Bedingungen, S. 26
[72] vgl. Bechte (1984), Belastungsorientierte Auftragsfreigabe bei Werkstattfertigung
[73] vgl. Nyhuis et al. (1999), Logistische Kennlinien, S. 24 f.
[74] vgl. Nyhuis et al. (1999), Logistische Kennlinien, S. 25
[75] vgl. Wiendahl (1997), Fertigungsregelung, S. 83 ff.

raums dividiert. Wird dieser mittlere Bestand ins Verhältnis zur mittleren Leistung gesetzt, so ergibt sich die mittlere Reichweite des Systems.[76]

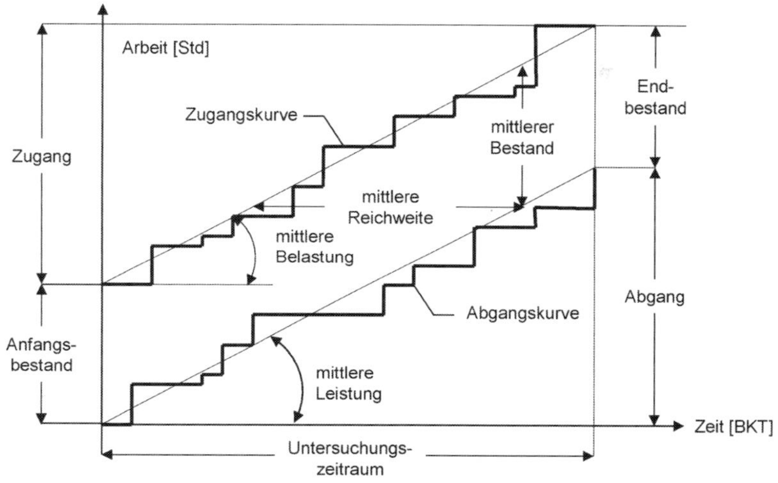

Bild 3-10: Durchlaufdiagramm[77]

Die besondere Bedeutung des Durchlaufdiagramms für die Planung und Steuerung eines Arbeitssystems wird in Bild 3-11 herausgestellt. So lassen sich relevante logistische Zielgrößen wie Auslastung, Durchlaufzeit, Bestand und Terminabweichung darstellen sowie mathematisch beschreiben. Infolgedessen ist das Durchlaufdiagramm ein geeignetes Werkzeug zur Bestimmung der Güte logistischer Prozesse.[78] Die Durchlaufelemente sind dabei maßgeblich für die Bestimmung der Durchlaufzeit der Aufträge und Arbeitsprozesse verantwortlich. Die Auslastung wird durch die Überlagerung des Abgangsverlaufs mit dem Kapazitätsverlauf veranschaulicht. Der Bestand wird durch die vertikale Differenz zwischen Zugangs- und Abgangskurve aufgezeigt. Schließlich ist die Terminabweichung das Ergebnis der Differenz zwischen Plan- und Ist-Termin.[79]

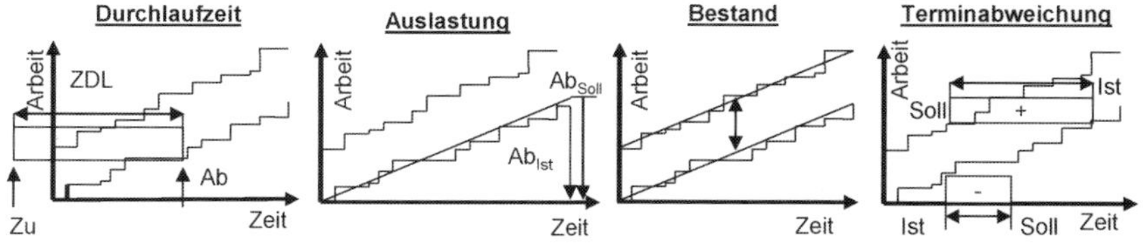

Bild 3-11: Die logistischen Leistungsmerkmale im Durchlaufdiagramm[80]

---

[76] Diese Beziehung wird auch als Little`s Law bezeichnet. Vgl. Little (1961), Proof for the queuing formula
[77] vgl. Bechte (1984), Belastungsorientierte Auftragsfreigabe bei Werkstattfertigung, S. 34 ff.
[78] vgl. Yu (2001), Terminkennlinie, S. 24
[79] vgl. Yu (2001), Terminkennlinie, S. 25
[80] vgl. Bechte (1984), Belastungsorientierte Auftragsfreigabe bei Werkstattfertigung, S. 34 ff.

BECHTE liefert mit seinem Modell wichtige Erkenntnisse in Bezug auf die Entstehung von Durchlaufzeiten und die Möglichkeiten, diese zu beeinflussen. In Summe beschreibt das Durchlaufdiagramm qualitativ und zeitgenau das Systemverhalten, sodass wesentliche Determinanten von Produktionsprozessen abbildbar sind.[81] BECHTES Modell liefert allerdings keine Informationen hinsichtlich der monetären Quantifizierung von Termintreue.

Produktionskennlinien nach NYHUIS und WIENDAHL

Die Produktionskennlinien[82] nach NYHUIS und WIENDAHL gehen über die Beschreibung eines stationären Zustands hinaus.[83] Produktionskennlinien quantifizieren die wechselseitigen Abhängigkeiten zwischen den logistischen Zielgrößen. Grundsätzlich stellen sie dabei Mittelwerte dar, von denen die Einzelwerte mehr oder weniger stark abweichen – Bezugsgröße dabei ist stets der mittlere Bestand.[84] Mithilfe der Produktionskennlinien lässt sich demnach bei einem Arbeitssystem eine logistische Positionierung im Dilemma niedriger Bestände und hoher Auslastung ableiten.[85]

Produktionskennlinien ermöglichen eine stark verdichtete Darstellung dieser Zustände, indem die jeweiligen Werte der Leistung und der Durchlaufzeit in Bezug zu dem Bestand eingetragen werden (Bild 3-12). Die Leistungskennlinie verdeutlicht, dass sich die Leistung eines Arbeitssystems oberhalb eines bestimmten Bestandswertes nur noch unwesentlich ändert. Es treten keine bestandsbedingten Beschäftigungsunterbrechungen auf, da kontinuierlich Arbeitsinhalte vorliegen. Unterhalb dieses Bestandswertes kommt es jedoch zunehmend zu Leistungseinbußen aufgrund eines zeitweilig fehlenden Arbeitsvorrates.[86]

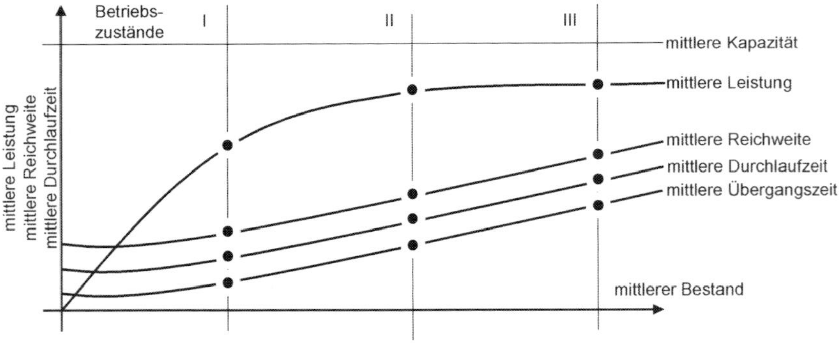

Bild 3-12: Darstellung der Betriebszustände in Produktionskennlinien[87]

Der Wirkzusammenhang zwischen den logistischen Zielgrößen wird darüber hinaus an dem Kennlinienverlauf der Durchlaufzeit deutlich. Oberhalb des kritischen Bestandswertes steigt die Durchlauf-

[81] vgl. Nyhuis et al. (1999), Logistische Kennlinien, S. 25

[82] Zuvor wurden Produktionskennlinien mit dem Begriff Betriebskennlinien überschrieben. Vgl. Bechte (1984), Belastungsorientierte Auftragsfreigabe bei Werkstattfertigung; Nyhuis (1991), Durchlauforientierte Losgrößenbestimmung

[83] vgl. Nyhuis et al. (2003), Logistische Kennlinien, S. 36

[84] vgl. Lödding (2005), Verfahren der Fertigungssteuerung, S. 59

[85] vgl. Lödding (2008), Verfahren der Fertigungssteuerung, S. 3

[86] vgl. Nyhuis et al. (1999), Logistische Kennlinien, S. 37

[87] vgl. Nyhuis et al. (1999), Logistische Kennlinien, S. 37

zeit relativ proportional mit dem Bestand an und sinkt bei einer Reduzierung dessen, wobei ein Minimum der Durchlaufzeit aus der Summe der mittleren Durchführungszeit und ggf. der Transportzeit anzunehmen ist. Ein ähnliches Verhalten weisen die Übergangszeit und die Reichweite auf. Im Rahmen der Produktionskennlinientheorie wird ein momentaner Zustand eines Systems immer nur als ein Betriebspunkt auf der Kennlinie beschrieben. Die Kennlinien selbst stellen dar, wie sich das betrachtete System bei ansonsten unveränderten Randbedingungen verhält, wenn ein anderer Bestand eingestellt wird.[88]

Hinsichtlich der Zielstellung dieser Arbeit, der Fokussierung auf die logistische Zielgröße Termintreue sowie ihre monetäre Quantifizierung, bieten Produktionskennlinien jedoch keinen direkten Bezug. Sowohl NYHUIS als auch WIENDAHL merken in diesem Kontext an, dass sich die Bewertung der Durchlaufzeit sowie der Termintreue derzeit einer kostenmäßigen Beschreibung entzieht.[89]

Termintreuekennlinie nach YU

YU erweitert die Produktionskennlinien um eine Termintreuekennlinie.[90] Mithilfe der Kennlinientheorie und von ihm durchgeführten Simulationen untersucht er die wichtigsten Einflussparameter und ihre Wirkung auf Terminabweichungen. Hergeleitet wurde die Kennlinie der relativen mittleren Terminabweichung aus der Annahme, dass für die Bestimmung der Termintreue die mittlere Plan-Durchlaufzeit und eine Termintoleranz festzulegen sind, da die Terminkennlinie als Zusammenhang zwischen dem mittleren Bestand und der Termintreue bei einer gegebenen Plan-Durchlaufzeit zu verstehen ist (Bild 3-13).[91]

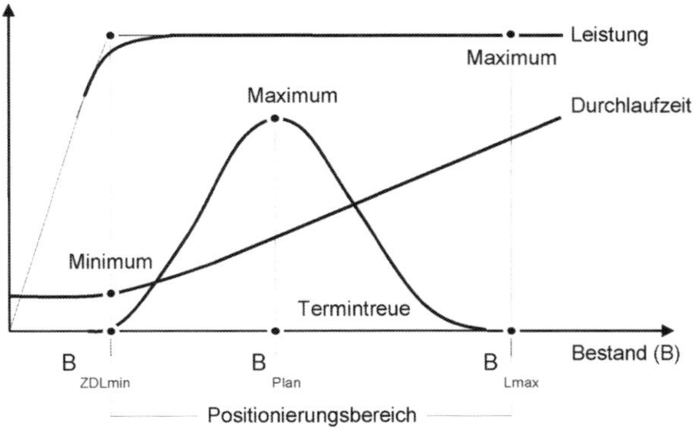

Bild 3-13: Kennlinie für die mittlere relative Terminabweichung[92]

Infolgedessen werden für die Bestimmung der Terminkennlinie zunächst der Mittelwert der Plan-Übergangszeit und die obere und untere Grenze der Termintoleranz benötigt, um den Bereich festzulegen, in dem die Aufträge termintreu gefertigt worden sind. Des Weiteren wird die Ist-

88 vgl. Nyhuis et al. (2003), Logistische Kennlinien, S. 37
89 vgl. Nyhuis et al. (1999), Logistische Kennlinien, S. 179
90 vgl. Yu (2001), Terminkennlinie
91 vgl. Yu (2001), Terminkennlinie, S. 58
92 vgl. Nyhuis et al. (2003), Logistische Kennlinien, S. 178

Übergangszeitverteilung benötigt, um die Termintreue ablesen zu können.[93] So ist YU in der Lage, die bestehenden Produktionskennlinien um die Dimension Termintreue zu erweitern. Allerdings stellt er keinen Zusammenhang zwischen Termintreue und monetären Auswirkungen schlechter Termintreue her.

Ressourcenbezogene Kostenkennlinien nach JAINCZYK und WIENDAHL

Als Erweiterung zu der logistischen Positionierung eines Arbeitssystems ist es darüber hinaus erstrebenswert, alternative Prozesszustände auch hinsichtlich ihrer Wirtschaftlichkeit bzw. Kosten zu bewerten. Hierfür bieten sich die ressourcenbezogenen Kostenkennlinien an. Die Verknüpfung der Zielgrößen und der betroffenen Kostenarten wurde bereits von einigen Autoren vorgenommen, stellvertretend sollen hier die Ausführungen von JAINCZYK und WIENDAHL näher erläutert werden.[94]

JAINCZYK leitet ein auf Produktionskennlinien basierendes Bewertungsmodell her, das variable und fixe Fertigungskosten, Rüstkosten, Fertigungskapitalbindungskosten am Arbeitssystem sowie Lagerkosten berücksichtigt.[95] Eine logistische sowie wirtschaftliche Positionierung an einem Arbeitssystem wird durch Einblendung der Summenkostenkurve der einzelnen Kostenarten sowie des Kostenverlaufs der Gesamtkosten je Leistungseinheit unterstützt. Beispielhaft wird der Einsatz dieses Bewertungsmodells bei Investitionsvorhaben genutzt. Dabei werden alternative Maßnahmen wie Losgrößenveränderungen und Fertigungszeitreduzierungen in ihren Auswirkungen auf die logistischen Zielgrößen Durchlaufzeit und Bestand sowie die betrachteten Kostenarten untersucht. Es wird allerdings weder eine genaue Definition der betrachteten Kosten noch ihrer Berechnungsweise als auch ihrer Abhängigkeit von den einzelnen logistischen Zielgrößen deutlich. Der Ansatz ist nur auf die Betrachtung eines Arbeitssystems begrenzt, eine durchgängige prozessorientierte Betrachtung erfolgt nicht. Dennoch zeigt der Ansatz, dass die Kennlinientheorie geeignet ist, um die logistische Leistungsfähigkeit eines Arbeitssystems monetär zu bewerten.[96]

Aufbauend auf diesen Erkenntnissen zeigen WIENDAHL ET AL. an einem Beispiel auf, wie die Kostenkennlinie zur logistischen Positionierung eines Arbeitssystems eingesetzt werden kann.[97] Untersucht wird dabei der Einfluss der Kostenstruktur auf die Wahl eines geeigneten logistischen Betriebspunktes. Grundsätzlich ist dabei zwischen einer kapazitätsintensiven Kostenstruktur, gekennzeichnet durch hohe Abschreibungs- und Lohnkosten, und einer umlaufkostenintensiven Kostenstruktur, gekennzeichnet durch den Wert des Umlaufbestands und hohe kalkulatorische Zinsen, zu unterscheiden. Je stärker die Umlaufkosten gegenüber den Kapazitätskosten dominieren, desto flacher ist der Bereich des Gesamtkostenminimums. Die gewählte Darstellung verdeutlicht, dass beide Fälle eine bestimmte zulässige Kostentoleranz ermöglichen, in der sich die Kosten je Leistungseinheit nur unwesentlich verändern und damit einen Spielraum für logistische Rationalisierungen bieten (Bild 3-14).

Hierzu müssen die Kapazitätskosten je Leistungseinheit ermittelt werden, indem die Summe aus den variablen (bestandsabhängigen) und fixen (bestands- bzw. leistungsunabhängigen) Kosten ermittelt und über den Bestand aufgetragen wird. Der Kostenverlauf, der sich aus dem Bezug der

93 vgl. Yu (2001), Terminkennlinie, S. 65
94 vgl. Wiendahl et al. (1996), Überwachung und logistische Positionierung von Prozeßketten; Jainczyk (1993), Logistikorientierte Bewertung von Investitionsvorhaben
95 vgl. Jainczyk (1993), Logistikorientierte Bewertung von Investitionsvorhaben
96 vgl. Kerner (2002), Modellbasierte Beurteilung der Logistikleistung von Prozessketten, S. 44
97 vgl. Wiendahl et al. (1996), Überwachung und logistische Positionierung von Prozeßketten

Kapazitätskosten auf eine Leistungseinheit (wie z.B. einer Maschinenstunde) zusammensetzt, lässt erkennen, dass die Leistungskennlinie bis zum Sättigungsbereich abfällt und anschließend konstant bleibt. Infolgedessen stellt die Kapazitätskostenkurve den Verlauf der Kapazitätskosten pro geleistete Stunde Arbeitsinhalt über dem Bestand dar.[98]

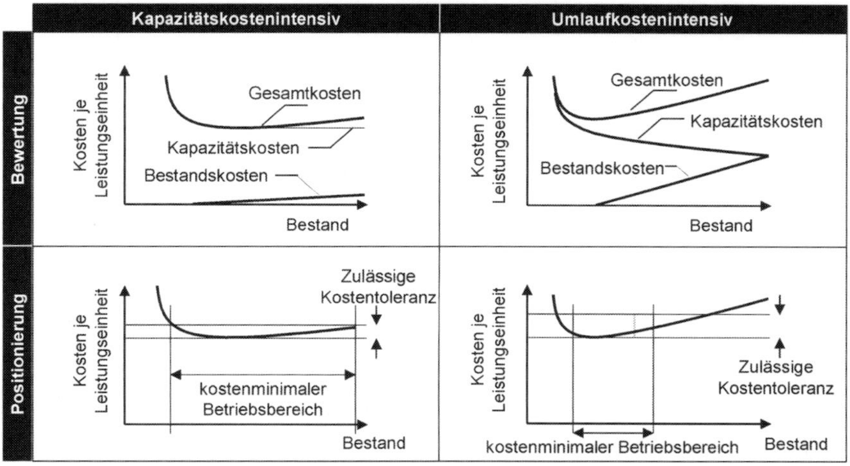

Bild 3-14: Einfluss der Kostenstruktur auf die ressourcenbezogene Kostenkennlinie[99]

Die Gesamtkostenkurve setzt sich schließlich zusammen, indem den Kapazitätskosten pro Leistungseinheit noch die Bestandskosten, die ebenfalls auf den Bestand in Vorgabestunden bezogen sind, hinzuaddiert werden.[100] Anzumerken bleibt allerdings, dass die kostenmäßige Bewertung der Durchlaufzeit sowie der Termintreue in diesem Ansatz nicht möglich sind. Unabhängig von einer quantitativen Beschreibung lässt sich jedoch feststellen, dass kurze Durchlaufzeiten und hohe Termintreue in einer Verschiebung des kostenoptimalen Bereichs in Richtung geringerer Bestände resultieren.[101]

Verfahren der Fertigungssteuerung nach LÖDDING

LÖDDING bringt die Zielgrößen und Aufgaben der Fertigungssteuerung in einen logischen Zusammenhang. Er beschreibt sämtliche in Theorie und Praxis diskutierten Verfahren anhand der in ihnen implizierten Logik. Ein besonderes Augenmerk legt er dabei auf die Termintreue und die durch Terminabweichung ausgelösten Probleme in der Praxis.[102] Die Arbeit LÖDDINGS trägt die theoretischen Grundlagen der vorab genannten Autoren zusammen und bringt sie in einen sachlogischen Zusammenhang. Er fördert das Verständnis der theoretischen Hintergründe und verweist immer wieder implizit und explizit auf die Bedeutung der Termintreue. Zwar wird die Bedeutung einer monetären Quantifizierung von Termintreue betont, allerdings wird kein Ansatz dafür geliefert.

---

[98] vgl. Nyhuis (1991), Durchlauforientierte Losgrößenbestimmung, S. 162 f.
[99] vgl. Wiendahl et al. (1996), Überwachung und logistische Positionierung von Prozeßketten, S. 223
[100] vgl. Nyhuis (1991), Durchlauforientierte Losgrößenbestimmung, S. 163
[101] vgl. Nyhuis et al. (2003), Logistische Kennlinien, S. 179
[102] vgl. Lödding (2008), Verfahren der Fertigungssteuerung

Kostenorientierte Produktionssteuerung nach RENNER

Basierend auf den typischen Problemen und Fragestellungen beim laufenden Betrieb von Produktionssystemen konzipiert RENNER ein auf der Prozesskostenrechnung basierendes Kostenmodell, das zum Ziel hat, ökonomisch fundierte Ablaufentscheidungen zu treffen.[103] In diesem Kontext versucht er, eine verursachungsgerechte Verrechnung von Dienstleistungen auf verschiedene Kalkulationsobjekte sowie eine Verbesserung der Kapazitätsauslastungsplanung für indirekte Bereiche abzubilden. Darüber hinaus integriert er neue Ansätze der Produktionsplanung und -steuerung sowie der Kostenrechnung (z.B. Berücksichtigung alternativer Arbeitspläne, das Prinzip der kostenorientierten Ersteinlastung, die ablaufabhängige Ermittlung von Prozessmengen und Produktionskosten oder das mehrstufige, prozessorientierte Kalkulationsverfahren). Zwar liefert RENNER zahlreiche Erkenntnisse für die tägliche Ablaufoptimierung des Produktionsprozesses, allerdings ziehen seine Ausführungen nicht den Einfluss der Termintreue in die Betrachtung.

Produktionskennlinienorientierte Ablaufsimulation nach MEIER

Die über Ablaufsimulationen abgebildete Integration der Produktionskennlinien und einer Kostenkennlinie ist Gegenstand des Ansatzes von MEIER.[104] Dabei unterscheidet er die drei unterschiedlichen Kostengruppen bestandsunabhängiger Kosten, bestandsabhängiger Kosten sowie leistungsabhängiger Kosten (eines Arbeitssystems) und setzt als Kostenmodell eine Prozesskostenrechnung für direkte Bereiche an. Über die experimentellen Möglichkeiten der Simulation ist er in der Lage, Aussagen und Erklärungsmöglichkeiten der Kennlinientheorie zu machen. Allerdings wird weder eine vollständige Prozesskette betrachtet noch findet eine Differenzierung zwischen variablen und fixen Kosten statt.

Ökonomische Beurteilung logistischer Positionierungen nach GROSSKLAUS

Mit seinem theoretischen Ansatz ist GROSSKLAUS in der Lage, die logistische Positionierung eines Arbeitssystems mit kundenanonymer als auch kundenspezifischer Leistungserstellung wirtschaftlich zu betrachten.[105] Gegenstand der Betrachtung ist die Bestimmung eines Einlastungsprozentsatzes für die Auftragsfreigabe im Kontext eines aus wirtschaftlicher sowie logistischer Sicht optimalen Betriebspunktes. Dabei werden unter der Prämisse einer unmittelbaren Auswirkung von Durchlaufzeiten auf Lieferzeiten betriebspunktabhängige Erlöse den Bestandskosten gegenüberstellt. Er ist in der Lage, über einen empirisch ermittelten, funktionalen Zusammenhang zwischen Kundenreaktionen und erzielten Lieferzeiten Grenzerlöse den Grenzkosten gegenüberzustellen. Allerdings werden im Rahmen der Untersuchung lediglich die im Arbeitssystem entstehenden Kosten betrachtet. Koordinierende Tätigkeiten als auch Lager- oder Transportprozesse entziehen sich der Betrachtung.

3.1.3 Zusammenfassung Produktionstheorie und logistische Modelle

Die dargestellten Modelle der Produktionstheorie sowie die entwickelten Modelle der Produktionsplanung und -steuerung schaffen eine Grundlage für diese Arbeit. Die theoretischen Aussagesysteme (deskriptive und erklärende Modelle) der Produktionstheorie mit dem Ziel der Darstellung der quantitativen, strukturellen und zeitlichen Beziehung zwischen Input- und Output-Mengen an Realgütern in einer Unternehmung schaffen ein Grundverständnis für die innerbetrieblichen Zusammenhänge. Erste

[103] vgl. Renner (1991), Kostenorientierte Produktionssteuerung
[104] vgl. Meier (1995), Bestandsoptimierung durch Fertigungsablaufsimulation
[105] vgl. Grossklaus (1996), Ablauforientierte Produktionslogistik

simplifizierte Beschreibungen idealisierter unternehmensinterner Prozesse basieren auf der klassischen Produktionsfunktion (ertragsgesetzliche Produktionsfunktion, Typ A), die den ertragsgesetzlichen Verlauf charakterisiert. Alle darauf folgend hergeleiteten Funktionen detaillieren die innerbetrieblichen Zusammenhänge wie bspw. die Engineering Production Function, die den Produktionsprozess auf einzelne Bestandteile zerlegt, um darauf basierend die wechselseitigen Wirkzusammenhänge zu analysieren. Weitere Entwicklungen wie die Produktionsfunktion des Typs B (nach ERICH GUTENBERG) ermöglichen die Untersuchung kleinster Einheiten wie bspw. einzelner Maschinen und Arbeitssysteme, anstelle globaler Gesamtbetriebe. Eine direkte Weiterentwicklung stellt die Produktionsfunktion vom Typ C (nach HEINEN) dar, welche die Umrechnung der technischen-physikalischen Größen hin zu ökonomischen Leistungsgrößen ermöglicht. Ferner wurde mit der Produktionsfunktion vom Typ E eine dynamische Betrachtungsebene zur detaillierten Darstellung von realen Gegebenheiten und expliziten Berücksichtigung der Zeitdimension herangezogen. In Summe schafft die Produktionstheorie mit den modellierten Zusammenhängen zwischen Ein- und Ausbringungsmengen sowie dem Verständnis der Systematisierung der Produktionsprozesse die ersten relevanten Grundüberlegungen für den Kontext dieser Arbeit. Termintreue spielt (historiebedingt) nur eine untergeordnete Rolle. Zwar sind erste Elemente prozessualer Betrachtungen zu erkennen, allerdings werden diese nicht mit Termintreue oder gar monetären Auswirkungen mangelnder Termintreue im Rahmen eines Auftragsabwicklungsprozesses in Verbindung gebracht.

Einen zusätzlichen Beitrag für den weiteren Verlauf dieser Arbeit leisten die Modelle der Produktionsplanung und -steuerung, die im Gegensatz zur Produktionstheorie vornehmlich durch eine praxisorientierte, produktionstechnische Sichtweise geprägt sind. Speziell die Modellierung logistischer Zielgrößen wie unter anderem auch der modellhaften Abbildung der Termintreue liefern ein grundlegendes Verständnis für diese Arbeit. Produktionskennlinien bieten dazu eine geeignete Hilfestellung, da sie die Wirkzusammenhänge zwischen den logistischen Zielgrößen qualitativ und quantitativ beschreiben. Sie ermöglichen einen aktiven, situationsabhängigen Abgleich zwischen marktseitigen und unternehmensseitigen Anforderungen für verschiedene Betriebspunkte. In Abhängigkeit der geforderten Lieferzeiten, dem Kapazitätsbedarf sowie der Kostenstruktur auf der einen Seite sowie der vorgegebenen Auftragszeit- und Kapazitätsstruktur auf der anderen Seite können die anzustrebenden Betriebspunkte festgelegt werden.[106] Dabei lassen sich je nach Aufgabenstellung bzw. Anwendungsfall absolute und relative Werte für die logistischen Zielgrößen vorgeben. Ein erster Ansatz zur Messung und Visualisierung des zeitlichen Verlaufs der Zielgrößen wurde durch BECHTE in Form des Trichtermodells entwickelt. Aufbauend auf diesem Modell wurden die Betriebs- oder auch Produktionskennlinien entwickelt, welche die Möglichkeit bieten, die dynamisch-wechselseitigen Abhängigkeiten zwischen einzelnen Zielgrößen zu ermitteln. Mithilfe dieser Kennlinien lassen sich zwar Auswirkungen der restlichen Zielgrößen auf die Termintreue beschreiben, allerdings nicht ausreichend quantifizieren. Aus diesem Grund entwickelte YU die Terminkennlinie und integrierte diese in das bereits bestehende Modell der Produktionskennlinien. Eine Untersuchung der Kostenstruktur ist allerdings aufgrundlage der Terminkennlinie nicht ohne Weiteres möglich. Einen Ansatz dazu liefern die ressourcenbezogenen Kostenkennlinien nach JAINCZYK und WIENDAHL. Sie untersuchen die Kostenwirksamkeit der verschiedenen logistischen Zielgrößen, kommen aber abschließend zu dem Ergebnis, dass die kostenmäßige Bewertung von Durchlaufzeit und Termintreue zurzeit noch nicht möglich ist.

[106] vgl. Nyhuis et al. (2003), Logistische Kennlinien, S. 179

So werden monetäre Betrachtungen im Rahmen der Produktionstheorie nicht dezidiert genug betrachtet. Erst die letzten aufgezeigten Ansätze integrieren die Kostenbetrachtung und zeigen die enge Verknüpfung bzw. gegenseitige Abhängigkeit der Produktionstheorie und der im nächsten Kapitel vorgestellten Kostentheorie.

3.2 Modelle der Kostentheorie und ihre industrielle Anwendung

Neben der Produktionstheorie entstand parallel die Kostentheorie, bei der Kosten, betriebswirtschaftlich definiert als der „*[...] bewertete Verzehr von wirtschaftlichen Gütern materieller und immaterieller Art zur Erstellung und zum Absatz von Sach- und/oder Dienstleistungen sowie zur Schaffung und Aufrechterhaltung der dafür notwendigen Teilkapazität [...]*“[107] im Zentrum der Betrachtung stehen. Bei der Gegenüberstellung der Betrachtungsgegenstände von Kostentheorie und Produktionstheorie wird deutlich, weshalb die Teiltheorien der Betriebswirtschaftslehre zusammenhängen. Das Ziel der Produktionstheorie stellt die quantitative, strukturelle und zeitliche Beziehung zwischen Input- und Outputmengen an Realgütern in einer Unternehmung dar, während die Kostentheorie die Relation zwischen dem sachzielbezogenen bewerteten Verbrauch an Real- wie Nominalgütern und dessen Einflussgrößen untersucht.[108] So müssen zur Aufstellung von Hypothesen über die Kosten des Verbrauchs an Realgütern auch Aussagen über die Einflussgrößen dieses Verbrauches berücksichtigt werden. Infolgedessen kann die Produktionstheorie als elementare Basis der Kostentheorie interpretiert werden, sodass die Aussagen der Kostentheorie im hohen Maße von der Güte der Produktionstheorie abhängig sind.[109]

Im Folgenden werden im Kontext dieser Arbeit relevante Konzepte und Modelle der Kostentheorie dargestellt. Ferner erfolgt eine Darstellung bestehender Ansätze betrieblicher Kostenrechnung und in diesem Zusammenhang insbesondere der Plankostenrechnung, an der sich das in der Arbeit hergeleitete Kostenmodell orientiert.

3.2.1 Modelle betriebswirtschaftlicher Kostenfunktionen

Das Ziel der Kostentheorie besteht nicht nur in der zweckmäßigen und systematischen Kennzeichnung jener Größen, die das Ausmaß der Kosten im Wesentlichen bestimmen, sondern vielmehr in der Formulierung und Überprüfung von Hypothesen von gesetzmäßigen Relationen zwischen den Kosten und ihren Einflussgrößen. Derartige nomologische Hypothesen werden in der Betriebswirtschaftslehre als Kostenfunktionen abgebildet, deren unabhängige Variablen die Kosteneinflussgrößen widerspiegeln.[110] Zunächst wird auf Systeme von Kosteneinflussgrößen eingegangen, um dann die Klassen betriebswirtschaftlicher Kostenfunktionen zu diskutieren.

3.2.1.1 Systeme der Kosteneinflussgrößen

Die Größen, die für die Höhe der Kosten in einer Unternehmung bestimmend sind, werden in der Betriebswirtschaftslehre Kosteneinflussgrößen genannt.[111] Kosteneinflussgrößen können nach ver-

---

[107] Gabler-Wirtschafts-Lexikon (2013), Kostenbegriff
[108] vgl. Fandel (2010), Produktions- und Kostentheorie, S. 291 f.
[109] vgl. Schweitzer (1997), Produktions- und Kostentheorie, S. 219
[110] vgl. Schweitzer (1997), Produktions- und Kostentheorie, S. 273
[111] vgl. Fandel (2010), Produktions- und Kostentheorie, S. 296

schieden Kriterien gegliedert werden. Bei der Anwendung von Kostenhypothesen für betriebliche Entscheidungen ist zwischen beeinflussbaren und nicht-beeinflussbaren Kosteneinflussgrößen zu unterscheiden. Beeinflussende Kosteneinflussgrößen können dabei durch Entscheidungen der Unternehmung festgelegt werden (wie z.B. das Produktionsprogramm, die Intensität oder die Maschinenbelegung). Technisch-physikalische Merkmale von Maschinen, psychologische und soziologische Größen, die von der Unternehmung nicht bestimmt werden können, werden als nicht-beinflussbare Kosteneinflussgrößen bezeichnet. Doch nicht in allen Fällen ist eine eindeutige Differenzierung zwischen dem Grad der Beeinflussbarkeit möglich, sodass die Klassifikation je nach Situation entschieden werden muss.[112] Aufgrund dessen, dass die Produktionstheorie eine grundlegende Basis für die Kostentheorie darstellt, sind die Bestimmungsgrößen der Produktionsfunktionen gleichzeitig auch Kosteneinflussgrößen.[113] Nachfolgend werden unterschiedliche Kosteneinflusssysteme vorgestellt, die im Rahmen dieser Arbeit von Relevanz sind.

Traditionelle Kosteneinflusssysteme

Das traditionelle Kosteneinflusssystem, das nicht von produktionstheoretischen Aspekten begründet ist, wurde maßgeblich von SCHMALENBACH, LORENTZ, MELLEROWICZ, WALTHER und HENZEL geprägt, die alle eine Reihe von Größen angeben, die Einfluss auf die Höhe der Kosten haben. Die wichtigste Kosteneinflussgröße im traditionellen System stellt die Beschäftigung bzw. der Beschäftigungsgrad dar.[114] Dabei wird die Beschäftigung als tatsächlich realisierte Leistung der Unternehmung während einer Produktionsperiode bezeichnet und der Beschäftigungsgrad als Verhältnis zwischen tatsächlicher Leistung und der Kapazität (technisch maximal mögliche Leistung).[115] In Einproduktunternehmen bietet sich die Quantität an erzeugten Gütern als Maß für die Beschäftigung an, während es bei der Mehrproduktfertigung schwieriger ist, einen angemessenen Maßstab für die Beschäftigung, den Beschäftigungsgrad und die Kapazität zu finden. So schlägt SCHMALENBACH für die Messung des Beschäftigungsgrades die Anzahl der Beschäftigten, die Fertigungsstunden, die Gesamtarbeitsstunden, die gezahlten Löhne und Gehälter, den Energieverbrauch oder die Herstellungskosten vor.[116] In dem traditionellen Kosteneinflussgrößensystem wird angenommen, dass andere Einflussgrößen unmittelbar von dem Beschäftigungsgrad abhängen. So können weitere Einflussgrößen die Maschinengröße, Maschinenspezialisierung, Betriebsgröße, Intensität, Auflagengröße oder Artikelanzahl sein.[117]

Kosteneinflussgrößensystem von KOSIOL

Im Gegensatz zu dem traditionellen Kosteneinflussgrößensystem zieht das Kosteneinflussgrößensystem nach KOSIOL eine Begründung der produktionstheoretischen Kosteneinflussgrößen vor, sodass angenommen wird, dass alle unabhängigen Variablen der Produktionsfunktion den Verbrauch von Realgütern und folglich die Kostenhöhe beeinflussen. Somit bilden die Bestimmungsgrößen auf der einen Seite die Input-Output-Beziehungen der Produktion ab und auf der anderen Seite auch die der Kosten.[118] KOSIOL knüpft dabei an die Überlegungen von SCHMALENBACH an, indem er die Kostenarten in abgegrenzten Kostenplätzen zum Gegenstand macht. Darauf basierend sollen Hypothesen über

[112] vgl. Schweitzer (1997), Produktions- und Kostentheorie, S. 231 f.
[113] vgl. Schweitzer (1997), Produktions- und Kostentheorie, S. 232
[114] vgl. Schmalenbach et al. (1963), Kostenrechnung und Preispolitik, S. 41 ff.
[115] vgl. Schweitzer (1997), Produktions- und Kostentheorie, S. 232 f.
[116] vgl. Schmalenbach et al. (1963), Kostenrechnung und Preispolitik, S. 43
[117] vgl. Schweitzer (1997), Produktions- und Kostentheorie, S. 233
[118] vgl. Schweitzer (1997), Produktions- und Kostentheorie, S. 235

den Kostenverlauf in entsprechenden Kostenstellen mit einheitlicher Leistung gefunden werden. Voraussetzung hierfür sind Produktionsfunktionen, in denen der Input als Funktion des Outputs auf Grundlage technologischer Einzelgesetzmäßigkeiten abgebildet wird.[119] KOSIOL unterscheidet dabei reine Variationsformen an Veränderungen der Ausbringungsmenge bei gegebenem Leistungsprogramm einer Unternehmung (Bild 3-15).[120] Damit stellt jede Variation eine Kosteneinflussgröße dar.

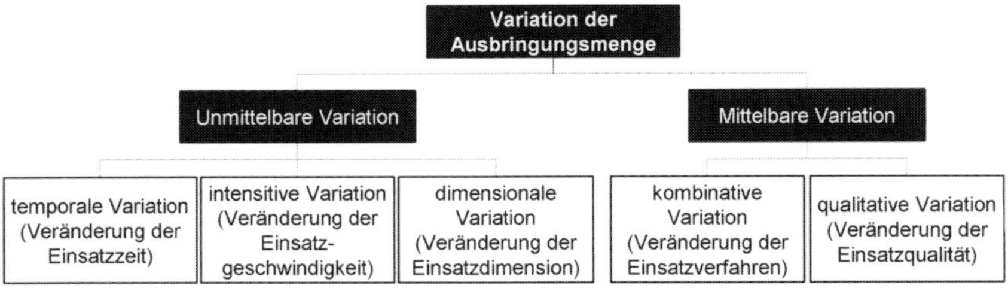

Bild 3-15: Variation der Ausbringungsmenge[121]

Kosteneinflussgrößensystem von GUTENBERG

Das Kosteneinflussgrößensystem von GUTENBERG besteht aus den fünf nicht aufeinander reduzierbaren Hauptgrößen Beschäftigung und deren Schwankung, Preise der Einsatzgüter, Qualität der Einsatzgüter und deren Änderungen, Betriebsgröße und deren Änderung sowie Fertigungsprogramm und seine Änderungen.[122] Obwohl GUTENBERG darauf hinweist, dass eine isolierte Veränderung einer Kosteneinflussgröße in der Realität nicht wahrscheinlich ist, trifft er in seinem System die Annahme, dass stets nur eine Einflussgröße verändert wird.[123] Infolgedessen wirken sich Veränderungen der Beschäftigung, des Fertigungsprogramms und der Betriebsgröße grundsätzlich auf die Faktorproportionen bzw. die Faktorqualität aus,[124] wobei die Faktorproportionen als Verhältnis des Mengeneinsatzes der unterschiedlichen Einsatzgüter zu verstehen ist. Als die wesentlichste Kostenänderung hebt GUTENBERG grundsätzlich die Änderungen in den Faktorqualitäten, den Faktorproportionen und den Faktorpreisen hervor.[125]

Kosteneinflussgrößensystem von HEINEN

Das Kosteneinflussgrößensystem von HEINEN ist auf der Basis der Produktionsfunktion vom Typ C entwickelt worden.[126] HEINEN geht von der Annahme aus, dass die Kostentheorie als Summe der Produktionstheorie und der Kostenwerttheorie entstanden ist.[127] Das System der Kosteneinflussgrößen hat zum Ziel, die von der Unternehmung beinflussbaren Tatbestände mit einzubeziehen, sodass die Kosteneinflussgrößen Entscheidungstatbestände der Unternehmung wiedergeben. An der Auflistung

[119] vgl. Kosiol (1972), Kostenrechnung und Kalkulation, S. 52 ff.
[120] vgl. Schweitzer (1997), Produktions- und Kostentheorie, S. 236
[121] vgl. Schweitzer (1997), Produktions- und Kostentheorie, S. 236
[122] vgl. Gutenberg (1983), Grundlagen der Betriebswirtschaftslehre, S. 332 ff.
[123] vgl. Schweitzer (1997), Produktions- und Kostentheorie, S. 239
[124] vgl. Gutenberg (1983), Grundlagen der Betriebswirtschaftslehre, S. 335
[125] vgl. Schweitzer (1997), Produktions- und Kostentheorie, S. 239
[126] vgl. Heinen (1983), Betriebswirtschaftliche Kostenlehre, S. 469 ff.
[127] vgl. Schweitzer (1997), Produktions- und Kostentheorie, S. 254

der Kosteneinflussgrößen ist nachfolgend zu erkennen, dass die Hauptkosteneinflussgrößen jeweils Oberbegriffe für Kategorien von Bestimmungsgrößen der Kosten darstellen.[128]

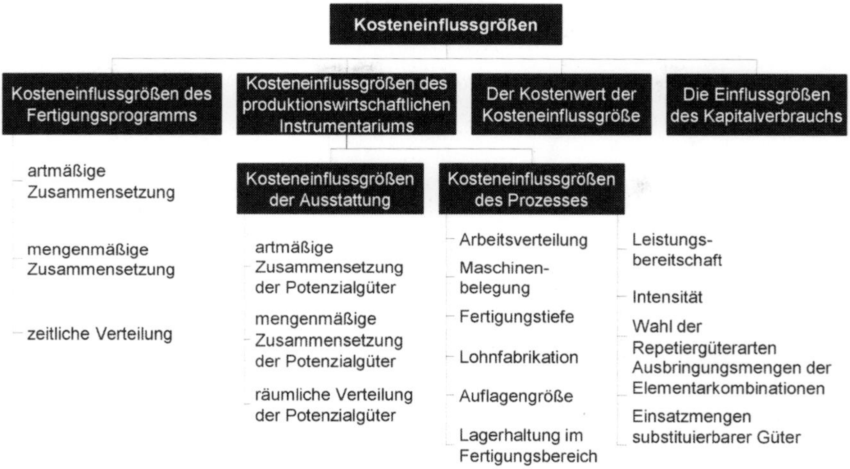

Bild 3-16: Einteilung der Kosteneinflussgrößen[129]

Auch wenn eine genaue Abgrenzung der Begriffe der Kosteneinflussgrößen angestrebt wird, weist HEINEN darauf hin, dass eine exakte Abgrenzung nicht immer unproblematisch ist, sodass ihnen eine Bedeutung als globale Planungsbegriffe zukommt.[130] HEINEN nimmt eine Einteilung der Kosteneinflussgrößen wie in Bild 3-16 dargestellt vor.[131] Die Beschäftigung und die Betriebsgröße werden in dem Kosteneinflussgrößensystem nicht aufgeführt, da ihnen kein bestimmter Parameter oder Koeffizient der Produktionsfunktion vom Typ C zugeordnet werden kann.

Konzept des erweiterten Kosteneinflussgrößensystems

Die Evolution der betriebswirtschaftlichen Produktions- und Kostentheorie wurde dadurch geprägt, dass mit jeder weiteren Entwicklungsstufe die Einflussgrößen auf den Einsatzgüterverbrauch und auf die Kosten weiter spezifiziert wurden. Somit entstanden für zahlreiche Entscheidungsprobleme typisierte Spezifikationen der Produktions- bzw. Kostenfunktionen, sodass die Entscheidung über die Kosteneinflussgrößen entsprechend des Spezifikationsgrads und Präzisionsgrads getroffen werden.[132] Mit Tabelle 3-1 wird ein für diese Arbeit relevanter Überblick über Kosteneinflussgrößen gegeben. Dabei wird zwischen produkt- und programmbezogenen sowie prozessbezogenen Planungsobjekten unterschieden und eine Unterteilung in strategische, taktische und operative Kosteneinflussgrößen gemacht.[133]

---

[128] vgl. Heinen (1983), Betriebswirtschaftliche Kostenlehre, S. 481 ff.
[129] vgl. Schweitzer (1997), Produktions- und Kostentheorie, S. 254
[130] vgl. Heinen (1983), Betriebswirtschaftliche Kostenlehre, S. 494
[131] vgl. Schweitzer (1997), Produktions- und Kostentheorie, S. 254
[132] vgl. Schweitzer (1997), Produktions- und Kostentheorie, S. 267 f.
[133] vgl. Schweitzer (1997), Produktions- und Kostentheorie, S. 269

	Strategisch	Taktisch	Operativ
Produkt- und programm-bezogene Planungsobjekte	▪ Positionierung in Geschäftseinheiten ▪ Phasen im Lebenszyklus ▪ Position in der Technologiekurve ▪ Kapitalallokation	▪ Auflagengröße ▪ Artikelzahl ▪ Qualität der Güter ▪ Kapitalbedarf ▪ Simultaneous Engineering ▪ Wahl der Einsatzgüter ▪ Programmstruktur ▪ Produktfunktionen Komponenten ▪ technische Produktmerkmale ▪ Produktgestalt	▪ Beschäftigung ▪ Preise (Kostenwerte) ▪ Fertigungsprogramm ▪ Kapitalbedarf ▪ Rationalisierung ▪ Fertigungslosgrößen ▪ Ausschuss ▪ Qualitätssicherung
Prozessbezogene Planungsobjekte	▪ Fertigungs- und Informations-technologie ▪ Ablaufkonfiguration ▪ Marktbezug ▪ Lieferantenbezug ▪ Programmstruktur ▪ Räumliche Strukturen, Standorte ▪ Umweltstrategie	▪ Out-/Insourcing ▪ Single, multiple, global sourcing ▪ Vertriebsstrukturen ▪ Maschinenspezialisierung ▪ Lernfähigkeit & Wissen ▪ Organisationsform ▪ Mechanisierungsgrad ▪ Kontinuität der Prozesse ▪ Fertigungsverfahren ▪ Prozessanordnung ▪ Arbeitspläne & Stücklisten ▪ Struktur der Logistik ▪ Qualitätssicherungskonzept ▪ Instandhaltungspolitik ▪ F&E-Politik	▪ Rationalisierung ▪ Lernfähigkeit ▪ Technische Bedingungen ▪ Produktivität ▪ Zufriedenheit ▪ Arbeitsverteilung ▪ Intensität ▪ Durchlaufzeiten ▪ Bedienungsrelationen

Tabelle 3-1: Konzept des erweiterten Kosteneinflussgrößensystems (Auszug)[134]

3.2.1.2 Klassen betriebswirtschaftlicher Kostenfunktionen

Die nomologischen Hypothesen der Wirkbeziehungen zwischen Kosten und ihren Einflussgrößen werden in der Kostentheorie über Kostenfunktionen beschrieben. Das Ziel solcher Kostenfunktionen (*K*) ist die Abbildung der gesamten Kosten einer Produktion der Ausbringungsmenge (*x*) bei einer gegebenen Produktionsfunktion.

Bild 3-17 zeigt den schematischen Ablauf zur Ermittlung einer Kostenfunktion. Zunächst wird mithilfe der Produktionsfunktion bestimmt, welche Faktormengen (r_i) zur Herstellung eines vorgegebenen Ertrages (*x*) notwendig sind, bevor dieser Faktorverzehr anschließend monetär bewertet wird, um auf die verbundenen Kosten zu kommen.[135] Im Folgenden werden die wichtigsten für diese Arbeit relevanten Kostenfunktionen vorgestellt und diskutiert.

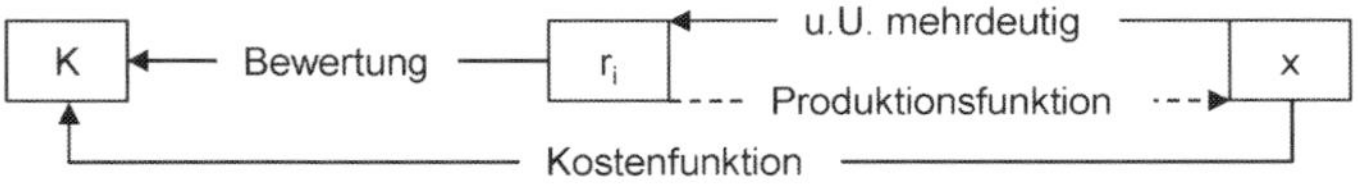

Bild 3-17: Vorgehen bei der Ermittlung von Kostenfunktionen[136]

Traditionelle Kostenfunktionen

Die traditionellen Kostenfunktionen sind dadurch geprägt, dass sie weder durch Produktionsfunktionen begründet sind noch von ihnen abgeleitet werden. Vielmehr ist lediglich die Beschäftigung der einzige Kostentreiber, der in einer Produktionsperiode auftritt. Dabei werden implizit andere Kosten-

---

[134] vgl. Schweitzer (1997), Produktions- und Kostentheorie, S. 273
[135] vgl. Krapp (2001), Einführung in die Produktions- und Kostentheorie, S. 57
[136] vgl. Krapp (2001), Einführung in die Produktions- und Kostentheorie, S. 57

einflussgrößen als von der Beschäftigung abhängig betrachtet.[137] Der Zweck der Untersuchung von Kostenfunktionen zielt in den traditionellen Ansätzen darauf ab, Beispiele für gewisse Kostenverläufe aufzuführen. Annahmen über Regelmäßigkeiten werden innerhalb der traditionellen Kostenfunktionen nur zurückhaltend formuliert. Sie beziehen sich auf der einen Seite auf einzelne Kostenarten und auf der anderen auf den Verlauf der gesamten Periodenkosten einer Unternehmung.[138]

Kostenfunktionen auf Basis der Produktionsfunktion nach LEONTIEF

Im Gegensatz zu den traditionellen Kostenfunktionen basieren die folgend vorgestellten Kostenfunktionen auf den Leontief-Produktionsfunktionen. Infolgedessen liegen Aussagen über die Relation zwischen den Input- wie Outputmengen von Realgütern vor.[139] Die Leontief-Produktionsfunktionen sind geprägt durch konstante Produktionskoeffizienten und haben linearen Charakter, sodass der Verlauf der Kostenfunktionen, ob linear oder nichtlinear, somit maßgeblich vom Verlauf der Preis-Beschaffungsfunktionen bestimmt wird.[140] Die Kostenfunktion setzt sich aus der Summe der mit den Faktorpreisen bewerteten Produktkoeffizienten des kostenminimalen Prozesses zusammen.[141] Bei konstanten Preisen aller Einsatzgüter ergibt sich somit entsprechend eine lineare Kostenfunktion (Bild 3-18).

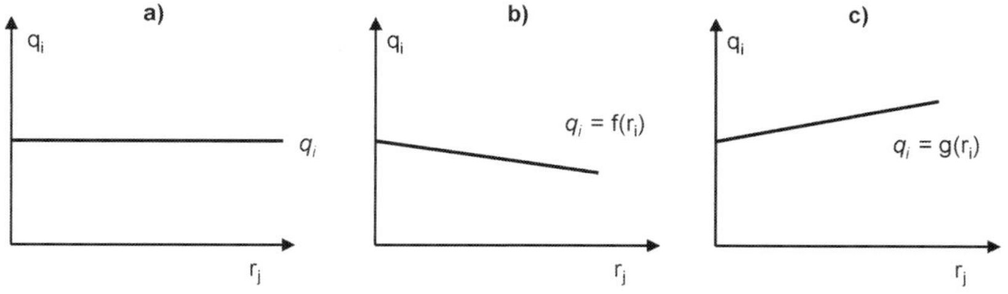

Bild 3-18: Preis-Beschaffungsfunktion bei variierenden Einsatzgüterpreisen[142]

Kostenfunktionen auf Basis des Ertragsgesetzes

Im Fall einer uneingeschränkten Kostenminimierung muss die Kostenfunktion auf Basis des Ertragsgesetzes über die formalen Bedingungen der Minimalkostenkombination für substitutionale Produktionsfunktionen hergeleitet werden. Somit ist die Minimalkostenkombination eines beliebig bestimmten Produktionsniveaus durch die Grenzproduktivitäten der Faktoren bestimmt, die im selben Verhältnis zueinander stehen wie die Faktorpreise.[143] Infolgedessen weist die Kostenfunktion auf Basis des Ertragsgesetzes bei konstanten Einsatzgüterpreisen einen S-förmigen Verlauf auf, solange nur ein Gut mit variierbarer Menge eingesetzt wird.[144] Bild 3-19 zeigt ein Beispiel für eine Kostenkurve auf Basis der ertragsgesetzlichen Produktionsfunktion auf, bei der zu erkennen ist, dass die Skalenerträge zunächst zunehmend sind, bevor sie anschließend abnehmen. Dieser Verlauf tritt allerdings

[137] vgl. Schweitzer (1997), Produktions- und Kostentheorie, S. 289
[138] vgl. Schmalenbach et al. (1963), Kostenrechnung und Preispolitik, S. 47 ff.
[139] vgl. Fandel (2010), Produktions- und Kostentheorie, S. 350 f.
[140] vgl. Schweitzer (1997), Produktions- und Kostentheorie, S. 291 f.
[141] vgl. Fandel (2010), Produktions- und Kostentheorie, S. 350
[142] vgl. Schweitzer (1997), Produktions- und Kostentheorie, S. 293
[143] vgl. Fandel (2010), Produktions- und Kostentheorie, S. 338
[144] vgl. Schweitzer (1997), Produktions- und Kostentheorie, S. 305

nicht auf, wenn mehrere Güter mit variierenden Mengen eingesetzt werden. Vielmehr ist die Kostenfunktion unter diesen Randbedingungen nur dann S-förmig, wenn die Produktionsfunktion auf Basis des Ertragsgesetzes zusätzliche Eigenschaften aufweist. Im Fall, dass die Einsatzgüterpreise nicht konstant sind, ist die Struktur der ertragsgesetzlichen Produktionsfunktion nicht maßgeblich für den Verlauf, sondern die Struktur der Preishypothesen.[145]

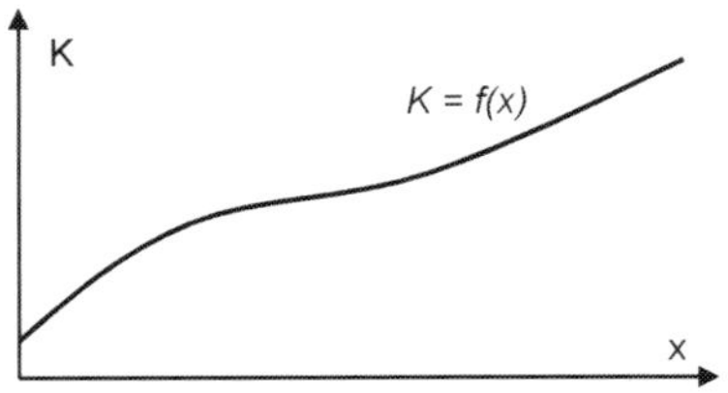

Bild 3-19: Kostenkurve einer ertragsgesetzlichen Produktionsfunktion[146]

Kostenfunktionen auf Basis der Produktionsfunktion nach GUTENBERG

Bei den Kostenfunktionen auf Basis der Gutenberg-Produktionsfunktion werden alle Aggregate modelliert, die auf die Gesamtkosten der Produktion einwirken. Sie bilden die Summe aus den einsatzbedingten Kosten aller Betriebsmittel und der Bewertung der an ihnen verursachten Verbrauchsfaktoren. Formal kann dies wie folgt beschrieben werden:[147] Die Gesamtkosten sollen für eine herzustellende Endproduktmenge hinsichtlich der vorzunehmenden Werkverrichtung der Aggregate in Anlehnung der unterschiedlichen Anpassungsformen minimal gestaltet werden. Die Potenzialgüter dienen durch ihre Leistungsabgabe der Erzeugung der Ausbringungsmenge, sodass die Kosten der Gebrauchsfaktoren teilweise als ausbringungsmengenabhängig und infolgedessen als variabel angenommen werden können. Beispiele hierbei könnten der nutzungsbedingte Verschleiß einer in Betrieb genommenen Maschine oder die Normallöhne sowie Überstundenzuschläge der in der Fertigung eingesetzten Arbeitskräfte sein.[148]

Basierend auf den Aggregationen über alle Potenzial- und Verbrauchsfaktorkosten kann festgestellt werden, dass sich die Gutenberg-Kostenfunktion aus linearen und progressiven Verlaufstücken zusammensetzt und typisierbar wird (Bild 3-20).[149] Bei nur zeitlicher Anpassung verläuft die Produktionsfunktion lediglich linear.[150] Findet jedoch darüber hinaus auch eine intensitätsmäßige Anpassung[151] statt, so muss mit einem progressiven Verlauf gerechnet werden.[152]

[145] vgl. Lücke (1972), Produktions- und Kostentheorie, S. 108 ff.
[146] vgl. Schweitzer (1997), Produktions- und Kostentheorie, S. 305
[147] vgl. Fandel (2010), Produktions- und Kostentheorie, S. 360
[148] vgl. Fandel (2010), Produktions- und Kostentheorie, S. 360
[149] vgl. Fandel (2010), Produktions- und Kostentheorie, S. 368
[150] vgl. Schweitzer (1997), Produktions- und Kostentheorie, S. 309
[151] In diesem Falle liegt eine intensitätsmäßige Anpassung vor, wenn eine Veränderung der Ausbringungsmenge lediglich durch eine Variation der Intensitäten der Potenzialgüter erreicht wird.
[152] vgl. Schweitzer (1997), Produktions- und Kostentheorie, S. 310 f.

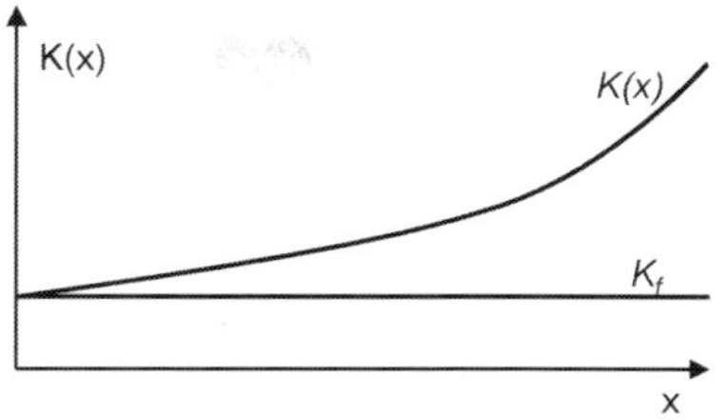

Bild 3-20: Allgemeine Typisierung der Gutenberg-Kostenfunktion[153]

Kostenfunktionen als Kostenhyperflächen (mehrvariable Produktionsfunktionen)

Die bisher vorgestellten Kostenfunktionen beschränkten sich auf die Analyse und Herleitung eindimensionaler Kostenfunktionen, sodass die Auswirkungen der Variation einer Einflussgröße unter der Annahme getroffen worden sind, dass die anderen Einflussgrößen konstant gehalten werden. Diese Abbildungen scheinen in der Realität aber problematisch, da Produktions- und Kostenfunktionen vielmehr die verschiedenen Handlungsmöglichkeiten einer Unternehmung widerspiegeln sollen. Die Darstellung ist dann nicht mehr als Linie im Raum zweiter Ordnung möglich, sondern stellt vielmehr eine Kostenfunktion als Kostenhyperfläche auf der Basis mehrvariabler Produktionsfunktionen dar.[154] Diese Produktions- und Kostenfunktionen lassen sich ab einer Anzahl von mehr als zwei unabhängigen Variablen allerdings nicht mehr grafisch darstellen, sodass eine wesentliche Aufgabe bei der Weiterentwicklung betriebswirtschaftlicher Produktionsfunktionen in der Analyse von Kostenhyperflächen besteht.[155]

3.2.2 Modelle der Kostenrechnung in einer Unternehmung

Die Kostenrechnung wird im betrieblichen Kontext einerseits zur auswertenden (ex post) Dokumentation von Abläufen in der Unternehmung und andererseits zur Entscheidungsunterstützung (Planung und Steuerung) als auch Wirtschaftlichkeitskontrolle (Plan-Ist- bzw. Soll-Ist-Vergleich) genutzt.[156] Fortführend ist sie als zentrales Teilgebiet des internen Rechnungswesens definiert, dessen Hauptaufgabe darin besteht, den monetär quantifizierbaren Verbrauch an Produktionsfaktoren und deren Umwandlung in Produkte rechnerisch festzuhalten und für Controlling- als auch Planungs- und Steuerungsaufgaben zur Verfügung zu stellen (Bild 3-21).[157]

Im Folgenden werden diverse Modelle der Kostenrechnung vorgestellt und diskutiert, die für den Kontext dieser Arbeit relevant sind. Vornehmlicher Gegenstand der Betrachtung sind neben den Grundlagen der Kostenrechnung ganzheitliche, prozessorientierte Plankostensysteme. Dabei wird insbesondere die Prozesskostenrechnung betrachtet, da ihre Ansätze ein relevanter Bestandteil des im Rahmen dieser Arbeit erarbeiteten Kostenmodells sind.

---

[153] vgl. Fandel (2010), Produktions- und Kostentheorie, S. 368

[154] vgl. Schweitzer (1997), Produktions- und Kostentheorie, S. 323 f.

[155] vgl. Schweitzer (1997), Produktions- und Kostentheorie, S. 328

[156] vgl. Michel et al. (1989), Grundlagen der Kostenrechnung; Kilger et al. (1993), Flexible Plankostenrechnung und Deckungsbeitragsrechnung; Mayer (1998), Kapazitätskostenrechnung

[157] vgl. Arentzen (1997), Gabler-Wirtschafts-Lexikon, S. 3197; Trender (2000), Entwicklungsintegrierte Kalkulation von Produktlebenszykluskosten, S. 17

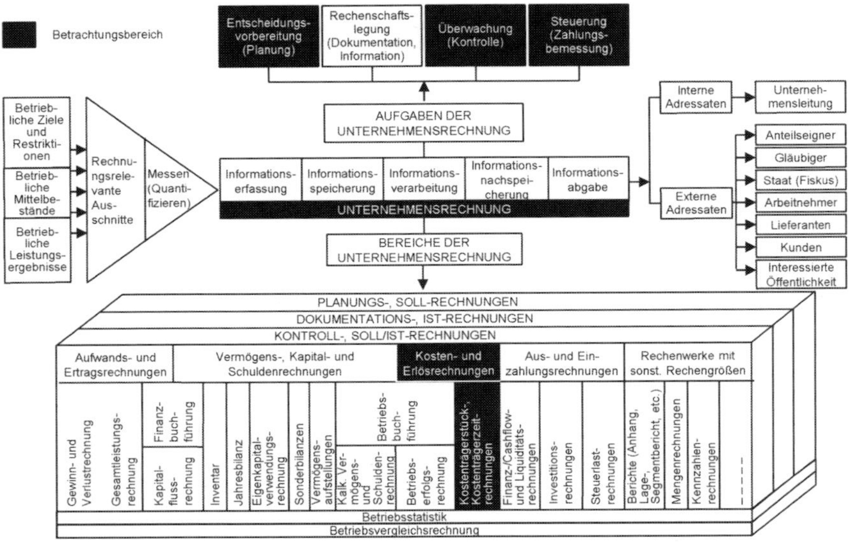

Bild 3-21: Rechnungswesen (Unternehmensrechnung)[158]

3.2.2.1 Grundlagen der Kostenrechnung

Die Kostenrechnung erfasst und speichert Kosten und ermöglicht eine Zuordnung zu verschiedenen Bezugsgrößen sowie eine Auswertung, d.h. Selektion und/oder Verdichtung dieser Größen.[159] Grundsätzliches Prinzip dabei ist die zeitdiskrete Erfassung der in einem Unternehmen (oder einem Unternehmensbereich) im Rahmen der Leistungserstellung in jeweiligen Kostenstellen anfallenden Kosten sowie eine Weiterverrechnung auf einzelne Kostenträger in der Kalkulation (Bild 3-22). Dabei können Produkte, Aufträge oder auch Prozesse als Kostenträger herangezogen werden.[160] Als Kostenträger können somit die Absatzleistungen oder innerbetrieblichen Leistungen verstanden werden, denen in der innerbetrieblichen Leistungsverrechnung Kosten zugerechnet werden. Kosten können nach dem jeweiligen Betrachtungsgegenstand aufgeteilt werden. Dabei wird zwischen Einzel- und Gemeinkosten unterschieden. Einzelkosten (oder auch direkte Kosten) können dem Erzeugnis verursachungsgemäß unmittelbar, d.h. unter Umgehung der Kostenstellenrechnung, zugerechnet werden.[161] Gemeinkosten (oder auch indirekte Kosten) hingegen stellen Kostenarten dar, die nicht als Einzelkosten erfassbar sind und deshalb bei der Zuschlagsrechnung den Kostenträgern nicht unmittelbar zugemessen werden können. Sie müssen daher mithilfe bestimmter Schlüssel auf die Kostenstellen, im Einzelfall sogar unmittelbar auf die einzelnen Kostenträger umverteilt werden. Kostenstellen sind dabei Orte der Kostenentstehung funktional nach Verantwortungsbereichen, nach räumlichen Gesichtspunkten, nach Kostenträgergesichtspunkten, nach speziellen abrechnungs- oder leistungstechnischen

[158] vgl. Gabler-Wirtschafts-Lexikon (2013), Rechnungswesen
[159] vgl. Arentzen (1997), Gabler-Wirtschafts-Lexikon, S. 2271
[160] vgl. Schmolke et al. (1991), Industrielles Rechnungswesen
[161] vgl. Arentzen (1997), Gabler-Wirtschafts-Lexikon, S. 2259

Gesichtspunkten rechnungsmäßig abgegrenzte institutionelle Teile des Gesamtbetriebs für die Kosten separat erfasst werden.[162]

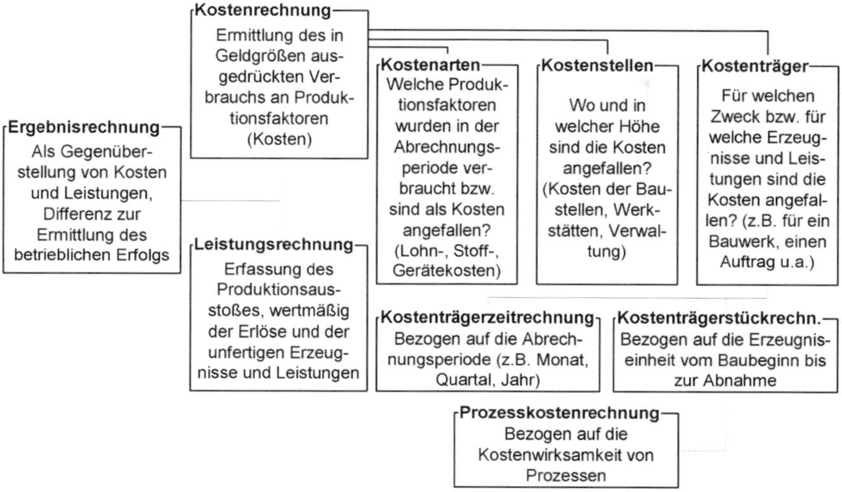

Bild 3-22: Kosten- und Leistungsrechnung[163]

Weiter muss zwischen fixen und variablen Kosten unterschieden werden. Unter fixen Kosten wird der Anteil der Gesamtkosten verstanden, der vom Beschäftigungsgrad eines Unternehmens unabhängig ist, während variable Kosten je nach Leistung und Aktivitäten einer Unternehmung variieren können. Ferner kann zwischen absolut- und intervall-fixen Kosten differenziert werden. Kosten, die allein durch die Existenz des Betriebes ohne Rücksicht darauf, ob produziert wird oder nicht, auftreten, werden absolut-fixe Kosten genannt. Die intervall-fixen Kosten hingegen bleiben für bestimmte Beschäftigungsintervalle unverändert und steigen sprunghaft an, sobald ein Beschäftigungstand erreicht ist, von dem aus eine Vergrößerung der Ausbringungsmenge den Einsatz zusätzlicher nicht beliebig teilbarer Betriebsmittel erfordert.[164] Variable oder auch leistungsmengeninduzierte Kosten bilden den Teil der Gesamtkosten, dessen Höhe vom Beschäftigungsgrad abhängig ist.[165]

Prinzipiell können Systeme der Kostenrechnung je nach Zeitkontext in Ist-, Normal- und Plan-Kostenrechnungssysteme unterschieden werden. Ein weiteres Differenzierungsmerkmal ist die Unterscheidung hinsichtlich des Umfangs der betrachteten Kosten in Voll- und Teilkostensysteme (Tabelle 3-2).[166] Bei Vollkostensystemen ist die Trennung der Kosten nach ihrer Abhängigkeit vom erbrachten Leistungsvolumen fremd; fixe und variable Kosten werden nicht getrennt betrachtet. Daraus folgt im Rahmen von nachfolgenden Kostenträgerrechnungen eine Proportionalisierung der Fixkosten, was

---

[162] vgl. Arentzen (1997), Gabler-Wirtschafts-Lexikon, S. 2274
[163] vgl. Fandel (2010), Produktions- und Kostentheorie, S. 368
[164] vgl. Arentzen (1997), Gabler-Wirtschafts-Lexikon, S. 1553
[165] vgl. Arentzen (1997), Gabler-Wirtschafts-Lexikon, S. 1823
[166] vgl. Schuh et al. (1995), Wohin bewegt sich das Kostenmanagement?, S. 36

wiederum im Kontext kurzfristiger Entscheidungen zu Fehleinschätzungen führen kann.[167] Die Teilkostenrechnung hingegen differenziert die Kosten nach der Abhängigkeit von der erbrachten Leistung. Es werden lediglich die variablen Kosten betrachtet, während die Fixkosten im Rahmen der nachträglichen Erfolgsrechnung als Periodenkosten verrechnet werden.[168]

Zeitbezug / Sachumfang	Vergangenheitsorientiert	Durchschnittsorientiert	Zukunftsorientiert
Vollkosten	Ist-Vollkostenrechnung	Normal-Vollkostenrechnung	Plan-Vollkostenrechnung
Teilkosten	Ist-Teilkostenrechnung	Normal-Teilkostenrechnung	Plan-Teilkostenrechnung

Tabelle 3-2: Übersicht traditioneller Kostenrechnungssysteme[169]

Aussagen zur Gestaltung der Kostenrechnung folgen zumeist der Leitidee, eine möglichst unverzerrte, realitätsgerechte Abbildung des Unternehmensgeschehens darzustellen.[170] Die Ist-Kostenrechnung bewertet den Ist-Verbrauch von Gütern in Form von Ist-Kosten, sodass die Durchführung von Vergleichsrechnungen im Rahmen von Nachkalkulationen verhindert wird (es existiert keine einheitliche Bezugsbasis). Gemittelte Kosten vergangener Perioden werden im Rahmen der Normal-Kostenrechnung ermittelt, sodass eine zukunftsorientierte Kostenplanung verhindert wird. Die Plankostenrechnung ist das einzige Kostenrechnungssystem, bei dem über die analytische Ermittlung der Kosten jeder Kostenart Aussagen über zukünftig anfallende Kosten gemacht werden können.[171]

3.2.2.2 Systeme der Plankostenrechnung

Wie dargestellt wurde, stellen Systeme der Plankostenrechnung das einzige Hilfsmittel im Rahmen der unternehmerischen Kostenrechnung zur Verfügung, welches über analytische Ermittlung von Kosten jeder Kostenart Aussagen über zukünftig anfallende Kosten machen kann. Im Folgenden werden ausgewählte, für den Kontext dieser Arbeit relevante Plankostenrechnungssysteme vorgestellt.

Grenzplankostenrechnung

Die Grenzplankostenrechnung basiert auf den Plankostenrechnungssystemen, ist der flexiblen Plankostenrechnung zugerechnet und erfolgt auf Teilkostenbasis. Durch die flexible Plankostenrechnung erfolgt eine Aufteilung in fixe und flexible Kosten.[172] Die Proportionalisierung der Fixkosten (bei vielen Plankostenrechnungsverfahren als problematisch betrachtet), wird durch die Verrechnung auf Teilkostenbasis umgangen, sodass nur variable Kosten betrachtet werden.[173] Ähnlich der Deckungsbeitragsrechnung werden die in fixe und variable Bestandteile aufgeteilten Kosten nicht voll auf den Kostenträger umverteilt, sondern es fließen lediglich die variablen Bestandteile in die Rechnung ein. Fixe Kosten werden erst in der Betriebsergebnisrechnung in Gänze auf das Betriebsergebnis umverteilt. Als Abrechnungseinheit der Grenzplankostenrechnung wird häufig die Stückzahl bzw. die Beschäftigung für die hergestellten Produkte verwendet. Mithilfe der variablen Kosten wird eine

[167] vgl. Weber (2002), Logistikkostenrechnung, S. 197
[168] vgl. Weber (2002), Logistikkostenrechnung, S. 195
[169] vgl. Eisele et al. (1993), Technik des betrieblichen Rechnungswesens
[170] vgl. Weber (2002), Logistikkostenrechnung, S. 29
[171] vgl. Renner (1991), Kostenorientierte Produktionssteuerung
[172] vgl. Deimel et al. (2006), Kosten- und Erlösrechnung, S. 440
[173] vgl. Deimel et al. (2006), Kosten- und Erlösrechnung, S. 450

Kosten-Mengenfunktion bzw. Kosten-Beschäftigungsfunktion gebildet, die die zukünftigen Kosten bei Variation der Abrechnungseinheit aufzeigt. Abweichungen von Plankosten entstehen so durch Differenz der Soll-Ist-Abrechnungseinheit oder einer Preisdifferenz.[174] Um eine zukunftsorientierte Aussage zu Kosten erstellen zu können, ist die Kenntnis der Kostenfunktion nötig. Da die Kostenfunktionen teilweise unterproportional (Mengenrabatt etc.) bzw. auch überproportional (Überstundenzuschläge) sein können, ist die Prämisse von konstanten Fixkosten und insbesondere linearen Kostenverläufen nur in dem sehr kleinen Bereich um die Planmengen bzw. Planbeschäftigung erlaubt. Demzufolge erlaubt die Grenzkostenrechnung die Vorhersage nur für einen begrenzten Zeitraum.[175]

Total Costs of Ownership

Die Idee der Total Costs of Ownership (TCO) zielt darauf ab, die gesamten Kosten des Einkaufs eines spezifischen Objektes von einem zugehörigen Lieferanten in die Einkaufsentscheidung mit einzubeziehen.[176] Sie beruht auf der Erkenntnis, dass die Auswahl eines im Vorfeld günstiger erscheinenden Lieferanten mit Folgekosten verbunden sein kann, die einen günstigeren Einkaufspreis um ein Vielfaches erhöhen und somit de facto zu einer falschen Entscheidung führen.[177] Demzufolge müssen im Kontext einer Einkaufsentscheidung weitere, nicht preisbasierte Kostenfaktoren mit in die Betrachtung genommen werden.[178] Bei solchen zusätzlich anfallenden Kosten kann es sich um qualitätsbedingte Zusatzkosten, Mehrkosten durch Lieferverspätung und Fehlmengen, servicebasierte Kosten wie zusätzliche Kundentermine, managementorientierte Zusatzkosten durch Trainings oder Technologietransfer oder Kosten durch zusätzliche Kommunikation handeln (Bild 3-23).[179]

Im Rahmen der TCO wird zwischen zwei unterschiedlichen Ansätzen differenziert. Eine direkte quantitative Zuordnung von Kosten möglichst zu allen zuvor definierten Kostenelementen wird beim dollar-based-Ansatz verfolgt, während der value-based-Ansatz zusätzlich zu den direkt quantifizierbaren Faktoren weitere qualitative Einflüsse mitbetrachtet.[180] Zwar erlauben Ansätze der TCO eine konsistente Auswahlmethodik, eine einheitliche Definition von Leistungsmerkmalen oder das Aufdecken von Einsparpotenzialen, allerdings ist die diesem Ansatz immanente jeweils neu zu bewertende situationsspezifische Komplexität im Rahmen der Bewertung einzelner Kostenfaktoren erschwerend für den Einsatz in einer Unternehmung, da in der Regel implementierte Kostenrechnungssysteme die erforderlichen Daten nur begrenzt zur Verfügung stellen können.[181]

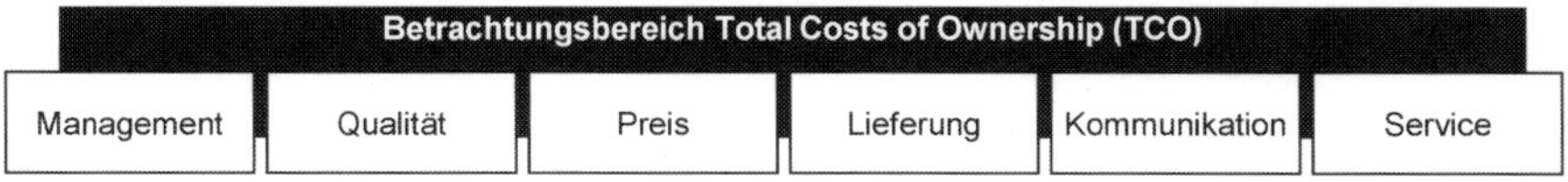

Bild 3-23: Einkaufsbezogene Aktivitäten beim TCO-Ansatz[182]

[174] vgl. Deimel et al. (2006), Kosten- und Erlösrechnung, S. 452
[175] vgl. Deimel et al. (2006), Kosten- und Erlösrechnung, S. 450
[176] vgl. Ellram (1995), Total cost of ownership, S. 2; Bhutta et al. (2002), Supplier selection problem, S. 129
[177] vgl. Ellram (1995), Total cost of ownership, S. 5; Soukup (1987), Supplier selection strategies, S. 7
[178] vgl. Maltz et al. (1997), Total cost of relationship, S. 45 f.
[179] vgl. Wouters et al. (2005), Total cost of ownership for sourcing decisions, S. 167 f.
[180] vgl. Ellram (1995), Total cost of ownership, S. 5, 11 f.
[181] vgl. Ellram et al. (1993), Total cost of ownership, S. 172; Ellram (1995), Total cost of ownership, S. 7
[182] vgl. Ellram et al. (1993), Total cost of ownership, S. 166

Transaktionskostenansatz

Die zentrale Grundannahme des Transaktionskostenansatzes[183] besagt, dass die an einem Austauschprozess beteiligten Individuen die Transaktionskosten alternativer Organisationsformen bewerten und die ökonomische Aktivität, bei gleichen Produktionskosten, schließlich so organisieren, dass die Transaktionskosten minimiert werden.[184] Das zentrale Element des Transaktionskostenansatzes, wie er vor allem von WILLIAMSON[185] aufbauend auf den grundlegenden Arbeiten von COASE[186] und unter Einbeziehung rechtlicher und organisationstheoretischer Konzepte entwickelt wurde, ist die Transaktion.[187] In diesem Kontext können Transaktionskosten bspw. folgende Ausprägungen haben:[188]

- Anbahnungskosten, z.B. Informationssuche und -beschaffung über potenzielle Transaktionspartner und deren Konditionen;
- Vereinbarungskosten, z.B. Intensität und zeitliche Ausdehnung von Verhandlungen, Vertragsformulierung und Einigung;
- Kontrollkosten, z.B. Sicherstellung der Einhaltung von Termin-, Qualitäts-, Mengen-, Preis- und evtl. Geheimhaltungsvereinbarungen;
- Anpassungskosten, z.B. Durchsetzung von Termin-, Qualitäts-, Mengen-, Preisänderungen aufgrund veränderter Bedingungen während der Laufzeit der Vereinbarung.

Die Minimierung der Transaktionskosten, bei denen es sich im Wesentlichen um Informations- und Kommunikationskosten handelt, erfolgt durch die Wahl der geeigneten Organisationsform, wobei Markt und Hierarchie nur die Extrempunkte eines Kontinuums möglicher Strukturformen repräsentieren.[189] Zur Bestimmung der Transaktionskosten muss dabei von vier Grundannahmen ausgegangen werden, die wiederum in personale Faktoren und situative Bedingungen unterschieden werden können. Als erster personaler Faktor beschreibt WILLIAMSON die begrenzte Rationalität des Menschen bzw. einer Organisation. Diese Annahme schließt die Möglichkeit perfekter Kontrakte aus. Des Weiteren neigt der Mensch/eine Organisation zu opportunistischem Verhalten und nutzt Spielräume im eigenen Interesse (diese Annahme reicht sogar bis zur bewussten Täuschung). Neben den personalen Faktoren beeinflussen auch situative Bedingungen die Kosten einer Transaktion, da diese sich im Hinblick auf Komplexität und Unsicherheiten unterscheiden können. Schließlich sind die Anzahl der

---

[183] Die Transaktionstheorie hat ihren Ursprung im Bereich strategischer Netzwerke. Strategische Netzwerke sind eine (sozio-) ökonomische Institution. Aus dieser Feststellung rührt die originäre Zuständigkeit des Transaktionskostenansatzes, der sich als eine Theorie ökonomischer Institutionen (institutional economics) versteht. Tatsächlich wird der Transaktionskostenansatz nicht nur in der Betriebswirtschaftslehre breit rezipiert, sondern auch explizit auf netzwerkartige Arrangements ökonomischer Institutionen bezogen. Derzeit wird die Evolution strategischer Netzwerke mit keinem Ansatz häufiger und intensiver untersucht als mit dem Transaktionskostenansatz. Vgl. Picot et al. (1998), Die grenzenlose Unternehmung; Thorelli (1986), Networks: between markets and hierarchies, S. 39; Sydow (1992), Strategische Netzwerke, S. 129

[184] vgl. Sydow (1992), Strategische Netzwerke, S. 130

[185] vgl. Williamson (1975), Markets and hierarchies

[186] vgl. Coase (1937), The nature of the firm

[187] vgl. Sydow (1992), Strategische Netzwerke, S. 130

[188] vgl. Picot (1982), Transaktionskostenansatz in der Organisationstheorie, S. 270

[189] vgl. Sydow (1992), Strategische Netzwerke, S. 130

potenziellen Partner und gleichzeitig der zwischen diesen entstehende Wettbewerb und die sich daraus ergebende Marktmacht von Bedeutung.[190]

In Bezug auf den Fokus dieser Arbeit wären unter den Transaktionskosten die Kontroll- sowie Anpassungskosten für eine vom Lieferanten verursachte Belieferungsverspätung zu betrachten. Transaktionskosten sind in diesem Kontext in ihrer Höhe nur näherungsweise über die Analyse der spezifischen personalen und situativen Bedingungen beschreibbar.[191] Im Ergebnis liefert der Transaktionskostenansatz ein Erklärungsmodell zur Bewertung von Transaktionskosten in unterschiedlichen Koordinationsformen in (komplexen) Netzwerken, kann allerdings in der betrieblichen Praxis nicht zur monetären Quantifizierung von Belieferungsverspätungen herangezogen werden.[192] WEBER bemerkt weiterführend, dass der Transaktionskostenansatz zwar theoriebezogen sinnvoll ist, jedoch nicht unmittelbar auf Wertschöpfungsprozesse fokussiert und demnach für die vorliegende Arbeit nur bedingt zielführend ist.[193]

Prozesskostenrechnung

Im Zuge steigender Wettbewerbsintensität aufgrund von globaler Konkurrenz und fundamentalen Veränderungen der technischen Rahmenbedingungen konnten unabhängige Studien feststellen, dass die Fixkostenintensität und der Anteil der Gemeinkosten an den Gesamtkosten von Unternehmen stark gestiegen ist. Der verschärfte Innovations- und Qualitätsdruck auf Unternehmen hat sich speziell in der Zunahme der indirekten Gemeinkosten widergespiegelt, wie z.B. den Forschungs- und Entwicklungskosten, den Fertigungssteuerungskosten oder Kosten der Arbeitsvorbereitung.[194] Der somit gestiegene Bedarf an einem neuen Kostenrechnungssystem, das speziell die in den indirekten Bereichen anfallenden Kosten auf die Ausbringungsmenge aufteilt, wurde in den achtziger Jahren erstmals durch VOLLMANN und MILLER dargelegt. Der Bedarf wurde durch KAPLAN und COOPER aufgegriffen und mit dem Kostenrechnungssystem Activity-Based-Costing beantwortet.[195] Auf die Rahmenbedingungen in Deutschland wurde diese Idee durch HORVÁTH und MAYER angepasst und als Prozesskostenrechnung beschrieben.[196]

Das Activity-Based-Costing als auch die Prozesskostenrechnung teilen sich den Grundgedanken, dass die Leistungserstellung in Fluss- oder Prozessform[197] gesehen werden sollte.[198] Somit war das Ziel der Entwicklung der Prozesskostenrechnung, durch eine detaillierte Erfassung und Zurechnung der Kosten aller Tätigkeiten eine Kostentransparenz in den indirekten Leistungsbereichen zu schaffen,

---

[190] vgl. Sydow (1992), Strategische Netzwerke, S. 131

[191] vgl. Sydow (1992), Strategische Netzwerke, S. 146

[192] vgl. Picot et al. (1998), Die grenzenlose Unternehmung, S. 166

[193] vgl. Weber (2002), Logistikkostenrechnung, S. 30

[194] vgl. Horváth et al. (1999), Prozesskostenrechnung als Logistikostenrechnung, S. 524 f.; Remer (2005), Einführen der Prozesskostenrechnung, S. 9

[195] vgl. Männel (1997), Entwicklungsperspektiven der Kostenrechnung, S. 53 f.

[196] Wie den Benennungen zu entnehmen ist, unterscheiden sich beide Ansätze darin, dass das Activity-Based-Costing einzelne Aktivitäten (activities) als Bezugspunkt wählt, während die Prozesskostenrechnung die Summe von Aktivitäten zu einem Prozessschritt als Basis hat. Vgl. Schildbach et al. (2005), Kosten- und Leistungsrechnung, S. 166; Schmidt (2008), Kostenrechnung, S. 222 f.

[197] Der Prozessbegriff steht hierbei für die Wandlung von einer klassischen, nach Funktionen organisierten Struktur hin zu einer ablauforientierten, horizontalen Struktur. Dabei wird ein Prozess definiert als Bündel von Aktivitäten, für das ein oder mehrere unterschiedliche Inputs benötigt werden. Vgl. Gienke et al. (2007), Handbuch Produktion, S. 14

[198] vgl. Däumler et al. (1997), Kostenrechnungs- und Controllinglexikon, S. 266

indem strukturiert aufgezeigt wird, welche Kosten in den Kostenstellen für welche Prozesse anfallen.[199] Die Prozesskostenrechnung bezieht sich dabei nicht nur rein auf direkt wertschöpfende Prozesse einer Unternehmung.[200] Der originäre Zweck besteht vor allem darin, eine hohe Leistungstransparenz in den indirekten Bereichen (Gemeinkosten) zu schaffen und die Kostenwirksamkeit von Prozessen abzubilden.[201] Das Ziel der Prozesskostenrechnung ist eine kostenstellenübergreifende Analyse und kostenmäßige Bewertung von Prozessen, wobei indirekte Bereiche eine besondere Rolle spielen.[202] Dabei ist die Prozesskostenrechnung ihrer grundlegenden Rechenmethodik nach auf einen mittel- bis langfristigen Periodenzeitraum ausgerichtet. Sie ist ein wesentlicher Bestandteil des strategisch orientierten Kostenmanagements und baut ebenfalls, wie auch die traditionellen Kostenrechnungssysteme, auf den festgelegten Kostenstellen und den darin anfallenden Kostenarten auf. Der Unterschied zu den bereits genannten Verfahren liegt in der Strukturierung der zugrunde liegenden Kosten- und Mengengrößen.

Der Grundgedanke besteht zunächst darin, die Haupteinflussfaktoren der Kostenentstehung aus den unterschiedlichen Unternehmensbereichen zuvor definierten Prozessen zuzuordnen (Bild 3-24).[203] In einem ersten Schritt werden dazu Hauptprozesse festgelegt. Ein Hauptprozess ist ein funktional abgeschlossener Aufgabenkomplex, der durch Aggregation zusammenhängender Teilprozesse entsteht.[204] Durch die Verdichtung einer großen Anzahl von Aktivitäten entlang der Auftragsabwicklungskette auf eine begrenzte Anzahl an Haupt- und Teilprozessen wird eine Reduktion der Haupteinflussgrößen eines Kostenfalls erzielt.[205]

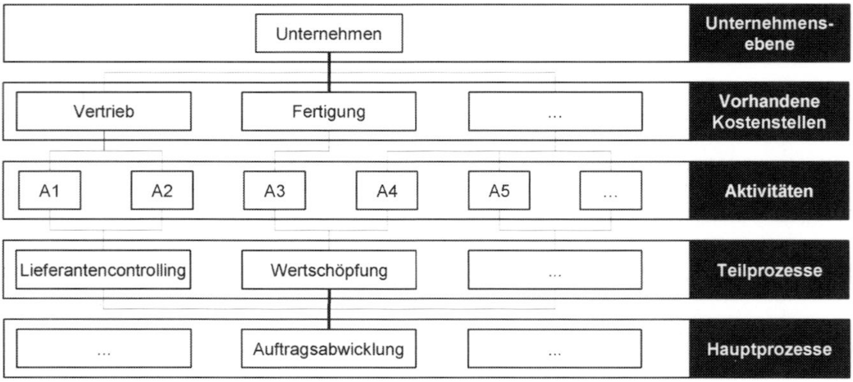

Bild 3-24: Schema der Prozesskostenrechnung[206]

[199] vgl. Kaplan et al. (1999), Prozesskostenrechnung als Managementinstrument, S. 199 ff.; Schmidt (2008), Kostenrechnung, S. 222; Horváth et al. (1999), Prozesskostenrechnung als Logistikostenrechnung, S. 526
[200] vgl. Männel (1995), Prozesskostenrechnung, S. 62
[201] vgl. Horváth et al. (1999), Prozesskostenrechnung als Logistikostenrechnung
[202] vgl. Renner (1991), Kostenorientierte Produktionssteuerung, S. 97 ff.
[203] vgl. Stelling (2005), Kostenmanagement und Controlling, S. 156
[204] vgl. Strecker (1991), Prozesskostenrechnung in Forschung und Entwicklung, S. 28
[205] vgl. Renner (1991), Kostenorientierte Produktionssteuerung, S. 104
[206] vgl. Jung (2006), Allgemeine Betriebswirtschaftslehre, S. 95

Prinzipiell sind die in den Teilprozessen auftretenden Tätigkeiten in zwei Kategorien einzuteilen. Auf der einen Seite existieren leistungsmengeninduzierte Tätigkeiten und auf der anderen Seite liegen leistungsmengenneutrale Tätigkeiten vor.[207] Leistungsmengeninduzierte Tätigkeiten treten bei sich wiederholenden Aktivitäten auf, die einem bestimmten Kostenverursacher zuzuordnen sind. Beispiele hierfür können die Angebotserstellung im Vertrieb oder die Steuerung von Fertigungsaufträgen sein, die konkret einem Kostentreiber zuzurechnen sind.[208] Bei leistungsmengenneutralen Tätigkeiten wiederum ist eine konkrete Zurechnung zu einem Kostentreiber nicht möglich, sodass sie mittels Zuschlagsätzen auf die Prozesse berechnet werden müssen. Exemplarisch hierfür können z.B. Kosten für das Sekretariat oder allgemeine Weiterbildungen genannt werden.[209]

Bei leistungsmengeninduzierten Prozessen verhalten sich Zeitaufwand und die zugeordneten Kosten mengenproportional zum erbrachten Leistungsvolumen, bei leistungsmengenneutralen Prozessen hingegen nicht. Hier fallen die Kosten unabhängig von der erbrachten Leistung an.[210] Für jeden leistungsmengeninduzierten Prozess sind die Kostentreiber zu identifizieren und die Planprozessmengen (die Planleistungen) festzulegen. Werden die den Prozessen zugeordneten Kosten durch die Planprozessmenge dividiert, entsteht jeweils der Prozesskostensatz eines Prozesses.[211] Dieser gibt Auskunft über die Höhe der Kosten bei einmaliger Inanspruchnahme des Prozesses.[212]

Auf Basis dieses Prozesskostensatzes können die Gesamtprozesskosten bei alternativer Prozessleistung berechnet werden. Ziel der Prozesskostenrechnung ist die möglichst vollständige Zuordnung des Gemeinkostenblocks zu den leistungsmengeninduzierten Kosten eines Prozesses. In der Praxis ist dies auch realistisch, jedoch verbleibt erfahrungsgemäß noch ein Anteil von 5% an leistungsmengenneutralen Kosten. Leistungsmengenneutrale Kosten werden entweder vollständig den leistungsmengeninduzierten Prozessen zugeordnet oder proportional zu ihrer Inanspruchnahme. Eine direkte Zuordnung ist dann möglich, wenn die leistungsmengenneutralen Kosten nur für einen bestimmten Prozess anfallen. Als Beispiel lassen sich Leitungsaufgaben in Kostenstellen anführen, die sich nicht proportional mit der Leistung verändern, dennoch einen wichtigen Kostenblock darstellen.[213]

Zentrales Element der Prozesskostenrechnung sind die Verursacher von Kosten, die sogenannten Kostentreiber (auch cost driver oder kostentreibende Faktoren genannt).[214] In diesem Kontext sind Kostentreiber *„[...] Bestimmungsgrößen, die die Entscheidungsbestände für die Verursachung zusätzlicher Prozesse abbilden können“*.[215] Zentrales Kennzeichen sowohl der Plankosten- als auch der Prozesskostenrechnung ist die Intention, Leistungsmaßstäbe für die unterschiedlichen Kostenstellen

---

[207] vgl. Horváth et al. (1991), Prozesskostenmanagement, S. 87 f.

[208] Nach Studien von HORVÁTH machen diese Kosten ungefähr 80-90% der Gesamtkosten aus (vgl. Horváth et al. (1999), Prozesskostenrechnung als Logistikostenrechnung, S. 528). MAYER hat sogar festgestellt, dass die leistungsmengeninduzierten Tätigkeiten circa 95% ausmachen. Vgl. Mayer (1998), Kapazitätskostenrechnung

[209] vgl. Horváth et al. (1999), Prozesskostenrechnung als Logistikostenrechnung, S. 528

[210] vgl. Horváth et al. (1993), Prozesskostenrechnung – Konzeption und Entwicklungen

[211] vgl. Stelling (2005), Kostenmanagement und Controlling, S. 158 f.

[212] Da die Abschätzungen dieser Planprozessmengen nicht zwingend unproblematisch verlaufen, werden zwei alternative Herangehensweisen genutzt. Einerseits kann die Gesamtinanspruchnahme auf Basis der Zeitinanspruchnahme durch die Durchführung einer Tätigkeit mit der Mengenanzahl multipliziert werden oder es kann ein entgegengesetzter Ansatz gewählt werden, indem die investierten Kapazitäten, bzw. die Mannstunden, durch die Ausbringungsmenge geteilt werden. Vgl. Horváth et al. (1991), Prozesskostenmanagement, S. 90

[213] vgl. Mayer (1998), Kapazitätskostenrechnung

[214] vgl. Cooper (1990), Activity-based costing, S. 213

[215] Renner (1991), Kostenorientierte Produktionssteuerung, S. 105

einer Unternehmung in Form direkter Bezugsgrößen zu finden. Die entscheidende Differenzierung der Prozesskostenrechnung besteht jedoch in der Kostentreiberanalyse über mehrere Kostenstellen hinweg.[216] Bild 3-25 zeigt beispielhaft den Zusammenhang zwischen Kostentreibern, den möglichen Verursachern, den relevanten Abteilungen bzw. Kostenstellen und Prozessen, wo diese auftreten.

Art des Kostentreiber	Beispiel für Einzelprozess	Kostentreiber	Relevant für	Möglicher Verursacher
Komplexitäts-orientiert	Varianten produzieren	Anzahl Varianten. Anzahl Änderungen	Konstruktion, Dokumentation	Kundendienst, Vertrieb, Entwicklung
Volumen-orientiert	Material transportieren	Anzahl Teile, Anzahl Lieferungen, Anzahl Aufträge	Lager, Beschaffung, Arbeitsvorbereitung, Disposition	Entwicklung, Konstruktion, Einkauf, Kundendienst
Ablauf-orientiert	Montageauftrag bereitstellen	Anzahl Unterbrechungen	Logistik, Arbeitsvorbereitung, Disposition	Kundendienst, Vertrieb, Produktion

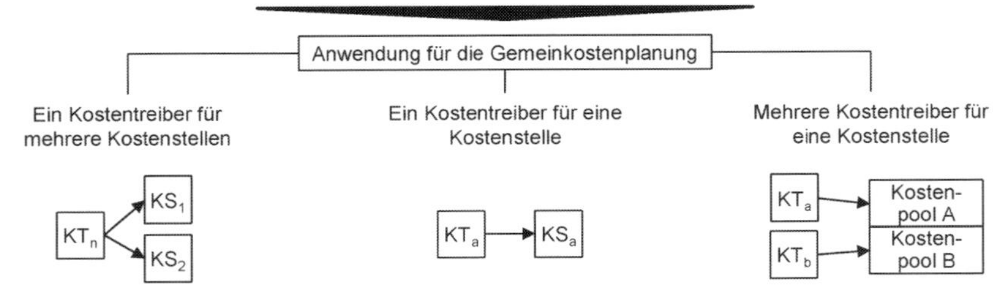

Bild 3-25: *Bestimmung und Anwendung der Kostentreiber*[217]

Die Prozesskostenrechnung wird von einer Vielzahl von Autoren als ein geeigneter Ansatz für die Kostenbewertung in der unternehmensübergreifenden Auftragsabwicklung gesehen.[218] Sie erfüllt die Anforderung einer prozessorientierten Sichtweise und einer verursachungsgerechten Kostenallokation. Prinzipiell kann ihre Idee auf die Abbildung lieferanteninduzierter Zusatzkosten durch Kompensationsaktivitäten übertragen werden. Ferner stellt die Prozesskostenrechnung einen stark verbreiteten Ansatz in der betrieblichen Praxis dar.[219]

3.2.2.3 Ausgewählte Ansätze der Plankostenrechnung

Die nun vorgestellte Auswahl an Ansätzen der Plankostenrechnung beschränkt sich auf Modelle, die für den Kontext dieser Arbeit als relevant erachtet werden. Vornehmlich wird der Fokus auf Ansätze gelegt, die für ein Kostenmanagement in der unternehmensübergreifenden Auftragsabwicklung konzipiert wurden, sowie Ansätze, die Kosten unternehmensinterner Leistungserstellung abbilden.

---

216 vgl. Franz (1990), Die Prozesskostenrechnung, S. 128

217 vgl. Renner (1991), Kostenorientierte Produktionssteuerung, S. 106

218 vgl. u.a. LaLonde et al. (1996), Issues in supply chain costing, S. 1 ff.; Kulmala et al. (2002), The role of cost management in network relationships, S. 39; Lin et al. (2001), Supply chain costing, S. 703, Seuring (2001), Die Produkt-Kooperations-Matrix im Supply Chain Management, S. 149

219 Bspw. zeigt eine Studie von Stoi bereits in den neunziger Jahren, dass der Bekanntheitsgrad der Prozesskostenrechnung verglichen zu vielen konventionellen Kostenrechnungssystemen höher ist und 30-50% der in der Studie befragten Unternehmen eine Implementierung abgeschlossen haben oder zumindest planen. Vgl. Stoi (1999), Prozessorientiertes Kostenmanagement, S. 51 ff.

Ressourcenorientierte Prozesskostenrechnung nach SCHUH

Die ressourcenorientierte Prozesskostenrechnung nach SCHUH (auch Ressourcenverfahren genannt) beabsichtigt neben der klassischen Prozesskostenrechnung eine Verfeinerung der Produktkalkulation und der konstruktionsbegleitenden Kosteninformationen.[220] Dabei basiert das Verfahren auf einer detaillierten Betrachtung der Auftragsabwicklung und einer gänzlichen Unternehmensanalyse, sodass sowohl der prozessorientierte Ansatz der Prozesskostenrechnung als auch eine produktorientierte Komponente berücksichtigt werden. Die ressourcenorientierte Prozesskostenrechnung variiert von der Prozesskostenrechnung durch Verzicht der pauschalen Aggregationen von erfassten Teilprozessen zu Hauptprozessen; es werden hingegen Ressourcen als kleinste Einheit je Teilprozess betrachtet. Prinzipiell wird zwischen einem funktionalen Zusammenhang zwischen hergestellten Produkt- oder Dienstleistungserzeugnissen und einem spezifischen Verbrauch von ermittelten Ressourcen unterschieden. Ressourcen können dabei bspw. Mannstunden, Maschinenstunden, Betriebsmittel oder auch IT sein.[221] Darauf aufbauend kann über eine Verbrauchsfunktion jeweils ein funktionaler Zusammenhang zwischen Ressourcenverbrauch und Ressourceneinsatz (Verbrauchsfunktion) sowie zwischen Ressourceneinsatz und Kosten pro Prozessdurchlauf (Kostenfunktion basierend auf Kostentreibern) abgeleitet werden. Voraussetzungen für die Ermittlung der Funktionen sind ganzheitliche Kenntnisse über Prozess- und Arbeitsabläufe, da nur unter Einbezug aller Einflussgrößen ein valides Ergebnis zu erzielen ist.[222] Letztendlich können so die Kosten für jeden Prozess ermittelt werden. Der sogenannte Kostensatz, der für alle verwendeten Ressourcen im Unternehmen ermittelt wird, verläuft in der Regel linear, sodass mithilfe der Verbrauchsfunktion die Prozesskosten abgelesen werden können.[223]

Ergebnisorientierte Kalkulation der Kooperationskosten nach PAMPEL

Im Rahmen seiner Arbeit entwickelt PAMPEL einen Ansatz für das Kooperationscontrolling eines beschaffenden Unternehmens und seiner Zulieferer.[224] Inhalte des Ansatzes sind ein Frühwarnsystem zur strategischen Steuerung von Kooperationen, eine potenzialorientierte Kooperations- und Zulieferanalyse, kooperationsbezogene Kennzahlen für das Berichtswesen sowie die unternehmensübergreifende Kalkulation von Kooperationskosten. In diesem Kontext differenziert er zwischen Vorlaufkosten (Kosten in der Suchphase), Begleitkosten (Kooperationskosten in den Phasen Entwicklung und Ausreifung) und Folgekosten (Kosten des Kooperationsausbaus). Als Beschaffungskosten erfasst PAMPEL Beschaffungsobjektkosten, Kosten des Lieferanten sowie des Abnehmers für Kooperationsaktivitäten und Aktivitätskosten Dritter (z.B. Spediteure). In seinem Ansatz bezieht sich die Prozesskostenrechnung auf das beschaffende Unternehmen, jedoch können über einen Transaktionskostenansatz die Kosten für die Abwicklung der Kooperation durch Bildung kooperationsbezogener Kostentreiber unternehmensübergreifend bestimmt werden. Der Ansatz folgt der Leitidee des Total Costs of Ownership Ansatzes.

Prozesskostenrechnung für das virtuelle Unternehmen nach SCHOLZ

SCHOLZ liefert mit seinem Ansatz ein Controlling-Instrument für Netzwerke virtueller Unternehmen, wobei er als Controlling-Inhalte den Marktbezug, die Koordination der Zusammenarbeit sowie

---

[220] vgl. Männel (1995), Prozesskostenrechnung, S. 370
[221] vgl. Schuh (2011), Strategie und Management produziernder Unternehmen, S. 409
[222] vgl. Schuh (2011), Strategie und Management produziernder Unternehmen, S. 409 f.
[223] vgl. Schuh (2011), Strategie und Management produziernder Unternehmen, S. 410
[224] vgl. Pampel (1993), Kooperation mit Zulieferern

die Aktions- und Reaktionsfähigkeit sieht.[225] Durch Nutzung des Target Costings wird die Marktsicht repräsentiert sowie die marktorientierte Strukturierung der Kosten erreicht. Mithilfe der Prozesskostenrechnung verteilt er die koordinationsinduzierten Gemeinkosten auf die einzelnen Partner des Netzwerkes. Dabei findet eine unternehmensübergreifende Implementierung der Prozesskostenrechnung statt und ist unabhängig von den Kostenrechnungssystemen als auch Controllinginstrumenten der einzelnen Partner. In Summe schafft der Ansatz, die Kosten verschiedener Teilleistungsprozesse unternehmensübergreifend im Rahmen eines Hauptprozesses zu integrieren und dadurch die Profitabilität eines jeden Netzwerkpartners zu messen.

Total Cost of Relationship nach MALTZ und ELLRAM

Die auf dem TCO-Ansatz aufbauenden Total Cost of Relationship nach MALTZ und ELLRAM versuchen die Limitation der TCO auf einzelne Erzeugnisse durch eine Prozesssicht zu umgehen.[226] Der Kernunterschied liegt darin, dass nicht nur der Einkaufsprozess einzelner Teile, sondern der ganze (Leistungserstellungs-) Prozess, für den der Lieferant verantwortlich ist, betrachtet wird. So beinhaltet der Ansatz weit mehr Schnittstellen im Rahmen von Kunden-Lieferanten-Beziehung zur Sicherstellung der Messbarkeit benötigter Leistungsindikatoren sowie entsprechender Kosten. Der Ansatz soll eine Grundlage für die Entscheidungsunterstützung beim Outsourcing von Prozessen und Dienstleistungen schaffen.

Prozesskostenmanagementverfahren in Supply Chains nach LALONDE und POHLEN

Das Verfahren von LALONDE und POHLEN dient der systematischen Ermittlung von Kosten in der unternehmensübergreifenden Auftragsabwicklung in Wertschöpfungsketten.[227] Durch Analyse der Prozesse der Supply Chain, Zerlegung der Teilprozesse zur Identifikation teilspezifischer Aktivitäten, Bestimmung der jeweils notwendigen Ressourcen, Ableitung der durch eine Aktivität verursachten Kosten, Zuordnung der Kosten der Aktivitäten zu den Outputs der Supply Chain sowie Analyse und Simulation der Einflussgrößen werden die herkömmlichen Schritte der Prozesskostenrechnung auf die gesamte unternehmensübergreifende Wertschöpfungskette übertragen.

Prozesskostenrechnung unternehmensübergreifender Prozesse nach HIRSCHMANN

Die auf der Prozesskosten- und Prozesserlösrechnung basierende Optimierung von Geschäftsprozessen als auch die datenverarbeitungstechnische Unterstützung vornehmlich im Bereich der Beschaffung wird durch den Ansatz von HIRSCHMANN adressiert. Basierend auf einem unternehmensübergreifenden Prozessmodell wird durch Bezug auf den gleichen Zeitraum, Nutzung der gleichen Art und Weise von Prozessmengen, analoge Ermittlung der Prozesskosten als auch gleicher Behandlung leistungsmengenneutraler Prozesse eine einheitliche Grundlage für alle am Auftragsabwicklungsprozess beteiligten Partner geschaffen. Darauf aufbauend werden durch Prozessgestaltung veränderbare sowie exogen vorgegebene, strukturelle Kostentreiber definiert.[228] Auf dieser Grundlage aufbauend werden mit der Prozesskostenermittlung (Verursacher- und Leistungsentsprechungsprinzip) über eine Zuordnung von Kostensätzen für die leistungsmengeninduzierten Aktivitäten die traditionellen Schritte der Prozesskostenrechnung durchlaufen.

[225] vgl. Scholz (1995), Controlling im virtuellen Unternehmen
[226] vgl. Maltz et al. (1997), Total cost of relationship
[227] vgl. LaLonde et al. (1996), Issues in supply chain costing
[228] vgl. Hirschmann (1998), Kooperative Gestaltung unternehmensübergreifender Geschäftsprozesse

Prozesskostenmanagement als Kooperationsaktivitätenkostenrechnung nach DREWS

Die sogenannte Kooperationsaktivitätenkostenrechnung nach DREWS zielt auf eine bedarfsgerechte Bereitstellung von Informationen über Kosten und Erlöse von Kooperationsaktivitäten ab.[229] Dabei wird ein ganzheitlicher Ansatz unter Einbezug direkter als auch indirekter Leistungsbereiche verfolgt. Basierend auf der Abgrenzung und Systematisierung von Kooperationsaktivitäten erfolgt eine Kalkulation und kurzfristige Erfolgsrechnung kooperationsbezogener Leistungen. Die darauf basierende Koordination im Kooperationssystem erfolgt durch eine operative Koordinationsbudgetierung unter Beachtung der Variablen des Kooperationsmanagements. Für den betrieblichen Einsatz des entwickelten Systems ist die Erfüllung verschiedener Anforderungen hinsichtlich der Teilsysteme der Kostenrechnung (Kostenstellen-, Kostenarten- und Kostenträgerrechnung) von zentraler Bedeutung.

Koordinationskostenanalyse in Unternehmensnetzwerken nach VEIL

Der auf der Prozesskostenrechnung basierende Ansatz von VEIL zur Koordinationskostenanalyse in Unternehmensnetzwerken projiziert die Aufgaben des internen Rechnungswesens auf den Kontext der unternehmensübergreifenden Leistungserstellung in Unternehmensnetzwerken.[230] Zentrales Ziel ist die Erfassung und Auswertung aller im Rahmen der Auftragsabwicklung entstehenden Kosten auf einer Partner- und Netzwerkebene. Im Rahmen der Partnerebene wird die teilauftragsbezogene Leistungserstellung abgebildet während die Netzwerkebene die gesamte, übergreifende Leistungserstellung darstellt. Basierend auf einer standardisierten Kostenstellen-, Kostenarten- und Kostenträgerrechnung als zentrale Informationsquelle wird ein Instrumentarium zur kostenmäßigen Erfassung auftragsbezogener und auftragsübergreifender Prozesse aufgebaut. Bezugsobjekte dabei sind Produkte, Aufträge, Projekte oder aber einzelne Vorgänge. Mithilfe der Kalkulation können Teilaufträge auf Partnerebene vergeben werden, Auftragspreise gestaltet werden, Preis- und Kostenvereinbarungen für Teilaufträge bestimmt werden und schließlich das Netzwerkergebnis verteilt werden.

Prozesskostenmanagement als Modell zum Supply Chain Costing nach SEURING

Der Ansatz nach SEURING basiert auf der Prozesskostenrechnung und dem Supply Chain Costing und ermöglicht die Analyse, Gestaltung und Steuerung von Kosten in Wertschöpfungsketten.[231] Der Ansatz beinhaltet eine Integration der Prozessmodellierung, eine Analyse der Kostenentstehung sowie eine Analyse der Kostenbeeinflussung, wobei Kosten in den Betrachtungsebenen Einzel-, Prozess- und Transaktionskosten differenziert werden. Basierend auf einer top-down Prozessmodellierung auf unternehmensübergreifender Ebene erfolgt eine bottom-up-orientierte Kostenzusammenfassung und -zuordnung zu einzelnen Prozesselementen. Ferner erfolgt eine Darstellung von Wirkzusammenhängen zwischen Entscheidungen und (Prozess-) Kosten auf Unternehmensebene und Entscheidungen und Transaktionskosten auf Netzwerkebene sowie deren Zuordnung auf Gesamtkostenebene. Dabei werden identifizierte Kostentreiber auf Prozess- und Transaktionskosten allokiert und über alle an der Wertschöpfungskette beteiligten Unternehmen abgeglichen, um die Transparenz von Entscheidungsauswirkungen zu erhöhen sowie die Kausalität der Kostentstehung darzustellen. Auf dieser Basis können Trade-offs konfigurativer Entscheidungen bzw. derer Auswirkungen auf einzelne Kosten sowie im Gesamtkostenkontext dargestellt werden.

---

[229] vgl. Drews (2001), Instrumente des Kooperationscontrollings
[230] vgl. Veil (2001), Internes Rechnungswesen in Unternehmensnetzwerken
[231] vgl. Seuring (2001), Die Produkt-Kooperations-Matrix im Supply Chain Management

Prozesskostenmanagement zum Supply Chain Controlling nach MÖLLER und MÖLLER

Der auf eine prozessorientierte Verbesserung von Lieferantenbeziehungen durch Minimierung der Total Supply Costs auf Kunden- und Lieferantenseite abzielende Ansatz von MÖLLER und MÖLLER basiert auf einer prozessorientierten Budgetierung sowie Kalkulation als auch einem Prozess-Scoring.[232] Angelehnt an das klassische Prozesskostenvorgehen wird eine dreistufige Prozessstruktur definiert und über Kostentreiber mit einem Mengen- und Kostengerüst verknüpft. Dabei fließen je nach Prozessausgestaltung Kosten für Beschaffungs-, Logistik-, Arbeitsvorbereitungs- und Qualitätssicherungsprozesse in die Prozesskostenkalkulation ein. Mit diesem Ansatz können bei vorgegebenen Zielkosten (Target Costing) Rückschlüsse auf eine kostenoptimale Produktstruktur (inkl. Mengen, Stückzahlen und Losgrößen) als auch eine kostenoptimale Prozessstruktur bzw. Lieferkette geschlossen werden.

Prozesskostenmanagement im Supply Chain Controlling nach BACHER

BACHER entwickelt ein Prozesskostenrechnungssystem für Supply Chain Controlling, um eine unternehmensübergreifende, quantifizierbare Kosten- und Leistungsoptimierung basierend auf dem Austausch von Daten und Kennzahlen zu ermöglichen.[233] Es sollen dadurch ganzheitliche Transparenzsteigerungen, Kostenreduzierungen und Leistungsverbesserungen erzielt werden. Basierend auf einer Analyse und einem Mapping zur Abbildung der (Auftragsabwicklungs-) Prozesse einzelner Partner der Wertschöpfungskette findet eine Identifikation und Zuordnung von Hauptkosten und Hauptkostentreibern statt, die unternehmensübergreifend vereinheitlicht wird. Über Szenarioanalysen können dann Veränderungen in Supply Chains und vor allem ihre Auswirkungen abgebildet und quantifiziert werden. Auf diese Weise wird ein unternehmensübergreifendes Kostenmanagement ermöglicht.

Prozesskostenbasierte Bewertung von Supply Chains nach POHLEN und COLEMANN

Das Modell von POHLEN und COLEMANN basiert auf einer Economic Value Added Analyse (EVA), die Prozesskosteninformationen für eine kostenorientierte Bewertung der Leistungsfähigkeit von Lieferketten nutzt.[234] Mittels einer dyadischen EVA-Analyse können basierend auf der Abbildung unternehmensübergreifender Prozesse Einblicke in die Kausalität von Prozessveränderungen und deren Nutzung gewonnen werden. Dabei werden mithilfe der Prozesskostenrechnung nicht-finanzielle Leistungsindikatoren einzelner Aktivitäten in Kosten transformiert, aus denen dann finanzielle Kennzahlen abgeleitet werden können. In Summe kann ganzheitlich über eine Lieferkette hinweg basierend auf der Zurechnung von Kosten zu den jeweiligen kostenverursachenden Unternehmen ein Lieferketten-Kostenprofil erstellt werden.

Bewertung der logistischen Leistungsfähigkeit nach KERNER

KERNER entwickelt eine Methodik, die bei der Gestaltung und Planung von Fertigungsprozessketten eingesetzt werden kann, indem die bei einer gewählten Prozessstruktur induzierten Kosten der erreichbaren Logistikleistung gegenübergestellt werden.[235] Das Ziel dabei ist, mögliche Verbesserungspotenziale aufzudecken, damit in einem nächsten Schritt Maßnahmen eingeleitet werden können,

---

[232] vgl. Möller et al. (2002), Konstruktionsbegleitendes Supply Chain Controlling

[233] vgl. Bacher (2004), Instrumente des Supply Chain Controlling

[234] vgl. Pohlen et al. (2005), Internal operations and supply chain performance

[235] vgl. Kerner (2002), Modellbasierte Beurteilung der Logistikleistung von Prozessketten

die zu einer Verbesserung der Logistikleistung der Gesamtprozesskette führen. KERNER wählt hierfür einen modellbasierten Ansatz, mit dem unterschiedliche Planungsszenarien abgebildet werden und schließlich in Form von Logistik- und Kostenkennlinien dargestellt werden können. Er entwickelt dazu zunächst ein Prozessmodell, das die wesentlichen Kernprozesse der Logistik Produzieren, Transportieren und Lagern beinhaltet. Diese Prozesselemente werden auf Basis der Kennlinientheorie modelliert, die eine konsistente Beschreibung der logistischen Zielgrößen Bestand, Durchlaufzeit und Auslastung ermöglichen. Weitergehend werden Berechnungsvorschriften erarbeitet, damit die logistische Leistung einer aus diesen Prozesselementen bestehenden Prozesskette mithilfe von Kenngrößen beschrieben werden kann. Schließlich werden die mit der Prozessdurchführung induzierten Prozess- und Bestandskosten bestimmt und in einem geeigneten Kostenmodell abgebildet. Die auf diese Weise entstehenden Logistik- und Kostenwirkmodelle können zur individuellen Positionierung von Prozessketten und zur Beurteilung der Logistikleistung eingesetzt werden. Die Berechnung der Modellgrößen wird durch ein prototypisch entwickeltes Anwendungssystem unterstützt.

Prozesszeitmanagement nach KIENINGER

Das von KIENINGER entwickelte Konzept eines Prozesszeitmanagements integriert im Rahmen eines Prozessgitters einzelne Teilprozesse und ihre Kosten sowie die jeweiligen Durchlaufzeiten der Teilprozesse zur simultanen Optimierung von Kosten und Zeitaspekten.[236] Dadurch sollen primär Prozessschleifen und Schnittstellenprobleme schneller identifiziert und behoben werden. In dem rein statistischen Ansatz werden lediglich die Durchlaufzeit (und die entsprechenden Kosten) als logistische Zielgrößen betrachtet.

Wirtschaftlich-zeitliche Prozessdurchlaufoptimierung nach MÜLLER

Basierend auf einem statischen Beschreibungsmodell der Auftragsabwicklung konzipiert MÜLLER ein Vorgehen zur wirtschaftlichen und zeitlichen Optimierung des Prozessdurchlaufs mit dem Ziel einer prozessorientierten Reorganisation der Auftragsabwicklung.[237] Einzelne mit kosten- als auch zeitbezogenen Kenngrößen versehene Tätigkeiten in Teilprozessen werden durch Zusammensetzen der Einzelelemente und Vorgabe einer Berechnungssystematik zu einem Gesamtprozess integriert, wodurch alternative Prozessketten zeitlich und kostenmäßig miteinander verglichen werden können.

Wirtschaftliche Prozesskettenüberwachung nach DRÄGER

Der von DRÄGER entwickelte Ansatz zur wirtschaftlichen Prozesskettenüberwachung basiert auf Durchlaufelementen aus dem Durchlaufdiagramm, welchen Prozesskostenelemente zugeordnet sind, sodass eine Steuerung des Leistungserstellungsprozesses über die Kostenentwicklung als auch logistische Zielgrößen ermöglicht wird.[238] So können die logistischen Zielgrößen bei gleichzeitiger Darstellung der Kostenveränderungen in Form von Abweichungselementen variiert werden. Ziel des Ansatzes ist, ein auf die operative Ebene ausgerichtetes Produktionscontrolling aufzubauen, welches über eine rückschauende Betrachtung des vergangenen Betriebsgeschehens den Rückschluss auf Verbesserungspotenziale ermöglicht. Gestaltungsansätze auf planerischer Ebene werden allerdings nicht unterstützt.

---

[236] vgl. Horváth et al. (1999), Prozesskostenrechnung als Logistikostenrechnung
[237] vgl. Müller (1993), Prozessorientierten Reorganisation der technischen Auftragsabwicklung
[238] vgl. Dräger (1994), Gesamtauftragsüberwachung in der Kleinserien- und Einzelfertigung

Quantifizierung von Ressourcenverbräuchen durch Simulation nach STRUGALLA

Einen Ansatz zur Ermittlung und Bewertung von Ressourcenverbräuchen mithilfe von Prozesskostenrechnung und Ablaufsimulation stellt STRUGALLA vor.[239] Unter Berücksichtigung der Kostenarten Kapital-, Personal-, Bestands-, Transport, Flächen- und Energiekosten können aufgrund des Ansatzes der Prozesskostenrechnung Gemeinkosten verursachungsgerecht allokiert werden. Unter Zuhilfenahme von Simulationsläufen ist er in der Lage, den Einfluss logistischer Zielgrößen (z.B. Drosselung des Auftragszugangs, Lossplitting, Kapazitätserhöhung etc.) kosten- sowie durchlaufzeitorientiert abzubilden.

Wirtschaftlichkeitsbewertung produktorientierter Fertigungsstrukturen nach LORENZEN

Unter Zuhilfenahme von Kostensimulation und einem prozessorientierten Kostenmodell ist LORENZEN in der Lage, die Wirtschaftlichkeit von produktorientierten Fertigungsstrukturen zu evaluieren.[240] Fokus der Betrachtung sind neben den direkten, wertschöpfenden Tätigkeiten auch die indirekten Bereiche der Arbeitsplanung und -steuerung. Über die Simulation ist er in der Lage, auftrags- und prozessbezogene sowie ressourcenorientierte Auswertungen abzubilden. So wird in verschiedenen Auftragseinlastungsszenarien deren Einfluss auf die Durchlaufzeit sowie die Herstellkosten dargestellt.

3.2.3 Zusammenfassung Kostentheorie und Kostenrechnungsmodelle

Sowohl die Modelle der Kostentheorie als auch die Erkenntnisse aus den Ansätzen der Kostenrechnung (insbesondere der Plankostenrechnung) liefern Grundlagen für diese Arbeit. Die Kostentheorie mit ihrem Ziel, nicht nur die zweckmäßige und systematische Kennzeichnung jener Größen, die das Ausmaß der Kosten im Wesentlichen bestimmen, sondern vielmehr die Formulierung und Überprüfung von Hypothesen von gesetzmäßigen Relationen zwischen den Kosten und ihren Einflussgrößen, liefert das grundlegende Verständnis über Kostenentstehung und ihre Ursachen bzw. Treiber. Die abgeleiteten nomologischen Hypothesen in Form von Kostenfunktionen, deren unabhängige Variablen die Kosteneinflussgrößen widerspiegeln, zeigen die funktionalen Zusammenhänge auf.[241] Angefangen mit den traditionellen Kostenfunktionen mit lediglich einem einzigen Kostentreiber (Beschäftigung) wurden über die sich aus der Summe der mit den Faktorpreisen bewerteten Produktkoeffizienten des kostenminimalen Prozesses zusammensetzenden Leontief-Produktionsfunktionen bis hin zu den auf den Produktionsfunktionen basierenden Kostenfunktionen Modelle entwickelt, welche die Wirkungen einzelner als auch der Kombination von Kostentreibern monetär quantifizieren.

Die Methoden und Modelle der betrieblichen Kostenrechnung, deren Hauptaufgabe in der monetären Quantifizierung des Verbrauchs an Produktionsfaktoren und deren Umwandlung in Produkte liegt, stellen pragmatische Werkzeuge zur Verfügung, um die systematische Erfassung von Kosteninformationen zu ermöglichen sowie eine Zuordnung zu verschiedenen Bezugsgrößen sowie eine Auswertung, d.h. Selektion, und/oder Verdichtung dieser Größen auszubilden. Ferner hat die Kostenrechnung neben einer reinen Dokumentationsfunktion von Unternehmensabläufen die Aufgabe, einen Beitrag

---

239 vgl. Strugalla (1994), Prozesskostensimulation; Strugalla et al. (1996), Simulationsgestützte Planung einer Elektronikfertigung

240 vgl. Lorenzen (1996), Simulationsgestützte Kostenanalyse

241 vgl. Schweitzer (1997), Produktions- und Kostentheorie, S. 273

zur Planung und Steuerung von Prozessen und damit zur Entscheidungsunterstützung zu leisten.[242] An dieser Stelle jedoch fokussieren sich die klassischen Kostenrechnungssysteme auf die direkt zurechenbaren Einzelkosten in den direkten Bereichen der Unternehmung. Die Betrachtung bzw. Integration indirekter Bereiche findet dabei nur unzureichend statt.[243] Die mit dem Auftragsabwicklungsprozess verbundenen Kosten werden bei den klassischen Systemen über Gemeinkostenzuschläge über oft intuitiv abgeleitete Verteilungsschlüssel auf die Einzelkosten verteilt.[244] Durch diese undifferenzierte Kostenzuordnung ist keine Bewertung der tatsächlichen Leistungsinanspruchnahme der Gemeinkostenbereiche durch die jeweiligen Kostenträger bzw. Erzeugnisse und demnach keine verursachungsgerechte Gemeinkostenzuordnung möglich.

Erst mit der stärkeren Ausrichtung von Unternehmen an prozessualen Strukturen sowie der steigenden Bedeutung, Kosten nicht nur rein historisch im Controllingkontext zu betrachten, wurden Systeme der Kostenrechnung insofern erweitert, dass (Prozess-) Kosten ganzheitlich, kostenstellenübergreifend und verursachungsgerecht im Vorfeld, also a priori, abgebildet werden konnten. An dieser Stelle wird der Prozesskostenrechnung mit der Schaffung einer hohen Leistungstransparenz in den indirekten Bereichen sowie der Abbildung der Kostenwirksamkeit von Prozessen eine besondere Rolle zuteil.[245] Mit dem Ziel der möglichst vollständigen Zuordnung aller Gemeinkosten zu einzelnen Prozessen spielt sie gemeinsam mit den anderen vorgestellten Systemen der Plankostenrechnung eine wichtige Rolle im Kontext dieser Arbeit.

So ist bspw. die ressourcenorientierte Prozesskostenrechnung nach SCHUH in der Lage, konstruktionsbegleitende Kosteninformationen prozessorientiert zu quantifizieren und daraus Rückschlüsse für eine verursachungsgerechte Produktkalkulation zu ziehen. Ebenso werden ganzheitliche, prozessorientierte Beiträge zur monetären Bewertung von Kooperations- und Auftragsabwicklungskosten wie bspw. durch PAMPEL, SCHOLZ oder MALTZ UND ELLRAM entwickelt, die der Leitidee des Total Costs of Ownership Ansatzes folgend anfallende Kosten in der unternehmensübergreifenden Auftragsabwicklung bzw. in Kunden-Lieferanten-Beziehungen darstellen. So sind bspw. LALONDE UND POHLEN in der Lage, durch Analyse der Prozesse der Supply Chain, Zerlegung der Teilprozesse zur Identifikation teilspezifischer Aktivitäten, Bestimmung der jeweils notwendigen Ressourcen, Ableitung der durch eine Aktivität verursachten Kosten, Zuordnung der Kosten der Aktivitäten zu den Outputs der Supply Chain sowie Analyse und Simulation der Einflussgrößen die herkömmlichen Schritte der Prozesskostenrechnung auf die gesamte unternehmensübergreifende Wertschöpfungskette zu übertragen und so Aussagen über die Kostenentwicklung zu machen. Auch DREWS ist in der Lage, eine bedarfsgerechte Bereitstellung von Informationen über Kosten und Erlöse von Kooperationsaktivitäten unter Einbeziehung der Prozess- als auch Kostenstellen-, Kostenarten- und Kostenträgerrechnung darzustellen. So leisten auch die prozessorientierten Simulations- und Optimierungsmodelle von bspw. KIENINGER, DRÄGER, STRUGALLA oder aber LORENZEN wertvolle Beiträge zur statischen als auch dynamischen Darstellung von monetären Auswirkungen produktionstechnischer bzw. logistischer Parametervariationen. Allerdings weist keiner der vorgestellten Ansätze einen Beitrag zur monetären

[242] vgl. Michel et al. (1989), Grundlagen der Kostenrechnung; Kilger et al. (1993), Flexible Plankostenrechnung und Deckungsbeitragsrechnung; Mayer (1998), Kapazitätskostenrechnung

[243] vgl. Weber (1987), Logistikkostenrechnung; Weber (1995), Logistik-Controlling; Michel et al. (1998), Neuere Formen der Kostenrechnung mit Prozesskostenrechnung

[244] vgl. Renner (1991), Kostenorientierte Produktionssteuerung, S. 113

[245] vgl. Horváth et al. (1999), Prozesskostenrechnung als Logistikostenrechnung

Quantifizierung von Belieferungsverspätungen auf. Jedoch liefern Konzepte wie die Prozesskostenrechnung als auch der TCO-Ansatz und die Transaktionskostentheorie ein geeignetes adaptierbares Fundament zum Aufbau eines belieferungsverspätungsabhängigen Kostenmodells.

3.3 Konzepte überbetrieblicher Koordination und ihre industrielle Anwendung

Unternehmensübergreifende Koordination ist (speziell im Fall des Maschinen- und Anlagenbaus) durch eine hohe Vielfältigkeit und Komplexität geprägt, sodass im Kontext wissenschaftlicher Forschung eine Vielzahl an Arbeiten im strukturellen und organisatorischen Umfeld der Koordination von Wertschöpfungsnetzwerken existieren.[246] Prinzipiell lassen sich jedoch zwei grundsätzliche Richtungen in der Netzwerkforschung identifizieren. Während sich ein Bereich mit der Entstehung von Netzwerken befasst, wird im anderen Bereich das Management von Netzwerken behandelt, was den Schwerpunk dieser Arbeit bildet.[247] So bilden die Gestaltung von Netzwerkstrukturen sowie die Koordination (Planung, Steuerung und Controlling) der Auftragsabwicklung innerhalb dieser Strukturen die zentralen Handlungsfelder des Managements von Netzwerken und werden im Rahmen dieses Kapitels behandelt. Bevor jedoch konkrete Ansätze des Netzwerkmanagements vorgestellt und diskutiert werden, sollen zunächst essenzielle Grundlagen des Themenkomplexes Koordination vorgestellt werden, die dem weiteren Verlauf der Arbeit dienen.

3.3.1 Koordination als Instrument der Interdependenzregulation

Tätigkeiten und Aktivitäten entlang der Auftragsabwicklungskette sind auf unterschiedliche organisatorische Entitäten bzw. Aufgabenträger verteilt. Um den Auftragsabwicklungsprozess möglichst gut hinsichtlich Zeit, Kosten und Qualität zu gestalten und auszuführen, muss eine adäquate Koordination zur Regulierung von Interdependenzen[248] zwischen den Aktivitäten der beteiligten Organisationseinheiten gegeben sein.[249] Koordination bzw. Koordinationsmechanismen werden als adäquates Mittel zur Kompensation negativer Effekte der Arbeitsteilung gesehen, indem dabei Interdependenzen zwischen einzelnen Beteiligten reguliert werden und den Prozess hinsichtlich eines gemeinsamen Zieles ausrichten.[250] Unter Koordination wird in diesem Kontext „*[...] die wechselseitige Abstimmung von Elementen eines Systems zwecks Optimierung desselben [...]*"[251] verstanden. Im speziellen Fall der

---

[246] vgl. Nawatzki (1994), Integriertes Informationsmanagement, S. 90; Corsten et al. (1999), Produktionsplanung und -steuerung in virtuellen Produktionsnetzwerken, S. 12; Aderhold et al. (2001), Wie funktionieren Netzwerke?, S. 131; Teich (2002), Extended value chain management, S. 91

[247] vgl. Corsten et al. (2001), Einführung in das Supply Chain Management, S. 2 f.

[248] Im Kontext der Organisationsgestaltung wird unter Interdependenzen die gegenseitige Abhängigkeit zwischen organisatorischen Abteilungen im Rahmen ihrer Aufgabenerfüllung verstanden. Sie entstehen zwangsläufig aus den arbeitsteilig gestalteten Leistungserstellungsprozess und kommen in der Regel an den Schnittstellen des Prozesses zum Vorschein. So werden zwei Entitäten als interpendent bezeichnet, wenn Aktivitäten und Entscheidungen einer Einheit das Handlungsfeld der anderen zielrelevant beeinflussen (vgl. Frese (2005), Grundlagen der Organisation, S. 59 ff.; Gaitanides (2007), Prozessorganisation, S. 93 f.). Grundsätzlich lassen sich leistungs-, ressourcen- und marktorientierte Interdependenzen unterscheiden (vgl. Schulte-Zurhausen (2005), Organisation, S. 225; Gaitanides (2007), Prozessorganisation, S. 93).

[249] vgl. Malone et al. (1994), The interdisciplinary study of coordination, S. 90; Schulte-Zurhausen (2005), Organisation, S. 149 f.

[250] vgl. Kieser et al. (1992), Organisation, S. 95

[251] Rühli (1992), Koordination, S. 1165

unternehmensübergreifenden Auftragsabwicklung im Kontext heterarchischer Wertschöpfungsnetzwerke des Maschinen- und Anlagenbaus dient die Koordination zur Ausrichtung des Gesamtprozesses hinsichtlich der kosten-, zeit- und qualitätsgerechten Erfüllung des Kundenauftrags von der Anfragebearbeitung über das Engineering, die Beschaffung und Leistungserstellung bis zum Versand des fertigen Erzeugnisses an den Kunden.[252]

Die Art und der Umfang des Koordinationsbedarfes werden im Wesentlichen durch die Höhe der Differenzierung des Auftragsabwicklungsprozesses sowie seines Grades der Arbeitsteiligkeit, die Komplexität und Intensität der Interdependenzen zwischen den Entitäten bzw. Prozessschritten, die Größe der räumlichen, zeitlichen und sachlichen Distanz zwischen den ausführenden Organisationseinheiten sowie dem Umfang und der Strukturiertheit der zu lösenden Aufgabe determiniert.[253] Durch gezielte Maßnahmen kann der sich daraus ergebende Koordinationsbedarf reduziert oder aber durch die Nutzung adäquater Koordinationsmechanismen und -instrumente gedeckt werden.[254] Dabei kann im Speziellen durch Neugestaltung bestehender Organisations- und Prozessstrukturen der Koordinationsbedarf reduziert werden. Ziel dabei ist, Interdependenzen durch eine Abwandlung der Arbeitsteilung aufzuheben. Im Kern liegen die Maßnahmen zur Reduktion des Koordinationsbedarfes demnach in der Organisations- bzw. Systemgestaltung. Bei den Maßnahmen zur Deckung des Koordinationsbedarfes hingegen liegt der Fokus in der Kompensation der Auswirkungen von Interdependenzen innerhalb einer bestehenden Auftragsabwicklungsstruktur. Dabei werden die Rahmenbedingungen bei einem arbeitsteiligen Auftragsabwicklungsprozess unter Einsatz adäquater Koordinationsmechanismen so verändert, dass die Auswirkungen der beteiligten Teilaktivitäten auf ein übergeordnetes Gesamtziel vereinfacht werden.[255]

3.3.1.1 Grundlegende Arten von Koordinationsmechanismen

In der Literatur werden drei sich durch ihre Wirkprinzipien unterscheidende Koordinationsmechanismen differenziert:[256]

- die hierarchische respektive persönliche Weisung,
- die gegenseitige Abstimmung im Sinne eines Interessenausgleiches sowie
- die Standardisierung mittels Programmen (Standard- oder Default-Entscheidungen).

Persönliche bzw. hierarchische Weisung spiegelt einen Koordinationsmechanismus zwischen vertikal gegliederten Organisationseinheiten wider. Die hierarchisch übergeordnete Einheit hat dabei Weisungs- und Entscheidungsbefugnis zur Durchsetzung der Koordinationsaktivität gegenüber der untergeordneten Einheit. Die gegenseitige Abstimmung hingegen repräsentiert einen horizontalen Koordinationsprozess zwischen zwei Entitäten gleicher Stellung. Dies geschieht über einen gegenseitigen Informationsaustausch über koordinationsrelevante Ereignisse und eine gemeinsam abgestimmte

---

[252] vgl. Christopher et al. (2001), Design of agile supply chains, S. 1 f.; Simchi-Levi et al. (2003), Designing and managing the supply chain, S. 2 f.; Schuh et al. (2006), Einführung, S. 3

[253] vgl. Kieser et al. (1992), Organisation, S. 95 f.; Rühli (1992), Koordination, S. 1165; Schulte-Zurhausen (2005), Organisation, S. 227 f.

[254] vgl. Kieser et al. (1992), Organisation, S. 102 f.; Schulte-Zurhausen (2005), Organisation, S. 228

[255] vgl. Kieser et al. (1992), Organisation, S. 95 f.; Rilling (1997), Koordination im Produktionsverbund, S. 33; Schulte-Zurhausen (2005), Organisation, S 230 ff.

[256] vgl. Kieser et al. (1992), Organisation, S. 103 ff.; Mintzberg (1992), Die Mintzberg-Struktur, S. 19 ff.; Friedrich (2002), Beurteilung automatisierter Prozesskoordination, S. 14

Entscheidung sowie ggf. daraus resultierende Abstimmungsprobleme.[257] Die Koordination mittels Standardisierung wiederum repräsentiert einen Koordinationsmechanismus, der auf einer grundsätzlichen Definition von Verfahrens- und Verhaltensrichtlinien zwischen unabhängigen Entitäten beruht. Dabei werden Lösungswege einer Koordinationsaufgabe a priori durchdacht, sodass im Fall eines wiederholten Auftretens formalisierte Aktivitäten ablaufen können. Demnach wird bewusst versucht, den Handlungs- und Entscheidungsspielraum aller Beteiligten möglichst gering zu halten.[258] Ferner adressieren Koordinationsmechanismen auch zeitliche Aspekte der Koordination. In diesem Kontext bezeichnet die Vorauskoordination eine vorausschauende, vertikale oder horizontale Koordination mittels längerfristig gültigen Programmen oder Plänen. Im Gegensatz dazu zielt eine Ad-hoc-Koordination auf eine kurzfristige Reaktion auf ungeplante Ereignisse. Dabei werden einmalige oder neu auftretende Probleme situativ durch horizontale oder vertikale Koordination gelöst.[259]

Koordinationsmechanismen werden durch verschiedene Hilfsmittel unterstützt. Solche als Koordinationsinstrumente bezeichneten Hilfsmittel kommen jeweils in Kombination mit Koordinationsmechanismen zum Einsatz. Dazu gehören bspw. konkrete Regelungen zur Definition von Kommunikationsbeziehungen und des Informationsaustausches zwischen unabhängigen Entitäten oder Informationssysteme zur Überwindung organisatorisch bedingter Schnittstellen.[260]

3.3.1.2 Koordinationsmechanismen in der überbetrieblichen Auftragsabwicklung

Im Rahmen eines klassischen Auftragsabwicklungsprozesses im Maschinen- und Anlagenbau sind neben den innerbetrieblichen Ressourcen im Speziellen auch Ressourcen anderer Unternehmen (in der Regel der Lieferanten oder Dienstleister) beteiligt. Es ergeben sich aufgrund räumlicher, sachlicher und zeitlicher Distanzen zwischen den beteiligten Unternehmen besondere Anforderungen zur Erfüllung der vom (End-) Kunden beauftragten Leistung.[261] So besteht im Rahmen eines solchen Auftragsabwicklungsprozesses insbesondere im Kontext heterarchischer Wertschöpfungsnetzwerke eine hohe Abhängigkeit zwischen den einzelnen Unternehmen, was daraus folgend eines hohen Maßes an Abstimmung bedarf. Dabei müssen je nach rechtlicher oder wirtschaftlicher Abhängigkeit der am Auftragsabwicklungsprozess beteiligten Partner arbeitsteilige Entscheidungsstrukturen in einem kooperativen oder marktlich-kompetitiven Umfeld koordiniert werden.[262]

So entstehen demnach unternehmensübergreifende Interdependenzen zwischen den eigenen sowie externen Ressourcen.[263] Es werden auch im überbetrieblichen Kontext Koordinationsmechanismen (und -instrumente) zur Abstimmung dieser Interdependenzen eingesetzt. Diese determinieren den Entscheidungsspielraum und die Handlungsautonomie der beteiligten Partner und können anhand der

[257] vgl. Mintzberg (1992), Die Mintzberg-Struktur, S. 19 ff.; Schulte-Zurhausen (2005), Organisation, S. 233
[258] vgl. Kieser et al. (1992), Organisation, S. 103 f.; Hill et al. (1994), Organisationslehre 1, S. 266; Schulte-Zurhausen (2005), Organisation, S. 234 f.; Gaitanides (2007), Prozessorganisation, S. 95
[259] vgl. Kieser et al. (1992), Organisation, S. 96 f.; Schulte-Zurhausen (2005), Organisation, S. 230 f.
[260] vgl. Schulte-Zurhausen (2005), Organisation, S. 226; Gaitanides (2007), Prozessorganisation, S. 96
[261] vgl. Ritter R. et al. (1998), Die netzwerkende Unternehmung, S. 261; Corsten (2000), Koordination in heterarchischen und hierarchischen Unternehmensnetzwerken, S. 24; Corsten et al. (2001), Einführung in das Supply Chain Management, S. 13; Sucky (2004), Koordination in Supply Chains, S. 1; Becker et al. (2005), Der Prozess im Fokus, S. 5
[262] vgl. Fleisch (2002), Das Netzwerkunternehmen, S. 54
[263] vgl. Corsten et al. (2001), Einführung in das Supply Chain Management, S. 9 ff.; Wiendahl (2002), Situative Konfiguration des Auftragsmanagements, S. 26

Bindungsintensität einer Leistungsbeziehung systematisiert werden. In diesem Kontext wird zwischen markt-, kooperations- und hierarchieorientierten Koordinationsmechanismen unterschieden.[264] Bild 3-26 zeigt eine Auswahl verschiedener Koordinationsmechanismen im Spannungsfeld zwischen Markt und Hierarchie. Kooperation wird in diesem Kontext als eigenständige bzw. intermediäre Organisationsform zwischen Markt und Hierarchie gesehen. Sie entsteht entweder durch Intensivierung der marktlichen Zusammenarbeit zwischen unabhängigen Partnern (Internalisierung) oder durch Ausgliederung einzelner hierarchisch gegliederter Funktionen im Zuge der Konzentration auf Kernkompetenzen (Externalisierung), sodass eine Vereinigung sowohl marktlicher und hierarchischer als auch kompetitiver und kooperativer Elemente vorliegt.[265]

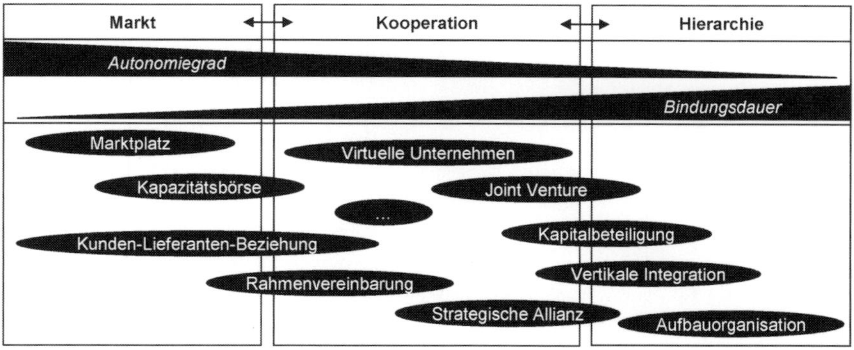

Bild 3-26: Überbetriebliche Koordinationsformen zwischen Markt und Hierarchie[266]

Die zentralen Aspekte der Gestaltung hierarchisch-orientierter Koordinationsformen basieren auf einem weisungs- und entscheidungsbezogenen Unterstellungsverhältnis der betroffenen Parteien auf einer vertikalen Machtverteilung.[267] Dabei wird durch Vorgaben der weisungsbefugten Organisationseinheit der Leistungserstellungsprozess koordiniert. Die zumeist zentralisiert aufgestellte Instanz überwacht in der Regel auch die Ausführung und Einhaltung des Prozessablaufs, wobei die Beziehungen zwischen einzelnen am Geschehen beteiligten Akteuren auf ein gemeinsames Ziel ausgerichtet sind. Tendenziell ist dieser sich auf den Austausch unspezifizierter Leistungen beziehende

---

[264] vgl. Tröndle (1987), Steuerung interaktioneller Prozesse bei Unternehmenskooperationen, S. 27 ff.; Powell (1990), Neither market nor hierarchy, S. 299; Thompson et al. (1991), Markets, hierarchies and networks, S. 17 f.; Sydow (1992), Strategische Netzwerke, S. 102; Rotering (1993), Zwischenbetriebliche Kooperation als alternative Organisationsform, S. 14; Wildemann (1997), Koordination von Unternehmensnetzwerken, S. 422; Corsten et al. (2001), Einführung in das Supply Chain Management, S. 5 ff.; Killich et al. (2003), Unternehmenskooperation für KMUs, S. 45 ff.; Siebert (2003), Ökonomische Analyse von Unternehmensnetzwerken, S. 9 f.; Luczak et al. (2004), E-business perspectives, S. 114 ff.; Schuh et al. (2005), Kooperationsmanagement, S. 12 ff.; Schuh et al. (2007), Effiziente Informationslogistik im Maschinenbau, S. 272

[265] vgl. Tröndle (1987), Steuerung interaktioneller Prozesse bei Unternehmenskooperationen, S. 27 ff.; Sydow (1992), Strategische Netzwerke, S. 102 ff.

[266] vgl. Schmidt (2008), Konfiguration überbetrieblicher Koordinationsprozesse, S. 18 i.A.a. Sydow (1992), Strategische Netzwerke, S. 104; Rotering (1993), Zwischenbetriebliche Kooperation als alternative Organisationsform, S. 14; Killich et al. (2003), Unternehmenskooperation für KMUs, S. 45; Siebert (2003), Ökonomische Analyse von Unternehmensnetzwerken, S. 9

[267] vgl. Sydow (1992), Strategische Netzwerke, S. 98; Klein (1995), Die Konfiguration von Unternehmensnetzwerken, S. 333; Zbornik (1996), Elektronische Märkte, S. 46

Koordinationsmechanismus langfristig ausgelegt und die Bindungsintensität der Beteiligten innerhalb der Hierarchie durch einen hohen Integrationsgrad gekennzeichnet (z.B. Automobilindustrie).[268] Dabei spielen der Preis bzw. die Kosten der zu erbringenden Leistung in der strukturell oder vertraglich fixierten Beziehung eher eine untergeordnete Rolle. Die Aufbauorganisation ist eine typische Erscheinungsform hierarchischer Organisationsformen, wobei auch überbetriebliche Hierarchien existieren. Dies ist bspw. bei einer Kapitalbeteiligung der Fall, im Rahmen derer ein Unternehmen über die Eigentumsanteile Einfluss auf die Handlungs- und Entscheidungsautonomie nehmen kann.[269] Eine weitere Ausprägung zeigt sich im Fall eines starken Abhängigkeitsverhältnisses eines kleinen, rechtlich selbstständigen Lieferanten und einem großen, beherrschenden Abnehmer.[270] Bei dieser auch als vertikale Integration bezeichneten Koordinationsform ist das Zulieferunternehmen zumeist stark in den Leistungser-stellungsprozess des Abnehmerunternehmens integriert.

Unter der Koordinationsform der Kooperation[271] wird die funktionsorientierte, freiwillige und vertraglich fixierte Zusammenarbeit von wirtschaftlich sowie rechtlich unabhängigen Unternehmen verstanden und basiert zumeist auf Rahmenvereinbarungen, die tendenziell auf eine längerfristige Zusammenarbeit ausgerichtet sind.[272] Im Kontext der überbetrieblichen Auftragsabwicklung stellen Kooperationen eine Art der Ressourcenzusammenlegung dar, wobei die einzelnen Akteure dabei allerdings rechtlich unabhängig bleiben.[273] Ferner können drei unterschiedliche Kooperationsrichtungen unterschieden werden: horizontal, vertikal und diagonal.[274] Während vertikale Kooperationen auf einer bestehenden Kunden-Lieferanten-Beziehung aufgebaut sind, bezeichnen horizontale Kooperationen eine Zusammenarbeit mit Branchenwettbewerbern. Dahingegen entstehen diagonale Kooperationen bei der Zusammenarbeit von branchenfremden Akteuren. Allerdings existiert aufgrund unbegrenzter Möglichkeiten der Systematisierung von Kooperationen keine trennscharfe Abgrenzung typischer Ausprägungen kooperativer Beziehungen – beispielhaft können jedoch Strategische Allianzen, Joint Ventures und Virtuelle Unternehmen als konkrete Erscheinungsformen genannt werden

---

[268] vgl. Sydow (1992), Strategische Netzwerke, S. 98; Klein (1995), Die Konfiguration von Unternehmensnetzwerken, S. 333

[269] vgl. Jost (2000), Organisation und Koordination, S. 57

[270] vgl. Malone et al. (1987), Electronic markets and electronic hierarchies, S. 484 f.

[271] Etymologisch betrachtet basiert der Begriff Kooperation auf Zusammenarbeit oder Partnerschaft (vgl. Rotering (1993), Zwischenbetriebliche Kooperation als alternative Organisationsform, S. 6). Analog zum Begriff Kooperation werden auch die Begriffe Netzwerk oder Unternehmensnetzwerk verwendet, wenn mehr als zwei Unternehmen miteinander in Kooperation stehen und neben der Verhaltensdimension auch strukturelle Aspekte im Fokus sind (vgl. Bronder et al. (1992), Gestaltung und Entwicklung strategischer Allianzen, S. 35; Sydow (1992), Strategische Netzwerke, S. 79; Backhaus et al. (1993), Strategische Allianzen und strategische Netzwerke, S. 332; Belzer (1993), Unternehmenskooperationen, S. 43 ff.; Voss (2002), Ganzheitliche Bewertung von Unternehmensnetzwerken, S. 279 ff.).

[272] vgl. Knoblich (1969), Zwischenbetriebliche Kooperation, S. 503; Meimberg (1970), Betriebswirtschaftliche Aspekte der Kooperation, S. 245; Blohm (1980), Kooperation, S. 1112; Schubert et al. (1981), Unternehmenszusammenschlüsse, S. 118 f.; Tröndle (1987), Steuerung interaktioneller Prozesse bei Unternehmenskooperationen, S. 35 ff.; Thelen (1993), Die zwischenbetriebliche Kooperation, S. 47; Picot et al. (2003), Die grenzenlose Unternehmung, S. 289; Wöhe et al. (2005), Einführung in die Allgemeine Betriebswirtschaftslehre, S. 320

[273] vgl. Picot et al. (2005), Organisation: Eine ökonomische Perspektive, S. 163; Wöhe et al. (2005), Einführung in die allgemeine Betriebswirtschaftslehre, S. 381 f.

[274] vgl. Bronder (1993), Kooperationsmanagement, S. 66; Pillep (2000), Unternehmensübergreifende Materialkreislaufführung in Produktionskooperationen, S. 16

(Bild 3-26).[275] In diesem Kontext wird von strategischen Allianzen gesprochen, wenn eine geschäftsfeldbezogene Kooperation zwischen zwei oder mehreren Unternehmen mit vornehmlich horizontaler (aber auch vertikaler und diagonaler) Koordination in Erscheinung tritt und sich dabei ein (in der Regel langfristig orientiertes) fokales, stabiles Netzwerk ausbildet, dem ein Kooperationsvertrag zugrunde liegt.[276] Das Zusammenfinden von Teilnehmern in einer projektorientierten Struktur (basierend auf einem Kundenwunsch) zu einem polyzentrischen, dynamischen Netzwerk wird als virtuelles Unternehmen bezeichnet und tritt am Markt als eigenständiges Unternehmen bestehend aus rechtlich unabhängigen Partnern auf.[277] Joint Ventures wiederum sind rechtlich selbstständige Unternehmen bestehend aus mindestens zwei interdependenten Partnern mit gemeinsamen Zielen, die jeweils unterschiedliche Ressourcen in die formierte Gemeinschaft einbringen.[278]

Die Koordinationsform des Marktes basiert auf der Theorie des vollkommenen Marktes und wird ausschließlich über den Preis eines Gutes oder einer Dienstleistung gesteuert.[279] Dabei können Anbieter und Nachfrager durch unterschiedliche oder gegenläufige Zielsysteme motiviert sein. Im Fall der marktlichen Kooperationsform repräsentiert der Preis alle koordinationsrelevanten Informationen und stellt das Analoginstrument der Planung und Weisung in Hierarchien dar. Dabei wird der Kooperationsgedanke durch einen Konkurrenzgedanken ersetzt, sodass beim Zustandekommen einer Geschäftsbeziehung ein Vertrag geschlossen wird, der keine hierarchische Unterstellung, sondern eine bilaterale Leistungserbringung vorsieht.[280] Die Beziehungen der unabhängigen und gleichberechtigten Marktteilnehmer bilden sich regelmäßig für den Austausch einer spezifischen Leistung und weisen daher eher einen kurzfristigen Charakter auf.[281] Marktliche Koordinationsformen haben speziell in den letzten Jahren im Kontext zunehmender Einsatzmöglichkeiten von Informations- und Kommunikationsmedien nicht zuletzt durch das Internet als Befähiger ort- und zeitunabhängiger Marktteilnahme an Bedeutung gewonnen.[282] So bildeten sich insbesondere Elektronische Marktplätze[283] als gängige Form IT-gestützter marktlicher Kooperation aus, die eine oder mehrere Phasen des gemeinsamen Auftragsabwicklungsprozesses unterstützen und insbesondere zu einer Senkung von Transaktionskosten[284] führen.[285] In diesem Zusammenhang stellen Börsen eine besondere Form elektronischer Märkte dar,

---

[275] vgl. Corsten (2001), Unternehmungsnetzwerke, S. 6; Sydow (2003), Management von Netzwerkorganisationen, S. 299

[276] vgl. Backhaus et al. (1990), Strategische Allianzen, S. 3; Müller-Stevens et al. (1992), Motive zur Bildung strategischer Allianzen, S. 79; Gunther (2000), Virtuelle Fabrik, S. 15; Hess (2002), Netzwerkcontrolling, S. 12; Voss (2002), Ganzheitliche Bewertung von Unternehmensnetzwerken, S. 413

[277] vgl. Brütsch (1999), Virtuelle Unternehmen, S. 19 ff.; Schuh et al. (1999), Die Virtuelle Fabrik, S. 217 f.; Gunther (2000), Virtuelle Fabrik, S. 17; Hess (2002), Netzwerkcontrolling, S. 15; Killich et al. (2003), Unternehmenskooperation für KMUs, S. 3

[278] vgl. Hess (2002), Netzwerkcontrolling, S. 12 f.; Voss (2002), Ganzheitliche Bewertung von Unternehmensnetzwerken, S. 405 ff.; Killich et al. (2003), Unternehmenskooperation für KMUs, S. 7

[279] In diesem Kontext wird ein Markt als ein Ort des Zusammentreffens von Anbieter und Nachfrager einer Leistung verstanden. Vgl. Feess (2000), Mikroökonomie, S. 252

[280] vgl. Zbornik (1996), Elektronische Märkte, S. 47; Jost (2000), Organisation und Koordination, S. 57

[281] vgl. Sydow (1992), Strategische Netzwerke, S. 98; Klein (1995), Die Konfiguration von Unternehmensnetzwerken, S. 332

[282] vgl. Picot et al. (2003), Die grenzenlose Unternehmung, S. 71

[283] siehe hierzu auch Kap. 6.1.2 Elektronische Marktplätze

[284] siehe hierzu auch Kap.3.2.2.2 Systeme der Plankostenrechnung

[285] vgl. Langenohl (1994), Systemarchitekturen elektronischer Märkte, S. 111; Baumgarten et al. (2000), Die Zukunft der Logistik, S. 22; Klein et al. (2002), Elektronische Märkte im Überblick, S. 8; Picot et al. (2003), Die grenzenlose Unternehmung, S. 340 ff.

auf denen vollständig spezifizierte, direkte oder indirekte Güter mit einem sporadischen Bedarf zumeist anonymer Akteure gehandelt werden.[286]

3.3.1.3 Informationsbedarf und überbetriebliche Informationssysteme

Informationen spielen im Kontext der Koordination eine entscheidende Rolle. So ist ihre Bedeutung für die Gestaltung organisatorischer Strukturen speziell entlang des Auftragsabwicklungsprozesses stetig gestiegen, sodass sie heute als eigenständiger Produktionsfaktor angesehen werden.[287] Mithilfe von Informationen im Sinne von zweckorientiertem Wissen wird der Kenntnisstand eines Informationsbenutzers verbessert. Ihr Zweck liegt dabei in der Vorbereitung von Handlungen, sodass sie im betrieblichen Kontext das erforderliche Wissen repräsentieren, ohne welches eine adäquate Aufgabenerfüllung im Rahmen des Auftragsabwicklungsprozesses kaum möglich wäre.[288]

Der Informationsbegriff ist über den Nachrichtencharakter von Informationen explizit mit dem Kommunikationsprozess verknüpft.[289] In diesem Zusammenhang stellt die Kommunikation einen Transaktionsprozess dar, der die Aufgabe hat, wechselseitig Informationen zwischen Individuen oder technischen Systemen abzugeben, zu übermitteln und aufzunehmen.[290] Dabei ist insbesondere bei arbeitsteilig organisierten Strukturen Kommunikation dann notwendig, wenn der Ort der Informationsquelle nicht mit der Informationssenke identisch ist, sodass Vorgänge der Kommunikation demnach dem Informationsfluss zwischen interdependenten Entitäten entsprechen.[291] Somit wird der Information als Gestaltungselement im Rahmen von Koordinationsmechanismen eine zentrale Rolle zuteil, bei der die unterschiedlichen Aktivitäten im Rahmen eines unternehmensinternen oder unternehmensübergreifenden Auftragsabwicklungsprozesses koordiniert werden.[292] Der Auftragsdurchlauf in und zwischen Unternehmungen wird dabei mittels des begleiteten Informationsflusses geplant und gesteuert, sodass infolgedessen Informationen koordinierend wirken und einen Lenkungscharakter besitzen.

So hat das Informationsmanagement im Sinne der Koordination der Auftragsabwicklung zunehmend an Bedeutung gewonnen und umfasst im Wesentlichen Maßnahmen und Konzepte zur Beschaffung von Informationen, der Informationsspeicherung, zur Unternehmensverarbeitung sowie zur Übermittlung der Informationen an relevante unternehmensinterne oder -externe Adressaten.[293] Im

---

[286] vgl. Kaplan et al. (2000), Revolution im Einkauf, S. 58; Wirtz et al. (2003), Aktionsparameter des e-Procurement, S. 257 ff.

[287] vgl. Schönsleben (2001), Integrales Informationsmanagement, S. 3; Fleisch (2002), Das Netzwerkunternehmen, S. 54

[288] vgl. Wittmann (1959), Unternehmung und unvollkommene Information, S. 14; Wittmann (1980), Information, S. 894; Berthel (1992), Informationsbedarf, S. 872 f.

[289] vgl. Szyperski (1980), Strategisches Informationsmanagement im technologischen Wandel, S 142; Hildebrand (2001), Informationsmanagement, S. 3

[290] vgl. Keller (1993), Informationsmanagement in objektorientierten Organisationsstrukturen, S. 18

[291] vgl. Zangl (1987), Durchlaufzeiten im Büro, S. 24; Frese (2005), Grundlagen der Organisation, S. 82 f.

[292] vgl. Reichwald et al. (1992), Informations- und Kommunikationsanalyse, S. 855 f.; Krumm (1994), Bewertung des Ressourceneinsatzes, S. 13 f.; Pfohl (1997), Informationsfluss in der Logistikkette, S. 5; Foltz et al. (2000), K3 User Guide, S. 1 ff.; Alshawi (2001), Logistics in the Internet age, S. 237 f.; Fleisch (2002), Das Netzwerkunternehmen, S. 54; Foltz et al. (2003), Modellierung kooperativer Arbeitsprozesse, S. 361 f.; Straube (2004), E-Logistik, S. 101

[293] vgl. Fleisch (2002), Das Netzwerkunternehmen, S. 54; Fleisch et al. (2004), Auf dem Weg zum Echtzeit-Unternehmen, S. 5 ff.; Schönsleben (2001), Integrales Informationsmanagement, S. 3; Fleisch (2001),

Rahmen des Informationsmanagements fallen unter den Begriff des Informationssystems (auch betriebliches Anwendungssystem genannt) die technische und organisatorische Infrastruktur zur Informationsgewinnung und -verarbeitung sowie alle geregelten betriebsinternen sowie -externen Informationswege.[294] Grundsätzlich lassen sich Informationssysteme in die zwei funktionellen Bereiche Entscheidungs- und Ausführungsunterstützung unterteilen.[295] Dabei agieren die entscheidungsunterstützenden Systeme in der Analyse und Bewertung möglicher bzw. optimaler Handlungsalternativen zur Zielerreichung, wohingegen sie im Kontext der Ausführungsunterstützung eine Informationsinfrastruktur bilden und den beteiligten Informationsbedürftigen alle relevanten Daten und Informationen bereitstellen.

Im Kontext der Koordination interdependenter Organisationen oder Organisationseinheiten bilden Informationssysteme eine essenzielle Voraussetzung für eine effiziente inner- und überbetriebliche Koordination des Leistungserstellungsprozesses und adressieren jeweils spezielle Aspekte der Koordinationsformen Markt, Kooperation und Hierarchie (Bild 3-27).[296] Die im Rahmen der Produktionsplanung und -steuerung als PPS-Systeme[297] bezeichneten betrieblichen Anwendungs- und Informationssysteme sind zur Planung und Steuerung immer komplexer werdender Material- und Informationsflüsse unverzichtbar. Sie sind ein zentraler Teil des betrieblichen Lenkungssystems zur Überwachung der zu erstellenden Erzeugnisse und der dazu benötigten Allokation zur Verfügung stehender Produktionsressourcen.[298]

Im heutigen Unternehmensalltag kommen Systeme zum Einsatz, die den Austausch von Informationen zwischen verschiedenen betrieblichen Anwendungssystemen ermöglichen. Bei den als EAI-Systeme (Enterprise Application Integration) bezeichneten Systemen basiert der Informationsaustausch auf Formaten (Syntax) und Kontexten (Semantik), die jedes integrierte Anwendungssystem in der Unternehmung interpretieren und verstehen können.[299] Dabei werden auf der Ebene der Syntax Funktionen wie bspw. Adressierungs-, Kommunikations-, Schnittstellen-, Metadaten- und Sicherheitsdienste und die einwandfreie Übermittlung von Informationen unterstützt.[300] Dienste der Synchronisa-

---

Steigerung der Wettbewerbsfähigkeit in der "Networked economy", S. 6; Schönsleben (2001), Integrales Informationsmanagement, S. 25 ff.; Fleisch et al. (2004), Auf dem Weg zum Echtzeit-Unternehmen, S. 5 ff.

[294] vgl. Arentzen (1997), Gabler-Wirtschafts-Lexikon, S. 1879; Lassmann (2006), Wirtschaftsinformatik, S. 3

[295] vgl. Steven et al. (2002), Advanced planning systems: Grundlagen, Funktionalitäten, Anwendungen, S. 172

[296] vgl. Scheer (1998), Wirtschaftsinformatik: Referenzmodelle für industrielle Geschäftsprozesse, S. 4 ff.; Corsten et al. (2001), Einführung in das Supply Chain Management, S. 42; Fleisch (2001), Steigerung der Wettbewerbsfähigkeit in der "Networked economy", S. 107 f.; Fleisch (2002), Das Netzwerkunternehmen, S. 54; Fricke et al. (2002), E-Business und E-Collaboration, S. 91; Österle (2002), Geschäftsmodell des Informationszeitalters, S. 18; Schulte-Zurhausen (2005), Organisation (Band), S. 122; Schuh (2005), Kollaborationsfähigkeit von KMU, S. 10; Schuh et al. (2006), Einführung, S. 3

[297] Die Mehrzahl konventioneller PPS-Systeme basieren auf den MRP-Konzepten der sechziger Jahre (vgl. Spath et al. (2002), Auftragsabwicklung in dezentralen Strukturen, S. 3; Loeffelholz (2003), 25 Jahre alte Systemarchitektur, S. 57). In der Regel bilden sie allerdings die überbetrieblichen Aspekte der Auftragskoordination nur unzureichend ab (vgl. Steven et al. (2002), Advanced planning systems: Grundlagen, Funktionalitäten, Anwendungen, S. 172 f.). Siehe hierzu auch Kap. 3.1.2.1 Entwicklung betrieblicher Planungs- und Steuerungssysteme.

[298] vgl. Corsten et al. (2001), Einführung in das Supply Chain Management, S. 42.; Lassen et al. (2005), Marktspiegel Business-Software, S. 1; Schuh et al. (2006), Funktionen der Produktionsplanung und -steuerung, S. 195; Brosze et al. (2007), Marktspiegel Business Software, S. 1.; Ferstl et al. (1996), Stichwörter zum Fachgebiet Wirtschaftsinformatik, S. 18

[299] vgl. Ring et al. (1999), Enterprise Application Integration, S. 8

[300] vgl. Riehm et al. (1996), Middleware – Infrastruktur für die Integration, S. 37 ff.

tion, Identifikation und Validierung finden sich wiederum auf der Ebene der Semantik wieder und stellen die richtige Bedeutung und Interpretation der übertragenen Informationen sicher.

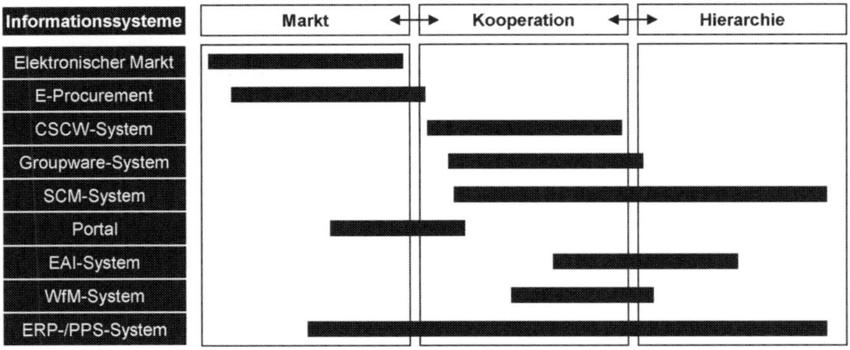

Bild 3-27: Informationssysteme in Markt, Kooperation und Hierarchie[301]

Eine aus mindestens zwei rechtlich unabhängigen, kooperierenden oder hierarchisch abhängigen Unternehmungen, die durch Material-, Informations- und Finanzströme miteinander gekoppelt sind, wird als Lieferkette (Supply Chain) bezeichnet.[302] Ihr Überbau in Form der Koordination der strategischen und langfristig ausgerichteten Zusammenarbeit von Unternehmen wird als Supply Chain Management (SCM) bezeichnet und beinhaltet die Planungs- und Steuerungsaufgaben aller Beschaffungs-, Produktions- und Distributionsaktivitäten innerhalb dieser Lieferkette unter Mengen-, Termin- und Kapazitätsaspekten.[303] Die im Kontext des Supply Chain Managements eingesetzten SCM-Systeme beinhalten in der Regel mathematische Verfahren zur simultanen Optimierung von Auftragsdurchläufen, wobei üblicherweise die Informationen von lokalen ERP-Systemen bereitgestellt werden und die SCM-Systeme den Kommunikationsträger darstellen.[304]

Groupware- oder Workflow Managementsysteme[305] (WfM) unterstützen je nach Strukturier- bzw. Automatisierbarkeit der abzuarbeitenden Aufgabe die Kooperation der inner- und überbetrieblichen Zusammenarbeit.[306] Unter dem Begriff Computer Supported Cooperative Work (CSCW) werden dabei verschiedene Groupware-Systeme zusammengefasst, die Aufgabenstellungen unterstützen, welche

---

[301] vgl. Schmidt (2008), Konfiguration überbetrieblicher Koordinationsprozesse, S. 22; i.A.a. Schuh (2005), Kollaborationsfähigkeit von KMU, S. 10

[302] vgl. Christopher (1998), Logistics and supply chain management, S. 19; Stadtler et al. (2000), Supply chain management und advanced planning, S. 7 f.; Chopra et al. (2007), Supply chain management, S. 5

[303] vgl. Philippson et al. (1999), Marktspiegel Supply Chain Management Software, S. 6; Österle et al. (2000), Business networking, S. 186; Fleisch (2001), Steigerung der Wettbewerbsfähigkeit in der "Networked economy", S. 119

[304] vgl. Philippson et al. (1999), Marktspiegel Supply Chain Management Software, S. 6 ff.; Steven et al. (2002), Advanced planning systems: Grundlagen, Funktionalitäten, Anwendungen, S. 171

[305] Im Gegensatz zu CSCW-Systemen steuern WfM-Systeme die zeitliche und sachlogische Abfolge eines Prozesses aktiv nach dem Pusch-Prinzip basierend auf hinterlegten Steuerungsregeln. Vgl. Jablonski (1995), Workflow-Management-Systeme, S. 5; Lehmann et al. (1998), Die umfassende Bedeutung der Workflow-Management-Technologie, S. 62; Hansen et al. (2001), Wirtschaftsinformatik I, S. 444 ff.; Becker et al. (2003), Workflowmanagement in der Produktionsplanung und -steuerung, S. 32

[306] vgl. Hansen et al. (2001), Wirtschaftsinformatik I, S. 438

durch kooperative, zeitliche synchrone oder asynchrone Abarbeitung räumlich verteilter und eher unstrukturierter Inhalte charakterisiert sind. Im Bereich der synchronen Kommunikation kommen in diesem Zusammenhang Gruppenkalender, Shared Whiteboards, Videokonferenzen etc. zum Einsatz, während bspw. E-Mail-Funktionen eine elektronische, asynchrone Kommunikation darstellt.[307]

Portale ermöglichen durch ihren webbasierten Aufbau den dezentralen Zugang zu Inhalten, Anwendungen oder Diensten für gewisse Anwendungen und können dadurch den unternehmensübergreifenden Auftragsabwicklungsprozess in Form marktlich koordinierter Lieferanten- oder Kundenprozessportale im Sinne einer B2B-Applikation unterstützen.[308] Elektronische Marktplätze hingegen ermöglichen die Abbildung von Transaktionen beliebig vieler Anbieter und Nachfrager und können als Plattform verstanden werden, mit deren Hilfe Unternehmungen Partner identifizieren, Verträge abschließen und Geschäftsvorfälle abwickeln können.[309] E-Procurement-Systeme unterstützen primär die klassische Bestellabwicklung zwischen Kunden und Lieferanten über eine entsprechend bereitgestellte IT-Architektur und stellen eine Vorstufe heutiger Marktplatz- bzw. Portallösungen dar.[310]

3.3.2 Konzepte der Gestaltung und Koordination überbetrieblicher Auftragsabwicklung

Im Folgenden werden Ansätze der Gestaltung von Netzwerkstrukturen sowie der Koordination (Planung, Steuerung und Kontrolle) der Auftragsabwicklung innerhalb dieser Strukturen als zentrale Handlungsfelder des Managements von Netzwerken näher betrachtet.

3.3.2.1 Ausgewählte Konzepte der Gestaltung und Konfiguration überbetrieblicher Auftragsabwicklung

Ansatz zur Konfiguration von Produktionsnetzwerken nach EVERSHEIM

EVERSHEIM et al. leiten einen Ansatz zur Konfiguration von Produktionsnetzwerken her, mit dem eine Allokation von Prozessen oder Teilaufträgen zu Netzwerkknoten bzw. Standorten ermöglicht wird.[311] Er unterscheidet dabei zwischen einer Netzwerkplanungsebene sowie einer Werksebene für die standortbezogene Feinplanung und baut ein methodisches Vorgehen zur Konfiguration des Netzwerkes basierend auf den Schritten Zielplanung, Grobplanung, Feinplanung und Netzwerkkonfiguration auf. Mit dem Vorgehen kann letztendlich eine Zuordnung eines Produktions- und Kapazitätsbedarfes basierend auf einem Produktionsprogramm zu den Kapazitätsangeboten der einzelnen Netzwerkpartner unter Berücksichtigung standortübergreifender Effekte (z.B. Transportwege, Zölle) durchgeführt werden.

Zielorientierte Gestaltung von Kooperationen nach SCHUH et al.

In ihrer Ausarbeitung legen SCHUH et al. eine ganzheitliches Kooperationsmanagementsystem für interorganisatorische Netzwerke aus und liefern damit einen Beitrag zur zielorientierten Gestaltung

[307] vgl. Luczak et al. (1999), Telekooperation; Hansen et al. (2001), Wirtschaftsinformatik I, S. 438 f.; Killich et al. (2003), Unternehmenskooperation für KMUs, S. 191

[308] vgl. Alt et al. (2002), Strategien zum Business Networking, S. 97; Österle (2002), Geschäftsmodell des Informationszeitalters, S. 23

[309] vgl. Alt et al. (2002), Strategien zum Business Networking, S. 98; Wildemann (2002), Online-Auktionen, S. 9

[310] vgl. Hansen et al. (2001), Wirtschaftsinformatik I, S. 613

[311] vgl. Eversheim et al. (2000), Gestaltung und Betrieb von Produktionsnetzwerken

von Kooperationen.[312] Basierend auf spezifischen Aspekten von Kooperationen mit positiver Wirkung auf die Wettbewerbsfähigkeit von Unternehmen zeigen sie eine Vorgehensweise zur Gestaltung von Kooperationen auf, die insbesondere die dynamischen Wechselwirkungen zwischen den Gestaltungselementen einer Kooperation berücksichtigt.

Gestaltung von Unternehmenskooperationen bei KMUs nach KILLICH und LUCZAK

KILICH und LUCZAK bauen ein auf einem generischen Lebenszyklus eines Kooperationsprozesses basierendes Toolset auf, welches Methoden, Werkzeuge und Vorgehensweisen zur Gestaltung von Unternehmenskooperationen bei KMUs beinhaltet.[313] Basierend auf Kooperationspotenzialen werden systematisch strategische Kooperationsfelder vorgeschlagen, in denen mithilfe der vorgeschlagenen Werkzeuge die Eignung potenzieller Kooperationspartner analysiert wird. Ferner werden Vorschläge vorgestellt, wie das konkrete Kooperationsprojekt auf einer Sach-, Methoden- und Personenebene ausgestaltet werden kann (Möglichkeiten zur Kontaktaufnahme, strukturierte Abläufe von Vertragsverhandlungen etc.).

Kostenorientierte Gestaltungskomponente für Netzwerke nach VIDAL und GOETSCHALCK

VIDAL und GOETSCHALCK konzipieren eine kostenorientierte Gestaltungskomponente für Netzwerke bzw. Lieferketten im Rahmen eines Global Supply Chain Models unter Berücksichtigung von Kosten-, Zeit- und Kapazitätsrestriktionen.[314] Durch Berechnung einer optimalen Ressourcenallokation sowie Minimierung der Transportzeiten und -kosten können die kostengünstigsten Lieferkettenkonfigurationen abgeleitet werden.

Auftragsinduzierte Konfiguration virtueller Netzwerke nach BAUER und SCHOBERT

Mithilfe der von BAUER und SCHOBERT entwickelten Methode können auftragsspezifische Konfigurationen von (virtuellen) Netzwerken abgebildet werden.[315] Liegt ein Kundenauftrag vor, konfiguriert das Modell ein hierarchisches Netzwerk, welches hinsichtlich quantitativer, zeitlicher, räumlicher sowie inhaltlicher Dimensionen gestaltet werden kann. Inhalte des Auftrags werden dabei in Leistungsmodule gegliedert, zu einzelnen Kompetenzträgern allokiert und in Form von Leistungsbündeln auf das Netzwerk verteilt, wobei zusätzlich die Aufnahme neuer Netzwerkpartner sowie die Bewertung aktueller Mitglieder integriert ist.

Gestaltung hierarchischer und heterarchischer Netzwerke nach FLEISCHER et. al.

Basierend auf den Lebenszyklusphasen einer Unternehmensbeziehung entwickeln FLEISCHER et. al. eine Methodik zur Gestaltung hierarchischer als auch heterarchischer Wertschöpfungsnetzwerke, die sowohl einen initialen Aufbau als auch die Rekonfiguration des Netzwerkes ermöglicht.[316] Aus Geschäftsprozessen bestehende Wertschöpfungsmodule werden den im Netzwerk verfügbaren Standorten basierend auf dem Abgleich von Standort- und Wertschöpfungsmodul-Fähigkeitsmatrizen (Anforderungen, Kompetenzen und Restriktionen) zugeordnet.

---

[312] vgl. Schuh et al. (2005), Kooperationsmanagement
[313] vgl. Killich et al. (2003), Unternehmenskooperation für KMUs
[314] vgl. Vidal et al. (2001), A global supply chain model
[315] vgl. Bauer et al. (2002), Auftragsbasierte Konfiguration von Produktionsnetzwerken
[316] vgl. Fleischer et al. (2004), Wertschöpfung in Netzwerken

Projektspezifische Gestaltung von Geschäftsprozessen nach SPECHT

Der Schwerpunkt des von SPECHT entwickelten Konzeptes zur projektspezifischen Gestaltung von Geschäftsprozessen liegt bei der Konfiguration des gesamten Auftragsabwicklungsprozesses auf Basis standardisierter Prozessmodule, die aus den Bausteinen Prozessstrukturierung, -modularisierung und -konfiguration sowie einem flankierenden Informationsmodell bestehen.[317] Basierend auf der Festlegung von Haupt- und Teilprozessen findet die Prozessmodularisierung statt, die aus den charakteristischen Bestandteilen Quelle, Senke, Tätigkeiten, Ressourcen, Informationen und Organisation besteht und mit projektspezifischen Muss-, Kann-, Standard- bzw. Variantenmodulen versehen ist. So lässt sich die Auftragsabwicklung der beteiligten Partner modellieren, wobei das Informationssystem als ein Bindeglied zwischen den Unternehmen fungiert.

Anbahnungs- und Gestaltungsprozess betrieblicher Kooperationen (NETTO)

Im Rahmen des Forschungsprojektes NETTO wurde ein speziell auf die Erfordernisse von KMUs zugeschnittenes IT-Werkzeug entwickelt, welches die verantwortlichen Mitarbeiter in den einzelnen Phasen des Anbahnungs- und Gestaltungsprozesses betrieblicher Kooperationen unterstützt.[318] Ferner wurde eine Bewertungskomponente konzipiert, welche als Fundament für eine strategische Analyse und Ausrichtung des Netzwerks fungiert.

Typologie für Produktionsnetzwerke nach GRABE und SCHIEGG

GRABE und SCHIEGG erstellen basierend auf umfangreicher Empirie eine Produktionsnetzwerktypologie zur Beschreibung der strukturellen Ausgestaltung von Netzwerken für unterschiedliche Beziehungsformen.[319] Dabei identifizieren sie die vier einzelnen Typen hierarchisch-stabile Kette, Hybridfertigungsnetzwerk, entwicklungsgeprägtes Seriennetzwerk sowie fremdbestimmtes Lieferanten-Netzwerk und liefern damit einen Beitrag zur Charakterisierung von Unternehmensnetzwerken in fertigenden Industrien.

Wertorientierte und kooperative Gestaltung unternehmensübergreifender Geschäftsprozesse nach HIRSCHMANN

Einen wertorientierten Ansatz zur Gestaltung unternehmensübergreifender Auftragsabwicklungsprozesse entwickelt HIRSCHMANN, bei dem Kern der Betrachtung die Beziehungsphasen der Kooperationskonfiguration und -durchführung sind.[320] Im Kontext der Kooperationskonfiguration werden die Dauer, Intensität und Finanzierung einer Kooperation oder die Abgrenzung von Zuständigkeiten festgelegt, während die Kooperationsdurchführung die eigentliche Abwicklung umfasst. Dabei werden die zugrunde liegenden Geschäftsprozesse unter Zuhilfenahme modifizierter Prozessergebnisrechnung, welche die relevanten Kennzahlen der Prozesskosten- und Prozesserlösrechnung für den unternehmensübergreifenden Kontext adaptiert, monetär bewertet und als Grundlage für eine Schwachstellenanalyse genutzt, bei der die Verbesserungspotenziale entsprechend monetär quantifiziert werden können. Dies schafft das Fundament für eine darauf folgende Prozessverbesserung.

---

[317] vgl. Specht (2002), Variable Geschäftsprozessgestaltung in virtuellen Unternehmen
[318] vgl. Geiger (2001), Netzwerktool Netto; Geiger et al. (2003), NETTO-Netzwerk-Tool
[319] vgl. Grabe et al. (2004), Supply Chain Management in Produktionsnetzwerken
[320] vgl. Hirschmann (1998), Kooperative Gestaltung unternehmensübergreifender Geschäftsprozesse

Architektur Kollaborativer Szenarien (ARKOS)

Im Rahmen des Forschungsprojektes „Architektur Kollaborativer Szenarien" (ARKOS) wird eine Architektur zum Management kooperations- und koordinationsintensiver Geschäftsprozesse in unternehmensübergreifenden Kooperationen entwickelt. Die Architektur stellt prinzipiell ein generisches Konzept zur Einordnung vom Management kooperations- und koordinationsintensiver Geschäftsprozesse in unternehmensübergreifenden Kooperationen dar. Im Vordergrund dabei stehen die Berücksichtigung der Rolle der einzelnen Akteure im Netzwerk sowie die Abbildung der Beziehung zwischen den Akteuren im Kontext einer ganzheitlichen betriebswirtschaftlichen sowie informationstechnischen Betrachtungsweise. Ferner wurden ein branchenspezifisches Referenzmodell und ein unternehmensübergreifende Wissensmanagement konzipiert.

Kollaborative Generierung von Geschäftsprozessen mit Agenten nach TÖBBEN et. al.

Die Generierung von unternehmensübergreifenden Geschäftsprozessen ist Bestandteil des Beitrags von TÖBBEN et al., bei dem auf der Kundennachfrage basierend intelligente Agenten bedarfsgerechte Netzwerke konfigurieren.[321] Darauf aufbauend werden entsprechende Auftragsabwicklungsprozesse in Abgleich mit den jeweils unternehmensintern vorhandenen Ressourcen erstellt. So kann die operative Ausführung des kollaborativen Auftragsabwicklungsprozesses erfolgen. Im Rahmen einer agentenbasierten Wissensarchitektur werden jegliche relevanten Informationen aufgezeichnet und für eine spätere Nutzung aufbereitet (Geschäftsprozess-Repository).

3.3.2.2 Ausgewählte Konzepte der Koordination überbetrieblicher Auftragsabwicklung

Optimierung der Auftragskoordination in Produktionsnetzwerken nach DUDENHAUSEN

Das von DUDENHAUSEN entwickelte, auf einem Netzwerkkoordinator bzw. Broker und verteilten, lokalen Produktionsagenten basierende Optimierungsverfahren der Auftragskoordination in Produktionsnetzwerken beinhaltet alle zur Planung und Steuerung von Aufträgen erforderlichen Tätigkeiten.[322] Dabei werden über evolutionäre Algorithmen sowohl proaktive als auch reaktive Aufgaben abgebildet. Es besteht die Möglichkeit, Auftragsabwicklungsketten im überbetrieblichen Kontext abzubilden und hinsichtlich einer spezifischen (Kunden-) Aufgabe zu optimieren.

Vorgehen zur situativen Gestaltung des Auftragsmanagements nach WIENDAHL

Das von WIENDAHL entwickelte Vorgehen zur situativen Gestaltung des Auftragsmanagements betrachtet die kundenspezifische Auftragsabwicklung in Produktionsnetzwerken und beruht auf der situationsangepassten Auswahl der zugrunde liegenden Planungs- und Steuerungslogik.[323] Der Ansatz beinhaltet die zwei Komponenten der Ableitung einer Produktionsstrategie sowie den Aufbau eines Grundmodells des Auftragsmanagements. Das Modell differenziert dabei einerseits Gestaltungsmerkmale zur Abbildung der logistischen Unternehmenssituation sowie andererseits Methodenmerkmale zur Klassifizierung logistischer Konstruktionsprinzipien. Basierend auf diesen Erkenntnissen wird eine Einsatzarchitektur für ein Informationssystem (insbesondere für ERP-, PPS- und MES-Systeme) abgeleitet.

---

[321] vgl. Többen et al. (2004), Kollaborative Generierung von Geschäftsprozessen
[322] vgl. Dudenhausen (1999), Auftragskoordination in Produktionsnetzen
[323] vgl. Wiendahl (2002), Situative Konfiguration des Auftragsmanagements

Dezentrale Koordination übergreifender Auftragsabwicklung nach KALUZA und BLECKER

KALUZA und BLECKER schlagen mit ihrem Konzept für die Produktionsplanung und -steuerung in vernetzten Unternehmen einen mehrstufigen, hierarchischen Planungs- und Steuerungsprozess zur Umgehung der fehlenden Rückkopplung von Detaildaten an eine übergeordnete Planungsinstanz sowie Problemen beim Störungsmanagement vor.[324] Der Ansatz basiert auf einer Grobplanung auf Netzwerkebene sowie einer Feinplanung, welche die klassischen Aufgaben der Mengen-, Kapazitäts- und Terminplanung und der Auftragsveranlassung und -überwachung beinhaltet.

Bewertung der kapazitiven Lieferantenflexibilität nach KLEINERT

Das auf einem Realoptionen-Ansatz basierende Verfahren zur Bewertung der kapazitiven Lieferantenflexibilität von KLEINERT ermöglicht eine monetäre Bewertung von Flexibilität in Netzwerken des Maschinen- und Anlagenbaus.[325] Zentraler Bestandteil ist ein aus vier Komponenten bestehendes Erklärungsmodell. Ausgangspunkt dabei ist ein Zielsystem für die überbetriebliche Auftragsabwicklung in Form einer Zielhierarchie bestehend aus Ober-, Zwischen- und Unterzielen, welches als Ausgangspunkt für die Operationalierung von Werttreibern dient. Ferner erfolgt eine Identifikation von Lieferunsicherheiten und deren Verteilung sowie eine Bestimmung ihrer monetären Auswirkungen. Letztendlich werden die Effekte der kapazitiven Lieferantenflexibilität auf die unternehmerischen Zielgrößen erklärt. Die gewonnenen Erkenntnisse werden in einer prototypischen Softwarelösung implementiert. Eine Betrachtung der Zusammenhänge zwischen den Schlüsselparametern sowie den Ausstrahlungseffekten im Netzwerk erfolgt nicht.

Modellierung und Planung netzwerkartiger Produktionsstrukturen nach STEINAECKER

Mithilfe des von STEINAECKER konzipierten Informationsmodells zur Modellierung und Planung von netzwerkartigen Produktionsstrukturen kann ein DV-gestütztes Werkzeug zur Materialflussoptimierung realisiert werden.[326] Kernelement ist ein stoffstromorientiertes PPS-System, welches die mit Petri-Netzen abgebildeten Modellelemente Stellen, Transformationsprozesse, Relationen, Bewegungen sowie Stellenkonten beinhaltet und die Abbildung sowie den Betrieb unternehmensübergreifender Auftragsabwicklungsprozesse ermöglicht.

Dynamische Disposition in Lieferketten nach GUDEHUS

GUDEHUS entwickelte ein Regelwerk zur dynamischen Disposition von Aufträgen und Beständen in Lieferketten und Logistiknetzen.[327] Zentraler Bestandteil des Regelwerks sind zahlreiche Algorithmen und Berechnungsformeln. Durch die Einführung des Regelwerks und nach entsprechender Anpassung der Dispositionsparameter sollen sich bei Einhaltung einer geforderten Lieferfähigkeit und Termintreue die entscheidungsrelevanten Logistikkosten minimieren lassen. Das Werk vermittelt die Grundlagen der Disposition und zeigt neue Forschungsrichtungen auf.[328] Lieferzeit und Termintreue werden als entscheidender Wettbewerbsfaktor kommuniziert, wobei er den Grundsatz *„Pünktlichkeit*

---

[324] vgl. Kaluza et al. (2001), Produzieren in vernetzten Unternehmen; Kaluza et al. (2001), Produktionsplanung und -steuerung in der Unternehmung
[325] vgl. Kleinert (2011), Bewertung der kapazitiven Lieferantenflexibilität
[326] vgl. Steinaecker (2000), Modellierung und Planung von netzwerkartigen Produktionsstrukturen
[327] vgl. Gudehus (2006), Auftrags- und Bestandsdisposition
[328] Im Forschungsbereich der Netzwerkdisposition sind laut GUDEHUS noch viele Fragen ungeklärt.

vor Schnelligkeit“ proklamiert. Die Einflussfaktoren pünktlicher Lieferungen und Termintreue werden untersucht und formelmäßig betrachtet. Eine monetäre Quantifizierung wird allerdings nicht geleistet.

Potenzialbewertung verschiedener Informationsaustauschszenarien nach WIENECKE

WIENECKE konzipiert ein Bewertungsverfahren zur Analyse und Bewertung unterschiedlicher Informationsaustauschszenarien in Kunden-Lieferanten-Beziehungen mit dem Ziel, Koordination durch adäquaten Informationsaustaussch zu verbessern.[329] Dazu bestimmt er Wirkungszusammenhänge zwischen den interdependenten Koordinationszielen und Planungsobjekten und leitet daraus den Informationsbedarf ab. Ferner quantifiziert er das Potenzial eines adäquat koordinierten Informationsaustausches.

Produktionsengpass-Koordination durch Leistungsratenvereinbarung nach RINN

RINN entwickelt ein Konzept zur Koordination von Produktionsengpässen in multiplen Kunden-Lieferanten-Beziehungen auf Basis von Leistungsratenvereinbarungen.[330] Dabei sichert der Lieferant dem Abnehmer eine gewisse Kapazität zu, ohne dass eine genaue Spezifikation des zu liefernden Produktes vereinbart wird, wodurch der Abnehmer Planungssicherheit bezüglich der in einem bestimmten Zeitraum verfügbaren Kapazität bekommt und der Lieferant Abnahmegarantien erhält.

Zentrale und dezentrale Koordination der Leistungserstellung nach PIBERNIK und SUCKY

PIBERNIK und SUCKY konzipieren ein auf der Struktur einer realen Lieferkette auf der Prozess- und Ressourcenebene basierendes lineares Planungsmodell zur optimalen Leistungsprogrammplanung im Sinne einer Deckungsbeitragsmaximierung.[331] Darauf aufbauend analysieren und bewerten sie die Auswirkungen von Ergebnissen lieferkettenübergreifender Planung, welche auf unterschiedlichen Koordinationsformen basieren.

Spieltheoretische Erhebung integrierter Bestell- und Produktionspolitiken nach SUCKY

Einen dezentralen Koordinationsansatz zur Unterstützung der Interaktion in Netzwerken verfolgend, untersucht SUCKY spieltheoretische Verfahren zur Ermittlung integrierter Bestell- und Produktionspolitiken.[332] Dabei entwickelt er auf unterschiedlichen Planungsebenen differenzierte Verhandlungsmodelle unter sowohl symmetrischen und asymmetrischen Informationsbedingungen als auch heterogenen Macht- und Abhängigkeitsverhältnissen, um daraus die optimale Bestell- und Produktionspolitik ableiten zu können. Es wird eine prototypische Softwareapplikation zur Generierung und Bewertung von Angeboten implementiert.

Netzwerkfähiges Produktions-Management (NETPROM)

Für die Auftragsabwicklung in Netzwerken notwendige, kommunikationsrelevante Funktionalitäten für PPS-Systeme werden im Forschungsprojekt „Netzwerkfähiges Produktions-Management“ (NETPROM) erarbeitet.[333] Ferner wird ein Monitoring-System konzipiert, welches eine Auftrags-, Ressourcen- und Netzwerksicht im Kontext einer unternehmensübergreifenden Auftragsüberwachung

---

[329] vgl. Wienecke (2005), Informationsaustausch zwischen einem Produzenten und einem Lieferanten
[330] vgl. Rinn (2000), Koordination von Produktionsengpässen
[331] vgl. Pibernik et al. (2004), Zentrales und dezentrales supply chain planning; Pibernik et al. (2004), Supply chain planning
[332] vgl. Sucky (2004), Koordination in Supply Chains
[333] vgl. Wiendahl et al. (1998), Netzwerkfähiges Produktions- Management zur Auftragsabwicklung; Wiendahl et al. (1999), NetProm

ermöglicht. Das System basiert auf einer Analyse von Produktstrukturen, Daten und Prozessen für den Einsatz in heterogenen Produktionsumgebungen.

PPS in virtuellen Produktionsnetzwerken nach CORSTEN und GÖSSINGER

Der von CORSTEN und GÖSSINGER erarbeitete Ansatz zur Gestaltung der Produktionsplanung und -steuerung in virtuellen Produktionsnetzwerken basiert auf einer hierarchischen Integration der Grobplanungs-, Feinplanungs- und Steuerungsebene über einen Netzwerkskoordinationsagenten.[334] Dabei übernimmt die Grobplanungsebene die unternehmensübergreifenden Funktionen wie Kundenauftragsannahme, Auftragsallokation und Auftragsüberwachung. Im Rahmen der Feinplanung werden dann die unternehmensinternen Prozesse und Aufgaben gesteuert und überwacht.

Dezentrale Planung und Steuerung von Produktionsnetzwerken (COAGENS)

Im Forschungsprojekt „Cooperative Agentensysteme in der Serienfertigung“ (COAGENS) wird ein Ansatz für die dezentrale Planung und Steuerung von Produktionsnetzwerken entwickelt, welcher auf kooperativ-kompetitiven Agenten basiert, die lernfähig sind und sich ereignisorientiert an die unternehmensinternen sowie -übergreifenden Bedingungen anpassen.[335] Kernelement dieses Ansatzes ist die Beschaffung von Sekundärmaterial im Zusammenspiel mit Lieferanten, Spediteuren und Abnehmern.

Wandlungsfähige Unternehmensstrukturen variantenreicher Serienproduktion

Kern des Sonderforschungsbereichs „Wandlungsfähige Unternehmensstrukturen für die variantenreiche Serienproduktion“ (SFB 467) ist die Konzeption von Modellen, Methoden und Verfahren zur Erhöhung der Wandlungsfähigkeit in produzierenden Unternehmen und Unternehmensnetzwerken.[336] Kernidee dabei ist, Prozesse als sich selbst optimierende Systeme zu betrachten, die sich permanent, selbstständig und in kürzester Zeit auf die jeweilige Auftragssituation einstellen, um unter Einbeziehung aller verfügbaren Ressourcen am wirtschaftlich optimalen Betriebspunkt zu operieren. Gegenstand der Betrachtung waren alle relevanten unternehmerischen Planungs- und Steuerungsebenen vom Shopfloor bis hin zum unternehmensübergreifenden Netzwerk.

Unternehmensübergreifende Unterstützung produzierender Unternehmen (IPRONET)

Das im Rahmen des Forschungsprojektes „IPRONET“ entwickelte Werkzeug zur unternehmensübergreifenden Unterstützung produzierender Unternehmen in Netzwerken ist in der Lage, Produktions-, Bestands- und Transportplanungssysteme zu koppeln und parallel nutzbar zu machen, um den aktuellen Bearbeitungs- oder Transportzustand der entsprechenden Teile entlang der gesamten Lieferkette über alle beteiligten Partner zu visualisieren.[337] Mit dem Werkzeug können Engpässe, Störungen und kritische Termine in der Lieferkette zu einem möglichst frühen Zeitpunkt erkannt werden, sodass adäquate Gegenmaßnahmen eingeleitet werden können.

---

[334] vgl. Corsten et al. (1999), Produktionsplanung und -steuerung in virtuellen Produktionsnetzwerken
[335] vgl. Dangelmaier et al. (2002), Supply Chain Management (CoagenS)
[336] vgl. Westkämper (2004), Stuttgart model of virtual enterprises; Westkämper et al. (2005), The Stuttgart enterprise model; Westkämper (2006), Wandlungsfähige Unternehmensstrukturen
[337] vgl. iproNet (2002), Unterstützung von produzierenden Unternehmen in Netzwerken

Modellierung großer Netze in der Logistik

Der Sonderforschungsbereich „Modellierung großer Netze in der Logistik“ (SFB 559) strebte an, die Ablauf-, Struktur-, Entscheidungs- und Datenkomplexität in großen Logistiknetzwerken derart zu simplifizieren, dass eine einfache und damit handhabbare Beschreibung, Analyse und Gestaltung ermöglicht wird.[338] Betrachtungsobjekte des Projektes sind Zuliefer-, Produktions- und Distributionsnetzwerke sowie Behälterkreisläufe, Gütertransport- und Verkehrsnetze, wodurch ein Konzept zur Abbildung, Planung, Steuerung, Überwachung und Optimierung von Beschaffungsprozessen erarbeitet wird.

Governance-Modelle für den Betrieb von Netzwerken nach BAUMGARTNER et. al.

BAUMGARTNER et al. entwickelt ein auf einem dezentralen Koordinationsansatz basierendes Governance-Modell für den Betrieb von Netzwerken, welches aus einem Human-, Prozess- und Koordinationssystem besteht.[339] Letzteres nutzt sowohl hierarchische als auch heterarchische Koordinationselemente, während das Humansystem menschliche Anreizmechanismen, Verhandlungsansätze und Aspekte der Netzwerkkultur abbildet. Im Prozesssystem steht die kollaborative Prozessgestaltung im Vordergrund.

Logistikorientierter Koordinationsansatz für die PPS in Netzwerken nach FRANKEN

Für die Produktionsplanung und -steuerung in strategischen Netzen konzipiert FRANKEN einen logistikorientierten Koordinationsansatz mit einer netzwerkübergreifenden Zielorientierung als auch einer Berücksichtigung der Ziele unternehmensinterner Prozesse.[340] Zur Beschreibung, Analyse und Koordination werden die Größen Lieferflexibilität, Kosten, Durchlaufzeit, Bestände und Kapazitätsauslastung berücksichtigt und lassen eine quantitative Bewertung der überbetrieblichen Koordination zu.

Modell zur organisatorischen Gestaltung und Auswahl von Koordinationsschwerpunkten in intraorganisationalen Produktionsnetzwerken nach LÜCKE

Im Fokus des von LÜCKE konzipierten Modells zur organisatorischen Gestaltung und Auswahl von Koordinationsschwerpunkten in Netzwerken stehen die kontextspezifische Gestaltung der übergeordneten Koordinationsinstanzen und die Abbildung durchgängiger Informationsflüsse.[341] Nach der Systematisierung der Ebenen, Schwerpunkte und Aufgaben der Koordination werden die strategische Netzwerk-, die standortübergreifende Absatz-, Bedarfs-, Beschaffungs-, Produktions- und Distributionsplanung sowie das Bestandsmanagement und die Auftragskoordination modelliert. Anschließend findet eine Herleitung von fünf Produktionsnetzwerktypen statt, für die ein Entscheidungsmodell zur unternehmensspezifischen Auswahl der Koordinationsschwerpunkte hergeleitet wird. Dabei werden die aus Netzwerksicht verfolgten Ziele einer übergeordneten Koordination einbezogen.

Kooperative Bedarfs- und Kapazitätsplanung in Lieferketten (LINET)

Eine kooperative Bedarfs- und Kapazitätsplanung in Lieferketten ist Gegenstand der Betrachtung des Forschungsprojektes „LINET“, bei dem Mechanismen zur flexiblen Variation der Wertschöp-

[338] vgl. Witthaut et al. (2006), Simulation von SCM-Strategien; Kuhn et al. (2007), Neue Vorgehensmodelle zur prozessorientierten Logistikplanung; Riha (2007), Alte Methoden neu entdecken
[339] vgl. Baumgarten et al. (2004), Management von Wertschöpfungsnetzen
[340] vgl. Franken (2004), Produktionsplanung und -steuerung in strategischen Netzen
[341] vgl. Lücke (2005), Koordination von intra-organisationalen Produktionsnetzwerken

fungsanteile konzipiert werden.[342] Ferner unterstützt das Konzept die Überwachung kritischer Lieferpfade sowie die Realisierung eines prospektiven, kooperativen Störungsmanagements und wird zur Unterstützung von Koordinations- und Interaktionsmechanismen in Form eines IT-Tools implementiert.

Hierarchielose regionale Produktionsnetze

Die durch eine temporäre Vernetzung kleinster, autonomer Leistungseinheiten realisierte Leistungserstellung in Einzel- und Kleinserie ist Gegenstand der Betrachtung des Sonderforschungsbereichs „Hierarchielose regionale Produktionsnetze" (SFB 457).[343] Modelliert werden jeweils Einheiten mit individuellen Kompetenzen (Anlagen, Fähigkeiten, Bereitschaften), denen jeweils Ressourcen wie Personal, Fläche, Bestände, Arbeits- und Arbeitshilfs- sowie Organisationsmittel zur Verfügung stehen. Betrachtet werden Kooperationen der Funktionsbereiche Marketing, Forschung und Entwicklung, Arbeitsplanung, Fertigung, Qualität und Service sowie Logistik und Kommunikation.

3.3.3 Zusammenfassung Koordinationsgestaltung und -mechanismen

Um den Auftragsabwicklungsprozess möglichst gut hinsichtlich Zeit, Kosten, Qualität und vor allem Termintreue zu gestalten und auszuführen, muss eine adäquate Koordination zur Regulierung von Interdependenzen zwischen den Aktivitäten der beteiligten Organisationseinheiten gegeben sein.[344] Koordination bzw. Koordinationsmechanismen werden als adäquates Mittel zur Kompensation negativer Arbeitsteilungseffekte gesehen, indem dabei Interdependenzen zwischen einzelnen Beteiligten im heterarchischen Wertschöpfungsnetzwerk reguliert werden und die jeweiligen Auftragsabwicklungsprozesse hinsichtlich eines oder mehrerer gemeinsamer Ziele ausgerichtet werden.[345] Die Schwerpunkte der dargestellten Ansätze liegen in der Gestaltung, Konfiguration und Koordination von Wertschöpfungsnetzwerken. So befasst sich der Großteil der Autoren mit der Auslegung von multiplen Kunden-Lieferanten-Beziehungen in hierarchischen als auch heterarchischen Netzwerkstrukturen sowie mit der Planung und Steuerung der unternehmensübergreifenden Auftragsabwicklung.

Es existiert eine Vielzahl von Ansätzen wie bspw. die Arbeiten von EVERSHEIM, FLEISCHER et al., HIRSCHMANN, TÖBBEN et al. oder VIDAL und GOETSCHALCKX, die ausgehend vom Produktions- und Kapazitätsbedarf unter Betrachtung der im Netzwerk vorhandenen Kapazitätsangebote der einzelnen Netzwerkpartner und unter Berücksichtigung standortübergreifender Effekte (z.B. Transportwege und -zeiten, Zölle) eine kostenorientierte bzw. -optimierte Konfiguration des Wertschöpfungsnetzwerkes in Form einer auftrags- oder kundenspezifischen Auftragsabwicklungskette ermöglichen. So entwickelt SPECHT bspw. ein Konzept zur projektspezifischen Gestaltung von unternehmensübergreifenden Geschäftsprozessen, was über die Konfiguration des gesamten Auftragsabwicklungsprozesses auf Basis standardisierter Prozessmodule, die aus den Bausteinen Prozessstrukturierung, -modularisierung und -konfiguration sowie einem flankierenden Informationsmodell bestehen, abgebildet wird. Dabei

---

[342] vgl. Kimmich et al. (2002), Netzwerkmanagement für die Automobilindustrie; VDA (2004), Future Automotive Industry Structure

[343] vgl. Baum et al. (2006), Modellierung von Kommunikations- und Koordinationsprozessen; Müller (2006), Hierarchielose regionale Produktionsnetze; Müller (2006), Production planning and operation in competence-based networks

[344] vgl. Malone et al. (1994), The interdisciplinary study of coordination, S. 90; Schulte-Zurhausen (2005), Organisation, S. 149 f.

[345] vgl. Kieser et al. (1992), Organisation, S. 95

werden in der Regel wie bei BAUER und SCHOBERT Inhalte des Auftrags in Leistungsmodule gegliedert, zu einzelnen Kompetenzträgern allokiert und in Form von Leistungsbündeln auf das Netzwerk verteilt.

Bestehende Ansätze zur Koordination überbetrieblicher Auftragsabwicklung versuchen in der Regel innerbetriebliche Planungs- und Steuerungsmechanismen auf den Netzwerkkontext zu übertragen. So entwickelt bspw. STEINAECKER ein Informationsmodell zur Modellierung und Planung netzwerkartiger Produktionsstrukturen, dessen Kernelement ein stoffstromorientiertes PPS-System ist, welches die mit Petri-Netzen abgebildeten Modellelemente Stellen, Transformationsprozesse, Relationen, Bewegungen sowie Stellenkonten beinhaltet und die Abbildung sowie den Betrieb unternehmensübergreifender Auftragsabwicklungsprozesse ermöglicht. Ferner werden wie z.B. bei RINN spezifische Kunden-Lieferanten-Beziehungen betrachtet und über gewisse Regelmechanismen Kapazitätsvereinbarungen und Abnahmegarantien getroffen. In der Regel bauen die Konzepte wie bei KALUZA und BLECKER oder bei PIBERNIK und SUCKY auf einer (deckungsbeitragmaximierenden) Grobplanung auf Netzwerkebene sowie einer Feinplanung auf, welche die klassischen Aufgaben der Mengen-, Kapazitäts- und Terminplanung und der Auftragsveranlassung und -überwachung beinhaltet. Ferner integrieren diese Ansätze wie bei GUDEHUS oder CORSTEN und GÖSSINGER auf Algorithmen und Berechnungsformeln basierende Steuerungslogiken zur dynamischen Disposition von Aufträgen und Beständen in Lieferketten und Logistiknetzen. Oftmals werden wie bspw. bei FRANKEN die Größen Lieferflexibilität, Kosten, Durchlaufzeiten, Bestände und Kapazitätsauslastung berücksichtigt und lassen eine quantitative Bewertung der überbetrieblichen Koordination zu. Allerdings mangelt es an Ansätzen, die insbesondere in losgelösten, heterarchischen Strukturen eine Transparenz über tatsächliche Kapazitätsbedarfe ermöglichen. Ferner fehlen Ansätze zur nachhaltigen Verbesserung von Termintreue in heterarchischen Wertschöpfungsnetzwerken.

3.4 Handlungsbedarf aus der Theorie

3.4.1 Zusammenfassung und Bewertung

Die Erörterung der Modellierungsansätze im Spannungsfeld logistischer Zielgrößen (insbesondere Termintreue) und in der Auftragsabwicklung anfallender Kosten erfolgte zunächst anhand der Grundlagenforschungsfelder der Produktions- und Kostentheorie. Die Produktionstheorie mit ihrem Ziel der Darstellung der quantitativen, strukturellen und zeitlichen Beziehung zwischen Input- und Output-Mengen an Realgütern in einer Unternehmung sowie die Kostentheorie mit der Abbildung der Relation zwischen dem sachzielbezogenen bewerteten Verbrauch an Real- wie Nominalgütern und dessen Einflussgrößen[346] schaffen ein Grundverständnis für die Modellierung betrieblicher Größen und bilden die Grundlage dieser Arbeit. Speziell die Kostentheorie mit ihrem Ziel, nicht nur die zweckmäßige und systematische Kennzeichnung jener Größen herbeizuführen, die das Ausmaß der Kosten im Wesentlichen bestimmen, sondern vielmehr die Formulierung und Überprüfung von Hypothesen von gesetzmäßigen Relationen zwischen den Kosten und ihren Einflussgrößen, liefert das grundlegende Verständnis über Kostenentstehung und ihre Ursachen bzw. Treiber. Die abgeleiteten nomologischen Hypothesen in Form von Kostenfunktionen, deren unabhängige Variablen die Kosteneinflussgrößen

[346] vgl. Fandel (2010), Produktions- und Kostentheorie, S. 291 f.

widerspiegeln, zeigen die funktionalen Zusammenhänge auf.[347] Allerdings unterliegen bestimmte Arten der Kostenentwicklung von Realgütern noch keiner hinreichenden Transparenz zwischen der „*[...] Messung des Gütereinsatzes und die Formulierung sowie Überprüfung der für den Gütereinsatz relevanten Gesetzmäßigkeiten [...]*“.[348] Für diese Bereiche lassen sich deshalb schwer oder gar keine Kostenhypothesen aufstellen. So fehlen zur Aufstellung von Hypothesen über die Kosten des Verbrauchs an Realgütern noch Aussagen und Wirkzusammenhänge über die Einflussgrößen dieses Verbrauches; insbesondere im Kontext der monetären Quantifizierung von Belieferungsverspätungen.

Speziell die Modellierung von Zielgrößen im Kontext logistischer Planungs- und Steuerungssysteme liefert ein grundlegendes Verständnis für diese Arbeit. Neben ihrer Funktion als planerische und steuernde Mechanismen liefern bestehende Modelle der Planung und Steuerung betrieblicher Prozesse wertvolle qualitative als auch quantitative Aussagen über Wirkzusammenhänge zwischen logistischen Zielgrößen und monetären Effekten und dienen in vielen Fällen der Entscheidungsunterstützung. Produktionskennlinien bieten dazu eine geeignete Hilfestellung, da sie nicht nur die Wirkzusammenhänge zwischen den logistischen Zielgrößen beschreiben, sondern das dynamische Systemverhalten darlegen. Ferner ermöglichen sie einen aktiven, situationsabhängigen Abgleich zwischen marktseitigen und unternehmensseitigen Anforderungen für verschiedene Betriebspunkte. In Abhängigkeit der geforderten Lieferzeiten, dem Kapazitätsbedarf sowie der Kostenstruktur auf der einen Seite sowie der vorgegebenen Auftragszeit- und Kapazitätsstruktur auf der anderen Seite können die anzustrebenden Betriebspunkte festgelegt werden.[349] Allerdings mangelt es an vielen Stellen an einer ganzheitlichen sowie prozessorientierten Sichtweise. Oft werden isolierte Arbeitssysteme betrachtet, die nur einen geringen Anteil einer vollständigen Auftragsabwicklungskette ausmachen. Ferner existieren nur vereinzelte Ansätze ganzheitlicher Kostenbetrachtungen. Die in den vorgestellten Konzepten integrierten Kostenkennlinien betrachten in der Regel nur einige Kostenarten, meist nur die direkten Einzel- und Gemeinkosten isolierter Arbeitssysteme. Gemeinkosten entlang des gesamten Leistungserstellungsprozesses werden oft vernachlässigt. Ferner fehlen Erklärungs- bzw. Wirkmodelle, welche die Auswirkungen mangelnder Belieferungstreue auf die Kostensituation darstellen. So ist die kostenmäßige Bewertung von Durchlaufzeit sowie Termintreue zurzeit noch nicht existent. Bereits 1988 wird formuliert, dass sowohl in der betrieblichen Praxis als auch in der Theorie der Wunsch besteht, Termintreue in Geldwerten zu bewerten.[350] Zwar existieren Ansätze (z.B. Terminkennlinie nach YU), die auf Basis der relativen Terminabweichung in kritischen Arbeitssystemen das Potenzial zur Verbesserung der Termintreue aufzeigen und somit die erreichbare praktische Termintreue für jedes Arbeitssystem quantifizierbar machen, jedoch wird von zahlreichen Autoren postuliert, dass noch keine Ansätze existieren, die eine kostenmäßige Bewertung von Belieferungsverspätungen zulassen (Bild 3-28 links).[351]

Die Methoden und Modelle der betrieblichen Kostenrechnung, deren Hauptaufgabe in der monetären Quantifizierung des Verbrauchs von Produktionsfaktoren und deren Umwandlung in Produkte liegt, stellen pragmatische Werkzeuge zur Verfügung, um die systematische Erfassung von Kostenin-

[347] vgl. Schweitzer (1997), Produktions- und Kostentheorie, S. 273
[348] vgl. Schweitzer (1997), Produktions- und Kostentheorie, S. 219
[349] vgl. Nyhuis et al. (2003), Logistische Kennlinien, S. 179
[350] vgl. Dombrowski (1988), Qualitätssicherung im Terminwesen der Werkstattfertigung, S. 53
[351] vgl. Nyhuis et al. (2003), Logistische Kennlinien, S. 179; Holdhof (1986), Terminplanungssysteme für Werkstätten mit heterogenen Produktionsbedingungen, S. 26

formationen zu ermöglichen sowie eine Zuordnung zu verschiedenen Bezugsgrößen sowie eine Auswertung, d.h. Selektion, und/oder Verdichtung dieser Größen auszubilden. Die limitierten Möglichkeiten der antizipativen und aktiven Kostenbeeinflussung in immer komplexer und heterogener werdenden, auf Prozesse ausgerichteten Produktionsstrukturen motivierten die Weiterentwicklung der Kostenrechnung weg von der klassischen Controllingsicht des einfachen Plan-Ist-Vergleiches hin zu kostenmanagementorientierten Plankostenrechnungssystemen und kostenintegrierten Simulations- und Optimierungsmodelle zur Abbildung des dynamischen Prozess- oder Systemverhaltens.[352]

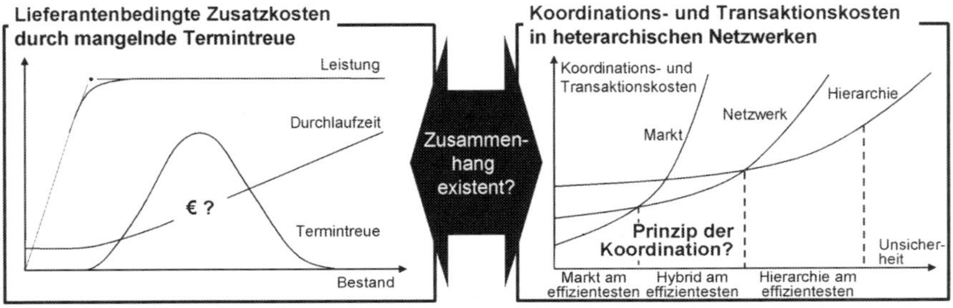

Bild 3-28: Forschungsseitiges Defizit[353]

So schaffen die vorgestellten Konzepte und Ansätze der Plankostenrechnung eine Grundlage zur ganzheitlichen, prozess- und zukunftsorientierten Kostenbetrachtung und sind für den weiteren Verlauf dieser Arbeit relevant. Vorteile der Grenzkostenrechnung, der Total Costs of Ownership, des Transaktionskostenansatzes oder aber der Prozesskostenrechnung sind die durchgängig entlang des vollständigen (unternehmensübergreifenden) Auftragsabwicklungsprozesses ausgerichtete, prozessbezogene, ganzheitliche und verursachungsspezifische Kostenbetrachtung, die relativ einfache Implementierung und Applikation sowie ihre Eigenart als zukunftsorientierte (Plan-) Kostensysteme. Ebenso ermöglichen kostenintegrierte Simulations- und Optimierungsmodelle die Abbildung des dynamischen Prozess- oder Systemverhaltens und damit des Zusammenwirkens verschiedener Einflussgrößen. Dennoch mangelt es an Ansätzen bzw. ist es schwierig, anhand dieser Modelle hinreichend genau die prozessseitigen Wirkzusammenhänge zwischen Belieferungsverspätungen und deren kostenseitigen Auswirkungen darzustellen. Begründet durch die eingeschränkten Aussagemöglichkeiten eignen sich diese Prozessmodelle nur für einfache Prozesse, die keinerlei ausführliche Erklärung der dynamischen Wirkzusammenhänge zwischen den logistischen Größen und den von ihnen beeinflussbaren Kosten ermöglichen. Ansätze der Kostenkennlinien sowie die Kostensimulationen eignen sich prinzipiell für den Aufbau eines monetären Bewertungsmodells zur Darlegung der Wirkzusammenhänge zwischen den logistischen Zielgrößen und deren Kostenwirkung sowie im Speziellen zur Darstellung der Auswirkung von Belieferungsverspätungen auf induzierte Zusatzkosten. Nachteilig an diesen Ansätzen ist jedoch der relativ hohe Aufwand zur Experimentdurchführung und zur Anpassung der Simulationsmodelle an die spezifische Problemstellung. Ferner wird in bestehenden Ansätzen in der

---

[352] vgl. Brokemper (1998), Strategieorientiertes Kostenmanagement

[353] i.A.a. Nyhuis et al. (2003), Logistische Kennlinien, S. 178; Picot et al. (1998), Die grenzenlose Unternehmung, S. 45

Regel eine Vielzahl an relevanten Kostenarten vernachlässigt; Betrachtungsgegenstand sind oft die direkten Einzel- und Gemeinkosten in einem Arbeitssystem.

Um den unternehmensübergreifenden Auftragsabwicklungsprozess möglichst gut hinsichtlich Zeit, Kosten, Qualität und vor allem Termintreue zu gestalten und auszuführen, muss eine adäquate Koordination zur Regulierung von Interdependenzen zwischen den Aktivitäten der beteiligten Organisationseinheiten gegeben sein.[354] Koordination bzw. Koordinationsmechanismen werden als adäquates Mittel zur Kompensation negativer Effekte der Arbeitsteilung gesehen, indem dabei Interdependenzen zwischen einzelnen Beteiligten im heterarchischen Wertschöpfungsnetzwerk reguliert und die jeweiligen Auftragsabwicklungsprozesse hinsichtlich eines oder mehrerer gemeinsamer Ziele ausgerichtet werden.[355] Die Schwerpunkte der dargestellten Ansätze liegen in der Gestaltung, Konfiguration und der Koordination von Wertschöpfungsnetzwerken. So befasst sich der Großteil der Autoren mit der Auslegung von multiplen Kunden-Lieferanten-Beziehungen in hierarchischen als auch heterarchischen Netzwerkstrukturen sowie mit der Planung und Steuerung der unternehmensübergreifenden Auftragsabwicklung. Bestehende Ansätze zur Koordination überbetrieblicher Auftragsabwicklung versuchen in der Regel, innerbetriebliche Planungs- und Steuerungsmechanismen auf den Netzwerkkontext zu übertragen. Es ist ersichtlich, dass die untersuchten Ansätze zur Gestaltung von Kunden-Lieferanten-Beziehungen in Netzwerkstrukturen sich im Wesentlichen auf die Allokation von Wertschöpfungsanteilen eines Auftragsabwicklungsprozesses auf unterschiedliche Akteure im Netzwerk beschränken. Die möglichen Beziehungsformen zwischen Markt und Hierarchie in die Betrachtung einbeziehend, fokussieren sie sich dabei vornehmlich auf die Initiierungs-, Vereinbarungs- und Auflösungsphase einer Geschäftsbeziehung, ohne konkret auf die koordinierenden Aufgaben der Auftragsabwicklung oder Produktionsplanung einzugehen. Für die vorliegende Arbeit lassen sich aus den dargestellten Ansätzen konkrete Gestaltungshinweise überbetrieblicher Kunden-Lieferanten-Beziehungen ableiten, die eine Grundlage bilden könnten, eine termintreue Auftragsabwicklung in den Vordergrund zu stellen. Die im Rahmen der Untersuchung dargestellten Konzepte zur Koordination des Auftragsabwicklungsprozesses befassen sich vornehmlich mit der Optimierung der Auftragskoordination sowie der Planung und Steuerung und bilden eine Grundlage für den Betrieb von Kooperationsbeziehungen. Bei den konzipierten Ansätzen handelt es sich zwar sowohl um zentrale als auch dezentrale Lösungen, allerdings bleiben zumeist die spezifischen Anforderungen kundenindividueller Einzel- und Kleinserienproduktion des Maschinen- und Anlagenbaus unberücksichtigt. So mangelt es auch (branchenbedingt) an Konzepten, die eine frühzeitige Transparenz über zukünftige Kapazitätsbedarfe entlang der spezifischen unternehmensübergreifenden Auftragsabwicklungskette schaffen. Ferner existieren keine Ansätze, die den Einfluss und die (netzwerkweiten) Auswirkungen mangelnder Termintreue und die damit zusammenhängenden Kosteneffekte abbilden (Bild 3-28 rechts).

3.4.2 Positionierung und Ableitung des Handlungsbedarfes

Aus den Herausforderungen einer termintreuen Auftragsabwicklung im Maschinen- und Anlagenbau sowie der zusammenfassenden Bewertung bestehender Ansätze lässt sich der theorie- bzw. forschungsseitige Handlungsbedarf ableiten. Die bis dato nicht existenten Erklärungs- und Wirkmodelle

[354] vgl. Malone et al. (1994), The interdisciplinary study of coordination, S. 90; Schulte-Zurhausen (2005), Organisation, S. 149 f.

[355] vgl. Kieser et al. (1992), Organisation, S. 95

zur Darstellung von Einflüssen von Belieferungsverspätungen und vor allem deren monetären Auswirkungen implizieren einen Teil des forschungsseitigen Handlungsbedarfes. Ferner stellt sich die Frage, inwieweit die unternehmensinterne Sicht (Zusatzkosten durch Belieferungsverspätungen) in Zusammenhang mit lieferverspätungsbedingten Koordinations- und Transaktionskosten auf unternehmensübergreifender Ebene in heterarchischen Netzwerkstrukturen gebracht werden kann.

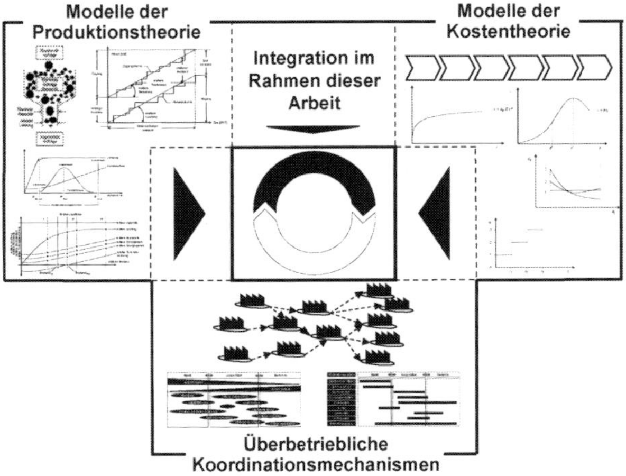

Bild 3-29: Ableitung des Handlungsbedarfes

Wie dargelegt wurde, bedarf es eines auf bestehenden Koordinationsansätzen in Netzwerkstrukturen basierenden Koordinationsmechanismus, der Kapazitätsbedarfe transparent darstellt, Kapazitäten bedarfsgerecht verfügbar macht und dadurch die Termintreue im Bedarfsfall steigert. Ferner fehlen aufbauend auf den Erkenntnissen der Produktions- und Kostentheorie als auch der unternehmerischen (Plan-) Kostenrechnung sowie betrieblichen Planungs- und Steuerungsmodellen Kostenmodelle zur finanziellen Bewertung von Belieferungsverspätungen. Demnach soll basierend auf den dargelegten Defiziten ein auf dem Wert von Termintreue basierender Koordinationsmechanismus zur Termintreuesteigerung erarbeitet werden. In Summe werden dadurch die Sichtweisen und Modelle der Produktions- und Kostentheorie als auch überbetrieblicher Koordinationsmechanismen integriert (Bild 3-29).

4 Konzept zur Steigerung von Termintreue – Dezentraler, marktorientierter Koordinationsmechanismus

„GEH NICHT IMMER AUF DEM VORGEZEICHNETEN WEG,
DER NUR DAHIN FÜHRT, WO ANDERE BEREITS GEGANGEN SIND."

-Alexander Graham Bell-

Die Darstellung der Herausforderungen an das Leistungsangebot sowie der daraus resultierenden Problematik an die überbetriebliche Auftragsabwicklung haben den Handlungsbedarf aufgezeigt. Wollen die Unternehmen im Maschinen- und Anlagenbau auch zukünftig im Kontext aufstrebender Wettbewerber im globalen Umfeld erfolgreich sein, müssen sie es schaffen, die schlechte Termintreue verbunden mit negativen Kosteneffekten in der Leistungserstellung verbessern.

Zur Erarbeitung eines Konzeptes zur Verbesserung von Termintreue in heterarchischen Wertschöpfungsnetzwerken wird in Kapitel 4.1 ein dezentraler, marktorientierter Koordinationsmechanismus postuliert, welcher in Kapitel 4.2 induktiv sowie deduktiv validiert wird. Das Konzept basiert auf der Kenntnis über die anfallenden, ungeplanten Zusatzkosten bei Belieferungsverspätungen. Um ein solches Kostenmodell ableiten zu können, müssen bestimmte Anforderungen erfüllt sein, welche in Kapitel 4.3 aufgeführt werden. In Kapitel 4.4 wird daraufhin das Vorgehen zum Aufbau des Kostenmodells hergeleitet. Bild 4-1 zeigt das beschriebene Vorgehen im Kapitel.

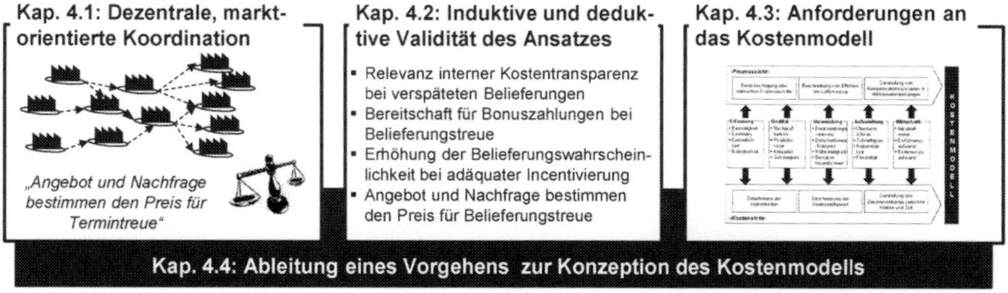

Bild 4-1: Struktur des Kapitels

4.1 Dezentraler, marktorientierter Koordinationsmechanismus

Im Folgenden wird das Konzept eines dezentralen, marktorientierten Koordinationsmechanismus postuliert, der Termintreue in nicht-hierarchischen Wertschöpfungsnetzwerken verbessern soll. Grundannahme dabei ist, dass Lieferanten in einem Kunden-Lieferanten-Verhältnis ihre Terminreue verbessern, wenn sie finanziell incentiviert werden. Es ergibt sich in diesem Zusammenhang ein Markt für Termintreue, der konventionellen Marktmechanismen folgt und sich über die jeweilige konjunkturelle Lage bzw. den entsprechenden Bedarf und Angebot an Lieferantenkapazitäten am Markt determiniert.

4.1.1 Ausgangslage: Mangelnde Termintreue als Strukturdefizit

Mangelnde Termintreue stellt ein strukturelles, branchenimmanentes Phänomen im Maschinen- und Anlagenbau dar. Im Speziellen führen die heterogenen Kunden-Lieferanten-Beziehungen ausgeprägt in Form heterarchischer Wertschöpfungsnetzwerke, über welche die unternehmensübergreifende Auftragsabwicklung abgebildet wird, zu schlechter Auslieferungstreue bei Maschinen- und Anlagenherstellern. Sie ist in vielen Fällen auf mangelnde Belieferungstreue auf Zulieferseite zurückzuführen, was mit der branchentypischen Charakteristik erklärt werden kann. Ein Großteil der Zulieferer ist rein nach Output gesteuert. Umsatz ist die zentrale Führungsgröße; Belieferungsversprechen werden an dieser Stelle zweitrangig behandelt. Belieferungszusagen werden gemacht, obwohl bereits bekannt ist, dass aufgrund des limitierten Kapazitätsangebotes nicht alle Belieferungsversprechen gehalten werden können. So handelt eine Vielzahl von Lieferanten rein opportunistisch; lukrativere Geschäfte mit A- oder B-Kunden werden trotz bestehender Lieferterminbestätigungen zu Ungunsten der C-Kunden hochpriorisiert. In Summe versagen hierarchische Koordinationsprinzipien. Dies liegt nicht zuletzt an der inhomogenen Machtverteilung in der Branche. Träge Großunternehmen in der Rolle der Komponenten- oder Rohteilzulieferer besitzen eine wesentlich höhere Marktmacht als die mittelständisch geprägten Maschinen- und Anlagenbauer. Ferner besteht auf Lieferantenseite keine Kenntnis über die Signifikanz bzw. Kritizität der Belieferung sowie des tatsächlichen Bedarfstermins.

Die schlechte Termintreue führt zu Mehrkosten entlang der Auftragsabwicklungskette. Diese von Unternehmen in der Regel im Controlling nicht explizit nachgehaltenen Kosten sind ungeplanter Natur und führen zu einem unmittelbaren Wettbewerbsnachteil der Maschinen- und Anlagenbauer. Erzeugnisse des Standard- sowie des Mittelsegments werden aufgrund zu hoher Gemeinkostenzuschläge am Markt zu teuer angeboten und hochkomplexe, kundenindividualisierte Premiumprodukte mit einem hohen Anteil fehlteilbedingter ungeplanter Zusatzkosten werden im schlimmsten Fall (unwissentlich) mit negativen Deckungsbeiträgen abgewickelt.

Weder in Literatur noch Praxis können Ansätze identifiziert werden, die in der Lage sind, in heterarchischen Wertschöpfungsnetzwerken tatsächliche Bedarfe abzubilden und Termintreue adäquat zu verbessern. Ferner existieren keine Kostenmodelle, die ungeplante Zusatzkosten aufgrund von verspäteten Belieferungen monetär quantifizieren können.

4.1.2 Hypothese: Lieferanten steigern ihre Termintreue bei Incentivierung

Bedingt durch die Eigenheiten heterarchischer Wertschöpfungsnetzwerke versagen bewährte (vornehmlich zentrale) Koordinationsformen im Maschinen- und Anlagenbau. Die inhomogene Machtverteilung, mangelnde Transparenz über die Bedarfskritizität sowie finanzielle Folgen verspäteter Belieferungen, eine fehlende übergeordnete Koordinationseinheit sowie das stark opportunistische Verhalten einzelner Unternehmen machen den Einsatz zentraler Koordinationsformen unmöglich.[1] Die mangelnde Anwendbarkeit zentralisierter Koordinationsprinzipien zeigt den Bedarf dezentralisierter Ansätze auf. Den einzig bekannten und erfolgreich praktizierten Ansatz zur Schaffung einer paretoef-

[1] vgl. Wiendahl et al. (2003), systematic approach for ensuring the logistic process reliability, S. 375; Akerlof (1970), The Market for Lemons, S. 488; Johansen et al. (2005), Coordination in collaborative manufacturing mega-networks, S. 228

fizienten Ressourcenallokation in nicht-hierarchischen Netzwerken stellt die Kreierung von Marktmechanismen und den damit verbundenen Preiswettbewerb dar.[2]

So soll im Rahmen dieser Arbeit der in der Markttheorie und -wissenschaft geltende Mechanismus *„Angebot und Nachfrage bestimmen den Preis“* auf den Kontext nicht-hierarchischer Wertschöpfungsnetzwerke des Maschinen- und Anlagenbaus übertragen werden. Eine grundlegende Hypothese dabei besteht darin, dass Lieferanten ihre Termintreue verbessern, wenn sie adäquat finanziell incentiviert werden. Auch wenn A- oder B-Kunden aus Lieferantensicht mittel- und langfristig die scheinbar lukrativeren Geschäftspartner sind, wird mit einer gewissen Wahrscheinlichkeit kurzfristig derjenige Kunde bevorzugt, der bereit ist, einen Mehrwert für das zu beschaffende Teil zu bezahlen. Insbesondere im Fall mehrerer im Wettbewerb um die Kapazitäten des Lieferanten stehender C-Kunden wird mit hoher Wahrscheinlichkeit der Kunde mit dem höchsten „Gebot“ in der Produktionsplanung des Lieferanten priorisiert – die Wahrscheinlichkeit des Erhalts des zu beschaffenden Objektes zum bestätigten Belieferungstermin steigt.

So scheint die Anwendung des Marktmechanismus als Koordinationsprinzip ein möglicher Ansatz zur Steuerung kritischer Bedarfe und zur individuellen Verbesserung der Termintreue in heterarchischen Strukturen des Maschinen- und Anlagenbaus zu sein. Offen bleiben die Fragen, ob Kunden bereit sind, einen Mehrwert für Liefertreue zu bezahlen und wie hoch ein solcher Mehrwert („Inventivierungsmarge“) sein müsste.

4.1.3 Konzept: Lieferanten-Incentivierung basierend auf dem Wert von Termintreue

Verspätete Belieferungen der Lieferanten verursachen signifikante Zusatzkosten, die nicht geplant sind und entsprechend in der Angebotskalkulation nicht berücksichtigt werden. Diese Mehrkosten können in der Regel nicht an die Lieferanten weitergegeben werden, sodass die Maschinen- und Anlagenbauer selbst dafür aufkommen. Wären die Hersteller in der Lage, diese entlang der Auftragsabwicklungskette anfallenden Zusatzkosten für alle kritischen Belieferungen adäquat und verursachungsgerecht abzuschätzen, wäre zunächst eine Kostentransparenz im Auftrag geschaffen, welche die anfallenden Zusatzkosten in den Gesamtkontext der Auftragsprofitabilität stellt. Bei besonders kritischen, den Gesamtauftrag bzw. den Auftragsdeckungsbeitrag gefährdenden Belieferungen bestünde die Möglichkeit, Lieferanten einen gewissen Mehrpreis – den Wert von Termintreue – zu bezahlen, um die Wahrscheinlichkeit einer termintreuen Belieferung zu erhöhen. Die Höhe einer solchen finanziellen Incentivierung müsste so gewählt sein, dass sie lediglich einen Anteil der mit einer verspäteten Belieferung verbundenen Zusatzkosten ausmacht. In Summe würde der Kunde zwar einen höheren Preis bezahlen als vorgesehen, dieser wäre jedoch so dimensioniert, dass er keinen signifikanten Einfluss auf die Profitabilität des Auftrages haben würde, hingegen die Wahrscheinlichkeit einer termintreuen Belieferungen unter Umständen aber drastisch steigern könnte. So würde also im Vorfeld im Rahmen der Beschaffung zusätzlich „investiert“ werden, um einen robusten und planmäßigen Ablauf des späteren Leistungserstellungsprozesses zu gewährleisten und ungeplante Zusatzkosten zu vermeiden, die wesentlich höher wären als der initiale Invest.

Demnach würde ein Maschinen- und Anlagenbauer im Rahmen eines Auftrages bereits in der Phase der Beschaffung die kritischen, zu beschaffenden Bauteile auswählen und die Kosteneffekte

---

[2] vgl. Mankiw (2012), Principles of economics, S. 150 f.

berechnen, die auf den Hersteller zukommen würden, wenn die Lieferanten dieser ausgewählten Bauteile in Verzug geraten würden. Basierend auf diesem Erkenntnisgewinn würde jeweils ein Anteil der theoretisch entstehenden Gesamtzusatzkosten dem Zulieferer als finanzieller Anreiz für eine termintreue Belieferung in Aussicht gestellt. Die Geschäftsbeziehungen zwischen dem Kunden und Lieferanten würden so gestaltet sein, dass der finanzielle Bonus tatsächlich nur dann ausgezahlt werden würde, wenn es auch zu einer termintreuen Belieferung kommt. Voraussetzungen für diesen Ansatz wären einerseits, dass jeweils nur Lieferanten in Betracht gezogen würden, die prinzipiell in der Lage sind, termintreu zu beliefern und andererseits die Positionierung gegenüber dem Lieferanten bekannt wäre (A-, B-, C-Kunde). Zunächst muss ein Lieferant prinzipiell in der Lage sein, termintreu zu beliefern. In vielen Fällen, je nach Kunden-Lieferanten-Konstellation, sind Zulieferer bei bestimmten Beschaffern termintreu, bei anderen wiederum nicht (abhängig von der jeweiligen Positionierung). Ferner würde ein Incentivierungsbetrag davon abhängen, wie der Beschaffer dem Lieferanten gegenüber positioniert ist. Während A-Kunden eher keine Incentivierung benötigen würden, müssten gerade C-Kunden ihre benachteiligte Positionierung mithilfe von finanziellen Anreizen kaschieren.

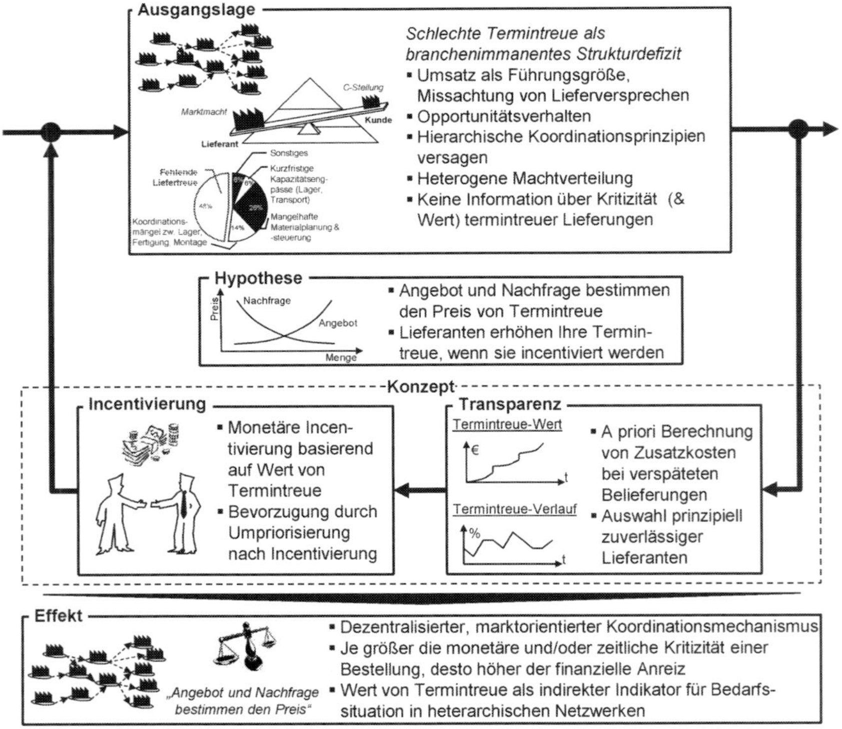

Bild 4-2: Dezentraler, marktorientierter Koordinationsmechanismus

4.1.4 Effekt: Dezentraler, marktorientierter Koordinationsmechanismus

Würde nun ein solches Kostenmodell im Rahmen des Beschaffungsprozesses genutzt und der Incentivierungsansatz zum Tragen kommen, würde der konventionelle Marktmechanismus eine koordinierende Rolle in heterarchischen Netzwerken einnehmen. Je größer die monetäre und/oder zeitliche Kritizität einer Bestellung auf Beschafferseite und umso geringer das Kapazitätsangebot auf der Lieferantenseite wäre, desto höher wäre die notwendige finanzielle Incentivierung zur Vergrößerung der Belieferungswahrscheinlichkeit („*Angebot und Nachfrage bestimmen den Preis*"); d.h. Kunden, die den Teilebedarf am dringendsten sehen, sind auch bereit, den höchsten Incentivierungsbetrag zu bezahlen. Dadurch steigern sie die Wahrscheinlichkeit einer Bevorzugung durch Umdisponierung auf Lieferantenseite nach der Incentivierung. Es würde eine auktionsähnliche Preisregulation und Koordination etabliert. Der Wert von Termintreue wäre demnach ein indirekter Indikator für die tatsächliche Bedarfssituation bzgl. des Beschaffers selbst als auch im heterarchischen Wertschöpfungsnetzwerk des Maschinen- und Anlagenbaus. Bild 4-2 zeigt zusammenfassend das Gesamtkonstrukt.

4.2 Induktive und deduktive Validität des Ansatzes

Das Konstrukt des dezentralen, marktorientierten Koordinationsmechanismus basiert auf Hypothesen und Annahmen, welche im Folgenden induktiv sowie deduktiv validiert werden.[3]

4.2.1 Relevanz interner Kostentransparenz bei verspäteten Belieferungen

Die Auswirkungen verspäteter Belieferungen sind Gegenstand des täglichen operativen Geschäftes im Maschinen- und Anlagenbau. Ständige „Feuerwehr-Aktivitäten" geprägt durch Teile suchen, über alternative Quellen beschaffen, umplanen und -disponieren verbunden mit Effizienzverlusten, ungeplanten Zusatzschichten oder aber der Wahl alternativer Auslieferungswege zur Kompensation verloren gegangener Zeit sind Gegenstand des Tagesgeschäftes.

In ca. der Hälfte aller Aufträge sowohl im Primärgeschäft als auch im Service-/Ersatzteilegeschäft führt schlechte Termintreue der Lieferanten sogar zur Beeinflussung des eigenen Auslieferungstermins gegenüber dem Endkunden (Bild 4-3 links). Dies führt in der Regel zu vertraglich fixierten Pönalen – Strafzahlungen, die in vielen Fällen nicht an die eigenen Lieferanten weitergegeben werden können. Weitere Zusatzkosten aufgrund von verspäteten Belieferungen treten auch im Lagerbereich (7%), durch zusätzliches Handling (11%), Umplanungen (13%), Zusatzschichten (14%) sowie durch verloren gegangene Umsätze (7%) auf (Bild 4-3 rechts).[4]

---

[3] Die induktive Argumentation stützt sich dabei auf drei vom Autor durchgeführte Studien (vgl. Schuh et al. (2012), Delivery reliability in machinery industry – A European study; Schuh et al. (2009), Beschaffungslogistik im Maschinen- und Anlagenbau; Schuh et al. (2012), Zukunftsperspektive des deutschen Maschinenbaus) sowie zahlreiche Erfahrungen und Fachgesprächen im Rahmen von Industrieprojekten, Seminaren und Fachtagungen. Die deduktive Argumentation erfolgt auf Basis von anerkannten Gesetzmäßigkeiten sowie logischen Schlussfolgerungen.

[4] vgl. Schuh et al. (2012), Delivery reliability in machinery industry – A European study, S. 27 f.

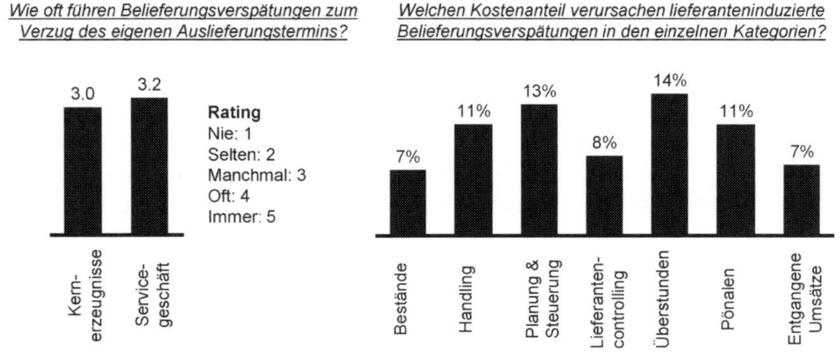

Bild 4-3: Auswirkungen verspäteter Belieferungen[5]

Zwar sind Unternehmen in der Lage, Zusatzkosten auf die eben genannten Aktivitäten und Ereignisse zu verteilen, allerdings handelt es sich an dieser Stelle um reine Schätzungen, die in der Regel nicht ganzheitlich, systematisch erfasst werden. Obwohl mangelnde Belieferungstreue auf Lieferantenseite zum operativen Tagesgeschäft zählt, ist in diesem Kontext eine Kostensensibilität kaum vorhanden. Zwar wird erkannt, dass die systematische Erfassung zusätzlicher, durch Belieferungsverspätungen auftretender Kosten von hoher Bedeutung ist (Bild 4-4 links), allerdings hält fast die Hälfte der Unternehmen des Maschinen- und Anlagenbaus diese Kostenwirkungen nicht nach.

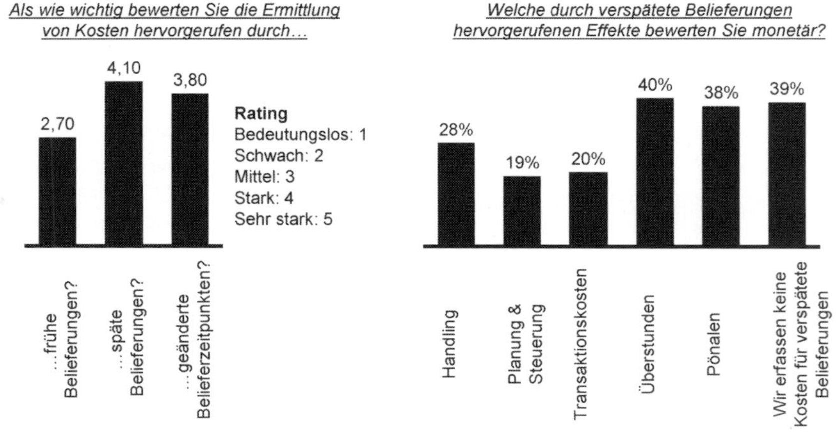

Bild 4-4: Relevanz interner Kostentransparenz bei verspäteten Belieferungen[6]

Einfach nachzuhaltende, direkt zurechenbare Zusatzkosten wie z.B. Kosten hervorgerufen durch Zusatzschichten (40%) oder Strafzahlungen (38%) werden zum Teil noch gemessen. Kostenverursachende Aktivitäten aus dem nicht zurechenbaren Gemeinkostenbereich wie bspw. Handlingkosten

---

5 vgl. Schuh et al. (2012), Delivery reliability in machinery industry – A European study, S. 27 f.
6 vgl. Schuh et al. (2012), Delivery reliability in machinery industry – A European study, S. 28 ff.

(28%), Planung und Steuerung (19%) oder Transaktionskosten (20%) hingegen werden wesentlich seltener erfasst (Bild 4-4 rechts). Zahlreichen, durch Belieferungsverspätungen verursachten Tätigkeiten und Effekten und insbesondere deren Kostenwirkung wie z.B. Zusatzaufwände im Lieferantencontrolling, Opportunitätskosten oder Effizienzverlusten in der Montage wird gar keine Betrachtung beigemessen.[7]

Basierend auf empirischen Auswertungen kann somit gezeigt werden, dass die kostenmäßige Bewertung von verspäteten Belieferungen eine signifikante Relevanz innerhalb der Unternehmen des Maschinen- und Anlagenbaus hat. Aktuelle monetäre Bewertungsansätze verfolgen keinen ganzheitlichen Ansatz und sind nicht hinreichend genau. Ferner handelt es sich bei im Einsatz befindlichen Methoden um reine Nachkalkulationen; a priori Abschätzungen im Sinne einer Plankostenrechnung können und/oder werden in der Regel nicht eingesetzt.

4.2.2 Bereitschaft für Bonuszahlungen bei Belieferungstreue

Zunächst wurde gezeigt, dass die Transparenz über zusätzlich anfallende Kosten, die auf eine Belieferungsverspätung eines Lieferanten zurückzuführen sind, von Relevanz für Unternehmen des Maschinen- und Anlagenbaus ist. Das Wissen über diese ungeplanten Zusatzkosten könnte genutzt werden, um im Rahmen der Produktionsplanung und -steuerung bzw. der Lieferterminermittlung zusätzliche Zeitpuffer einzubauen, um Kosteneffekte besonders kritischer Teile zu dämpfen (Bild 4-5 links). Dieser Ansatz ist allerdings nicht Gegenstand der vorliegenden Arbeit. Zusätzliche Zeitpuffer verlängern Beschaffungs- bzw. Lieferzeiten und stehen im Gegensatz zu den Kundenerwartungen als auch der logistischen Zielgröße Schnelligkeit. Im Rahmen dieser Arbeit wird der Ansatz verfolgt, einen gewissen Mehrwert für Termintreue zu entrichten, in der Hoffnung, in der Produktionsplanung des Lieferanten höher priorisiert zu werden, um so die Wahrscheinlichkeit einer termintreuen Belieferung zu erhöhen. Dieser Ansatz ist derzeit in der Branche des Maschinen- und Anlagenbaus weder üblich noch wird er eingesetzt.[8] Anerkanntere Anreizsysteme sind bspw. offen kommunizierte Lieferantenbewertungen oder aber das Androhen von Strafzahlungen (Bild 4-5 mittig). Diese wiederum können nur in den seltensten Fällen konsequent eingesetzt werden und führen in der Regel aufgrund der bereits dargelegten Gründe nicht zu den erwünschten Effekten einer Termintreuesicherstellung.

Zwar ist das Zahlen eines Mehrwertes für die Steigerung der Wahrscheinlichkeit einer termintreuen Belieferung bis dato nicht üblich, dennoch kann es sich ein signifikanter Anteil von Erzeugern der Großserien-, Kleinserien- als auch Einzelproduktion durchaus vorstellen, dem Lieferanten einen Mehrwert zu entrichten und so eine Grundlage für den robusten Durchlauf der eigenen Leistungserstellung zu schaffen.[9] Demnach wären Unternehmen bereit, im Vorfeld im Rahmen der Beschaffung zu „investieren", also mehr zu bezahlen als theoretisch notwendig wäre, um spätere, wesentlich höhere Folgekosten zu verhindern.

---

7 vgl. Schuh et al. (2012), Delivery reliability in machinery industry – A European study, S. 28 ff.

8 vgl. Schuh et. al. (2012), Supplier Incentivation in Machinery & Equipment Industry, S. 3

9 An dieser Stelle ist anzumerken, dass die Adressaten der Studie dem Bereich Einkauf zuzuordnen sind, was das Zögern und die Skepsis des Ansatzes erklärt. Das Zielsystem eines Einkäufers besteht in der Regel darin, Einkaufspreise zu minimieren. So steht eine Bonuszahlung im direkten Gegensatz zum Zielbild eines Einkäufers und erklärt die zurückhaltenden Äußerungen. Werden Kostenverantwortliche für ganze Gewerke oder Aufträge befragt (Geschäftsführer, Projektleiter etc.), ist die Bereitschaft, für Termintreue einen Mehrwert zu bezahlen, wesentlich größer.

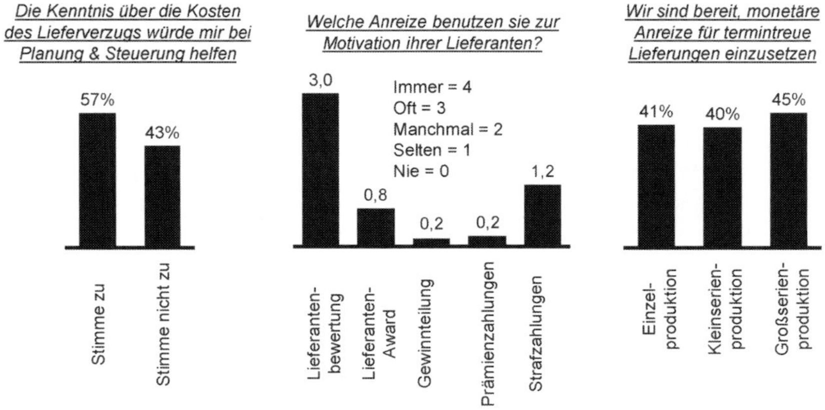

Bild 4-5: Bereitschaft für Bonuszahlungen bei Belieferungstreue[10]

4.2.3 Erhöhung der Belieferungswahrscheinlichkeit bei Incentivierung

Die betrieblichen Aktivitäten einer Unternehmung sind auf eine Gewinnmaximierung ausgelegt.[11] Demnach wird der Verkäufer eines Lieferanten versuchen, sein Gut oder seine Leistung für den maximal erzielbaren Preis zu verkaufen. Das legt die Vermutung nahe, dass bei zwei inhaltlich identischen Anfragen nach einem Gut oder einer Leistung (angenommen der Zeitpunkt der Leistungserbringung sei derselbe) derjenige Käufer priorisiert werden würde, der bereit ist, einen höheren Preis zu bezahlen.[12] Es entsteht eine Form einer („private value") Auktion.[13] So wäre ein Beschaffer bereit, mehr für das zu beschaffene Gut oder die Leistung zu bezahlen als theoretisch benötigt werden würde, in der Hoffnung, der Anbieter der Leistung würde ihn gegenüber denjenigen priorisieren, die weniger bezahlen, sodass letztendlich die Wahrscheinlichkeit einer termintreuen Leistungserfüllung und demnach Belieferung gesteigert wird. Je höher die zeitliche oder inhaltliche Kritizität der zu erbringenden Leistung aus Sicht des Beschaffers ist, desto mehr wird er bereit sein zu bezahlen. Es entsteht eine indirekte Transparenz über die Bedarfssituation hinsichtlich des Beschaffers (als auch ganzheitlich

---

10 vgl. Schuh et al. (2012), Delivery reliability in machinery industry – A European study, S. 33 ff.

11 vgl. Witte (2007), Allgemeine Betriebswirtschaftslehre, S. 23

12 Positive (Leistungs-) Effekte durch finanzielle Anreize sind in Forschung und Wissenschaft nachgewiesen worden. Vgl. Bernard (2006), Leistungsvergütung, S. 161; Maslow (1943), A theory of human motivation; Maslow (1954), Motivation and personality; Alderfer (1969), New theory of human needs; Alderfer (1969), An empirical test of a new theory of human needs; Alderfer (1972), Human needs in organizational settings; Alderfer (1972), Existence, relatedness, and growth; Wächter (1991), Tendenzen der betrieblichen Lohnpolitik, S. 209-210; Jenkins et al. (1998), Are financial incentives related to performance?, S. 778; Locke (1968), Toward a theory of task motivation and incentives; Locke (1968), Toward a theory of task motivation an incentives; Kleinbeck (1989), Gestaltung von Motivationsbedingungen der Arbeit, S. 474; Becker (2001), Anreizsysteme als Instrumente der Mitarbeiterführung, S. 17-18; Berthel et al. (2003), Personal-Management, S. 41; DeCharms (1968), Personal Causation; Deci (1971), Intrinsic motivation; Eisenberger et al. (1996), Detrimental effects; Heyman et al. (2004), Effort for payment;

13 In der Mikroökonomie werden zwei prinzipiell unterschiedliche Arten von Auktionen unterschieden, „private value"- und „common value"-Auktionen. Im Fall von „private value"-Auktionen haben die Beschaffer unterschiedliche monetäre Wertvorstellungen von dem zu beschaffenden Objekt. Bei „common value"-Auktionen hat das Objekt für alle Bieter denselben Wert. Vgl. Varian (2011), Grundzüge der Mikroökonomik, S. 350

betrachtet im gesamten Markt bzw. Netzwerk). Die Marge für die finanzielle Incentivierung ergibt sich aus der Kenntnis über die zusätzlichen, ungeplanten Kosten, die sich ergeben würden, wenn die Belieferung nicht termintreu wäre.

4.2.4 Angebot und Nachfrage bestimmen den Preis für Belieferungstreue

Die Koordinationsform[14] heterarchischer Wertschöpfungsnetzwerke zeichnet sich typischerweise durch eine relativ kurze Bindungsdauer und einen hohen Autonomiegrad aus.[15] Die Geschäftspartner sind grundsätzlich gleich gestellt und in einem hohen Maße unabhängig voneinander.[16] Reale Marktstrukturen sind dabei im Wesentlichen das Ergebnis emergenter Prozesse und nicht bewusster Planung.[17] Der Markt als Modell der vollkommenen Konkurrenz ist damit idealtypisch durch gleichberechtigte Akteure gekennzeichnet. Die Koordination dieser folgt dabei den Gesetzen des Wettbewerbs, des Eigeninteresses, der Selbstregulation und des Preismechanismus.[18] So erfolgt am Markt die Koordination mit dem Instrument Preis, der alle wettbewerbsrelevanten Informationen impliziert.[19] Die Koordination des Leistungsaustausches eines Produktes oder einer Dienstleistung erfolgt demnach ausschließlich über den Marktpreis. Der Preis repräsentiert folglich alle Informationen, die für eine Koordination relevant sind. Infolge des hohen Autonomiegrads marktbasierter Strukturen ist der gegenseitige Einfluss der Geschäftspartner in der Regel stark begrenzt.

So ergibt sich der Preis für Kapazitäten bei einem Lieferanten, also der Preis für Termintreue im heterarchischen Wertschöpfungsnetzwerk als Zusammenspiel zwischen Angebot und Nachfrage.[20] Ist ein Kapazitätsüberschuss am Markt vorhanden, wird der Preis für die Kapazitäten und demnach für Termintreue geringer sein. An dieser Stelle spielt es keine Rolle, ob die Kapazität von einem großen Lieferanten oder mehreren kleinen Lieferanten zur Verfügung gestellt wird. Im umgekehrten Fall steigt der Preis bei einer geringen Kapazitätsverfügbarkeit. Will der Abnehmer die Wahrscheinlichkeit erhöhen, termintreu beliefert zu werden, muss er demnach einen höheren Preis bezahlen, als es im Fall geringerer Nachfrage der Fall wäre. Die Zusammenhänge sind in Bild 4-6 dargestellt.

---

[14] Eine Koordinationsform legt die institutionellen Rahmenbedingungen fest, innerhalb derer Handlungsoptionen für die verschiedenen Akteure der überbetrieblichen Auftragsabwicklung bestehen. Sie beschreibt die Gestaltung der unternehmensübergreifenden Organisation (vgl. Aghte (2003), Gestaltung der Produktionsplanung und -steuerung, S. 21). Die Unterschiede zwischen verschiedenen Koordinationsformen lassen sich anhand der Kriterien Bindungsdauer und Autonomiegrad herausstellen. Vor diesem Hintergrund lassen sich die Koordinationsformen Markt, Hierarchie und Kooperation unterscheiden (vgl. Killich et al. (2003), Unternehmenskooperation für KMUs, S. 45 ff.; Siebert (2003), Ökonomische Analyse von Unternehmensnetzwerken, S. 9 f.). Siehe hierzu auch Kap. 3.3.1 Koordination als Instrument der Interdependenzregulation.

[15] vgl. Sydow et al. (2009), Produktion in Netzwerken, S. 23

[16] vgl. Jost (2000), Organisation und Koordination, S. 57

[17] vgl. Sydow et al. (2009), Produktion in Netzwerken, S. 24

[18] vgl. Sydow et al. (2009), Produktion in Netzwerken, S. 23

[19] vgl. Hayek (1945), The use of knowledge in society, S. 525

[20] Das Zustandekommen eines Preises basiert in einem Markt auf dem Zusammenwirken von Angebot und Nachfrage, wobei die Preisbildung von der jeweiligen Marktform abhängig ist. So wird grundsätzlich zwischen der Preisbildung auf vollkommenen Märkten und der Preisbildung auf unvollkommenen Märkten unterschieden. Dabei wird z.B. zwischen der Preisbildung bei vollständiger Konkurrenz (freie Preisbildung), der Preisbildung bei unvollständiger Konkurrenz bzw. monopolistischer Konkurrenz, der Preisbildung beim Monopol sowie der Preisbildung beim Oligopol differenziert. Unter Voraussetzung idealer Bedingungen der vollständigen Konkurrenz ist die Preisbildung das Ergebnis des Zusammentreffens von Angebot und Nachfrage. Dabei bilden sich der Gleichgewichtspreis und die Gleichgewichtsmenge. Vgl. Pollert et al. (2013), Duden Wirtschaft von A bis Z, S. 60 ff.

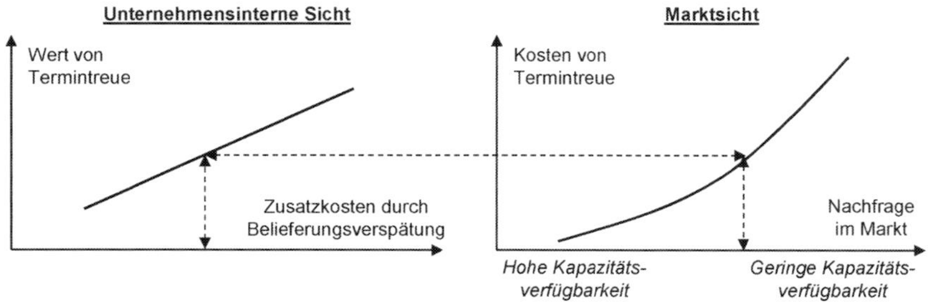

Bild 4-6: Wert und Kosten von Termintreue bei Kapazitätsangebot und -nachfrage[21]

Ist die Kritizität auf Abnehmerseite groß genug, also der Wert von Termintreue entsprechend hoch genug (abhängig von den durch Belieferungsverspätung induzierten Kosten), wird er die am Markt aktuell vorherrschenden Kosten von Termintreue (abhängig von Angebot und Nachfrage) bezahlen. Auf diese Weise lassen sich Rückschlüsse auf die aktuelle Bedarfs- und Verfügbarkeitssituation im Mark ziehen – ein Indikator für die Konjunktur.

4.3 Anforderungen an das Kostenmodell der Belieferungsverspätung

Die Hypothesen und die sich vermeintlich einstellenden Effekte des dezentralen, marktorientierten Koordinationsmechanismus sind validiert und plausibilisiert worden. Kernelement des Koordinationskonzeptes ist die Kenntnis über die anfallenden Zusatzkosten bei lieferanteninduzierten Belieferungsverspätungen. Im Folgenden soll demzufolge ein Kostenmodell hergeleitet werden, welches die monetäre Bewertung von Belieferungsverspätungen ermöglicht. Dazu werden die Anforderungen an das Kostenmodell formuliert, mögliche Einsatzgebiete und Einschränkungen dargelegt sowie ein Weg aufgezeigt, wie ein solches Kostenmodell konzipiert werden kann.

4.3.1 Modellentwicklung nach System- und Modelltheorie

Das dieser Arbeit zugrunde liegende Verständnis begreift unter einem Modell ein beschränktes Abbild der Wirklichkeit und impliziert die Aspekte der Systemtheorie sowie der Modelltheorie.[22] Methoden und Hilfsmittel stellen in diesem Kontext Werkzeuge der Modellentwicklung dar.[23]

Die Systemtheorie behandelt Absätze und Vorgehensweisen, die es erlauben, komplexe Problemstellungen, die sich auf Systeme wie z.B. Unternehmen und weitere Organisationen beziehen, zu bearbeiten. Dabei wird ein System als die Gesamtheit von Elementen verstanden, die untereinander eine wechselseitige, beeinflussbare und zeitlich variable Beziehung aufweisen.[24] Die Modelltheorie beschäftigt sich mit Abbildern der Wirklichkeit, um Erkenntnisse über Grundzusammenhänge der realen Gegebenheiten zu gewinnen und die Komplexität der Realität beherrschen zu können. Sie

---

[21] i.A.a. Schumann et al. (2011), Grundzüge der mikroökonomischen Theorie, S. 23

[22] vgl. Stachowiak (1973), Allgemeine Modelltheorie, S. 131 ff.

[23] Eine Methode ist ein Verfahren zur Lösung überschaubarer Aufgaben und dient dem Erkenntnisgewinn. Hilfsmittel dienen der Erstellung, Anpassung und Anwendung von Modellen und Methoden, indem sie z.B. die Modellierung von Prozessen ermöglichen. Vgl. Berens et al. (2004), Quantitative Planung, S. 102

[24] vgl. Giehler (2010), Erhöhung der Planungsproduktivität, S. 75; Bruns (1991), Systemtechnik, S. 31

behandelt die Generierung, Pflege und Deutung von Modellen.[25] Dabei können die Auswahl sowie der Einsatz adäquater, zweckbezogener Modelle genutzt werden, die erforderlich werden, sobald komplexe, soziotechnische Systeme wie Unternehmen Gegenstand der Betrachtung sind. Eine zielgerichtete, pragmatische Modellierung erlaubt die Fokussierung auf Aspekte bedeutender komplexer Sachverhalte.[26] Die System- und Modelltheorie eignen sich begründet durch die genannten Ausprägungen für den Aufbau des Kostenmodells gemäß dem Forschungsziel dieser Dissertation und werden im Folgenden zur Konzeptionierung verwendet.

Ergebnis soll ein Kostenmodell zur monetären Bewertung von Belieferungsverspätungen sein. Dabei wird das Wissenschaftsziel nach SCHWEITZER verfolgt, welches mit der Formulierung von Modellen in der Betriebswirtschaftslehre erreicht werden kann:[27]

- Deskription (Beschreibung),
- Explikation (Erklärung),
- Prognose (Voraussage) sowie
- Disposition (Entscheidung).

4.3.2 Ziel und mögliche Einsatzgebiete des Kostenmodells

Ziel des in der Arbeit zu entwickelnden Kostenmodells ist die monetäre Quantifizierung von lieferanteninduzierten Belieferungsverspätungen. Das Modell soll dabei alle entlang der Prozessschritte einer Auftragsabwicklungskette anfallenden ungeplanten Zusatzkosten berücksichtigen, die einen signifikanten Einfluss auf die Plankosten eines Auftrags hätten. Die Beurteilung der Kostenwirkung soll durch die verursachungsgerechte Zuordnung von Kostenarten aus den betrieblichen Kostenstellenplänen zu den einzelnen Prozesselementen ermöglicht werden. Dabei sollen nicht nur die direkten Einzelkosten der Wertschöpfung betrachtet werden, sondern vielmehr auch die in der Regel in den Gemeinkosten versteckten Kosten für logistische Prozesse, planerische und steuernde Tätigkeiten und sonstige ungeplant durchgeführten Aktivitäten. Ferner sollen monetär nicht unmittelbar fassbare Effekte wie Effizienzverluste oder Kosten für potenzielle Opportunitäten berücksichtigt werden.

Der über das Kostenmodell berechnete Wert von Termintreue ist ein Indikator für all jene Kosten, die durch einen nicht zuverlässigen Lieferanten verursacht worden sind oder im Falle einer Belieferungsverspätung werden würden. Da in der Branchenstruktur des Maschinen- und Anlagenbaus die Weitergabe dieser Kosten an die Lieferanten oft nicht möglich ist, verfolgt diese Dissertation den Ansatz, mit dem Wissen über die bei einer Belieferungsverspätung anfallenden Zusatzkosten einen Incentivierungsbetrag zu ermitteln und diesen dem Lieferanten für eine termintreue Belieferung in Aussicht zu stellen. Dadurch soll die Wahrscheinlichkeit erhöht werden, im Produktionsplan des Lieferanten priorisiert zu werden. Demnach ist das Einsatzgebiet des Konzeptes im Bereich des Beschaffungsprozesses, also im operativen Betrieb, zu sehen. Noch im Vorfeld der Beschaffung sollen die mit einer Verspätung potenziell anfallenden Kosten ermittelt und daraus der Incentivierungsbetrag abgeleitet werden. Ferner kann das Kostenmodell als Analysehilfsmittel in der Prozessbewertung

---

[25] vgl. Stachowiak (1973), Allgemeine Modelltheorie, S. 130 ff.
[26] vgl. Bachthaler (2000), Systemmethodik für das technische Management, S. 24
[27] vgl. Schweitzer (1997), Produktions- und Kostentheorie, S. 5

genutzt werden und Aufschlüsse über Kosteneffekte liefern. Auch in der Produktpreisbildung kann ein Anwendungsfeld identifiziert werden. Zwar können im mittleren Segment vor dem Hintergrund vom Markt induzierter Preisvorgaben ungeplant anfallende Kosten nicht an den Kunden weitergegeben werden, allerdings kann das Kostenmodell speziell im Premiumsegment (Differenzierungskriterium Technologie- und nicht Kostenführerschaft) als Hilfestellung bei der verursachungsgerechten Bepreisung der Erzeugnisse dienen.

4.3.3 Eingrenzung des Objektbereiches und der Anwendbarkeit

Bevor Anforderungen an das Kostenmodell festgelegt werden, wird im Vorfeld eine Eingrenzung des Objektbereiches sowie der Anwendbarkeit durchgeführt (Bild 4-7). Betrachtungsbereich des Kostenmodells sollen im Rahmen der eigenen Leistungserstellung die Montage sowie die dazu benötigten steuernden und logistischen Prozesse (Planen und Steuern, Lagern, Transportieren und Bereitstellen) sein. Die Fertigung soll explizit ausgeschlossen werden. Im Zuge geringer werdender Wertschöpfungstiefen im Maschinen- und Anlagenbau und der Charakteristik der OEMs als koordinierender Generalunternehmer und Beschaffer fokussieren sich Unternehmen verstärkt auf die Montage.[28] Lediglich vereinzelte, fertigungstechnische Prozesse im Rahmen der eigenen Kernkompetenzen haben im Prozessportfolio noch Bestand. Im Kontext dieser Arbeit wird die Fertigung, sofern vorhanden, als „Zulieferer" für die Montage verstanden.

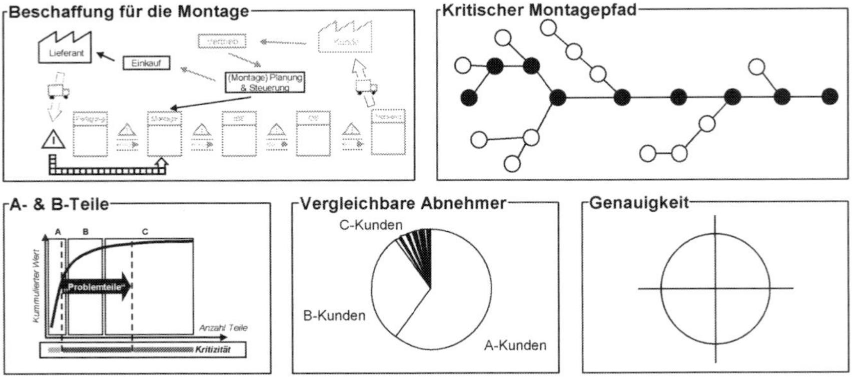

Bild 4-7: Eingrenzung Objektbereich und Anwendbarkeit

Betrachtet werden sollen insbesondere alle für die Montage als „kritisch" geltenden Teile, Komponenten, Sub-Baugruppen etc. Als kritisch werden alle Teile verstanden, die auf dem kritischen Montagepfad liegen – demnach alle Teile, die bei einer verzögerten Bereitstellung einen definitiven Montagestopp zur Folge hätten und eine fristgerechte Fertigstellung und geplanten Auslieferungstermin ohne kompensatorische Maßnahmen explizit gefährden würden. Prinzipiell kann jedes Fehlteil einen Montagestopp verursachen, allerdings besteht bei Teilen neben dem kritischen Pfad aufgrund von Parallelitäten in der Abarbeitung sowie der sich ergebenden Zeitpuffer die Möglichkeit, Ressourcen mit anderen Montagetätigkeiten zu versorgen, um so Effizienzverluste zu vermeiden. Ferner würde eine finan-

[28] siehe hierzu Kap. 2.2.4 Lieferantenstruktur

zielle Incentivierung aller Teilelieferanten voraussichtlich die gesamte Incentivierungsmarge sprengen.[29]

Der Fokus soll zudem auf den A- und B-Teilen einer (Montage-) Stückliste liegen. Wertmäßig nicht hochwertige, in der Stückzahl oft vorkommende C-Teile verursachen in der Regel keine Schwierigkeiten bei der Bevorratung der Montage. Sie werden nicht projektspezifisch disponiert, sondern verbrauchsorientiert gesteuert.[30] Bei adäquat eingestellten Dispositionsparametern[31] sind diese Teile demnach vorhanden und stellen keine Gefährdung des Montagefortschritts dar. Wesentlich kritischer und für die maßgeblichen Verzögerungen in der Montage verantwortlich sind die wertmäßig höherwertigen und in der Stückzahl geringer vorkommenden A- und B-Teile. A-Teilen kommt im Rahmen des Beschaffungsprozesses im Maschinen- und Anlagenbau eine besondere Bedeutung zu. Oft handelt es sich hierbei um Langläuferteile, also Beschaffungsobjekte mit langen Lieferzeiten, die bereits frühzeitig in der Auftragsabwicklung beschafft werden müssen. Da in der Regel eine geringe Anzahl an A-Teilen in der Produktstruktur vorzufinden ist, werden diese Teile oft manuell mit dem Lieferanten verhandelt (Lieferpreis, Termin, Flexibilität) und während der Lieferzeit auch explizit bzgl. des Fortschrittes überwacht. Bereits zu diesem frühen Zeitpunkt der Bestellung kann eine Incentivierung einen Anreizmechanismus gegenüber den Lieferanten darstellen. Wesentlich wichtiger sind jedoch die B-Teile, die oft aufgrund des höheren Aufkommen nicht in Gänze individuell verhandelt und überwacht werden können. Dies liegt zumeist an den limitierten Kapazitäten in den Einkaufsabteilungen der mittelständisch geprägten Maschinen- und Anlagenbauer. Insbesondere an dieser Stelle ist der Anreizmechanismus zur Erhöhung der Wahrscheinlichkeit der Liefertreue von besonderer Bedeutung.

Der heterogenen Struktur nicht-hierarchischer Wertschöpfungsnetzwerke des Maschinen- und Anlagenbaus zugrunde liegen komplexe, vielschichtige Kunden-Lieferanten-Beziehungen. Jeder Kunde hat eine Vielzahl von Lieferanten und jeder Lieferant hat gleichzeitig eine Vielzahl an Abnehmern, welche oft auch verschiedenen Branchen entstammen. Ein Zulieferer klassifiziert seine Abnehmer in der Regel nach Umsatz. So teilt sich sein Umsatz unter einigen wenigen A-Kunden mit hohem Umsatzanteil, einer größeren Anzahl B-Kunden mit mittlerem Umsatz und einer hohen Anzahl an C-Kunden mit jeweils einem nicht signifikanten Anteil des Umsatzes auf.[32] A- und B-Kunden werden in der Regel bevorzugt und gegenüber den C-Kunden in der Produktions- bzw. Kapazitätsplanung priorisiert. Lediglich ein geringer Anteil an der vom Lieferanten verfügbaren Kapazität wird für C-Kunden vorgehalten. Im Rahmen des hier vorgestellten Konzeptes wird propagiert, dass eine monetäre Incentivierung den Lieferanten lediglich dazu bewegen wird, im Rahmen der für C-Kunden vorgehaltenen Kapazitäten zu priorisieren. Die Incentivierungsmarge wird voraussichtlich nicht ausreichend sein, um gegenüber A- oder B-Kunden bevorzugt zu werden.

Es ist zu berücksichtigen, dass ein Kostenmodell, wie es im Rahmen dieser Arbeit konzipiert wird, niemals einen exakten Wert liefern kann. Aufgrund einer Reihe von Abschätzungen und Glättungen, der Proklamation von gewissen reaktiven und kompensatorischen Maßnahmen sowie nicht in allen

---

29 Prinzipiell kann die Methodik jedoch auf jedes beliebige zu montierende Teil angewendet werden.

30 vgl. Cyranek (1993), CIM, S. 317

31 Die Bestandshöhe ist abhängig von Abrufverhalten, Wiederbeschaffungszeiten und weiteren Parametern. Vgl. Gudehus (2002), Dynamische Disposition, S. 117

32 siehe hierzu Kap. 2.3.2.4 Problematisierung heterarchische Wertschöpfungsnetzwerke

Fällen einer Möglichkeit der verursachungsgerechten Zuordnung von Aktivitäten wird der „Wert von Termintreue" lediglich einen abgeschätzten Richtwert abgeben.

4.3.4 Anforderungen an das Kostenmodell

Aus den Zielen und dem vorgesehenen Einsatzgebiet sowie aus den Defiziten bestehender Ansätze lassen sich die Anforderungen an das Kostenmodell ableiten. Anforderungen ergeben sich einerseits aus Prozesssicht als auch andererseits aus Kostensicht (Bild 4-8). Grundsätzlich reduzieren sich die wesentlichen Anforderungen aus Prozesssicht auf die Berücksichtigung aller relevanten Prozessschritte der Auftragsabwicklung, der Beschreibung von kompensatorischen Aktivitäten bei Belieferungsverspätung sowie der Darstellung von Kompensationseffekten und Wirkzusammenhängen der einzelnen Teilprozesse. Aus Kostensicht muss möglichst eine verursachungsgerechte Allokation der Kosten zu einzelnen durch Belieferungsverspätungen induzierten Aktivitäten erfolgen, ferner muss die Darlegung der entsprechenden Kostentreiber und der Kosteneinflussart geschehen sowie letztendlich die Darstellung des funktionalen Zusammenhangs zwischen Kosten und Zeit erfolgen. Zusätzlich müssen die Daten des Kostenmodells hinsichtlich Erfassung, Qualität, Verwendung, Aufbereitung sowie Wirtschaftlichkeit genügen (grundsätzliche Anforderungen).[33] Zunächst werden die grundsätzlichen Anforderungen näher erläutert.

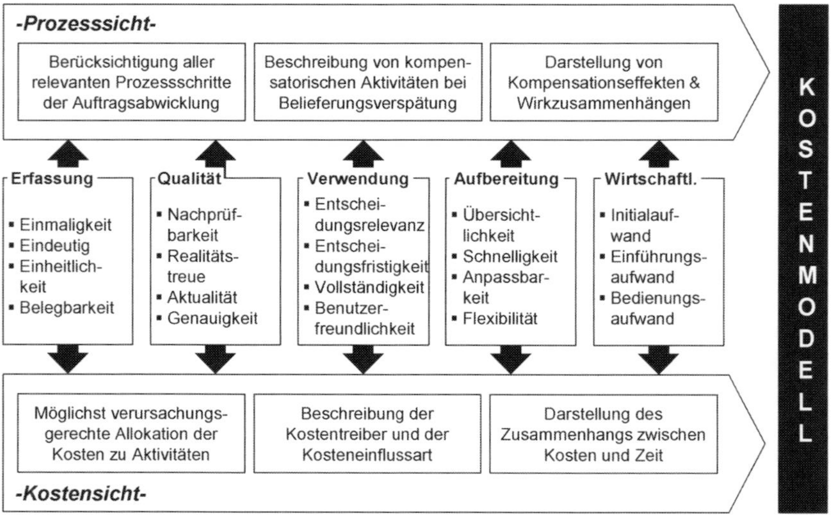

Bild 4-8: Anforderungen an das Kostenmodell[34]

[33] vgl. Weber (1985), Kostenrechnung als Controllinginstrument; Weber et al. (1984), Entscheidungsorientierte Kosten- und Leistungsrechnung; Männel (1985), Zukünftige Herausforderungen des internationalen Wettbewerbs; Riebel (1974), Systemimmanente und anwendungsbedingte Gefahren; Laßmann (1984), Aktuelle Probleme der Kosten- und Erlösrechnung; Küpper (1983), Kosten- und Leistungsinformationen in Industrieunternehmungen

[34] i.A.a. Schuh (1989), Gestaltung und Bewertung von Produktvarianten, S. 92

Bei der Datenerfassung ist grundlegend sicherzustellen, dass benötigte Elemente der Stamm- oder Auftragsdaten einmalig und eindeutig sind. Sie müssen einer zentralen Datenquelle entstammen und dürfen nicht redundanten Systemen entspringen. Ferner müssen die Daten einheitlich und belegbar sein, um unterschiedliche Aussagen zu vermeiden, die auf andere Erfassungsmethoden zurückzuführen sind.[35]

Bezugnehmend auf die Datenqualität muss die Nachprüfbarkeit des benötigten Datensatzes gewährleistet sein (Bezugsgrößen der Kostenfunktionen). In einem Kostenmodell äußert sich die Datenqualität in ihrer Realitätstreue – dies gilt insbesondere für die angenommenen Planzahlen. So muss eine modellhafte Abbildung in jedem Fall mit dem Ist-Zustand abgestimmt sein. Ferner ist für Kostensysteme das Gebot der Reinheit zu beachten. Demzufolge muss dort, wo die Modellierung mit Einzelkosten möglich und plausibel ist, auf Aggregation kostenrelevanter Daten verzichtet werden.[36]

Die Datenverwendung ist für ein anwendungsorientiertes Kostensystem ebenso wichtig wie die Datenerfassung. Einerseits muss auf die Vollständigkeit der für die Entscheidung relevanten Daten und Kostenarten geachtet werden und andererseits sollte die veranschlagte Nutzungsdauer der Unternehmensressourcen vom jeweiligen Entscheidungsfall abhängig gemacht werden. Im Kontext dieses Zielkonfliktes muss ein adäquater Kompromiss gefunden werden, da zu einem frühen Zeitpunkt wenige Kostenbestimmungsfaktoren bekannt sind, aber viele Kostenarten entscheidungsrelevant sind und umgekehrt zu einem späteren Zeitpunkt, wenn nahezu alle Kostenbestimmungsfaktoren bekannt sind, nur noch wenige Kostenarten beeinflusst werden können.[37]

Im Kontext der Datenaufbereitung ist bezugnehmend auf die Güte eines IT-Systems ein gutes Antwort-Zeit-Verhalten notwendig. An dieser Stelle empfiehlt sich eine Aufspaltung in allgemeingültige und unternehmensspezifische Daten, damit die relevanten Eingangsgrößen für das Kostenrechnungsmodell nicht grundsätzlich für jeden Anwender neu aufgebaut werden müssen. Dementsprechend müssen alle bewertungszweckspezifischen Daten von den allgemeingültigen Daten des Kostenmodells getrennt werden. Dadurch wird sichergestellt, dass mit relativ geringem Aufwand die vorhandene Datenstruktur für weitere Bewertungszwecke angepasst werden kann.[38]

Im Rahmen der Wirtschaftlichkeit des Kostenmodells ist sicherzustellen, dass der Initialaufwand zum Aufbau und Füllen des Modells mit Daten, der Einführungsaufwand bei der Implementierung des Systems in einer Unternehmung und der Bedienungsaufwand bei der Anwendung im Verhältnis zum Nutzen steht.[39]

Neben den grundsätzlichen Anforderungen muss das Kostenmodell prozess- sowie kostenseitigen Anforderungen genügen. Im Kontext der Integration einer Prozess- und Kostensicht muss geklärt werden, welche Kosten im Speziellen bei kurzfristiger Betrachtung veränderbar sind und in welchen Bereichen sie anfallen, welche Kosten analytisch geplant oder modelliert werden können sowie wel-

[35] vgl. Schuh (1989), Gestaltung und Bewertung von Produktvarianten, S. 93
[36] vgl. Schmidt (1988), Kostenmodell für integrierte Systeme, S. 93
[37] vgl. Schuh (1989), Gestaltung und Bewertung von Produktvarianten, S. 93
[38] vgl. Schuh (1989), Gestaltung und Bewertung von Produktvarianten, S. 94
[39] vgl. Schuh (1989), Gestaltung und Bewertung von Produktvarianten, S. 94

che Gemeinkosten einem Kalkulationsobjekt zugerechnet werden können:[40] Diesen Fragestellungen wird nachfolgend nachgegangen.

4.3.4.1 Veränderbarkeit und Beeinflussbarkeit von Kosten der Auftragsabwicklung

Die Frage nach der Beeinflussbarkeit bzw. Änderungssensitivität der Kosten[41] und der Validität der Kostenspaltung ist gerade bei der Betrachtung der Wirkung von Belieferungsverspätungen ein wichtiger Faktor.[42] Alle potenziell infrage kommenden Kosten sollten in Abhängigkeit vom Fristigkeitsgrad die variablen und fixen Kosten für jede Kostenart gesondert untersucht werden.[43] Die Unterscheidung kann sowohl in den direkten Bereichen (primäre Kosten) als auch in den indirekten Bereichen (sekundäre Kosten) vorgenommen werden.[44]

Primäre Kosten

Materialeinzelkosten verändern sich bei terminlich abweichenden Prozessabläufen nicht und werden daher nur für die Produktkalkulation herangezogen. Der größte Teil der Personalkosten (Akkordlöhne, Gehälter, Sozialleistungen, etc.) hat kurzfristig Fixkostencharakter. Allerdings trifft dies für bestimmte Personalkostenarten nicht zu. Mehrarbeitszuschläge und Zusatzlöhne (Überstunden, Sonderschichten) sind durch kurzfristige Prozessentscheidungen veränderbar und spielen daher im Zusammenhang mit Kompensationsmechanismen bei Terminabweichung eine große Rolle. Werkzeug- und Energiekosten sowie kalkulatorischen Kosten für Räume, Abschreibungen und (Abteilungs-) Leitung werden unterstellt, dass sie als fixe und proportionale Bestandteile im jeweiligen Gemeinkostensatz enthalten sind. Dennoch können in diesen Bereichen ungeplante Aktivitäten auftreten („Feuerwehr-Tätigkeiten"), welche die geplanten Tätigkeiten verhindern und somit Opportunitätskosten verursachen.

Kalkulatorische Zinsen für das Umlaufvermögen nehmen eine Sonderstellung ein. Es ist eine Abgrenzung zwischen dem technologisch notwendigen und somit kurzfristig nicht beeinflussbaren Normalumlauf und den davon zu diversifizierenden (Über-) Beständen vorzunehmen. Als Normalumlauf werden diejenigen Bestandteile des Umlaufvermögens verstanden, die zur Aufrechterhaltung eines reibungslosen Montageprozesses vorhanden sein müssen. Ungeplante Änderungen können unter anderem durch Losgrößenabweichungen oder Maschinenstörungen entstehen.[45] Im Kontext dieser Arbeit liegt der Fokus allerdings auf ungeplanten Änderungen, bedingt durch Terminabweichungen des Lieferanten und dadurch induzierten Fehlteilen in der Montage. Die daraus resultierenden Kapitalbindungskosten hervorgerufen durch bspw. länger in Besitz befindliche Teile, Komponenten, Rohteile etc. oder aber durch Lieferverspätungen verursachte verspätete Rechnungsbegleichung durch den

---

[40] vgl. Renner (1991), Kostenorientierte Produktionssteuerung, S. 120

[41] In der Fachliteratur finden sich unterschiedliche Auffassungen bezüglich der Veränderbarkeit von Kosten. KAPLAN bezeichnet alle Kosten kurzfristig als fix: „ *[...] Materialien sind bereits beschafft, Beschäftigte sind erschienen und Energie wird genutzt.* " (Kaplan (1988), Ein einziges Kostensystem ist zuwenig, S. 102). Diese oder ähnliche Sichtweisen werden allerdings im Rahmen dieser Dissertation in Anlehnung an die Ausführungen von RENNER nicht verfolgt (vgl. Renner (1991), Kostenorientierte Produktionssteuerung, S. 121). Die vorliegende Dissertation folgt vielmehr KILGER, der argumentiert, dass kurzfristig veränderbare Kosten in Abhängigkeit vom Fristigkeitsgrad der variablen und fixen Kosten für jede Kostenart gesondert untersucht werden sollten (vgl. Kilger (2002), Flexible Plankostenrechnung, S. 516 ff.)

[42] vgl. Männel (1983), Kostenspaltung, S. 725 ff.

[43] vgl. Kilger (2002), Flexible Plankostenrechnung, S. 516 ff.

[44] vgl. Renner (1991), Kostenorientierte Produktionssteuerung, S. 121

[45] vgl. Karmarkar (1987), Lot-sizing and sequencing delays, S. 419 ff.

Kunden sind auf schlechte Termintreue von Lieferanten rückführbar und demnach für diese Arbeit relevant.

Sekundäre Kosten

Bevor eine Analyse der Veränderbarkeit der sekundären Kosten erfolgen kann, ist zu klären, welche indirekten Bereiche von den kurzfristigen Ablaufveränderungen betroffen sind, die durch Belieferungsverspätungen in Form von Kompensationstätigkeiten anfallen. Die Auswahl der relevanten Bereiche und Kostenstellen muss sich an den leistungswirtschaftlichen Strukturen orientieren, um eine dem entscheidungsorientierten Charakter der Kostenrechnung entsprechende Erfassbarkeit der Kosten zu gewährleisten.[46] Bezogen auf die in der vorliegenden Arbeit untersuchte Problemstellung sind sämtliche Bereiche, die am Auftragsdurchlauf beteiligt sind, zu betrachten. Unbeachtet bleiben Kostenstellen, deren Tätigkeitsmengen nicht durch Ablaufentscheidungen beeinflusst werden (wie bspw. Instandhaltungen). Die in den indirekten Bereichen anfallenden Kosten sind zwar kurzfristig nur bedingt veränderbar, jedoch werden gerade durch unvorhergesehene Veränderungen im Produktionsablauf (z.B. Eilaufträge, Störungen oder Auftragsunterbrechungen) signifikante Kosteneffekte hervorgerufen und müssen somit durch das Kostenmodell möglichst verursachungsgerecht quantifiziert werden.

4.3.4.2 Planbarkeit und Modellierbarkeit von Kosten aus Prozesssicht

Die Ermittlung der quantifizierungsrelevanten Kosteninformationen ist besonders im Zusammenhang mit der Untersuchung der durch Terminabweichung verursachten zusätzlichen Kosten von Bedeutung. In den Unternehmen des Maschinen- und Anlagenbaus liegt aufgrund unterschiedlicher Komplexität der Auftragsbearbeitung keine homogene Kostenverursachung der direkten und indirekten Bereiche vor. Zudem kann nicht von den analytisch geplanten, direkten Kosten eines Auftrags auf die exakte Höhe der Gemeinkosten geschlossen werden. RENNER entwickelte daher ein dreistufiges Konzept zur analytischen Kostenplanung mit voneinander unabhängigen Ergebnissen.[47]

Analytische Planung der direkten Kosten

Die in den Arbeitsplänen enthaltenen Montagezeiten in Verbindung mit den arbeitsplatzbezogenen Verrechnungssätzen für Löhne und sonstige Kosten bilden die Grundlage für die analytische Kostenplanung. Dieses praxiserprobte Verfahren liefert genaue Planungsergebnisse.[48] Abweichungen vom geplanten Ablauf können daher sehr genau bestimmt und quantifiziert werden.

Analytische Planung der indirekten Kosten

Aufgrund der heterogenen Leistungsbeziehungen werden Art und Menge der Einzelprozesse von unterschiedlichen Einflussfaktoren bestimmt und erschweren somit die analytische Planung der indirekten Kosten. Zur Quantifizierung von Leistungen indirekter Bereiche im Rahmen der Kostenplanung lassen sich drei verschiedene Leistungsbeziehungen unterscheiden:[49]

---

[46] vgl. Männel (1990), Kostenrechnung für anlagenintensive Produktionsstrukturen, S. 134

[47] vgl. Renner (1991), Kostenorientierte Produktionssteuerung, S. 124

[48] vgl. Küpper (1984), Kostenplan und Kostenkontrolle, S. 198

[49] vgl. Renner (1991), Kostenorientierte Produktionssteuerung, S. 124; Gaitanides (1980), Erfassung von Verwaltungsleistungen, S. 682

- Art und Mengen der Leistungen sind direkt vom Produktionsprozess abhängig (Beispiel: Bereitstellung und Transport von Teilen, Baugruppen oder Werkzeugen).
- Art und Menge der Leistungen stehen zwar in Verbindung mit der Anzahl an Aufträgen, sind jedoch unabhängig vom tatsächlichen Produktionsablauf. Die Prozessmengen können somit direkt aus dem Produktionsprogramm abgeleitet werden (Beispiel: Bedarfsplanung und Materialdisposition).
- Die Leistungen sind unabhängig vom Produktionsprogramm. Eine analytische Mengenplanung ist hier nicht möglich (Beispiel: Durchführung von Schulungsmaßnahmen).

Bei der Betrachtung der durch Terminabweichung verursachten Kosten liegt der Fokus auf den beiden erstgenannten Leistungsbeziehungen und den aus diesen resultierenden Kosten.

Analytische Planung der Kaptalbindungskosten

Die Höhe des in der Montage gebundenen Umlaufvermögens hängt entscheidend von den Vorgaben der Produktionsplanung und -steuerung sowie den durch Störungen jeglicher Art verursachten Fehlern in der Planung ab. Eine Quantifizierung der Kosten anhand von Art, Menge und Dauer ist allerdings explizit möglich.[50]

4.3.4.3 Prozessgerechte Verrechenbarkeit von Gemeinkosten

Die Kostenzurechnung soll sich klar am Prozessablauf eines Unternehmens orientieren. Zudem ist die Kalkulation nach dem Verursachungsprinzip zur Erfassung der durch die Terminabweichung ausgelösten Kosten unabdingbar. Nach dem Verursachungsprinzip sind bewertete Faktorverbrauchsmengen nur solchen Kontierungseinheiten zuzuordnen, durch welche die betreffenden Faktorverbrauchsmengen verursacht worden sind.[51] Angelehnt an das Modell nach KAGERMANN soll auch in der vorliegenden Arbeit vorgegangen werden. KAGERMANN schlägt eine zentrale Stückkostenrechnung auf der Basis einheitlicher technischer Daten (Stückliste/Arbeitsplan) sowie die Ermittlung verantwortungsgerechter Abweichungen für die Bereiche Konstruktion, Arbeitsvorbereitung, Disposition und Fertigung als erste Schritte der Vor- und Nachkalkulation vor.[52] Übertragen auf die vorliegende Fragestellung werden die zu untersuchenden Bereiche in Beschaffung, Leistungserstellung und Auslieferung untergliedert.

Bei konsequenter Anwendung dieser Zurechnungsmethode gilt es, neue Kostenkategorien zu definieren, die gleichsam auch eigenständige Kalkulationsobjekte darstellen.[53] Zu unterscheiden sind dabei eine produkt- und auftragsorientierte, kundenorientierte sowie die periodenorientierte Verrechnung der Gemeinkosten.

Produkt- und auftragsorientierte Verrechnung der Gemeinkosten

Einem Produkt können stets diejenigen Prozesskosten der Auftragsbearbeitung zugeordnet werden, die standardmäßig, d.h. bei normalem Produktionsprozess, anfallen. Zwischen Standardprodukten und Einzelproduktion gibt es jedoch eine Differenzierungsmöglichkeit der Gemeinkostenzurechnung. So

---

[50] vgl. Drucker (1990), The emerging theory of manufacturing, S. 98
[51] vgl. Kilger (2002), Flexible Plankostenrechnung, S. 12 f-
[52] vgl. Brill et al. (1986), Produktionsplanung, S. 295
[53] vgl. Köhler A. et al. (1986), Flexibles System zur Stückkostenermittlung, S. 207 f.

sind bei Einzelproduktion häufig aufwendigere Planungs- und Steuerungsprozesse notwendig, die ebenfalls als Einzelkostenelemente verrechnet werden können.[54]

Kundenorientierte Verrechnung der Gemeinkosten

In den Bereichen Beschaffung und Leistungserstellung hängen z.B. Art und Umfang der Qualitätssicherung von speziellen Kundenanforderungen ab, die jeweils gesondert zu berücksichtigen sind. Des Weiteren ist eine kundenorientierte Verrechnung der Gemeinkosten gerade im Vertriebsbereich notwendig. Jedoch bildet diese Art der Verrechnungsorientierung nicht den Gegenstand dieser Arbeit.[55]

Periodenorientierte Verrechnung der Gemeinkosten

Unvorhergesehene, nicht standardmäßig anfallende Prozesse, die nicht einem einzelnen Auftrag oder Kunden zuzurechnen sind, müssen periodenorientiert quantifiziert werden. Unter anderem fallen Kosten für zusätzliche Planungs- und Steuerungsaufwände, wie z.B. bei Kapazitätsengpässen oder Fehlteilen in diese Kategorie.[56] Bei der Betrachtung der Auswirkungen von Terminabweichungen soll dennoch die Annahme gelten, dass Kapazitätsengpässe bzw. Fehlteile bestimmten Aufträgen und Prozessen zugeordnet werden können. Somit wird eine produkt- und auftragsorientierte Zurechnung ermöglicht.

WEBER benutzt in diesem Zusammenhang den Begriff Fehlmengenkosten als einen Sammelbegriff für erfolgswirtschaftliche Konsequenzen solcher unzureichender logistischer Aufgabenerfüllung, die aufgrund von Unterschreitungen einzelner oder mehrerer Elemente des vom jeweiligen Nachfrager der Logistikleistung gesetzten Anforderungsprofils entstehen.[57] Während die fehlmengenbedingten Erlös- bzw. Erfolgsveränderungen ebenso wie die aus Anpassungsmaßnahmen resultierenden Mehrkosten (zumindest ex post) prinzipiell hinreichend exakt quantifizierbar sind, entstehen erhebliche Erfassungsprobleme, wenn von einer Fehlmengensituation von Ausstrahlungseffekten auf künftige Geschäfte des Unternehmens ausgegangen werden soll.[58]

WEBER unterscheidet Fehlmengenkosten weiter nach ihrer Abhängigkeit von bestimmten Einflussgrößen. Als wichtigste Kriterien führt er dabei auf:[59]

- Mit der Zahl auftretender Fehlmengensituationen variierende Kosten. Hierzu zählen z.B. Vertragsstrafen und entgehende Deckungsbeiträge von durch Terminverzögerung verlorenen Aufträgen (Opportunitätskosten).
- Mit dem Fehlmengenvolumen variierende Kosten. Beispielsweise Mehrkosten des Fremdbezugs von sonst selbst hergestellten Zwischenprodukten.
- Mit dem Fehlmengenvolumen und der Dauer der Fehlmengensituation variierende Kosten. Hierunter fallen z.B. Preisnachlässe, deren Höhe mit dem Ausmaß der Terminüberschreitung zunimmt.

---

54 vgl. Renner (1991), Kostenorientierte Produktionssteuerung, S. 125
55 vgl. Renner (1991), Kostenorientierte Produktionssteuerung, S. 125
56 vgl. Renner (1991), Kostenorientierte Produktionssteuerung, S. 126
57 vgl. Weber (1987), Logistikkostenrechnung, S. 148
58 vgl. Weber (1987), Logistikkostenrechnung, S. 152
59 vgl. Weber (1987), Logistikkostenrechnung, S. 153

Ferner subsumiert WEBER, dass sich Fehlmengenkosten aus heterogenen Bestandteilen zusammensetzen, in unterschiedlichsten Unternehmensbereichen entstehen, in ihrer Höhe von einer Vielzahl von Einflussgrößen abhängen und somit stets nur für den individuellen Einzelfall bestimmbar sind.[60]

Die Ausführungen zu den Anforderungen an das Kostenmodell zeigen die Herausforderungen in der verursachungsgerechten a priori Quantifizierung von ungeplanten Zusatzkosten, die durch Belieferungsverspätungen hervorgerufen werden. Insbesondere ist die direkte Verrechnung in indirekten Bereichen schwierig. Im Rahmen der Dissertation sollen alle Kostenabschätzungen möglichst verursachungsgerecht zugeordnet und verrechnet werden. Überall dort, wo dies nicht möglich ist, soll ein der Prozesskostenrechnung ähnelnder Ansatz herangezogen werden. So können jeweils zutreffende Abschätzungen über ungeplante Tätigkeiten (z.B. Anteil Suchzeiten bei Auftreten von Fehlteilen an Gesamtarbeitszeit) getroffen, die dann über eine Zeiteinheit gemittelt und auf alle Fehlteile (Kostentreiber) in dieser Zeiteinheit bezogen werden. Dieser Ansatz bewertet die durch Belieferungsverspätungen hervorgerufenen Aufwendungen adäquat genau.

4.4 Ableitung eines Vorgehens zur Konzeption des Kostenmodells

Nachdem die Anforderungen an das Kostenmodell dargelegt worden sind, kann ein Vorgehen abgeleitet werden, welches den Aufbau des Kostenmodells ermöglicht. Den Anforderungen der Prozesssicht folgend, erfolgt im ersten Schritt der Aufbau eines Prozessmodells der Auftragsabwicklung im Maschinen- und Anlagenbau (Bild 4-9). Dabei muss das Modell auf der einen Seite so generisch sein, dass der modellierte Auftragsabwicklungsprozess möglichst die Leistungserstellung eines typischen Maschinen- und Anlagenbauers abdeckt und andererseits so dezidiert, dass alle relevanten, von Belieferungsverzügen betroffenen Teilprozessschritte berücksichtigt werden.

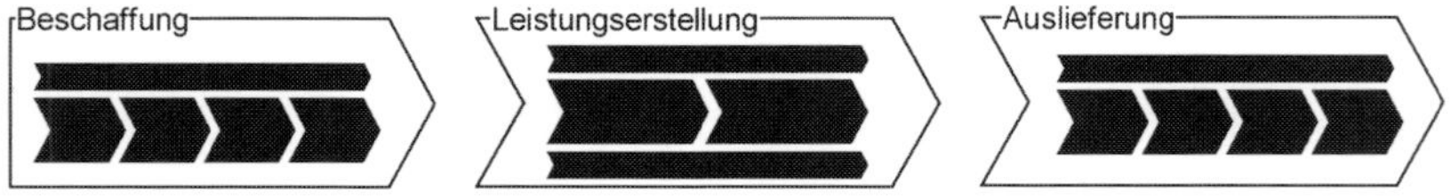

Bild 4-9: Schritt I: Prozessmodell für eine branchentypische Auftragsabwicklung

Das vollständige Prozessmodell setzt sich aus einzelnen Prozesselementen der Hauptprozesse Beschaffung, Leistungserstellung und Auslieferung zusammen. Die Beschaffung umfasst dabei alle Aktivitäten von der Bestellanfrage über die Bestellauslösung, das Lieferantencontrolling bis zur Anlieferung und den Empfang. Die Leistungserstellung deckt alle relevanten unternehmensinternen Prozesse ab. Darunter fallen die innerbetrieblichen Logistikprozesse, Lagerungsprozesse, die Planung und Steuerung sowie die Montage. Die Fertigungsprozesse werden an dieser Stelle explizit nicht betrachtet, da im Rahmen dieser Arbeitet die (unternehmensinterne) Fertigung als Lieferant für den Montageprozess angesehen wird.[61] Die Auslieferung beinhaltet den Versandprozess, die Planungs- und Steuerungsprozesse der Auslieferung, den Aufbau und die Inbetriebnahme beim Kunden sowie den Rechnungslegungsprozess.

---

60 vgl. Weber (1987), Logistikkostenrechnung, S. 153

61 siehe hierzu Kap. 4.3.3 Eingrenzung des Objektbereiches und der Anwendbarkeit

In einem zweiten Schritt müssen all diejenigen Teilprozesse entlang der gesamten Auftragsabwicklungskette identifiziert werden, die durch einen Belieferungsverzug tangiert werden und dadurch nicht planmäßig ablaufen (Bild 4-10). Ziel ist es, alle unplanmäßigen Tätigkeiten zu erfassen und diese mit Kosteneffekten zu verknüpfen. Dadurch wird eine Aussage über alle mit dem Belieferungsverzug angefallenen Zusatzkosten getroffen – also all jene Kosten, die bei einem störungsfreien Auftragsdurchlauf nicht aufgetreten wären und dementsprechend auch nicht Bestandteil einer Angebotskalkulation sind. Bei der Modellierung der Wirkbeziehungen zwischen Belieferungsverspätung eines Lieferanten, den dadurch betroffenen Teilprozessen und daraus resultierenden Kosteneffekten müssen unterschiedliche Kompensationsszenarien berücksichtigt werden. Ist abzusehen, dass ein Lieferant nicht in der Lage ist, einen Belieferungstermin zu halten, kann unter Umständen durch kompensatorische Maßnahmen bereits im Rahmen des Beschaffungsprozesses (Beschleunigungsprozesse wie z.B. alternative Belieferung durch Selbstabholung beim Lieferanten) der Belieferungstermin sichergestellt werden, sodass die nachfolgenden Prozesse der Leistungserstellung und der Auslieferung nicht betroffen werden. Ist das Unternehmen nicht in der Lage, den Lieferverzug zu absorbieren, müssen Kompensationsmaßnahmen innerhalb der innerbetrieblichen Leistungserstellung (z.B. Zusatzschichten) ausgelöst werden, um den geplanten Versandtermin halten zu können und die Prozesse der Auslieferung nicht zu beeinträchtigen. Wird auch dies nicht geschafft, besteht die letzte Einflussnahme in alternativen Auslieferungswegen (z.B. Luftfracht anstelle von Seefracht), um die kostenintensiven Strafzahlungen zu vermeiden. Die einzelnen Kompensationsszenarien sollen in Form eines Wirkmodells dargestellt werden.

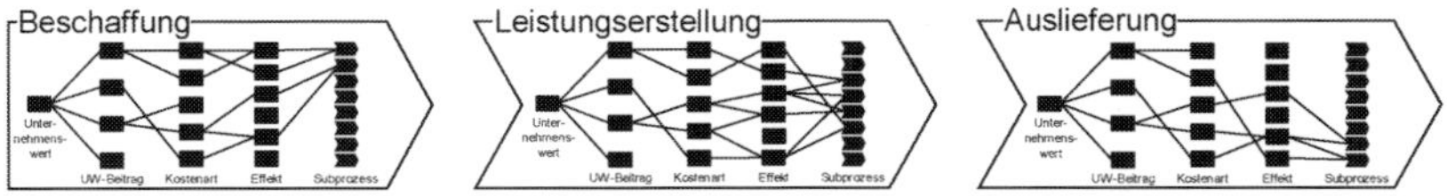

Bild 4-10: Schritt II: Identifikation termintreuerelevanter Teilprozesse und Kosteneffekte

Im Rahmen des dritten Schrittes werden die funktionalen Zusammenhänge zwischen Zeit im Sinne von Belieferungsverspätung und Kosten in der Form von ungeplanten Zusatzkosten in den einzelnen Teilprozessen abgeleitet (Bild 4-11). Ziel dabei ist es, die Kosten möglichst verursachungsgerecht abzubilden. Nach Möglichkeit sollen direkte, durch Belieferungsverspätungen ausgelöste Handlungen bzw. deren Kostenauswirkungen in Abhängigkeit von Zeit modelliert werden. Zur Ermittlung der voraussichtlichen Kosten von prinzipiellen Belieferungsverspätungen ist es notwendig, diese isoliert von anderen Handlungen des Unternehmens zu betrachten. Die klassischen Ansätze der Kostenrechnung arbeiten mit der Unterscheidung nach Fixkosten und variablen Kosten. Fixkosten sind dabei als Kosten zu verstehen, die unabhängig von der produzierten Menge oder durchgeführten Handlung entstehen (z.B. die Miete für die Produktionsräume). Im Gegensatz dazu stehen die variablen Kosten, die nur entstehen, wenn eine bestimmte Handlung durchgeführt wird (z.B. Zusatzarbeiten). Alternativ können Ansätze der Prozesskostenrechnung genutzt werden. Das Problem dabei besteht allerdings darin, dass dann eine Verteilung der Gemeinkosten auf verschiedene Kostenträger erfolgen muss. Erst dann können spezielle „Handlungskosten" errechnet werden. Es entsteht dabei ein Nivellierungseffekt über einen beliebig betrachteten Zeitraum, welcher der Kostenerfassung eine gewisse Unschärfe gibt. Aus diesem Grund sollen die Verspätungseffekte primär über variable, einzelnen Handlungen zuweisbare Kosten abgebildet werden. Ist dies nicht möglich, wird auf einen der Prozesskostenrechnung ähnelnden Ansatz zurückgegriffen.[62]

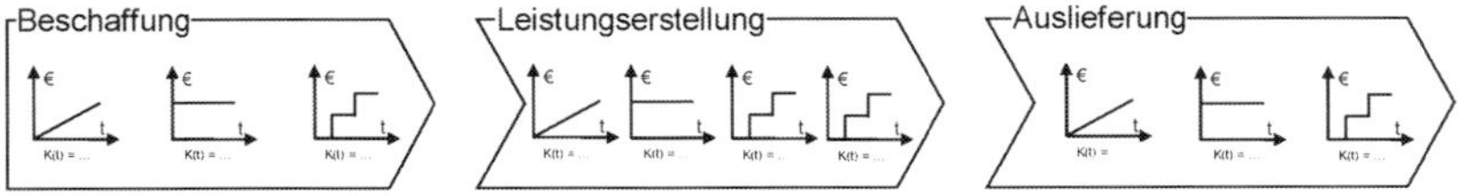

Bild 4-11: Schritt III: Ermittlung des funktionsspezifischen Zusammenhangs

Im vierten Schritt erfolgt dann die Synthese zum Gesamtkostenmodell (Bild 4-12). Dabei werden die einzelnen Kostenkurven zu einer ganzheitlichen, alle Teilprozesse inkludierenden Kostenkurve aggregiert. Bei der Aggregation sind die dynamischen Wechselwirkungen zwischen den einzelnen Teilprozessen zu beachten. Die erzeugte Kostenkurve macht dann eine zeitdiskrete Aussage über theoretisch (in Zukunft) anfallende Zusatzkosten bei einer Belieferungsverspätung. Durch Wahl eines theoretisch zu erwartenden durch den Lieferanten verursachten Verzögerungszeitpunkts können so die Kosten für kompensatorische Maßnahmen ermittelt werden, die anfallen würden, um den eigenen Auslieferungstermin halten zu können. Auf diese Weise kann der „Wert von Termintreue" errechnet und somit die Incentivierungsmarge abgeleitet werden.

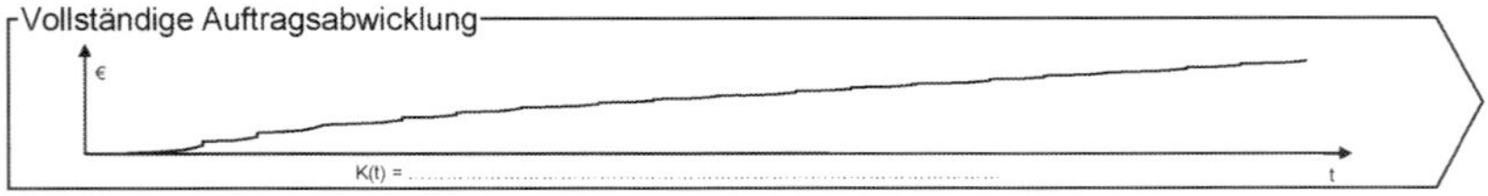

Bild 4-12: Schritt IV: Aggregation zum Gesamtkostenmodell

62 siehe hierzu Kap. 4.3.4 Anforderungen an das Kostenmodell

5 Kostenmodell zur monetären Quantifizierung von Belieferungsverspätungen – Wert von Termintreue

„NUR WER SEIN ZIEL KENNT, FINDET DEN WEG.“

-Laozi-

Im Rahmen des fünften Kapitels wird das im Vorfeld hergeleitete Vorgehen zur Ableitung eines Kostenmodells für die monetäre Quantifizierung der durch lieferanteninduzierte Belieferungsverspätungen hervorgerufenen Kosteneffekte detailliert (Bild 5-1). Zunächst wird in Kapitel 5.1 ein generisches Prozessmodell für die Auftragsabwicklung im Maschinen- und Anlagenbau definiert, um dann in Kapitel 5.2 Teilprozesse identifizieren zu können, die von Belieferungsverzügen tangiert werden und ungeplante Kosteneffekte verursachen.

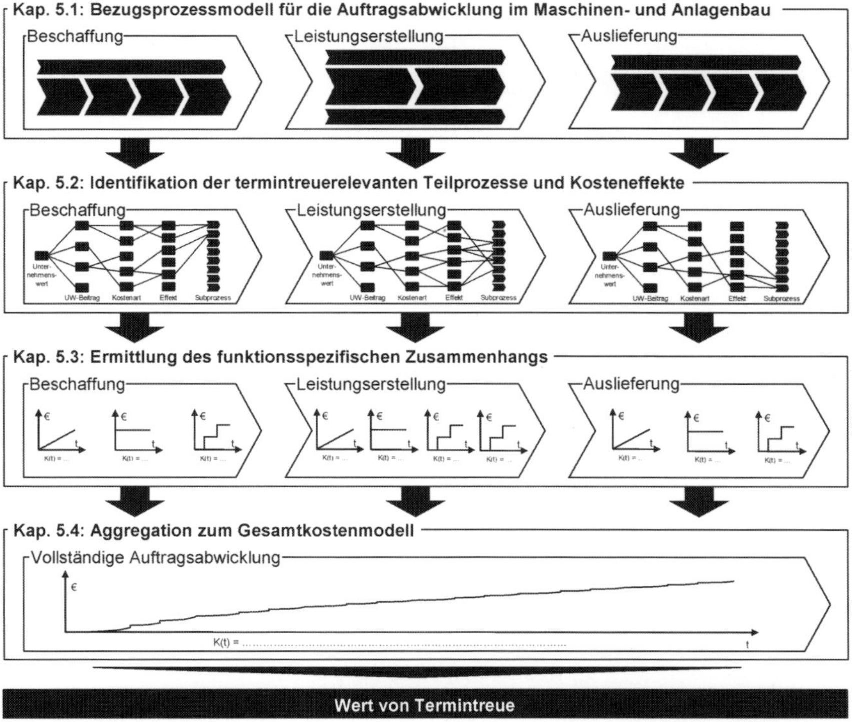

Bild 5-1: Struktur des Kapitels

Darauf aufbauend werden in Kapitel 5.3 einzelne Kostenmodelle hergeleitet, die den funktionalen Zusammenhang zwischen Belieferungsverzug und Zusatzkosten modellieren. Basierend auf diesen Erkenntnissen werden die einzelnen Kostenkurven in Kapitel 5.4 zu einem Gesamtkostenmodell aggregiert. Dieses ermöglicht dann die Berechnung des Wertes von Termintreue.

5.1 Bezugsprozessmodell der Auftragsabwicklung im Maschinen- und Anlagenbau

Ziel dieses Unterkapitels ist es, ein generisches Prozessmodell für die weiteren Prozesskostenbetrachtungen festzulegen. Jegliche unternehmerischen Aktivitäten, die zeitlich vor der Beschaffung stattfinden („Front-End"), sind nicht Gegenstand der Betrachtung (Bild 5-2). Tätigkeiten im Vertriebsbereich oder aber in der Konstruktion werden von verspäteten Belieferungen nicht tangiert und entfallen demnach aus dem Betrachtungsbereich.

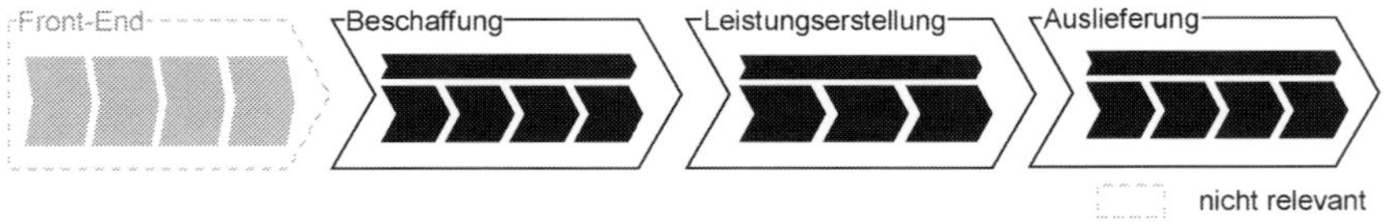

Bild 5-2: Hauptprozesse der Auftragsabwicklung

Die Hauptprozesse Beschaffung, Leistungserstellung und Auslieferung werden in Form von Teilprozessen detailliert. MAYER beschreibt das Verhältnis zwischen Haupt- und Teilprozessen mit folgenden drei Zusammenhängen:[1]

- Ein Hauptprozess ist als Zusammenfassung verschiedener Teilprozesse einer oder mehrerer Kostenstellen zu verstehen.
- Ein Teilprozess kann einem Hauptprozess auch nur teilweise zugerechnet werden, wenn bspw. eine Überschneidung zu einem weiteren Hauptprozess besteht.
- Mehrere Teilprozesse einer Kostenstelle können einem Hauptprozess zugeordnet werden, da man grundsätzlich alle Aktivitäten, die in einer Kostenstelle für einen Hauptprozess erbracht werden, zu einem Teilprozess zusammenfasst.

Dieser Logik folgend wird im Folgenden ein generischer Auftragsabwicklungsprozess für den Maschinen- und Anlagenbau festgelegt und beschrieben. Dieser Prozess der Auftragsabwicklung repräsentiert die Art der Leistungserstellung für einen Großteil der Unternehmen der Branche und stellt demnach eine adäquate Grundlage für die späteren Kostenbetrachtungen dar.[2]

---

1 vgl. Mayer (1996), Prozeßkostenrechnung und Prozeß(kosten)optimierung, S. 49 f.

2 Die Festlegung der Teilprozesse basiert auf einem Zusammenspiel aus Dokumentationen des Stands der Technik, zahlreichen Erfahrungen des Autors aus Forschungs- und industriellen Beratungsprojekten im Kontext des Prozessmanagements in der Branche des Maschinen- und Anlagenbaus sowie einer Vielzahl von vom Autor durchgeführten Studien in diesem Kontext. Siehe hierzu Kap. 1.3 Forschungskonzeption.

5.1.1 Teilprozesse der Beschaffung

Im Folgenden wird auf die Kernelemente des Beschaffungsprozesses Situations- und Bedarfsanalyse, Lieferantenanalyse und -auswahl, Lieferantenverhandlung und Bestellung, Lieferung und Empfang, Rechnungsprüfung und Zahlung sowie das Lieferantencontrolling näher eingegangen (Bild 5-3).[3]

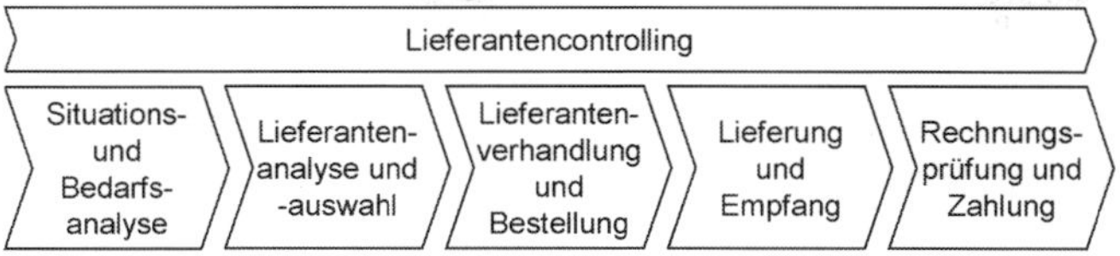

Bild 5-3: Teilprozesse der Beschaffung[4]

5.1.1.1 Situations- und Bedarfsanalyse

Die Situationsanalyse hinterfragt die derzeitige Lage sowie mögliche zukünftige Entwicklungen des Unternehmens und des Unternehmensumfeldes. Stärken und Schwächen der mit der Beschaffung und den konkreten Beschaffungsvorgängen in Verbindung stehenden Unternehmensbereiche werden untersucht. Daraus werden konkrete Ziele der Beschaffung, eine Beschaffungsstrategie und konkrete Maßnahmen abgeleitet.[5]

Der erste Schritt der Bedarfsanalyse ist die Bedarfsfeststellung. Existiert ein Bedarf an für die Leistungserstellung benötigten Einsatzfaktoren, so muss dieser durch die Beschaffung gedeckt werden – sofern die entsprechenden Einsatzfaktoren nicht unternehmensintern hergestellt werden sollen oder können. Im zweiten Schritt, der Beschaffungsobjektplanung, wird festgelegt, welche Anforderungen an das zu beschaffende Objekt gestellt werden. Hierbei muss auf Informationen aus den entsprechenden Unternehmensbereichen Konstruktion, Produktion, Vertrieb, etc. zurückgegriffen werden. Im letzten Schritt werden die Beschaffungsmodalitäten determiniert. Dazu zählen z.B. die Konditionen (Preisbudget, Liefertermin etc.), zu welchen die Einsatzfaktoren beschafft werden sollen.[6]

5.1.1.2 Lieferantenanalyse und -auswahl

Der Lieferantenanalyse und -auswahl ist in einer Vielzahl von Unternehmen eine Beschaffungsmarktanalyse vorgeschaltet. Gegenstand der Beschaffungsmarktanalyse ist die Untersuchung des ökonomischen und technologischem Unternehmensumfeldes, der rechtlichen und politischen Rahmenbedingungen sowie der Positionierung des Unternehmens gegenüber den Lieferanten und Wettbewerbern. Ergebnis ist eine strategische Ausrichtung des weiteren Beschaffungsprozesses sowie eine Vorauswahl möglicher Beschaffungsmärkte und -länder hinsichtlich Leistungs-, Kosten- und

---

[3] siehe hierzu Einführung in Kap. 2.3.1 Auftragsabwicklung im Maschinen- und Anlagenbau

[4] i.A.a. Koppelmann (2004), Beschaffungsmarketing, S. 85 ff.; Janker (2008), Multivariate Lieferantenbewertung, S. 20 ff.; Gienke et al. (2007), Handbuch Produktion, S. 206 ff.; Coenenberg (2009), Einführung in das Rechnungswesen, S. 5 ff.; Gienke et al. (2007), Handbuch Produktion, S. 205 ff.; Arnold et al. (2008), Handbuch Logistik, S. 6 ff.

[5] vgl. Koppelmann (2004), Beschaffungsmarketing, S. 85 ff.

[6] vgl. Koppelmann (2004), Beschaffungsmarketing, S. 152 ff.; Janker (2008), Multivariate Lieferantenbewertung, S. 20

Sicherheitsmerkmalen.[7] Die nachfolgende Lieferantenanalyse und -auswahl teilt sich in die Schritte Lieferantenidentifikation bzw. Lieferantenvorauswahl, Lieferanteneingrenzung, Lieferantenbewertung und Lieferantenauswahl.

Die Lieferantenidentifikation hat zum Ziel, Lieferanten ausfindig zu machen, die das Beschaffungsobjekt anbieten.[8] Nach HARTMANN kommen im Rahmen der Lieferantenvorauswahl nur Lieferanten infrage, die eine technische Grundvoraussetzung erfüllen, bei denen projektspezifische Anforderungen sowie politische und gesellschaftspolitische Zusammenhänge gegeben sind und das Image der potenziellen Lieferanten mit der unternehmerischen Politik vereinbar ist.[9]

Die Lieferanteneingrenzung hat zur Aufgabe, die Anzahl der möglichen Lieferanten anhand grober und aufwandsarm zu erhebender Kriterien sukzessive zu reduzieren, sodass im später folgenden Schritt der Lieferantenanalyse nur noch die Lieferanten mit dem größten Potenzial betrachtet werden können. Während des gesamten Selektionsprozesses steigt die Informationsmenge je Lieferant mit sinkender Lieferantenanzahl an.[10] Die Informationserhebung erfolgt möglichst strukturiert und standardisiert, um eine Vergleichbarkeit zwischen den Lieferanten sicherzustellen.[11]

Die Lieferantenbewertung umfasst die Aufbereitung, Verarbeitung und Darstellung der in der Lieferantenvorauswahl bzw. -eingrenzung zusammengetragenen Informationen.[12] Vertiefende Informationen zu den Lieferanten können im Rahmen von selbst durchgeführten Audits erfolgen.[13] Eine Auditierung soll Schwachstellen aufdecken, Anregungen für Verbesserungen geben und ggf. eingeleitete Qualitätsmaßnahmen überwachen.[14] Die Lieferantenbewertung ist demnach eine Momentaufnahme der wirtschaftlichen, ökologischen und technischen Leistungsfähigkeit potenzieller Lieferanten, sodass sie im Rahmen des Lieferantenmanagements kontinuierlich aktualisiert werden muss.[15]

Die Lieferantenauswahl steht am Ende des Entscheidungsfindungsprozesses und hat sowohl strategischen als auch operativen Charakter. Im Mittelpunkt der strategischen Lieferantenauswahl stehen die qualifizierenden Erfolgspotenziale eines Lieferanten und die grundsätzliche Frage, ob dieser, losgelöst von einem konkreten Beschaffungsobjekt, in die Lieferantenbasis aufgenommen werden soll, während die operative Lieferantenauswahl bezogen auf ein Beschaffungsobjekt unter Berücksichtigung

---

7 vgl. Koppelmann (2004), Beschaffungsmarketing, S. 204 ff.; Appelfeller et al. (2011), Modernes Beschaffungsmanagement, S. 65 ff.; Janker (2008), Multivariate Lieferantenbewertung, S. 21

8 vgl. Gienke et al. (2007), Handbuch Produktion, S. 206

9 HARTMANN nennt außerdem folgende Gründe, aus welchen der Kreis der potenziellen Lieferanten eingeschränkt sein könnte: Der Lieferant ist mit seinen Leistungen durch den Auftraggeber vorgegeben, nur ein einziger Lieferant besitzt die Fähigkeiten, das Beschaffungsobjekt herzustellen (Monopolstellung), der Lieferant könnte als Konkurrent am Markt auftreten und die politischen Rahmenbedingungen verhindern eine Zusammenarbeit. Vgl. Hartmann (2004), Lieferantenmanagement, S. 48

10 vgl. Janker (2008), Multivariate Lieferantenbewertung, S. 36

11 vgl. Koppelmann (2004), Beschaffungsmarketing, S. 236

12 vgl. Janker (2008), Multivariate Lieferantenbewertung, S. 41

13 PFEFFERLI unterscheidet drei Arten von Audits: Das Systemaudit beschäftigt sich mit der Wirksamkeit des Managementsystems, im Produktaudit wird eine bestimmte Anzahl von Endprodukten untersucht und im Prozessaudit werden einzelne Prozesse zur Bestätigung der Qualitätsfähigkeit analysiert. Ein Lieferantenaudit ist immer eine Kombination aus System-, Produkt- und Prozessaudit. Vgl. Pfefferli et al. (2002), Lieferantenqualifikation, S. 25

14 vgl. Kamiske et al. (1999), Qualitätsmanagement von A bis Z, S. 5

15 vgl. Hartmann et al. (1997), Lieferantenbewertung, S. 18

gegebener Kriterien (Preis, Lieferzeit etc.) einen Lieferanten für einen konkreten Auftrag auswählt.[16] So ergibt sich, je nach gewählter Bewertungsmethode, eine mehr oder weniger eindeutige präferierte Reihenfolge der Lieferanten. Es ist jedoch darauf Rücksicht zu nehmen, ob die verwendete Methode eine ganzheitliche Bewertung erlaubt oder nicht; sind bspw. qualitative Faktoren nicht erfassbar, so müssen diese im Rahmen der Lieferantenauswahl berücksichtigt werden.[17]

5.1.1.3 Lieferantenverhandlung und Bestellung

Mit den nun selektierten Unternehmen werden konkrete Lieferantenverhandlungen initiiert, bei denen entsprechende Verhandlungs- und Gestaltungsinstrumente genutzt werden. An dieser Stelle wird versucht, mithilfe beschaffungspolitischer Instrumente (wie Preis-, Service-, Bezugs-, Entgelt- oder Kommunikationspolitik) einen Konsens zwischen den eigenen Forderungen und den Erwartungen des Lieferanten zu finden.[18]

Der Lieferantenverhandlung folgt die Bestellung. Diese beinhaltet die operativen Tätigkeiten Vertragserstellung, Bestellübermittlung und Bestellverfolgung.[19] Je nach Unternehmen bzw. Unternehmensgröße sowie Ausprägung der IT-/ERP-Infrastruktur können diese Schritte (auch in der Branche des Maschinen- und Anlagenbaus) zum Großteil automatisiert durchgeführt werden.

5.1.1.4 Lieferung und Empfang

Der Teilprozessschritt Lieferung und Empfang umfasst die Auslieferungstätigkeit des Lieferanten sowie den Wareneingangsprozess des Empfängers. Generell sind außerbetriebliche Transportprozesse auf Beschaffungsseite vom Lieferanten zum Unternehmen und auf der Auslieferungsseite[20] vom Unternehmen zum (End-) Kunden vorzufinden. Weitere überbetriebliche Transporte finden im Kontext von Materialflüssen zwischen einzelnen Standorten einer Unternehmung oder aber bei der Entsorgung statt; diese sind allerdings für den Rahmen dieser Arbeit nicht relevant. Als Transportmittel werden in der Regel LKW, Bahn, Flugzeug, Binnen- oder aber Seeschifffahrt genutzt.[21]

Lieferanten verfolgen unterschiedliche Auslieferungsstrategien. So werden bspw. Logistikdienstleister und Speditionen genutzt, um die Kunden zu beliefern. Diese holen die auszuliefernden Komponenten, Teile etc. in entweder festgelegten Zyklen oder aber nach Initiierung ab, kommissionieren diese in den eigenen Umschlagstandorten und verteilen diese wiederum in festgelegten Auslieferungsrouten. Ferner existieren Unternehmen, die auch eigene Ressourcen zur Auslieferung ihrer Güter nutzen. Dort werden die bestellten Produkte je Produktart und Auslieferungsbedingungen (z.B. Größe, Stapelbarkeit, Werthaltigkeit etc. des Erzeugnisses, Entfernung zum Kunden etc.) direkt nach Fertigstellung oder aber erst bei nahezu voller Auslastung der Auslieferungskapazität der Transportressource ausgeliefert. Letztere Strategie führt speziell in Zeiten geringer Nachfrage zu Belieferungsverzügen, da es für die Lieferanten zu kostspielig ist, inadäquat ausgelastete Transporte abzuwickeln. Dies führte insbesondere in der letzten Krisenzeit zu einer Verschlechterung der Termintreue, obwohl die bran-

---

16 vgl. Large (2006), Strategisches Beschaffungsmanagement, S. 162 ff.
17 vgl. Janker (2008), Multivariate Lieferantenbewertung, S. 45
18 vgl. Koppelmann (2004), Beschaffungsmarketing, S. 277 ff.; Janker (2008), Multivariate Lieferantenbewertung, S. 21
19 vgl. Koppelmann (2004), Beschaffungsmarketing, S. 331 ff.
20 siehe hierzu Kap. 5.1.3.2 Versand
21 vgl. Arnold et al. (2008), Handbuch Logistik, S. 6

chenweite Nachfrage stark gesunken war. Intuitiv liegt die Vermutung nahe, dass im Speziellen bei geringer Nachfrage genügend Kapazitäten verfügbar sind, um eine termintreue Abwicklung zu gewährleisten. Jedoch hat die Vergangenheit gezeigt, dass genau der entgegengesetzte Fall eingetroffen ist. Unternehmen haben aufgrund des starken Kostendrucks auf eine auslastungsorientierte Ressourcenallokation fokussiert, was im Kontext geringer Nachfrage dazu geführt hat, dass die Auslieferungsfrequenz stark gesunken ist und somit die Lieferzeit drastisch verlängert wurde bzw. oft die Liefertreue nicht eingehalten werden konnte.[22]

5.1.1.5 Rechnungsprüfung und Bezahlung

Mit dem Teilprozess Rechnungsprüfung und Bezahlung endet der Beschaffungsprozess. In der Regel werden die Aktivitäten von den buchhalterischen Entitäten der Unternehmung durchgeführt. Die Buchhaltung erfüllt dabei die Aufgaben der systematischen, lückenlosen und chronologischen Erfassung und Aufbereitung der Zahlenwerte aller Geschäfts- bzw. Beschaffungsfälle.[23] Die im Rahmen der vorgelagerten Prozesse entstandenen Daten werden bei der Rechnungsprüfung hinsichtlich der Plan- und Ist-Werte kontrolliert. Im Fall einer nicht ordnungsgemäßen Leistungserbringung des Lieferanten wird geprüft, inwieweit der vertraglich zugesicherte Rechnungsbetrag zu zahlen ist.[24] Bei Übereinstimmung des Beschaffungsauftrages mit der tatsächlichen Lieferung wird die Bezahlung freigegeben.

5.1.1.6 Lieferantencontrolling

Lieferantencontrolling (auch Lieferantensteuerung genannt) befasst sich mit der Überwachung und Verbesserung bestehender Lieferantenbeziehungen. Es wird die Versorgungssicherheit des Unternehmens sichergestellt, indem eine kontinuierliche Lieferterminüberwachung stattfindet sowie durch regelmäßige Kontrollen die Leistungsfähigkeit der Lieferanten bewertet wird und bei Defiziten entsprechende Gegenmaßnahmen (Anreize, Sanktionen etc.) durchgeführt werden.[25]

Die systematische Anwendung eines durchgängigen Lieferantencontrollings setzt längerfristige Lieferantenbeziehungen voraus. Wie in den vorhergehenden Kapiteln beschrieben wurde, ist der deutsche Maschinen- und Anlagenbau geprägt von losen und kurzfristigen Beschaffungsbeziehungen, sodass die Etablierung eines kontinuierlichen, auftragsübergreifenden Lieferantencontrollings nur schwer realisierbar ist. Meist ist der Leistungsumfang der in der Regel kapazitiv überlasteten Einkaufsabteilungen bei den mittelständisch geprägten Maschinen- und Anlagenbauern auf die Lieferterminüberwachung beschränkt.[26] Selbst diese wichtige Funktion für die Sicherstellung der Materialverfügbarkeit wird in vielen Fällen vernachlässigt. Aufgrund der großen Anzahl an Lieferanten bzw. zu

---

22 vgl. Arnold et al. (2008), Handbuch Logistik, S. 6

23 vgl. Coenenberg (2009), Einführung in das Rechnungswesen, S. 5

24 Hinsichtlich einer Minderung des Kaufvertrages sollte berücksichtigt werden, wie sich eine solche Handlung auf das Verhältnis zu dem Lieferanten unter strategischen Gesichtspunkten der Partnerschaft auswirkt (vgl. Gienke et al. (2007), Handbuch Produktion, S. 205 ff.). In der Regel können im Maschinen- und Anlagenbau Pönalen nicht weitergegeben werden (mangelnde Finanzstärke, strategische Beziehungen zum Lieferanten, Exklusivität des Lieferanten etc.).

25 vgl. Janker (2008), Multivariate Lieferantenbewertung, S. 46

26 vgl. Schuh (2006), Produktionsplanung und -steuerung, S. 233; Weber et al. (2010), Logistik und supply chain controlling, S. 141 f.

überwachender Teile sehen sich die Unternehmen trotz IT-Unterstützung[27] oft nicht in der Lage, alle Lieferanten bzw. das vollständige, zu beschaffende Teilespektrum mit der gleichen Intensität zu überwachen.[28]

5.1.2 Teilprozesse der Leistungserstellung

Im Folgenden werden die Teilprozesse der unternehmensinternen Leistungserstellung Planung und Steuerung, Lagerung, Transport und Bereitstellung sowie Montage näher beschrieben (Bild 5-4).[29]

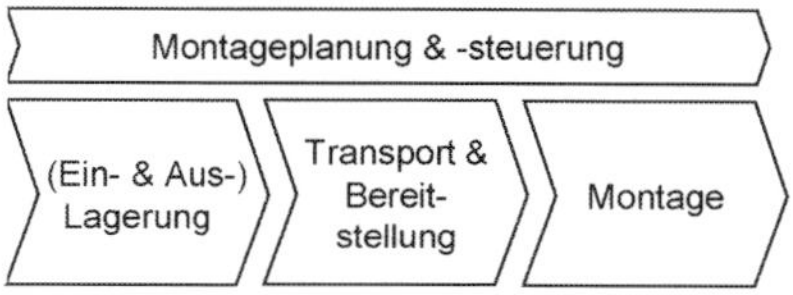

Bild 5-4: Teilprozesse der Leistungsstellung[30]

Im Rahmen dieser Arbeit wird die Fertigung explizit ausgeschlossen, da zum einen die Leistungserstellung im Maschinen- und Anlagenbau zunehmend im Kontext geringer werdender Wertschöpfungstiefen (abgesehen von differenzierungsgebenden Kernkompetenzen) aus der Montage besteht und zum anderen die (unternehmensinterne) Fertigung im Rahmen des hier erarbeiteten Konzeptes als Zulieferer betrachtet werden kann.[31]

5.1.2.1 Montageplanung und -steuerung

Die Produktionsplanung und -steuerung (PPS) als zentrales, unternehmensinternes Koordinationsorgan plant und steuert alle zur Leistungserstellung im Unternehmen notwendigen Prozesse.[32] WIENDAHL definiert die zentrale Aufgabe der PPS im Erreichen von logistischen und wirtschaftlichen Zielen unter Berücksichtigung der gegenseitigen Abhängigkeiten.[33] Die Produktionsplanung ist dabei für den Inhalt und die Gestaltung der Prozesse verantwortlich, während die Produktionssteuerung den Ablauf der Prozesse regelt.[34] Kernaufgaben der Produktionsplanung und -steuerung sind demnach das

---

[27] Bei der Verwaltung von lieferantenbezogenen Daten erfolgt eine Differenzierung zwischen Materialstammdaten, artikelneutralen, lieferantenbezogenen Bewertungskriterien und artikelbezogenen Bewertungskriterien. Vgl. Schuh (2006), Produktionsplanung und -steuerung, S. 230

[28] Daher wird in der Regel eine Klassifizierung des Lieferantenstammes mithilfe einer Lieferantenstrukturanalyse durchgeführt. Eine solche Klassifizierung kann bspw. anhand der Leistungsfähigkeit eines Lieferanten geschehen. LARGE unterscheidet in Hochleistungslieferanten, Problemlieferanten, Mangellieferanten und unbrauchbare Lieferanten. Hochleistungslieferanten müssen selten überprüft werden und können als Best-Practice-Modell zur Entwicklung anderer Lieferanten genutzt werden. Problem- und Mangellieferanten sind häufigen Kontrollen zu unterziehen und im Rahmen der Lieferantensteuerung bei der Entwicklung zu unterstützen. Unbrauchbare Lieferanten bieten auch mittel-/langfristig kein Entwicklungspotenzial und sollten daher bei zukünftigen Aufträgen nicht berücksichtigt und aus der Lieferantenbasis entfernt werden. Vgl. Large (2006), Strategisches Beschaffungsmanagement, S. 122 f.

[29] siehe hierzu Einführung in Kap. 2.3.1 Auftragsabwicklung im Maschinen- und Anlagenbau

[30] i.A.a. Warnecke et al. (1975), Montagetechnik, S. 11; Miese (1976), Systematische Montageplanung, S. 31, Hartmann (1993), Kostenmodell für die Montage, S. 58; Schuh (2006), Produktionsplanung und -steuerung, S. 28; Kurbel (2003), Grundlagen von PPS-Systemen, S. 215 ff.

[31] siehe hierzu Kap. 4.3.3 Eingrenzung des Objektbereiches und der Anwendbarkeit

[32] vgl. Günther et al. (2005), Produktion und Logistik, S. 139

[33] vgl. Wiendahl (2004), Betriebsorganisation für Ingenieure, S. 254

[34] vgl. Schuh (2006), Produktionsplanung und -steuerung, S. 28

Planen, Veranlassen, Überwachen sowie Einleiten von Maßnahmen bei unerwünschten Abweichungen.[35]

Prinzipiell kann zwischen drei aufeinander aufbauenden Planungsebenen der Planung und Steuerung unterschieden werden:[36]

- die strategische (langfristige) Planung und Steuerung,
- die taktische (mittelfristige) Planung und Steuerung und
- die operative (kurzfristige) Planung und Steuerung.

Im Kontext der vorliegenden Arbeit sind jedoch die strategische sowie taktische Planung und Steuerung zu vernachlässigen, da Terminierungsprobleme bzw. die daraus resultierenden Anforderungen an die Planung und Steuerung kurzfristigen Charakter haben. Ferner stellt die Umplanung bzw. Steuerung immer eine Reaktion auf das Ergebnis vorgelagerter Prozesse dar. Demzufolge liegt der Fokus auf der reaktiven Planung und Steuerung.

5.1.2.2 Lagerung

Der Teilprozess Lagerung umfasst alle Tätigkeiten, die zwischen Beschaffung und Auslieferung notwendig sind, um das Produkt zwischen den Produktionsschritten zu bevorraten. Dazu zählt neben dem Ein-, Aus- und Zwischenlagern auch die notwendige Infrastruktur, wie z.B. Lagergebäude, Lagerstellen, Lagerfördermittel sowie sonstige Lagereinrichtung. Zusätzlich obliegt dem Lagerpersonal die Verwaltung des jeweiligen Lagerstands.[37] Hierzu werden alle Zu- und Abgänge des Lagers aufgezeichnet und mit der PPS abgeglichen. Dies geschieht in der Regel mit einer entsprechender IT-Unterstützung in Form des ERP-Systems.[38]

Generell können Lager nach dem Wert der eingelagerten Waren in Eingangswaren-, Halbfertigwaren, Zwischen- und Fertigwarenlager unterschieden werden. Die zentrale Aufgabe des Auslagerns umfasst die schnelle und kosteneffiziente Zurverfügungstellung der gelagerten Güter. Dabei werden in der Regel die auf einen Auftrag gebuchten Materialien durch das Lagerpersonal entnommen und zur Entnahme bereitgestellt.[39]

5.1.2.3 Transport und Bereitstellung

Der Teilprozess Transport und Bereitstellung beschreibt alle innerbetrieblich-logistischen Vorgänge, die Bau- oder Bestandteile eines Erzeugnisses zu oder von einem Arbeits- oder Lagerplatz bewegen.[40] So folgt das Verständnis der Beschreibung von EHRMANN, der definiert, dass die innerbetriebliche Logistik die ausführenden Maßnahmen und Instrumente zur Gewährleistung eines optimalen Material-, Wert- und Informationsflusses im Rahmen des betrieblichen Leistungserstellungsprozesses darstellt.[41] Demnach besteht die Aufgabe konkret in der Versorgung einer Empfangsinstanz (im

[35] vgl. Eversheim et al. (1996), Produktion und Management, S. 14-2
[36] vgl. Kurbel (2003), Grundlagen von PPS-Systemen, S. 215
[37] vgl. Schuh (2006), Produktionsplanung und -steuerung, S. 67
[38] vgl. Wiendahl (1997), Betriebsorganisation für Ingenieure, S. 310
[39] vgl. Lödding (2008), Verfahren der Fertigungssteuerung, S. 92
[40] vgl. Arnold et al. (2008), Handbuch Logistik, S. 19
[41] vgl. Olfert et al. (2005), Risikomanagement, S. 25

Kontext dieser Arbeit die Montage) durch eine Lieferinstanz mit dem in Menge und Sorte richtigen Teil, im richtigen Zeitpunkt, zur richtigen Zeit, am richtigen Ort und zu minimalen Kosten.[42]

Der Transport und die Bereitstellung sind zunächst fördertechnische Aufgaben, für die unterschiedliche Transportsysteme zur Auswahl stehen, welche sich in ihrer Eignung hinsichtlich des Transportgutes, -bereichs und der Transportorganisation generell unterscheiden.[43] Die Bandbreite der eingesetzten Systeme reicht hierbei vom einfachen Flurförderfahrzeug bis zu führerlosen Transportsystemen (Kränen, Flurförderfahrzeugen, Steigförderer etc.).[44] Speziell in der mittelständisch geprägten Branche des Maschinen- und Anlagenbaus lassen sich neueste Trends moderner Logistiksysteme allerdings nicht unbedingt erkennen. Während Branchen wie die Automobil- oder Konsumgüterindustrie neuartige, auf höchste Effizienz bei maximal möglicher Flexibilität getrimmte Konzepte mit integrierter informationstechnischer Verarbeitung nutzen, kommen bei den Maschinen- und Anlagenbauern eher konservative Systeme zum Einsatz.[45] Genutzt werden oft einfache, aufgrund der hohen Produktvarianz und unstetigen Abrufen auf maximale Flexibilität ausgerichtete Transportressourcen. So kommen überwiegend Kräne, Gabelstapler und Hubwagen zum Einsatz, welche sich alle durch hohe Gewichts- und Volumenflexibilität auszeichnen und kaum speziellen Transportbedingungen unterliegen. Automatisierte Transportsysteme wie Hängeförderer, Rollenbahnförderer, Bandförderer, Palettenförderer kommen praktisch nicht zum Einsatz, da ständig variierende Flächenbelegungssituationen vorhanden sind und die Erzeugnisse in der Regel zu komplex und großvolumig sind.[46] So entstehen die größten kostentechnischen Aufwände in der Regel durch Personalkosten sowie den Betrieb der Logistiksysteme.

5.1.2.4 Montage

Industriell hergestellte Produkte bestehen in der Regel aus einer Vielzahl von Einzelteilen, produziert zu unterschiedlichen Zeiten mit unterschiedlichen Fertigungsverfahren. Es ist die Aufgabe der Montage, aus den Teilen ein Produkt höherer Komplexität mit vorgegebenen Funktionen in einer bestimmten Zeit zusammenzubauen.[47] Die Montage kann allgemein als das Aufbauen von Systemen höherer Komplexität aus Systemen niedrigerer Komplexität definiert werden. Einzelteile werden zu Baugruppen, diese wiederum zu Geräten und schließlich zu Anlagen zusammengebaut.[48] Das Montagesystem setzt sich aus dem Personal, der Gesamtheit aller Montagemittel, Montagehilfsmittel und Montageeinrichtungen sowie dem Montageprozess zusammen. Der Montageprozess ist die nach bestimmten Gesetzmäßigkeiten ablaufende Aneinanderreihung von Tätigkeiten, die zum Zusammenbau von Produkten erforderlich sind und ist durch die Haupt- und Nebenfunktionen Fügen, Lagern, Fördern, Handhaben, Anpassen und Kontrollieren gekennzeichnet.[49]

Weiterhin ist die Montage durch viele manuelle Montagefunktionen gekennzeichnet. So wird das Personal weniger zur Überwachung von Prozessen (wie in der Fertigung), als vielmehr zur

---

[42] vgl. Pfohl (2004), Logistiksysteme, S. 12
[43] vgl. Arnold et al. (2008), Handbuch Logistik, S. 18
[44] vgl. Kerner (2002), Modellbasierte Beurteilung der Logistikleistung von Prozessketten, S. 77 f.
[45] vgl. Arnold et al. (2008), Handbuch Logistik, S. 20
[46] vgl. Eversheim et al. (2001), Montagestruktur- und -arbeitsplatzgestaltung, S. 581
[47] vgl. Warnecke (1975), Montagetechnik, S. 11; Richter et al. (1978), Montage im Maschinenbau, S. 13
[48] vgl. Miese (1976), Systematische Montageplanung bei Kleinserienproduktion, S. 18
[49] vgl. Miese (1976), Systematische Montageplanung bei Kleinserienproduktion, S. 25; Kosmas (1988), Strategien und Hilfsmittel für die Montagevorbereitung, S. 26

eigentlichen Durchführung der Montagearbeiten eingesetzt. Zusätzlich sind die Arbeitsinhalte sehr verschiedenartig und bedingen zur Erreichung einer großen Flexibilität eine hohe Personalbindung. Aus diesen Faktoren ergibt sich ein hoher Anteil an Arbeitern mit hoher Qualifikation (67%) und ein geringer Anteil mit einer Standardqualifikation (33%) in der Montage. Hilfskräfte werden im Normalfall nicht angetroffen. So machen die Personalkosten in der Montage den größten Kostenanteil mit 45 bis 56% aus. Die Anzahl der Facharbeiter beträgt im Gegensatz zur höher automatisierten Serienmontage (38%) 80 bis 90%. Der Anteil der Montagezeit an der Gesamtdurchlaufzeit kann bei der Produktion von Werkzeugmaschinen bis zu 70% annehmen, während beim Motorenbau ein Anteil von 25% realistisch ist. So machen die Montagekosten ca. 35% der in der Produktion insgesamt anfallenden Kosten aus.[50]

Die benötigten Betriebsmittel sind aufgrund der kleinen Stückzahlen, der komplexen Montagevorgänge und der geringen Wiederholhäufigkeiten auf einfache, universelle Werkzeuge und Vorrichtungen beschränkt. Eine wirtschaftliche Montageautomatisierung ist aufgrund dieser Faktoren und nicht zuletzt wegen den oft auftretenden großvolumigen Produkten kaum realisierbar.[51] Die Art der Montageorganisation[52] gibt vor, wie die Erzeugnisse zusammengebaut werden. Prinzipiell kann zwischen dem Verrichtungsprinzip und dem Fließprinzip unterschieden werden. Charakteristisch für das Verrichtungsprinzip sind eine stationäre Anordnung der Montageobjekte mit einem niedrigen Standardisierungsgrad sowie eine hohe montagetechnische Flexibilität. Bei Anwendung des Fließprinzips dagegen werden die Montageobjekte während des Arbeitsprozesses von Montagestation zu Montagestation bewegt, was zu einer höheren Arbeitsteilung, einem höheren Standardisierungsgrad sowie einer niedrigeren montagetechnischen Flexibilität führt.[53] Die im Maschinen- und Anlagenbau am häufigsten vorzufindende Montageform ist das Verrichtungsprinzip mit den Ausprägungen Baustellen- oder Gruppenmontage.[54]

Die Baustellenmontage ist durch Montagearbeiten an festen, stationären Montageobjekten und Montageplätzen gekennzeichnet und tritt häufig im Bereich der Endmontage auf, wenn die zu montierenden Produkte oder Baugruppen zu schwer und unhandlich für den innerbetrieblichen Transport sind. Dabei werden die Montagobjekte nach- oder nebeneinander ohne Umorganisation von einem oder mehreren Monteuren zusammengebaut, wobei auf eine Arbeitsteilung verzichtet wird. Die Gruppenmontage vereint die Elemente der stationären und der Fließmontage. Dabei wird eine bestimmte Anzahl von Montageobjekten unterschiedlichen Vollendungsgrades in einer stationären Gruppe

---

[50] vgl. Eversheim (1989), Fertigung und Montage, S. 140; Eversheim (1992), Störungsmanagement in der Montage, S. 8; Lotter (1992), Wirtschaftliche Montage, S. 2

[51] vgl. Lotter et al. (1994), Manuelle Montage, S. 20; Eversheim (1989), Fertigung und Montage, S. 140; Eversheim (1992), Störungsmanagement in der Montage, S. 8

[52] *„Zur Montageorganisation zählen alle die Fakten, die ein koordiniertes und planmäßiges, räumliches und zeitliches Zusammenwirken von Arbeitskraft, Arbeitsgegenstand und Arbeitsmittel sichern, bzw. beeinflussen; das sind vor allem Organisationsform, Arbeitsteilung, Arbeitsdichte und Losgröße.*“ (Richter et al. (1978), Montage im Maschinenbau, S. 18) Sie ist von der Stückzahl, der Produktmasse, der Abmessung, der Komplexität (Teileanzahl), dem Schwierigkeitsgrad, der Montagezeit, dem konstruktiven Produktaufbau sowie der Losgröße je Auftrag abhängig. Vgl. Lotter et al. (1994), Manuelle Montage, S. 3; Eversheim (1989), Fertigung und Montage, S 175 ff.

[53] vgl. Miese (1976), Systematische Montageplanung bei Kleinserienproduktion, S. 32

[54] vgl. Miese (1976), Systematische Montageplanung beiKleinserienproduktion, S. 35 ff.; Eversheim (1989), Fertigung und Montage, S. 11 f.; Köhler (1997), Disposition und Materialbereitstellung bei komplexen variantenreichen Kleinserienprodukten, S. 40

angeordnet und die zum Zusammenbau erforderlichen Arbeitsoperationen zu Komplexen mit etwa gleichem Arbeitsinhalt zusammengefasst. Für die Durchführung der einzelnen Arbeitskomplexe steht die sog. Taktzeit zur Verfügung, welche u.U. speziell im Maschinen- und Anlagenbau mehrere Tage andauern kann. Aufgrund des relativ großen Arbeitsumfangs innerhalb der Komplexe ist die Taktzeit nicht scharf abgegrenzt, sodass ein gewisser zeitlicher Spielraum zum Arbeitsplatzwechsel und zur Vollendung der Arbeiten verfügbar ist. Hat eine Gruppe von Monteuren einen Arbeitskomplex innerhalb der Taktzeit an einem Montageobjekt abgearbeitet, so geht sie zum nächsten und führt dort wiederum dieselben Arbeiten durch, während eine nachfolgende Gruppe an dem verlassenen Montageobjekt einen weiteren Arbeitskomplex innerhalb der Taktzeit durchführt.[55]

Die Grundform der Fließmontage ist die Reihenmontage[56], bei der die am Montageprozess beteiligten Betriebsmittel örtlich so angeordnet sind, dass die Reihenfolge der Montagestationen mit der Montagevorgangsfolge übereinstimmt. Die Montagearbeit wird in einzelne Abschnitte eingeteilt, wobei jedoch die Arbeitsteilung noch nicht so weit differenziert ist, dass eine genau vorgegebene Taktzeit eingehalten werden muss. Der Nutzen der Reihenmontage liegt daher in der Möglichkeit zur Spezialisierung durch Arbeitsteilung, verbunden mit einer relativ großen montagetechnischen Flexibilität, die jedoch aufgrund der Verknüpfung von Montagevorgangsfolge und Anordnung der Montagestationen geringer ist als bei der Baustellen- oder Gruppenmontage. Es besteht aber ein genügend großer Spielraum, dass ähnliche Montageobjekte mit ähnlicher Montagereihenfolge durch Überspringen einzelner Stationen oder Rückführung zu vorherigen Stationen auf derselben (Wechsel-) Fließreihe zusammengebaut werden können.[57]

5.1.3 Teilprozesse der Auslieferung

Im Folgenden werden die Versandplanung und -steuerung, der Versand, die Inbetriebsetzung sowie die Rechnungsprüfung und Zahlung als Teilprozesse der Auslieferung näher betrachtet (Bild 5-5).[58]

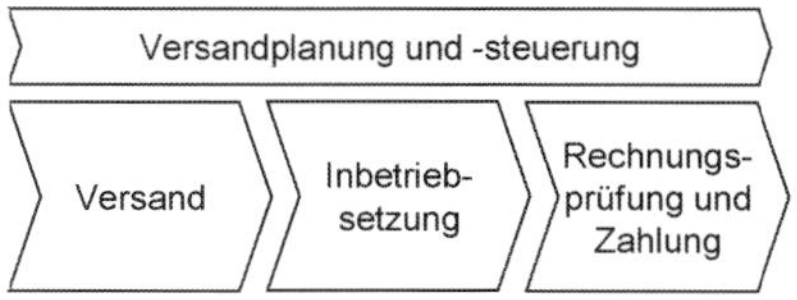

Bild 5-5: Teilprozesse der Auslieferung[59]

5.1.3.1 Versandplanung und -steuerung

Der Prozess der Versandplanung und -steuerung ist für den planenden und koordinierenden Ablauf des Warenausgangs verantwortlich. Er beinhaltet Aktivitäten wie bspw. die Speditionsauswahl oder

[55] vgl. Miese (1976), Systematische Montageplanung bei Kleinserienproduktion, S. 35 f.
[56] Diese Beschreibung gilt auch für die Straßenmontage, da sie lediglich einen verminderten Zeitzwang als Unterscheidungskriterium hat.
[57] vgl. Miese (1976), Systematische Montageplanung bei Kleinserienproduktion, S. 36 f.
[58] siehe hierzu Einführung in Kap.2.3.1 Auftragsabwicklung im Maschinen- und Anlagenbau
[59] i.A.a. Rehfeldt (1997), Koordination der Auftragsabwicklung, S. 11 ff.; Boywitt (2012), Referenzstrategien zur ERP-Einführung, S. 34 ff.; Pfohl (2001), Logistiksysteme, S. 85 ff.; Wildemann (2001), Logistik Prozessmanagement, S. 200 f.; Eversheim (1989), Fertigung und Montage, S. 178 ff.; Mertens et al. (2004), Grundzüge der Wirtschaftsinformatik, S. 105 ff.

die Kommissionierung der Erzeugnisse bzw. der Bestandteile des Auftrags, einschließlich der Verifizierung der Versandaufträge bzgl. der bestellten Mengen, Qualität und Termine mit entsprechender Verladung und Verschickung.[60]

Ist der Montageprozess abgeschlossen und fertiggemeldet und ist eine interne Inbetriebsetzung und Abnahme erfolgt, wird die Versandplanung angestoßen, die in der Regel mit einer Vielzahl an Informationsverarbeitungsaufgaben beginnt (bspw. Generierung des Lieferscheins).[61] Dabei kann die Initiierung der Lieferscheinerstellung entweder durch den Abschluss der Montage bzw. internen Inbetriebsetzung oder durch eine terminliche Überwachung der zur Lieferung anstehenden Kundenaufträge erfolgen. Nachdem der Lieferschein erstellt wurde und eine implizite Vergabe einer eindeutigen Lieferscheinnummer stattgefunden hat, wird das Erzeugnis und/oder weitere Bestandteile der Lieferung aus dem Bestand entweder in ein separates Versandlager gebucht oder aber es erfolgt eine direkte Abbuchung.[62] Parallel dazu geschieht die physische Zusammenstellung (Kommissionierung) des Auftrages im Versand- oder Kommissionierlager.[63]

Nach der Kommissionierung erfolgt die Fertigstellung der Versandpapiere, die gegebenenfalls mit Fracht-, Transport- und Zeitdaten (Gewicht, Positionsart, Verpackung und Bereitstellungstermin) ergänzt werden müssen. Sofern Wahlmöglichkeiten bestehen, erfolgt darüber hinaus die Festlegung des optimalen Transportmittels und Transportweges für die Auslieferung des Auftrags.[64] Enge Informationsbeziehungen bestehen dabei zum Transportwesen, da die Verladung und der Transport der Güter in dieser Phase ausgelöst werden.[65]

5.1.3.2 Versand

Der Versandprozess ist ein weiterer Bestandteil der Auslieferung und bildet das Pendant im Rahmen des überbetrieblichen Transportprozesses zum Teilprozess Anlieferung im Kontext der Beschaffung.[66] Auch beim Versand geht es darum, Raumdisparitäten zu überwinden, wobei die Erzeugnisse keinen oder allenfalls unwesentlichen Veränderungen ihrer Eigenschaften unterliegen dürfen. Im engeren Sinne fallen unter den Versandprozess die Einzelaufgaben der Transportvorbereitung, Beladung, Transportdurchführung, Entladung und Transportnachbereitung.[67] Bezüglich der Fragestellung, was es zu transportieren bzw. auszuliefern gilt, stehen Gewichte, Volumen, Warenart, Verpackungsart, Kundenvorschriften, Ländervorschriften und Gefahrgutvorschriften im Vordergrund. Neben der räumlichen Entfernung zwischen Unternehmensstandort und dem Standort des Kunden spielen diese Kriterien eine Rolle bei der Auswahl eines adäquaten Transportmittels. Dabei werden in der Regel Kosten-

---

[60] vgl. Rehfeldt (1997), Koordination der Auftragsabwicklung, S. 11

[61] vgl. Boywitt (2012), Referenzstrategien zur ERP-Einführung, S. 34

[62] Ersteres Vorgehen wird in der Regel angewendet, wenn mehrere Positionen zu einem Gesamtauftrag integriert werden sollen und zwischen der Entnahme vom Lager und dem tatsächlichen Versand der Ware eine gewisse Zeitspanne benötigt wird (z. B. für die Erstellung von Zollpapieren oder für den Bau geeigneter Transportbehältnisse wie seefester Kisten). Vgl. Pfohl (2001), Logistiksysteme, S. 85

[63] vgl. Pfohl (2001), Logistiksysteme, S. 85

[64] Bevor die Ware final zum Kunden gesendet wird können im Lieferschein bzw. in seinen einzelnen Positionen noch Angaben zum Gewicht der Sendung, zur Größe und Beschaffenheit der Transportbehälter o. ä. gemacht werden. Vgl. Boywitt (2012), Referenzstrategien zur ERP-Einführung, S. 34; Schönsleben (2001), Integrales Informationsmanagement, S. 341

[65] vgl. Pfohl (2001), Logistiksysteme, S. 85

[66] siehe hierzu Kap. 5.1.1.4 Lieferung und Empfang

[67] vgl. Wildemann (2001), Logistik Prozeßmanagement, S. 200 f.

und Leistungskriterien betrachtet. Auf Seite der Kostenkriterien spielen die Frachtkosten, Transportnebenkosten, Handlingkosten und sonstige Logistikkosten eine Rolle. Im Kontext der Leistungskriterien finden Transportzeit, Transportfrequenz, technische Eignung des Transportsystems, Vernetzungsfähigkeit, Flexibilität, Anfangs- und Endpunkte des Transportsystems und dessen Zuverlässigkeit besondere Beachtung.[68]

5.1.3.3 Inbetriebnahme

Der Teilprozess Inbetriebnahme schließt sich an den Versand an und beinhaltet den Aufbau oder die Installation des Erzeugnisses vor Ort beim Kunden. Es ist die letzte Aufgabe der operativen Leistungserbringung vor der Kundenabnahme bzgl. Qualität und Funktionalität des gelieferten Produktes. In der Regel ist die Inbetriebnahme als Einzelplatzmontage bzw. Baustellenmontage organisiert. Sie wird ebenso aus dem räumlichen Einzelplatzprinzip sowie dem zeitlichen Prinzip ohne Ortsveränderung gebildet.[69] Wesentliches Merkmal der Baustellenmontage ist, dass der Montageort durch das stationäre Montageobjekt bestimmt wird – also vor Ort beim Kunden. Dabei muss jede Baustellenmontage vollständig mit den benötigten Betriebsmitteln sowie Bestandteilen des Erzeugnisses ausgerüstet sein, um Engpässe bei der Bereitstellung zu vermeiden. Anders als bei der innerbetrieblichen Montage sind die Arbeitsinhalte überwiegend nicht so dezidiert ausgestaltet und geplant, sodass es einer hohen Qualifikation des Inbetriebnahmepersonals bedarf.[70]

5.1.3.4 Rechnungsprüfung und Bezahlung

Gleichzeitig mit dem Versand der Waren kann eine Rechnung erstellt werden, die dann entweder direkt mit dem Lieferschein und der Ware oder mit separater Post an den Kunden versendet wird. Dabei werden alle dem Kunden erbrachten Leistungen in Rechnung gestellt. Grundlage dafür sind die Auftrags- und Versanddaten sowie die Kunden- und Materialstammdaten.[71] Im Rahmen der Rechnungslegung finden insbesondere Abzüge (z.B. Rabatte, Boni bzw. Pönalen etc.) und Zuschläge (z.B. für Verpackungen, Transporte etc.) Berücksichtigung. Nach Abschluss der Rechnungslegung werden alle relevanten Daten an die Finanzbuchhaltung und das Controlling übermittelt (z.B. für die Debitorenbuchhaltung oder Kosten- und Erlösrechnung).[72] Speziell im Fall der Lieferung kompletter, komplexer Anlagen wird die Rechnungslegung in der Regel über detaillierte Zahlungspläne abgewickelt. Diese sind nicht nur von einer konkreten Auslieferung abhängig, sondern unterliegen bestimmten Meilensteinen im Projektverlauf (z.B. Zeichnungsfreigabe oder Inbetriebnahme).[73]

5.2 Identifikation belieferungsverspätungsrelevanter Teilprozesse und Kosteneffekte

Nachdem ein repräsentativer Auftragsabwicklungsprozess im Maschinen- und Anlagenbau hergeleitet und beschrieben worden ist, wird im zweiten Schritt der Wirkzusammenhang zwischen Belieferungsverspätungen eines Lieferanten und den monetären Auswirkungen für den Beschaffer hergestellt.

---

[68] vgl. Wildemann (2001), Logistik Prozeßmanagement, S. 201 f.
[69] siehe hierzu Kap. 5.1.2.4 Montage
[70] vgl. Eversheim (1989), Fertigung und Montage, S. 178
[71] vgl. Mertens et al. (2004), Grundzüge der Wirtschaftsinformatik, S. 105
[72] vgl. Scheer (1997), Wirtschaftsinformatik, S. 467
[73] vgl. Schönsleben (2001), Integrales Informationsmanagement, S. 341

Dabei werden zunächst die positiven Effekte termintreuer Belieferungen an den Endkunden hergeleitet. Es wird gezeigt, dass Termintreue als strategischer Erfolgsfaktor[74] auch monetär auf das Unternehmensergebnis Einfluss nimmt (Bild 5-6).

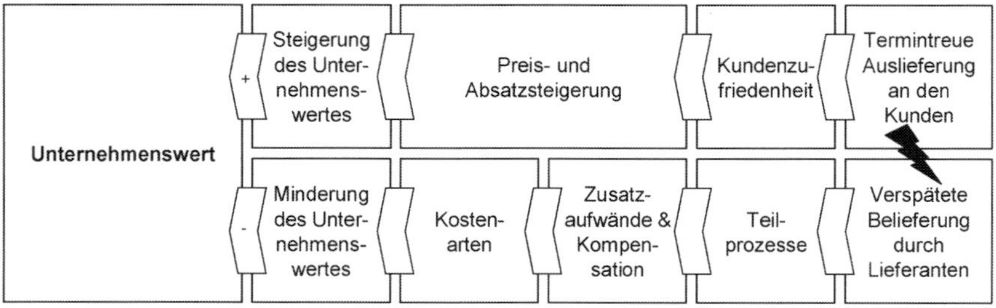

Bild 5-6: Wirkzusammenhang von Termintreue bezogen auf den Unternehmenswert

Daraufhin wird identifiziert, welche der zuvor beschriebenen Teilprozesse aufgrund von lieferanteninduzierten Belieferungsverspätungen tangiert werden und zu welcher Art ungeplanter Kostenwirkung es kommt. Bei Belieferungsverspätungen versuchen Unternehmen den Verzug im Rahmen ihrer Möglichkeiten entlang der Auftragsabwicklungskette zu kompensieren. Diese kompensatorischen Maßnahmen erfordern in der Regel Zusatzaufwände, die wiederum ungeplante Zusatzkosten verursachen, was einen negativen Effekt auf die Unternehmensbilanz mit sich bringt. Die Kausalzusammenhänge zwischen Belieferungsverzug des Lieferanten und der Unternehmensbilanz, an dieser Stelle formalisiert durch die Bilanzierung des Unternehmenswertes nach RAPPAPORT und COPELAND, werden im Folgenden in Form des Wirkmodells hergeleitet.

5.2.1 Unternehmenswert als Bezugsgröße

In den vergangenen Jahren ist die kontinuierliche Steigerung des Unternehmenswertes zum Leitbegriff moderner Unternehmensführung geworden.[75] Während sich die öffentliche Diskussion in der zweiten Hälfte der neunziger Jahre noch auf Stichworte wie Shareholder Value fixierten, wurde die Bedeutung eines hohen Unternehmenswerts spätestens mit dem „Boom" an den internationalen Kapitalmärkten um die Jahrtausendwende für jeden evident. Dadurch entstand auf der Unternehmensebene die Steigerung des Unternehmenswertes als unternehmerisches Kernziel und die Entwicklung über-

---

[74] siehe hierzu Kap. 2.1.8 Zielgröße Termintreue

[75] In der Wirtschaftspresse, Literatur und Praxis wird postuliert, dass wertorientierte Unternehmen klare Wettbewerbsvorteile (vgl. Henzler (2003), Das Ying und Yang moderner Führung, S. 27) sowie eine höhere Leistungsfähigkeit (vgl. Copeland et al. (1998), Unternehmenswert, S. 11) besitzen, Zugang zu den besten Kapitalquellen zu bekommen (vgl. Pernsteiner (2001), Wertmanagement, S. 40) und somit einen hohen Aktienkurs generieren (vgl. Kennedy (2000), The end of shareholder value, S. XII). Ferner ist eine wertorientierte Unternehmung in der Lage, verantwortungsvoller mit allen Unternehmensressourcen umzugehen (vgl. Spremann et al. (2001), Lexikon Value-Management, S. 13), einen Beitrag zum ökologischen und sozialem Engagement zu liefern (vgl. Khadjavi (2005), Wertmanagement im Mittelstand, S. 18), eine Grundlage für eine zukünftige strategische Entscheidungsfindung unter Berücksichtigung der unternehmerischen Erfolgspotenziale zu schaffen (vgl. Copeland et al. (1998), Unternehmenswert, S. 12) und letztendlich die langfristige Unternehmensexistenz zu sichern (vgl. Stührenberg et al. (2003), Wertorientierte Unternehmensführung: Theoretische Konzepte und empirische Befunde, S. 28).

zeugender Wertsteigerungsansätze galt als „strategischer Königsweg".[76] So wird Wertorientierung als integraler Bestandteil und als evolutionärer Schritt des strategischen Managements angesehen und umfasst die Formulierung, Implementierung sowie Bewertung aller Aktivitäten der Unternehmung in Hinblick auf die Steigerung des gesamten Unternehmenswertes.[77]

Im Vordergrund einer wertorientierten Unternehmensführung steht die langfristige Sicherung der Unternehmensexistenz, wobei die Planung der Erfolge nicht nur auf die betrachtete Periode, sondern auch auf zukünftige Perioden unter Berücksichtigung der Erfolgspotenziale bezogen wird.[78] Diese Sichtweise führt dazu, dass

- Unternehmen und Geschäftsstrategien kritisch hinterfragt werden, ob sie in der Lage sind, den Unternehmenswert zu erhöhen;
- das vorhandene Repertoire an strategischen Analysetools um Instrumente ergänzt wird, die Zusammenhänge zur Zielgröße Unternehmenswert aufzeigen können[79] sowie
- einzelne Strategien über das Prüfen ihres Wertbeitrags zur Gesamtstrategie monetär grundsätzlich priorisiert werden können.[80]

Schlussendlich liegt die Auffassung zugrunde, dass die Maximierung des Unternehmenswertes das ausschlaggebende Ziel aller Unternehmen sein sollte.[81] Dabei wird der Wert als der beste Maßstab angesehen, da er als einziges Kriterium lückenlose Informationen erfordert und diese dann schließlich als Grundlage für strategische Entscheidungen genutzt werden können.[82]

Ein zentraler Gesichtspunkt der wertorientierten Unternehmensführung ist die Identifikation von Determinanten, die dazu führen, dass eine Leistungscharakteristik (bzw. Kennzahl) verglichen zur vorherigen Periode erhöht wird.[83] Beispielsweise kann ein Mitarbeiter in der Produktion nicht einordnen, wie er dazu beitragen kann, z.B. den Wert des Gesamtunternehmens zu steigern.[84] Es geht also darum, jene Faktoren zu finden, die einen positiven Werteeinfluss ausüben und Werttreiber genannt werden.[85] Als Werttreiber lassen sich demnach jene beeinflussbaren Faktoren definieren, die einen maßgeblichen Einfluss auf das wirtschaftliche Ergebnis einzelner Funktionen oder Prozesse ausüben und deren Verbesserung zu einer Steigerung des Unternehmenswertes führen.[86] So vereinheitlicht die Nutzung von Werttreibern das Geschäftsverständnis und lässt das Unternehmen transparenter werden.

---

76 vgl. Henzler (2003), Das Ying und Yang moderner Führung, S. 27

77 vgl. Eberhardt (1998), Wertorientierte Unternehmungsführung, S. 72, Pape (2004), Wertorientierte Unternehmensführung und Controlling, S. 2; Coenenberg et al. (2003), Wertorientierte Unternehmensführung, S. 3; Henzler (2003), Das Ying und Yang moderner Führung, S. 27

78 vgl. Rappaport (1978), Executive incentives vs. corporate growth, S. 81 ff.

79 vgl. Günther (1999), State-of-the-Art des Wertsteigerungsmanagements, S. 365

80 vgl. Macharzina (2002), Wertorientierte Unternehmensführung, S. 213

81 vgl. Copeland et al. (1998), Unternehmenswert, S. 35

82 vgl. Copeland et al. (1998), Unternehmenswert, S. 54

83 vgl. Stührenberg et al. (2003), Wertorientierte Unternehmensführung: Theoretische Konzepte und empirische Befunde, S. 73

84 vgl. Weber (2002), Value-based-management erfolgreich umsetzen, S. 38

85 vgl. Pernsteiner (2001), Wertmanagement, S. 25

86 vgl. Bötzel et al. (1998), Erfolgsfaktor Wertmanagement, S. 21

Die wesentlichen Einflussfaktoren auf den Unternehmenserfolg werden anhand von Werttreiberhierarchien identifiziert, im Unternehmen kommuniziert und auch diskutiert.[87]

Die Problematik bei finanziellen Steuergrößen ist durch Abbildung von lediglich ursprünglich wirkenden Ursachen begründet. Sie stellen Ergebnisgrößen dar, die nur beschränkt für eine Ursachen- und Problemanalyse geeignet sind.[88] Um die wahren Ursachen identifizieren zu können, werden „vorlaufende" Größen im Sinne einer Ursache-Wirkungskette benötigt, die stärker die Entwicklung der operativen Situation beschreiben.[89] Wertreiber werden oft in Form von Hierarchien miteinander verknüpft. Eine solche Hierarchie stellt ein durchgängig logisch verknüpftes System von strategischen, finanziellen und operativen Kennzahlen dar. Zugrunde liegt der Grundgedanke, dass es letztendlich die Handlungen der Mitarbeiter sind, die den Unternehmenswert beeinflussen. Diesen müssen daher konkrete Ziele und Aufgaben vermittelt werden, mit denen sie einen Beitrag zur Steigerung des Unternehmenswertes leisten können. Den Werttreibern können dabei mathematische (z.B. ergibt sich der Umsatz als Produkt aus Menge und Preis) oder sachlogische (basieren auf vermutlichen Verknüpfungen von einzelnen Werttreibern zueinander)[90] Verknüpfungen zugrunde liegen.

RAPPAPORT hat nicht nur die Idee der Wertsteigerung als übergeordnetes Ziel unternehmerischer Aktivitäten etabliert, sondern auch die Discounted-Cashflow-Methode als ökonomisch fundierte Berechnungsweise des Unternehmenswerts eingeführt. Prinzipiell ergibt sich dabei der Wert eines Unternehmens aus der Summe des für die Zukunft erwarteten Free-Cashflow (FCF), den das Unternehmen erwirtschaften und an Eigentümer und Fremdkapitalgeber ausschütten kann – diskontiert mit dem am Unternehmensrisiko orientierten, durchschnittlichen Kapitalkostensatz (Bild 5-7).

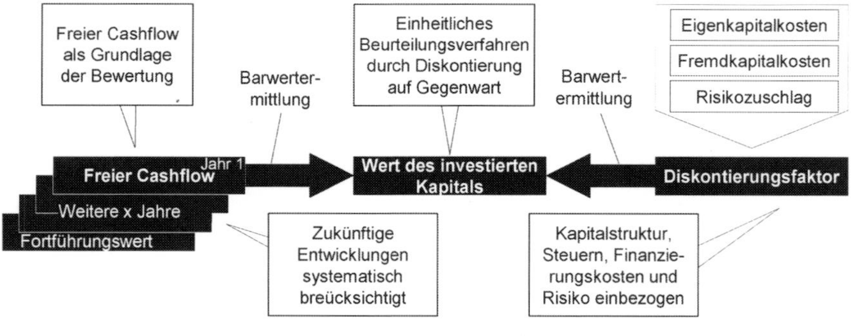

Bild 5-7: Berechnungsgrundlage für den Unternehmenswert[91]

[87] vgl. Weber (2002), Value-based-management erfolgreich umsetzen, S. 38

[88] Beispielsweise kann eine Führungskraft nicht unmittelbar geeignete Maßnahmen und Stellhebel identifizieren, wenn ihr von einem Gewinnrückgang von 15% berichtet wird. Wo soll ein Vertriebsbereichsleiter konkret ansetzten, wenn der Umsatz des Quartals signifikant einbricht? Vgl. Weber (2002), Value-based-management erfolgreich umsetzen, S. 15

[89] So könnte bspw. der fünfzehnprozentige Gewinnrückgang durch einen Einbruch der Mitarbeiterproduktivität begründet sein, sodass das Management an diesen Stellen eingreifen könnte. Vgl. Weber (2002), Value-based-management erfolgreich umsetzen, S. 15

[90] Beispielsweise ist die Wirkung einer erhöhten Produktqualität auf den zusätzlich zu erwarteten Umsatz nicht exakt berechenbar, sondern muss abgeschätzt werden.

[91] i.A.a. Copeland et al. (1998), Unternehmenswert, S. 19

Der Unternehmenswert lässt sich also erhöhen, indem der Free-Cashflow jeweils gezielt gesteigert und/oder der Kapitalkostensatz gesenkt wird.[92] Konkret berechnet sich der Gesamtunternehmenswert aus den drei folgenden Werten:[93]

- dem Unternehmenswert des Prognosezeitraums (t = 1-n),
- dem Unternehmenswert des Zeitraum danach (mit konstanten FCF) und
- dem Barwert des nichtbetriebsnotwendigen Vermögens.

Der Unternehmenswert des Prognosezeitraums wird über die zu erwartenden diskontierten Free-Cashflows ermittelt. Zur Diskontierung sollte ein marktrisikobereinigter Zinssatz (Gesamtkapitalkostensatz) verwendet werden, der durch Bildung des gewogenen Mittels aus Eigen- und Fremdkapitalkostensatz berechnet werden kann. Der Eigenkapitalkostensatz sollte nach der Capital Asset Pricing Model Methode (CAPM) berechnet werden. Der Gesamtkapitalkostensatze muss wie auch der Free Cashflow für jedes Prognosejahr berechnet werden. Diese Werte können durch ein Informationssystem für einen bestimmten Zeitraum (ca. 3-5 Jahre) berechnet werden. Dabei kommen Vergangenheitsdaten (z.B.: durchschnittliches Auftragsvolumen pro Vertragspartner, Vertragsausfallwahrscheinlichkeit, Marktrisiko) wie auch Zukunftsdaten (z.B. langfristige Verträge, erwartete Marktrendite) zum Einsatz. Nach der ersten Prognosephase werden konstante freie Cashflows angenommen, die jährlich um einen konstanten Wachstumsparameter erhöht werden.[94]

Wird die Berechnung des Free Cashflow weiter aufgeschlüsselt, ergibt sich der in Bild 5-8 dargestellte Zusammenhang. Die entscheidenden Größen zur Berechnung des Free Cashflow, die von der operativen Leistungserstellung beeinflusst werden können, sind der Umsatzerlös, die Produktionskosten, die Strukturkosten, die Investitionen ins Anlagevermögen und die Investitionen ins Net Working Capital. Sie bilden die für diese Arbeit relevanten finanziellen Zielgrößen ab und werden im weiteren Verlauf aufgegriffen.

---

[92] vgl. Henzler (2003), Das Ying und Yang moderner Führung, S. 28

[93] Der Barwert des nichtbetriebsnotwendigen Vermögens wird in der Literatur bzw. in der Praxis meist vernachlässigt und gleich Null gesetzt.

[94] Der durch RAPPAPORT und COPELAND vertretene mehrjährige Ansatz ermöglicht den Vergleich langfristiger Strategien in Bezug auf den Wert eines Geschäftes, welcher aus den zukünftig erwarteten freien Cashflows resultiert. Diese werden mit einem Kapitalkostensatz diskontiert, der unter anderem das Risiko des Geschäftes und die Volatilität der Cashflow-Generierung reflektiert. Vgl. Pernsteiner (2001), Wertmanagement, S. 65 f.

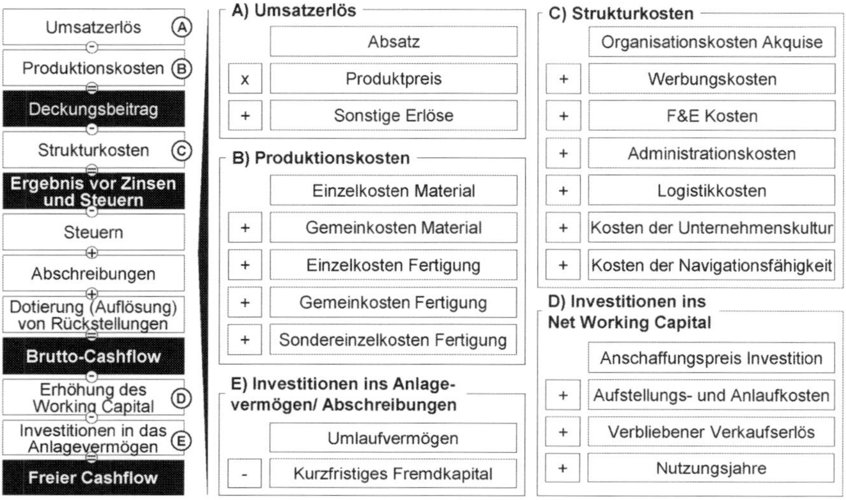

Bild 5-8: Berechnungsgrundlage für den Cashflow und Unternehmenswert[95]

5.2.2 Nutzenwirkung von Termintreue

Wie bereits zuvor motiviert, stellt Termintreue die entscheidende logistische Zielgroße dar und bietet Unternehmen mit hoher Liefertreue eine strategische Erfolgsposition.[96] So zeigt BOSSHARDT auf, dass innerhalb einer Lieferkette die Kundenzufriedenheit in enger Korrelation mit Termintreue steigt.[97] Demnach ist eine hohe Termintreue ein entscheidender Faktor für die Steigerung von Kundenzufriedenheit[98] und hat damit direkten Einfluss auf den unternehmerischen Erfolg[99] – es besteht also eine positive Korrelation zwischen Termintreue, Kundenzufriedenheit und dem Unternehmenswert.[100] Allgemein kann die Wirkbeziehung auf die einfache Wirkkette Termintreue → Kundenzufriedenheit

95 i.A.a. Copeland et al. (1998), Unternehmenswert, S. 19
96 siehe hierzu Kap. 2.1.8 Zielgröße Termintreue
97 vgl. Bosshardt (2007), Aufbau und Gestaltung eines Performance-Measurement-Systems, S. 101 ff.
98 Nach KOSCHATE ist Kundenzufriedenheit „*[...] das Ergebnis eines kognitiven und affektiven Evaluierungsprozesses, in dessen Rahmen ein Kunde vorherige Erwartungen mit der tatsächlich wahrgenommenen Ist-Leistung vergleicht [...]*“ Koschate (2002), Kundenzufriedenheit und Preisverhalten, S. 35 f.
99 vgl. stellvertretend Huber et al. (2000), Produktqualität, Kundenzufriedenheit und Unternehmenserfolg; Anderson et al. (1994), Customer Satisfaction, Market Share and Profitability; Rust et al. (1994), Return on quality; Homburg et al. (1995), Theoretische Perspektiven zur Kundenzufriedenheit; Homburg (1998), Kundennähe von Industriegüterunternehmen; Homburg (1999), Kundennähe als Management-Herausforderung
100 MATZLER und STAHL postituieren i.A.a. empirische Arbeiten unter anderem von MATZLER et al. (vgl. Matzler et al. (2004), Quality attribute performance and overall customer satisfaction), ITTNER und LARCKER (vgl. Ittner et al. (1999), Analysis of customer satisfaction) sowie EKLÖF, HACKL und WESTLUNG (vgl. Eklöf (1999), Customer satisfaction and financial results) einen sattelförmigen Zusammenhang zwischen der Kundenzufriedenheit und der Unternehmenswertsteigerung (vgl. Matzler et al. (2004), Die Customer-based View der Unternehmung, S. 14 ff.).

→ Preis- bzw. Absatzsteigerung reduziert werden.[101] Im Folgenden werden die drei Wirkebenen näher betrachtet (Bild 5-9).

Eine hohe Lieferzuverlässigkeit steigert die Gesamtkundenzufriedenheit, welche sich aus verschiedenen Ausprägungen zusammensetzt. So hat hohe Termintreue einen positiven Einfluss auf die Loyalität/Wiederkaufrate, Kaufbereitschaft, enge Kundenbindung und -begeisterung sowie positive Mundpropaganda.[102] Zu beachten ist dabei, dass im Umkehrschluss eine Nichterfüllung eines Terminwunsches bzw. eine Auslieferungsverspätung stark negative Effekte auf die aufgeführten Attribute haben kann.[103] Echte Kundenzufriedenheit und Kundenbindung ist darin begründet, dass nur ein wirklich sehr zufriedener Kunde die Suche nach Alternativen vollständig einstellt und dauerhaft loyal wird.[104]

Ausschlaggebend für die Gesamtzufriedenheit ist die Zufriedenheit mit kundenbezogenen Prozessen und Dienstleistungen und folglich einer termingerechten Auslieferung der erfragten Erzeugnisse.[105] Bemerkenswert ist, dass der Einfluss des Produktes eine geringere Rolle spielt, was typisch für Marktsituationen ist, in denen die Produktqualität der Wettbewerber annähernd identisch ist. Diese Situation wird insbesondere von Investitionsgüterunternehmen häufig unterschätzt, was mit Fehleinschätzungen verbunden ist. Daraus resultiert eine Überbetonung der Produktqualität und eine Konzentration auf die Kundenzufriedenheit durch überdimensionierte, nicht an den Kundenbedarf angepasste Produkte.[106]

Im Maschinen- und Anlagenbau werden die komplexen, den Kundenbedürfnissen angepassten Erzeugnisse von den Abnehmern anders beurteilt als Standardmaschinen. Preise spielen zwar auch eine Rolle, aber die entscheidenden Kriterien sind bspw. Technologie, Innovation, Zuverlässigkeit (Termintreue) und Qualität.[107] Der Kunde ist innerhalb dieses Segmentes bereit, mehr zu bezahlen, um Erzeugnisse auf einem exzellenten technologischen und qualitativen Niveau sowie zum vereinbarten Liefertermin zu erwerben. Eine Ausrichtung an den Problemstellungen des Kunden steigert seine Zufriedenheit und senkt seine Preissensibilität.[108] Die Wirkungskette Termintreue → Zufriedenheit →

---

[101] vgl. die bei Homburg et al. (1995), Theoretische Perspektiven zur Kundenzufriedenheit angeführten Quellen sowie Homburg et al. (1997), Marktorientiertes Kostenmanagement, S. 46

[102] vgl. hierzu die Auflistung in Koschate (2002), Kundenzufriedenheit und Preisverhalten, S. 30 ff.

[103] Die sog. „Prospect Theorie“ geht davon aus, dass Menschen „Verlustaversionen“ (vgl. Einhorn et al. (1981), Behavioral decision theory) haben und dass Beurteilungen durch eine abnehmende Wertsensitivität gekennzeichnet sind, sodass sich eine asymmetrische Wertefunktion ergibt. Im Zusammenhang mit Kundenzufriedenheit bedeutet dies, dass eine Skaleneinheit negativ wahrgenommener Attributqualität bzw. Unzufriedenheit einen stärkeren Einfluss auf die Gesamtzufriedenheit mit dem Produkt oder Dienstleistung hat, als dieselbe Skaleneinheit positiv wahrgenommener Attributqualität bzw. Zufriedenheit (vgl. Hinterhuber et al. (2004), Kundenorientierung, Kundenzufriedenheit, Kundenbindung, S. 185). Diese Hypothese wurde mehrfach empirisch getestet und auch bestätigt (vgl. Anderson et al. (1993), Customer Satisfaction for Firms; Oliva et al. (1995), Consumer satisfaction, involvement, and product performance; Mittal et al. (1998), Overall satisfaction and repurchase intentions; Kano (1984), Attractive quality and must-be quality S. 41).

[104] vgl. Homburg et al. (1997), Marktorientiertes Kostenmanagement, S. 32 f. Diese starke positive Korrelation zwischen Kundenzufriedenheit und Loyalität wird von unabhängigen empirischen Untersuchungen unter anderem von FINKELMANN und GOLAND (vgl. Finkelmann et al. (1989), How not to satisfy your customers) CONYE oder OLIVA (vgl. Conye (1989), Meaningful strategies for the real world) und OLIVER und MILAN (vgl. Oliva et al. (1992), A catastrophe model for developing service satisfaction strategies) bestätigt.

[105] vgl. Homburg et al. (1997), Marktorientiertes Kostenmanagement, S. 46

[106] vgl. Homburg et al. (1997), Marktorientiertes Kostenmanagement, S. 45

[107] vgl. Kalkowski et al. (1995), Technologiestandort Deutschland, S. 73

[108] Nach REICHHELD und SASSER können Unternehmungen ferner mit einem festen Kundenstamm höhere Preise für bewiesene Vertrauenswürdigkeit fordern. (vgl. Reichheld et al. (1990), Zero Defections: Quality comes to

Loyalität verringert die Reagibilität der Kunden, d.h. die Geschwindigkeit und das Ausmaß, mit denen die Kunden auf Preissenkungen der Konkurrenz reagieren.[109] So kann durch eine höhere (vom Kunden wahrgenommene) Termintreue die Preissensibilität gemindert werden und ein relativ höherer Verkaufspreis angesetzt werden.[110]

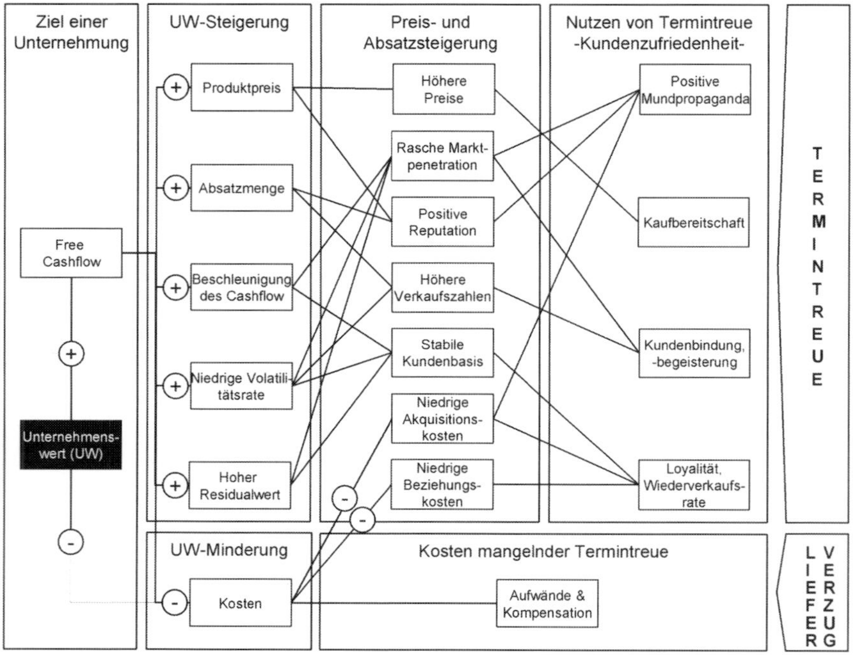

Bild 5-9: Nutzenwirkung von Termintreue

Hohe Termintreue hat über ihre hohe Bedeutung für Kundenzufriedenheit einen entscheidenden Einfluss auf Preis- bzw. Absatzsteigerung, da sie ausschlaggebend für das Vertrauensverhältnis zwischen Bereitsteller und Abnehmer ist: Ein nicht eingehaltener Auslieferungstermin begründet Zweifel

service). KOSCHATE wies in einer empirischen Untersuchung einen umgekehrt S-förmigen Zusammenhang zwischen Kundenzufriedenheit und Preisbereitschaft nach (vgl. Koschate (2002), Kundenzufriedenheit und Preisverhalten, S. 180 f.).

[109] vgl. Matzler et al. (2004), Die Customer-based View der Unternehmung, S. 12. Dieser Wirkungszusammenhang wird von FINKELMAN bestätigt, der postituliert, dass *„[...]satisfied customers – those receiving higher quality service or who feel better about the product – are in fact, willing to pay more for it"*. Finkelmann (1993), Crossing the zone of indifference, S. 25.

[110] vgl. Buzzell et al. (1987), The PIMS principles. Generell wird die Preissensibilität eines Kunden bei einer hohen, wahrgenommenen Qualität und Zufriedenheit vermindert, wie die Arbeiten von REICHHELD und SASSER sowie KALYANARAM und LITTLE verdeutlichen (vgl. Reichheld et al. (1990), Zero Defections: Quality comes to service; Kalyanaram G. et al. (1994), Latitude of price acceptance in customer package good). Aufbauend auf diesen Untersuchungen weisen HOMBURG und KOSCHALTE einen sattelförmigen Zusammenhang zwischen Preissensibilität und wahrgenommener Qualität nach (vgl. Homburg et al. (2003), Kundenzufriedenheit)

an der Zuverlässigkeit des Herstellers. Im schlimmsten Fall veranlasst es den Kunden, nach einem neuen, zuverlässigen Partner zu suchen. Eine hohe Termintreue fördert dagegen die Kundenbindung, sodass Wachstum und Umsatzerlös positiv beeinflusst werden können.[111] Aus Sicht des Kunden sowie des Erzeugers ist eine hohe Liefertreue somit nicht nur wünschenswert, sondern vor allem erfolgskritisch.[112] Kunden honorieren schnelle und termintreue Lieferungen über Preisprämien.[113] Verkaufspreise können demnach nicht angehoben werden, wenn die unternehmensinternen Prozesse nicht zuverlässig sind. Lange und nicht termintreue Lieferungen vermindern die Reaktionsfähigkeit des Kunden, da sich seine Wiederbeschaffungszeiten verlängern bzw. unzuverlässig werden lassen. Für den Kunden folgt daraus, dass eine kurzfristig auftretende, nicht prognostizierte Nachfrage nur langsam oder gar nicht bedient werden kann und die Chance auf eventuell zu erzielende Preise durch eine temporäre Monopolstellung kaum nutzbar ist.[114]

Der Umsatz bzw. die Anzahl abgesetzter Erzeugnisse kann einerseits durch das Kommunizieren von positiven Einschätzungen eines zufriedenen Kunden an andere Kunden oder potenzielle Kunden positiv beeinflusst werden (Volumensteigerung durch Mundpropaganda)[115] Andererseits kann dadurch auch das bei anderen Kunden erzielbare Preisniveau angehoben werden. Ferner wird für das Unternehmen kostenlose Werbung generiert, sodass sich der für die Neukundenakquisition erforderliche Aufwand reduziert und im Hinblick auf Kosten außerhalb der Geschäftsbeziehung ein positiver Effekt verzeichnet werden kann.[116]

Eine hohe Termintreue hat nicht nur positive Auswirkungen auf den erzielbaren Produktpreis und die erzielbare Absatzmenge.[117] Es können zusätzlich auch der Zeitpunkt des Cashflow, die Volatilität des Cashflow und der Residualwert von Investitionen als auch die anfallenden Kosten in einem Unternehmen positiv beeinflusst werden.[118] Die Profitabilitätsauswirkungen von Termintreue basieren nicht nur auf der Durchsetzung höherer Preise, sondern auch auf einer größeren Effizienz bei der Ressourcenallokation.[119] So senkt eine höhere Wiederkaufsrate die Akquisitions- und Beziehungskosten.[120]

---

[111] Für die hohe Bedeutung, die der Liefertreue zugemessen wird, gibt es folglich einerseits schwierig messbare emotionale Gründe wie Vertrauen, andererseits aber überwiegend berechenbare Gründe wie Kosten und Preise. Vgl. Begemann (2005), Terminorientierte Kapazitätssteuerung, S. 3

[112] vgl. Begemann (2005), Terminorientierte Kapazitätssteuerung, S. 5

[113] Diese wird von STALK und HOUT mit einem Preiszuschlag von 20% bis 100% quantifiziert. Vgl. Stalk et al. (1990), Zeitwettbewerb, S. 50

[114] vgl. Begemann (2005), Terminorientierte Kapazitätssteuerung, S. 4

[115] vgl. Meyer et al. (1995), Das Deutsche Kundenbarometer

[116] vgl. Homburg et al. (1997), Marktorientiertes Kostenmanagement, S. 30

[117] vgl. Homburg et al. (1997), Marktorientiertes Kostenmanagement, S. 30

[118] Zeitlich früher anfallender Cashflow führt zu einem höheren Unternehmenswert. Weiter in der Zukunft liegende Zahlungsströme werden stärker diskontiert, weil sie einer höheren Ungewissheit unterliegen und weil zeitlich früher anfallender Cashflow auch früher wieder ertragsbringend angelegt werden kann. Je höher die Volatilität des Cashflow einer Investition ist, desto höher muss auch die entsprechende Risikoprämie sein, die in den Diskontsatz einzubauen ist, und desto niedriger wird auch der Unternehmenswert sein. Da meist auch nach der Betrachtungsperiode Cashflow aus der Investition generiert wird, muss die Restgröße der Investition mit einfließen. Vgl. Matzler et al. (2004), Die Customer-based View der Unternehmung, S. 8

[119] vgl. Homburg (1999), Kundennähe als Management-Herausforderung, S. 10 ff. Das Ergebnis der Untersuchung von HOMBURG ist von grundlegender Bedeutung, da außer Frage steht, dass Kundennähe Kosten verursacht, jedoch so gezeigt werden konnte, dass Kundennähe kostensenkende Auswirkungen hat. HOMBURG stellt dabei zwei grundlegende Aspekte in den Vordergrund: Die Ausrichtung an den Problemstellungen des Kunden führt zu einer besseren Durchdringung der Geschäftsbeziehungen mit dem Kunden. Kundennahe Unternehmen benötigen zur Erreichung eines gegebenen Umsatzvolumens eine geringere Anzahl an Kunden als

Eine hohe Wiederkaufsrate stellt somit nicht nur die Rückflüsse aus geleisteten Beziehungsinvestitionen sicher, sondern setzt auch Ressourcen frei, die für eine Kundenakquisition verwendet werden können. Je höher die Wiederverkaufsrate einer Unternehmung ist, desto niedriger sind die Kosten für die Akquisition von Neukunden. Die mit der Kundenzufriedenheit verbundenen stabilen und dauerhaften Geschäftsbeziehungen senken die im Laufe einer Geschäftsbeziehung verursachten Kosten.[121] Somit werden eine Verringerung des Koordinations- und Informationsbedarfs sowie Lerneffekte im Bereich der Kundeninteraktion erreicht.[122]

5.2.3 Kostenwirkung mangelnder Belieferungstreue

Nachdem die positiven Effekte von termintreuen Auslieferungen hergeleitet worden sind, werden nun die Kostenauswirkungen mangelnder Termintreue dargestellt. Die Betrachtung der auftretenden Kostenarten dient – dem Werttreibergedanken eines Unternehmenswertes folgend – der Analyse, in welcher Art und Weise die durch verspätete Belieferungen hervorgerufenen, ungeplanten Kosten auftreten.

Zentrale Herausforderung bei der Approximation der durch Belieferungsverspätungen initiierten Zusatzkosten ist die eindeutige, verursachungsgerechte Allokation der Kosten auf die durch Unternehmensressourcen durchgeführten kompensatorischen Maßnahmen und Tätigkeiten, um die Belieferungsverzüge zu egalisieren. WEBER formuliert, dass sich das Leistungsgefüge einer Unternehmung aus einer Summe aufeinander aufbauender Prozesse zusammensetzt. Jeder Prozess benötigt dabei für seine Durchführung Produktionsfaktoren, die ständig zur Verfügung stehen müssen. Diese Bereitstellung und -haltung erfordert ihrerseits wieder eigene Prozesse, für die wiederum eigene Produktionsfaktoren benötigt werden. Jeder Versuch, diese mehrfache Ineinander-Schachtelung eindeutig in der Kostenartenrechnung abzubilden, ist zum Scheitern verurteilt.[123]

Darüber hinaus beschreibt er, dass es sich aus Gründen der Wirtschaftlichkeit kaum lohne, jeden kleinen Transport-, Umschlags- und Lagerungsvorgang in der Produktion akribisch kostenmäßig abzubilden.[124] Im Kontext dieser Arbeit wird ein zweigleisiger Ansatz genutzt. Immer, wenn eine eindeutige, vorab bestimmbare Aktivität prognostizierbar ist, wird eine verursachungskonforme Kostenmodellierung vorgenommen. Kann nicht eindeutig prognostiziert werden, welche explizite Handlung durch eine Belieferungsverspätung hervorgerufen wird bzw. kann der Intensitätsbedarf nicht vorab eindeutig abgeschätzt werden, wird auf eine Nivellierung der Zusatzaktivitäten über einen festzulegenden Zeitraum im Sinne der Prozesskostenrechnung zurückgegriffen. Dabei erfolgt die

---

Unternehmen mit geringer Kundennähe. Wird die Zahl der Kunden im Sinne der Prozesskostenrechnung als Kostentreiber interpretiert, so sind die positiven Auswirkungen von Kundennähe auf die Kosteneffizienz evident. Ferner zeichnen sich kundennahe Unternehmen im Vergleich zu Unternehmen mit niedriger Kundennähe durch eine deutlich größere Effizienz bei der Allokation von Forschungs- und Entwicklungsressourcen aus. Vgl. Homburg (1998), Kundennähe von Industriegüterunternehmen, S. 210 f.

[120] vgl. Matzler et al. (2004), Die Customer-based View der Unternehmung, S. 9 f.

[121] vgl. Homburg et al. (1997), Marktorientiertes Kostenmanagement, S. 30

[122] Laut HOMBURG und RUDOLPH betragen die Marketing- und Vertriebskosten „junger“ (höchstens zwei Jahre währender) Geschäftsbeziehungen etwa das Achtfache jener der „reifen“ (mit über acht Jahren Dauer). Vgl. Homburg et al. (1995), Wie zufrieden sind Ihre Kunden tatsächlich?, S. 43 ff.

[123] vgl. Weber (2002), Logistikkostenrechnung, S. 173. Er begründet seine These dabei mit einem Beispiel von PLAUT, der das Problem der Primärkostenrechnung diskutiert. Vgl. Plaut (1984), Grenzplankosten- und Deckungsbeitragsrechnung, S. 70 f.

[124] vgl. Weber (2002), Logistikkostenrechnung, S. 135

Allokation der Kosten auf Teilprozessschritte über Kostentreiber.[125] Kostentreiber sind als Faktoren definiert, die die Prozessinanspruchnahme der entsprechenden Leistung bestimmen.[126]

KAPLAN stellt die Auswahl eines Kostentreibers als das Abwägen zwischen der Genauigkeit und den Kosten der Leistungsmessung dar, sodass die Anzahl der Kostentreiber möglichst niedrig gehalten werden sollte.[127] Er klassifiziert dabei die drei Kostentreiberklassen Transaktions-, Zeit- und Intensitätstreiber.[128] Transaktionstreiber legen die Anzahl zugrunde, wie oft ein Prozess durchgeführt worden ist (z.B. die Zahl von Rüstvorgängen, Empfangsquittungen oder unterstützte Produkte). Zeittreiber bringen zum Ausdruck, wie lange eine Durchführung eines Teilprozesses dauert (z.B. Inspektionsstunden oder direkte Arbeitsstunden). Bei Intensitätstreibern wird gemessen, wie hoch der Ressourceneinsatz ist; dabei handelt es sich um eine sehr genaue, jedoch auch aufwendige Lösung.

Die kausalen Wirkzusammenhänge werden über die drei Ebenen durch Belieferungsverspätungen tangierter Teilprozesse entlang der Auftragsabwicklungskette, Kompensationsaktivität und dadurch verursachte Kosten abgebildet. Letztere wiederum werden über die Einflussgrößen des Free Cashflows, Produktions- und Strukturkosten sowie Umlauf- und Anlagenvermögen mit dem Unternehmenswert in Verbindung gebracht. Eine zusätzliche, nicht im Free Cashflow verortete Kostenart sind die hier ebenfalls berücksichtigten Kapitalkosten.

Die Wirkzusammenhänge werden über vier aufeinander aufbauende Kompensationsszenarien hergeleitet (Bild 5-10).[129] Dabei stellt das nullte Szenario die planmäßige Referenz dar, bei der der Beschaffungsprozess, die unternehmensinterne Leistungserstellung sowie die Auslieferung nicht von lieferanteninduzierten Belieferungsverspätungen betroffen sind und der Auftragsabwicklungsprozess planmäßig abläuft. Im ersten Szenario wird bereits im Rahmen des Beschaffungsprozesses durch kompensatorische Maßnahmen einer etwaigen Belieferungsverspätung entgegengewirkt, sodass die Montage planmäßig beginnen kann.

Beim zweiten Szenario kann der Belieferungsverzug des Lieferanten nicht im Rahmen des Beschaffungsprozesses kompensiert werden, sodass der geplante Montagestart nicht gewährleistet wird. Durch Umplanungen und kompensatorische Maßnahmen kann allerdings der eigene geplante Auslieferstart realisiert werden, sodass der Auslieferungsprozess wie initial geplant ablaufen kann. Innerhalb

---

[125] vgl. Kaplan et al. (1999), Prozesskostenrechnung als Managementinstrument, S. 129

[126] vgl. Weber (2002), Logistikkostenrechnung, S. 54

[127] vgl. Kaplan et al. (1999), Prozesskostenrechnung als Managementinstrument, S. 130

[128] vgl. Kaplan et al. (1999), Prozesskostenrechnung als Managementinstrument, S. 130 ff.

[129] Szenarien werden im Rahmen dieser Arbeit als Zukunftsbild verstanden, das auf einer in sich schlüssigen Kombination von denkbaren Entwicklungen (Projektionen) einzelner Einflussfaktoren beruht. So ist ein Szenario eine allgemeinverständliche Beschreibung einer möglichen zukünftigen Situation, die auf einem komplexen Netz von Einflussfaktoren basiert sowie die Darstellung einer Entwicklung, die aus der Gegenwart zu dieser Situation führen könnte (vgl. Gausemeier et al. (2009), Zukunftsorientierte Unternehmensgestaltung, S. 56, 59). Nach SONTHEIMER handelt es sich bei der Bildung von Szenarien „*[...] weniger um das Vorhersagen als um das Vorausdenken der Zukunft.*“ (Sontheimer (1970), Voraussage als Ziel und Problem moderner Sozialwissenschaft, S. 49). In der Szenario-Technik lassen sich zwei Grundprinzipien unterscheiden, die im Wesentlichen von der traditionellen Planung abweichen. Man spricht von einer multiplen Zukunft, wenn zugelassen wird, dass mehrere Möglichkeiten bestehen, wie sich die Zukunft entwickeln könnte. Wenn es nicht mehr ausreicht, die Umwelt der Unternehmung als ein einfaches System zu beschreiben, muss die Zukunft in komplexen Bildern beschrieben werden. In diesem Fall ist vielmehr notwendig, den systematischen Blick in die Zukunft durch vernetztes Denken zu unterstützen (vgl. Gausemeier et al. (2009), Zukunftsorientierte Unternehmensgestaltung, S. 59 ff.).

des dritten Szenarios ist das Unternehmen nicht in der Lage, durch kompensatorische Maßnahmen in Beschaffung und Leistungserstellung den Belieferungsverzug zu egalisieren, sodass der Montagefertigstellungstermin nicht gehalten werden kann und somit der vorgesehene Versandweg und/oder die Inbetriebsetzung beim Kunden nicht planmäßig ablaufen können. Durch Kompensationsmaßnahmen im Auslieferungsprozess werden jedoch der finale Auslieferungstermin und die Kundenabnahme gehalten, sodass etwaige vertraglich fixierte Strafzahlungen vermieden werden können.

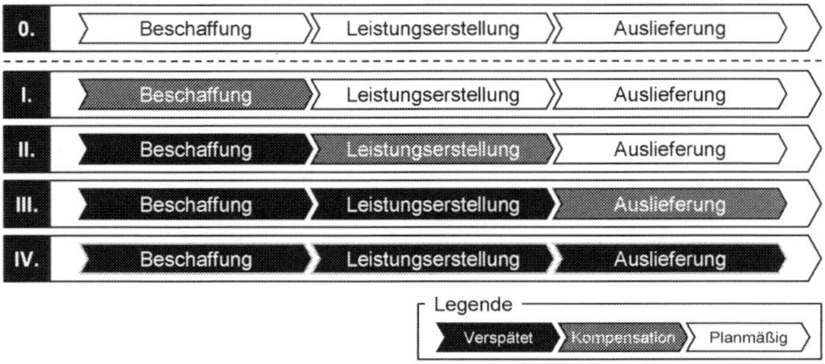

Bild 5-10: Kompensationsszenarien entlang der Auftragsabwicklungskette

Im letzten Szenario wird der dem Kunden zugesagte Auslieferungstermin nicht gehalten und das Unternehmen muss Pönalen in Kauf nehmen. Ein weiteres, in dieser Arbeit nicht betrachtetes Szenario stellt eine verfrühte Belieferung durch den Lieferanten dar. Da dieses Szenario allerdings keine Auswirkungen auf die Ausliefertreue des Beschaffers hat und durch eine einfache Verlängerung der Lagerzeit kompensiert werden kann, wird es im Hinblick auf diese Arbeit nicht weiter berücksichtigt.

5.2.3.1 Szenario I – Kompensation durch Beschaffung

Im Rahmen des ersten Kompensationsszenarios werden zusätzliche Aktivitäten im Rahmen des Beschaffungsprozesses unternommen, um eine etwaige Belieferungsverspätung des Lieferanten zu verhindern oder aber zu kaschieren. Maxime dabei ist, den nachfolgenden Prozess der Leistungserstellung nicht zu beeinflussen, sodass die dort geplanten Teilprozesse ungestört, also wie initial geplant, ablaufen können und somit keine zusätzlichen Kosten verursacht werden. Durch kompensatorische Maßnahmen beim Lieferantencontrolling und/oder bei Lieferung und Empfang soll der geplante Montagestart gehalten werden (Bild 5-11).

Die weiteren Teilprozesse der Beschaffung Situations- und Bedarfsanalyse, Lieferantenanalyse und -auswahl, Lieferantenverhandlung und Bestellung sowie Rechnungsprüfung und Bezahlung sind nicht oder nicht direkt von einer Belieferungsverspätung betroffen und werden demnach nicht weiter betrachtet.[130] Im Folgenden wird aufgezeigt, welche Zusatzaktivitäten in den Teilprozessen Lieferantencontrolling sowie Lieferung und Empfang durchgeführt werden, um einer etwaigen lieferantenindu-

[130] Unter Umständen wäre der Teilprozess „Lieferantenanalyse und -auswahl" indirekt von einer Lieferverspätung betroffen. Dies trifft in dem Fall einer erneuten Lieferantenauswahl aufgrund von nicht erfüllten Erwartungen an den Lieferanten (Termintreue) zu. Dieser mögliche Kausalzusammenhang wird im Rahmen dieser Arbeit nicht weiter betrachtet.

zierten Belieferungsverspätung entgegenzuwirken. Ferner werden die damit verbundenen Zusatzkosten klassifiziert sowie bei Bedarf mit Kostentreibern in Verbindung gebracht.

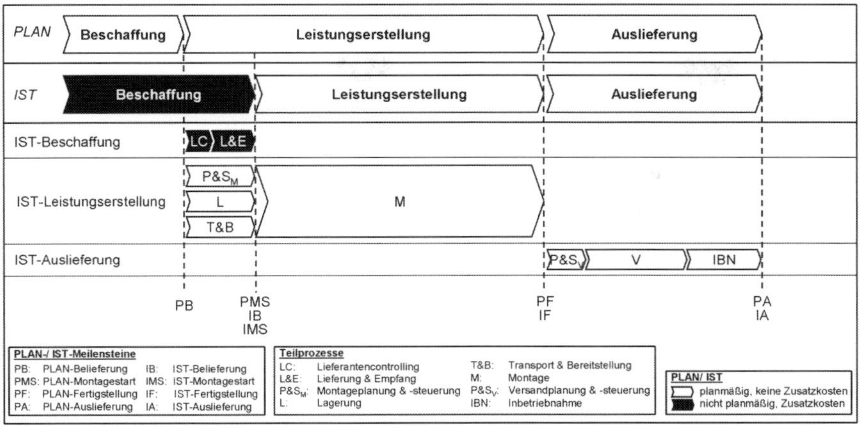

Bild 5-11: Auftragsabwicklungsdurchlauf in Szenario I

Zusatzkosten im Lieferantencontrolling

Mit ihrer zentralen Funktion der Lieferterminüberwachung besteht die Aufgabe des Lieferantencontrollings darin, (spätestens) bei der Wareneingangsprüfung eine Minderleistung bzgl. Menge, Qualität oder Termintreue festzustellen und entsprechend den Lieferanten darauf hinzuweisen bzw. Mahnungen zu verschicken.[131] Nachfolgende Abteilungen entlang des Auftragsabwicklungsprozesses müssen über die etwaige Belieferungsverspätung informiert werden. Außerplanmäßige Kosten des Lieferantencontrollings entstehen hauptsächlich durch Beschleunigungsversuche in der Leistungserstellung. Diese finden in der Form zusätzlicher, intensiverer Kommunikation mit dem Lieferanten statt. Diese wird je nach Situation telefonisch abgewickelt, kann aber auch Vor-Ort-Besuche bedingen.

Die Intensität bzw. der Intensitätsbedarf der Lieferantenüberwachung kann in der Regel nicht im Vorfeld im Sinne einer verursachungskonformen Allokation bestimmt werden. Daher werden alle in den Einkaufsabteilungen auftretenden ungeplanten Aktivitäten des Lieferantencontrollings im Kontext der Prozesskostenrechnung betrachtet. Ziel ist es, den Anteil der Arbeitszeit der Mitarbeiter der Einkaufsabteilungen für ungeplante Tätigkeiten an der Gesamtarbeitszeit abzubilden. Die Betrachtung soll nivelliert über ein Geschäftsjahr vollzogen werden und auf alle aufgetretenen Belieferungsverspätungen bezogen werden.

Im Fall von ungeplanten Lieferantenbesuchen vor Ort kann eine verursachungsgerechte Abbildung der zu erwartenden Kosten vollzogen werden. Über vorhandene Kilometer- und Übernachtungspauschalen, bekannte Entfernungen sowie vorliegende Personaltagessätze können die durch einen Lieferantenbesuch auftretenden Zusatzkosten relativ genau approximiert werden. Es ist allerdings zu beachten, dass nicht bei jeder verspäteten Belieferung von einem Lieferantenbesuch ausgegangen werden

131 vgl. Schuh (2006), Produktionsplanung und -steuerung, S. 231

kann. Aus diesem Grund muss die Höhe der Kosten über einen Wahrscheinlichkeitsfaktor abgestuft werden.

Tabelle 5-1 fasst die im Teilprozess Lieferantencontrolling durch Belieferungsverspätungen hervorgerufenen, ungeplanten Zusatzaufwände und Kompensationsaktivitäten sowie die dadurch induzierten Zusatzkosten zusammen.

	Aufwand/Kompensation	Kostenart	VK	NV	Bezugsgröße	Kostentreiber
1	Lieferantenüberwachung	Personalkosten		X	Anteil ungeplanter Tätigkeiten im Einkauf	Anzahl verspäteter Belieferungen
2	Lieferantenbesuch	Personalkosten	X		-	
3	Lieferantenbesuch	Reisekosten	X		-	

Legende
VK: verursachungskonform
NV: nivelliert

Tabelle 5-1: Aufwände und Kostenarten beim Lieferantencontrolling

Zusatzkosten bei Lieferung und Empfang

Zusatzkosten im Teilprozess Lieferung und Empfang können auf eine Auslastungsmaximierung des Lieferanten oder Logistikdienstleiters oder aber sonstige Auslieferungsschwierigkeiten zurückgeführt werden. Sollte voraussehbar sein, dass die erwartete Belieferung nicht eintrifft oder aber diese nicht wie geplant eingetroffen ist, wird in der Regel die Möglichkeit einer alternativen Transportmöglichkeit geprüft. Naheliegend in diesem Kontext ist die Abholung der Ware unter Verwendung eigener Transportressourcen oder aber die Beauftragung von kurzfristig agierenden Spediteuren. Auf diese Weise können voraussehbare oder aber bereits eingetretene Belieferungsverzüge entweder vollständig verhindert oder aber zumindest kompensiert werden. Maxime dabei ist, den geplanten Belieferungstermin möglichst zu halten oder aber die Verspätung zu minimieren, damit nachfolgende Prozesse nach Möglichkeit nicht beeinflusst werden und wie geplant ablaufen können.

	Aufwand/ Kompensation	Kostenart	VK	NV	Bezugsgröße	Kostentreiber
1	Selbstabholung	Personalkosten	X		-	-
2	Selbstabholung	Reisekosten	X		-	-
3	Beauftragung einer Spedition	Speditionskosten	X		-	-

Legende
VK: verursachungskonform
NV: nivelliert

Tabelle 5-2: Aufwände und Kostenarten bei Lieferung und Empfang

Die durch die zusätzlich auftretenden Kompensationsaktivitäten induzierten Kosten lassen sich demnach auf Personal- und Reisekosten (bei Selbstabholung) oder aber auf Kosten für Spediteure zurückführen. Durch die Möglichkeit, die notwendigen Kompensationsaktivitäten direkt zuordnen zu können, können die auftretenden Kosten verursachungskonform allokiert werden. Über vorhandene Kilometer- und Übernachtungspauschalen, bekannte Entfernungen sowie vorliegende Personaltagessätze können ähnlich wie bei Lieferantenbesuchen die durch eine Selbstabholung oder Abholung durch eine Spedition auftretenden Zusatzkosten relativ genau approximiert werden.

Tabelle 5-2 fasst die im Teilprozess Lieferung und Empfang durch Belieferungsverspätungen hervorgerufenen, ungeplanten Zusatzaufwände und Kompensationsaktivitäten sowie die dadurch induzierten Zusatzkosten zusammen.

Zwischenfazit

Wie dargestellt wurde, bestehen Kausalzusammenhänge zwischen vom Lieferanten hervorgerufenen Belieferungsverspätungen sowie dem Unternehmenswert (Bild 5-12). Zusätzlich angestoßene Aktivitäten zur Kompensation von Belieferungsverspätungen oder aber Auslieferungsversäumnissen (Auslastungsoptimierung der Lieferanten) verursachen ungeplante Kosten, die sich negativ auf den Unternehmenswert auswirken.

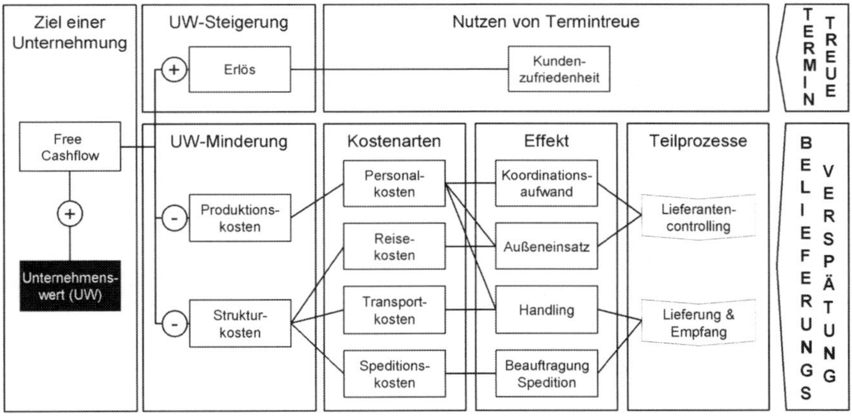

Bild 5-12: Induzierte Zusatzkosten in der Beschaffung

Die zusätzlichen Koordinationsaufwände im Lieferantencontrolling oder aber Lieferantenbesuche induzieren ungeplante Personalkosten sowie durch Reisetätigkeiten hervorgerufene Reisekosten. Ferner können durch Beauftragung von Speditionen Speditionskosten auftreten. Diese Kostenarten sind jeweils den Strukturkosten zuzuordnen und haben demnach einen negativen Einfluss auf den Unternehmenswert.

5.2.3.2 Szenario II – Kompensation durch Leistungserstellung

Das zweite Kompensationsszenario basiert auf einer im Rahmen des Beschaffungsprozesses nicht kompensierten Belieferungsverspätung des Lieferanten, d.h. dass zusätzliche Aktivitäten im Beschaffungsprozess eine Termineinhaltung nicht gewährleisten konnten und der geplante Beginn der Leistungserstellung verschoben werden musste (Bild 5-13). Durch den Belieferungsverzug werden zusätzliche Aktivitäten in den Teilprozessen Montageplanung und -steuerung, Lagerung, Transport und Bereitstellung sowie Montage notwendig, die ungeplante Zusatzkosten induzieren. Ferner entstehen durch Fehlteilsuche Effizienzverluste und demnach durch nicht adäquat ausgenutzte Ressourcen Opportunitätskosten. Maxime innerhalb der Leistungserstellung ist es, durch Kompensationsmechanismen möglichst den Montagefertigstellungstermin zu halten, um nachgehende Prozesse der Auslieferung nicht zu beeinträchtigen oder gar den finalen Auslieferungstermin beim (End-) Kunden zu gefährden.

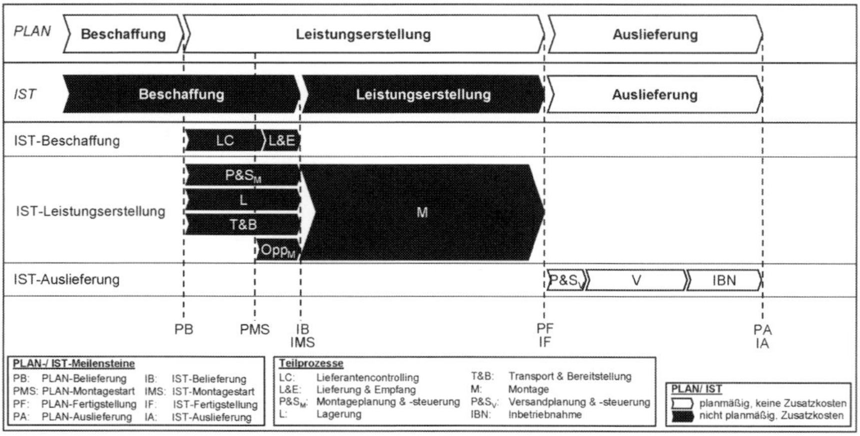

Bild 5-13: Auftragsabwicklungsdurchlauf in Szenario II

Im Folgenden wird aufgezeigt, welche Zusatzaktivitäten in den Teilprozessen Montageplanung und -steuerung, Lagerung, Transport und Bereitstellung sowie Montage durchgeführt werden, um eine lieferanteninduzierte Belieferungsverspätung zu kompensieren. Ferner werden die damit verbundenen Zusatzkosten klassifiziert sowie bei Bedarf mit Kostentreibern in Verbindung gebracht.

Zusatzkosten bei Montageplanung und -steuerung

Durch Lieferanten hervorgerufene Belieferungsverspätungen verursachen starke Turbulenzen in der Leistungserstellung – die Montageplanung und -steuerung wird zu einer komplexen Aufgabe. Sie ist speziell im Maschinen- und Anlagenbau durch unübersichtliche „Brandherd-Bekämpfungen" und täglich neu gesetzte Priorisierungen gekennzeichnet.[132] Zwar wird versucht, im Rahmen der Produktionsplanung mithilfe von verschiedenen Projektplanungsinstrumenten Netzpläne und Meilensteine zu generieren oder Kapazitäten zu berechnen, jedoch können in vielen Fällen die initial geplanten Prozesse nicht eingehalten werden. So wird eine effiziente Planung und Steuerung erschwert, was zu einer Unschärfe des Produktionsprozesses führt.[133] Für das Personal in der Montageplanung und -steuerung ergibt sich daraus somit ein hohes Störaufkommen, was zu einer geringen Auslastung bzw. zu einem hohen Anteil an ungeplanten Tätigkeiten führt.[134]

Die Intensität bzw. der Intensitätsbedarf der Planung und Steuerung kann in der Regel nicht im Vorfeld im Sinne einer verursachungskonformen Allokation bestimmt werden. Daher werden alle in den planenden und steuernden Einheiten auftretenden ungeplanten Aktivitäten der Montageplanung und -steuerung im Kontext der Prozesskostenrechnung betrachtet. Ziel ist es, den Anteil der Arbeitszeit der Mitarbeiter der Planungs- und Steuerungsabteilung für ungeplante Tätigkeiten an der Gesamtarbeitszeit abzubilden. Die Betrachtung soll nivelliert über ein Geschäftsjahr vollzogen werden und auf alle aufgetretenen Belieferungsverspätungen bezogen werden.

[132] vgl. Langer (2000), Maschinen- und Anlagenbau, S. 27
[133] vgl. Lehmann (1992), Störungsmanagement in der Einzel- und Kleinserienmontage, S. 22
[134] vgl. Stolz (1988), Materialbereitstellung in der Montage, S. 11, 21

Tabelle 5-3 fasst die im Teilprozess Montageplanung und -steuerung durch Belieferungsverspätungen hervorgerufenen, ungeplanten Zusatzaufwände und Kompensationsaktivitäten sowie die dadurch induzierten Zusatzkosten zusammen.

	Aufwand/ Kompensation	Kostenart	VK	NV	Bezugsgröße	Kostentreiber
1	Um- und Neuplanungen	Personalkosten		X	Anteil ungeplanter Tätigkeiten bei Montageplanung und -steuerung	Anzahl verspäteter Belieferungen

Legende
VK: verursachungskonform
NV: nivelliert

Tabelle 5-3: Aufwände und Kostenarten bei Montageplanung und -steuerung

Zusatzkosten bei Lagerung

Belieferungsverspätungen haben signifikanten Einfluss auf die Lager- bzw. Bestandsbewegungen.[135] Da infolge von mangelnder Termintreue eines Lieferanten die Durchlaufzeiten verlängert werden (können), steigen auch die Lager- bzw. Bestandskosten.[136] Diese setzen sich zum einen aus direkt zurechenbaren Einzelkosten sowie Gemeinkosten wie Lagermiete und Energiekosten zusammen.[137] Zum anderen entfällt ein Anteil der Kosten auf die Kapitalbindung durch eine ungeplant verlängerte Bestandhaltung.[138] Diese werden im Rahmen des Kostenmodells an späterer Stelle betrachtet.[139]

Wenn eine Lieferung verspätet eintrifft und somit die Wertschöpfung erst zeitverzögert beginnen kann, bleiben die zu montierenden Materialien der geplanten Montageschritte länger eingelagert als geplant.[140] Die Zusatzkosten bei der Lagerung fallen demnach durch die längere Lagerung aller noch nicht verbaubaren Komponenten an.[141] Da sich Lagerkosten zum Teil aus nicht direkt verrechenbaren Gemeinkosten zusammensetzen, werden in der Praxis Lagerkostensätze gebildet, die eine Vielzahl verschiedener Kostenarten beinhalten (Kosten für Lagersysteme, Handlingsysteme etc.).[142] Die Lagerkosten können dann über die Lagerkostensätze und dem entsprechend beanspruchten Lagervolumen oder der Lagerfläche berechnet werden.[143]

Tabelle 5-4 fasst die im Teilprozess Lagerung durch Belieferungsverspätungen hervorgerufenen, ungeplanten Zusatzaufwände und Kompensationsaktivitäten sowie die dadurch induzierten Zusatzkosten zusammen.

---

[135] vgl. Wiendahl (1997), Fertigungsregelung, S. 8
[136] vgl. Nyhuis et al. (1999), Logistische Kennlinien, S. 223 ff.
[137] vgl. Arnold et al. (2008), Handbuch Logistik, S. 184
[138] vgl. Stöppler (1985), Der Einfluß der Lagerkosten auf die Produktionsanpassung, S. 129
[139] siehe hierzu Kap. 5.2.3.4 Szenario IV – Keine Kompensation möglich
[140] vgl. Nyhuis et al. (1999), Logistische Kennlinien, S. 223 ff.
[141] Hinweisend ist an dieser Stelle zu beachten, dass in der betrieblichen Praxis die Dauer für einen Verlade- oder Einlagerungsvorgang selten gemessen wird, da dies ungenau und nicht zielführend ist. Hingegen wird die Umschlagshäufigkeit quantifiziert. Sie ist definiert als Anzahl der Ein- und Auslagerungen je Zeiteinheit. Vgl. Lasch et al. (2007), Übungsbuch Logistik, S. 84
[142] vgl. Arnold et al. (2008), Handbuch Logistik, S. 184
[143] vgl. Lahamar (2010), Controlling, S. 60, 80

	Aufwand/ Kompensation	Kostenart	VK	NV	Bezugsgröße	Kostentreiber
1	Erhöhe Lagerbelastung	Lagerkosten	X		-	-

Legende
VK: verursachungskonform
NV: nivelliert

Tabelle 5-4: Aufwände und Kostenarten bei Lagerung

Zusatzkosten bei Transport und Bereitstellung

Externe, ungeplante Veränderungen, wie im Kontext dieser Arbeit eine nicht termingerechte Belieferung, haben direkten Einfluss auf den Teilprozess Transport und Bereitstellung.[144] Mit Änderungen der Auftragsprioritäten im Zuge verspäteter Belieferungen kommt es zu zusätzlichen innerbetrieblichen Transporten zwischen Produktions- bzw. Montagestätten und Lager.[145] Grund solcher Transporte ist aufgrund der Umplanung von Aufträgen schon bereitgestelltes Material, welches wieder zurück in die Lager transportiert werden muss, um Montagefläche freizugeben. Der zusätzliche Aufwand ist durch zusätzliche Transporte beschrieben, die den gleichen Kosteneinflüssen wie reguläre Transporte unterliegen.

Aufgrund des Gemeinkostencharakters der innerbetrieblichen Transportkosten muss für eine prozessgenaue Kostenverortung die Anzahl der Transportspiele herangezogen werden.[146] Da allerdings die Intensität bzw. der Intensitätsbedarf der Transport- und Bereitstellungsaufwendungen in der Regel nicht im Vorfeld im Sinne einer verursachungskonformen Allokation bestimmt werden kann, werden alle in den logistischen Einheiten auftretenden ungeplanten Aktivitäten des Transportes und der Bereitstellung im Kontext der Prozesskostenrechnung betrachtet. Ziel ist es, den Anteil der Arbeitszeit der Mitarbeiter der innerbetrieblichen Logistik für ungeplante Tätigkeiten an der Gesamtarbeitszeit abzubilden. Die Betrachtung soll nivelliert über ein Geschäftsjahr vollzogen werden und auf alle aufgetretenen Belieferungsverspätungen bezogen werden. Laufende Kosten für Transportsysteme sowie deren Verschleiß und Abschreibungen sollen aufgrund ihres geringen Anteils bzw. ihres ohnehin auch ohne Belieferungsverspätungen Wirksamwerdens explizit ausgeschlossen werden. Tabelle 5-5 fasst die im Teilprozess Transport und Bereitstellung durch Belieferungsverspätungen hervorgerufenen, ungeplanten Zusatzaufwände und Kompensationsaktivitäten sowie die dadurch induzierten Zusatzkosten zusammen.

	Aufwand/Kompensation	Kostenart	VK	NV	Messgröße	Kostentreiber
1	Zusätzliche Transportspiele	Personalkosten		X	Anteil ungeplanter Tätigkeiten der innerbetriebl. Logistik	Anzahl verspäteter Belieferungen

Legende
VK: verursachungskonform
NV: nivelliert

Tabelle 5-5: Aufwände und Kostenarten bei Transport und Bereitstellung

[144] vgl. Arnold et al. (2008), Handbuch Logistik, S. 20
[145] vgl. Arnold et al. (2008), Handbuch Logistik, S. 20
[146] vgl. Weber et al. (2010), Logistik und supply chain controlling, S. 144 ff.

Zusatzkosten in der Montage

Werden vom Lieferanten induzierte Belieferungsverspätungen nicht durch reaktive Kompensationsaktivitäten in den Teilprozessen vor der Montage (im Rahmen der Beschaffung) wettgemacht, beginnt die Montage verspätet und demnach nicht nach Plan. Dadurch werden zunächst keine Zusatzkosten verursacht, da Personalkosten sowie Personalnebenkosten als Fixkosten betrachtet werden.[147] Allerdings ist es des Maschinenherstellers oberste Prämisse, den eigenen, dem Kunden zugesagten Auslieferungstermin zu halten, um einerseits die Kundenzufriedenheit nicht zu gefährden und andererseits kostspielige Konventionalstrafen zu vermeiden. Da letztere aufgrund ihrer signifikanten Höhe die Profitabilität des Auftrags gefährden, wird das Unternehmen jegliche möglichen Maßnahmen einleiten, um die Verspätung wieder aufzuholen. Dies geschieht in der Regel durch das Ausschöpfen des maximal verfügbaren Kapazitätsangebotes in Form von Zusatzschichten. So werden je nach vorliegendem Schichtsystem Nachtschichten und bei Bedarf noch zusätzlich Samstags- und Sonntagsschichten genutzt. Da diese mit diversen Zulagen vergütet werden und somit teurer sind als die Regelschichten, entstehen an dieser Stelle ungeplante Zusatzkosten. Zur Quantifizierung des Zusatzbedarfs an Schichten wird die Grundannahme getroffen, dass mindestens die Schichten, die ein Teil, eine Komponente etc. zu spät angeliefert wird und entsprechend der Montageprozess verzögert wird, mindestens über Zusatzschichten ausgeglichen werden müssen. Verzögert sich demnach der Montagebeginn aufgrund einer Belieferungsverzögerung um bspw. eine Woche, werden bei einem Zehnschichtsystem (zehn Schichten pro Woche) und fünf Arbeitstagen pro Woche mindestens zehn zusätzliche Schichten benötigt, um die Verspätung zu egalisieren.

Neben ungeplanten Zusatzkosten durch zusätzliche Schichten tritt im Rahmen des Montageprozesses eine weitere Kostenart auf. Oftmals werden Fehlteile erst dann identifiziert, wenn sie tatsächlich benötigt werden, also de facto beim Einbauzeitpunkt. Ist ein Teil nicht verfügbar, verbringen die Mitarbeiter ihre Zeit mit Suchaktivitäten. Studien zeigen, dass die Montagearbeit zu 20% aus Fehlteilsuche besteht, die ständig 25% der qualifizierten, lohnintensiven Montagemitarbeiter beschäftigt, sodass einerseits die Auftragsdurchlaufzeit unweigerlich verlängert wird sowie andererseits die Effizienz sinkt.[148] Es entstehen demnach zeitliche Aufwände, die sonst hätten anderweitig gewinnbringend genutzt werden können. Die Abschätzung des verpassten Erlöses wird mit Opportunitätskosten quantifiziert.[149] Letztendlich wird der Durchsatz in der Montage reduziert, sodass Opportunitätskosten in Höhe des entgangenen Deckungsbeitrages der Produkte anfallen, die alternativ hätten montiert werden können.[150] Derselbe Effekt tritt auf, wenn die Montagemitarbeiter aufgrund von Fehlteilen ihrer Montagetätigkeit nicht nachgehen können und zudem auch nicht anderweitig eingesetzt werden können. Abgesehen von flexiblen Arbeitszeitmodellen (wie z.B. der Nutzung von Arbeitszeitkonten) erfolgt die Entlohnung der Mitarbeiter nicht aufwandsorientiert, sodass die Fixkosten der Gehälter, Löhne etc. auch bei Montagestillstand gezahlt werden. Die durch Fehlteile verursachten Zeitanteile für Suchaktivitäten oder aber nicht produktive Tätigkeiten können in der Regel nicht im Vorfeld im Sinne einer verursachungskonformen Allokation bestimmt werden. Daher werden alle in der Montage auftretenden ungeplanten Aktivitäten der Teilesuche und des Wartens im Kontext der Prozesskostenrech-

---

[147] vgl. Müller (2006), Grundlagen der Betriebswirtschaftslehre für Ingenieure, S. 157
[148] vgl. Groß (1990), Planung der Auftragsabwicklung komplexer Produkte, S. 4 f.
[149] vgl. Ewert et al. (2008), Interne Unternehmensrechnung, S. 114
[150] vgl. Lödding (2008), Verfahren der Fertigungssteuerung, S. 88

nung betrachtet. Ziel ist es, den Anteil der Arbeitszeit der Mitarbeiter der Montage für ungeplante Tätigkeiten an der Gesamtarbeitszeit abzubilden. Die Betrachtung soll nivelliert über ein Geschäftsjahr vollzogen werden und auf alle aufgetretenen Belieferungsverspätungen bezogen werden.

	Aufwand/Kompensation	Kostenart	VK	NV	Bezugsgröße	Kostentreiber
1	Zusatzschichten	Personalkosten	X		-	-
2	Effizienzverlust	Opportunitätskosten		X	Anteil fehlteilbedingter Wartezeit	Anzahl verspäteter Belieferungen

Legende
VK: verursachungskonform
NV: nivelliert

Tabelle 5-6: Aufwände und Kostenarten bei Montage

Tabelle 5-6 fasst die im Teilprozess Montage durch Belieferungsverspätungen hervorgerufenen, ungeplanten Zusatzaufwände und Kompensationsaktivitäten sowie die dadurch induzierten Zusatzkosten zusammen.

Zwischenfazit

Wie dargestellt wurde, bestehen Kausalzusammenhänge zwischen vom Lieferanten hervorgerufenen Belieferungsverspätungen, daraus resultierenden Zusatzkosten in der Leistungserstellung sowie dem Unternehmenswert (Bild 5-14). Zusätzlich angestoßene Aktivitäten zur Kompensation von Belieferungsverzügen verursachen ungeplante Kosten, die sich negativ auf den Unternehmenswert auswirken.

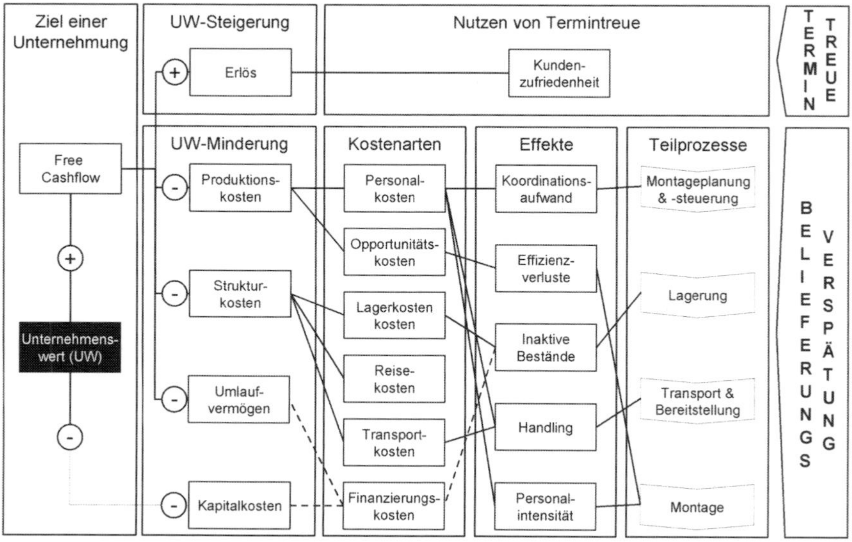

Bild 5-14: Induzierte Zusatzkosten in der Leistungserstellung

Im Speziellen zusätzlich benötigte Extraschichten in Form von Nacht- oder aber Samstags- und Sonntagsschichten verursachen ungeplante zusätzliche Personalkosten. Aber auch die durch Fehlteile verursachen Koordinationsaufwände bei der Umplanung und Steuerung sowie bei Transport und

Bereitstellung senken die Effektivität und Effizienz des Personaleinsatzes und generieren dadurch Kosten.

5.2.3.3 Szenario III – Kompensation durch Auslieferung

Ist das Unternehmen nicht in der Lage, die vom Lieferanten verursachen Belieferungsverspätungen durch kompensatorische Maßnahmen weder in der Beschaffung noch in der Leistungserstellung zu egalisieren, kann der Auslieferungsprozess nicht wie geplant beginnen und die Termineinhaltung beim Endkunden ist gefährdet. Das dritte Szenario bildet den Fall ab, bei dem durch reaktive Aktivitäten die Auslieferung und/oder die Inbetriebsetzung bei Kunden beschleunigt wird und dadurch der finale Auslieferternin gehalten werden kann (Bild 5-15). Im Folgenden wird aufgezeigt, welche Zusatzaktivitäten in den Teilprozessen Versandplanung und -steuerung, Versand sowie Inbetriebnahme durchgeführt werden, um den vertraglich vereinbarten Liefertermin beim Endkunden zu halten. Ferner werden die damit verbundenen Zusatzkosten klassifiziert und mit Kostentreibern in Verbindung gebracht.

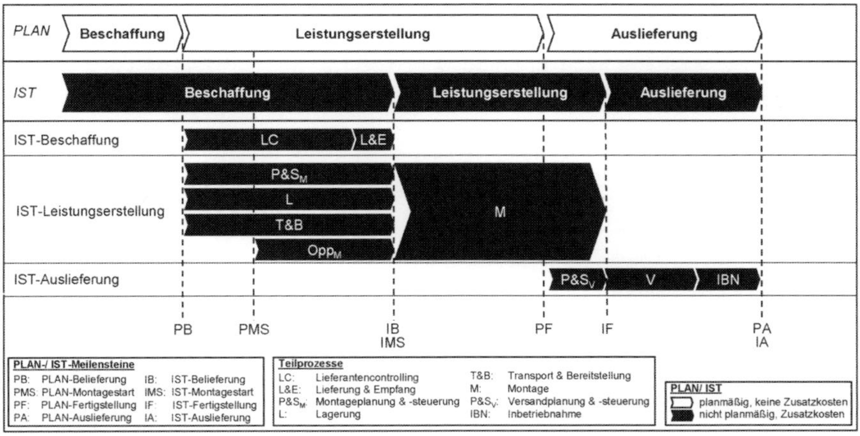

Bild 5-15: Auftragsabwicklungsdurchlauf in Szenario III

Zusatzkosten bei Versandplanung und -steuerung

Die Versandplanung und -steuerung wird immer dann angestoßen, wenn der ursprünglich geplante Ablauf der Auslieferung nicht realisiert werden kann. Aus diesem Grund kommt es zu einer Neu- oder Umplanung des Auslieferungsprozesses. Dieser Prozess beinhaltet demnach die Planung und Steuerung des Versandes und ggf. der Inbetriebsetzung beim Kunden. Wird aufgrund von durch Belieferungsverspätungen hervorgerufenen Planabweichungen frühzeitig erkannt, dass der geplante Auslieferungsweg den Kundenliefertermin gefährdet, wird unter Umständen der geplante Auslieferungsweg geändert (z.B. Übergang von der Schiffs- zur Luftfracht).[151] Auch wenn ein solcher alternativer Auslieferungsweg sehr kostenintensiv sein kann, hat aufgrund hoher Strafzahlungen sowie der Gefahr der

[151] vgl. Kerner (2002), Modellbasierte Beurteilung der Logistikleistung von Prozessketten, S. 148

Minderung der Kundenzufriedenheit die oberste Prämisse nach wie vor Bestand – die Einhaltung des zugesagten Kundenliefertermins.[152]

Da die Intensität bzw. der Intensitätsbedarf der Versandplanung und -steuerung ähnlich wie bei der innerbetrieblichen Planung und Steuerung in der Regel nicht im Vorfeld im Sinne einer verursachungskonformen Allokation bestimmt werden kann, werden alle in diesem Bereich auftretenden ungeplanten Aktivitäten im Kontext der Prozesskostenrechnung betrachtet. Ziel ist es, den Anteil der Arbeitszeit der Mitarbeiter der Versandabteilung für ungeplante Tätigkeiten an der Gesamtarbeitszeit abzubilden. Die Betrachtung soll nivelliert über ein Geschäftsjahr vollzogen werden und auf alle aufgetretenen Belieferungsverspätungen bezogen werden. Tabelle 5-7 fasst die im Teilprozess reaktives Auslieferungsmanagement durch Belieferungsverspätungen hervorgerufenen, ungeplanten Zusatzaufwände und Kompensationsaktivitäten sowie die dadurch induzierten Zusatzkosten zusammen.

	Aufwand/ Kompensation	Kostenart	VK	NV	Bezugsgröße	Kostentreiber
1	Um- und Neuplanungen	Personalkosten		X	Anteil ungeplanter Tätigkeiten bei Versandplanung und -steuerung	Anzahl verspäteter Belieferungen

Legende
VK: verursachungskonform
NV: nivelliert

Tabelle 5-7: Aufwände und Kostenarten bei Versandplanung und -steuerung

Zusatzkosten beim Versand

Ähnlich wie im Teilprozess Lieferung und Empfang kann hier der Zeitverlust einer verzögerten Lieferung durch Nutzung einer alternativen Transportmöglichkeit reduziert werden. Entscheidend dabei sind die Mehrkosten, die durch die Wahl einer neuen Transportart entstehen können (Beispiel: Verlagerung von Containerfracht auf Expresslieferung oder Luftfracht). Die durch die zusätzlich auftretenden Kompensationsaktivitäten induzierten Kosten lassen sich demnach auf Kosten für Spediteure zurückführen. Durch die Möglichkeit, die Aktivitäten direkt zuordnen zu können, können die induzierten Kosten verursachungskonform allokiert werden. Über bekannte Entfernungen zum Kunden und Kenntnis über das auszuliefernde Erzeugnis können auftretende Zusatzkosten relativ genau über bekannte Pauschalen approximiert werden.

	Aufwand/ Kompensation	Kostenart	VK	NV	Bezugsgröße	Kostentreiber
1	Alternativer Auslieferungsweg	Speditionskosten	X		-	-

Legende
VK: verursachungskonform
NV: nivelliert

Tabelle 5-8: Aufwände und Kostenarten beim Versand

[152] Es kann eine Kostenbilanz über die mit dem Übergang auf einen alternativen Versandweg verbundenen Zusatzkosten und den drohenden Strafzahlungen aufgestellt werden und so bestimmt werden, ab welchem Zeitverzug die Pönalen größer werden als der alternative Versandweg.

Tabelle 5-8 fasst die im Teilprozess Versand durch Belieferungsverspätungen hervorgerufenen, ungeplanten Zusatzaufwände und Kompensationsaktivitäten sowie die dadurch induzierten Zusatzkosten zusammen.

Zusatzkosten bei der Inbetriebnahme

Die Vorgänge der Inbetriebnahme sind in weiten Teilen mit denen der Wertschöpfung zu vergleichen. Eine Kompensation von Verzögerungen ist hierbei ebenfalls durch (ungeplante) Mehrarbeit möglich. Werden vom Lieferanten induzierte Belieferungsverspätungen nicht durch reaktive Kompensationsaktivitäten in der Leistungserstellung sowie der Auslieferung wettgemacht, beginnt die Inbetriebnahme verspätet und demnach nicht nach Plan. Die Inbetriebnahme stellt die letzte Möglichkeit des Herstellers dar, den eigenen, dem Kunden zugesagten Auslieferungstermin zu halten, um einerseits die Kundenzufriedenheit nicht zu gefährden und andererseits kostspielige Konventionalstrafen zu vermeiden. Da letztere aufgrund ihrer signifikanten Höhe die Profitabilität des Auftrags gefährden, wird das Unternehmen demnach Maßnahmen einleiten, um die Verspätung wieder aufzuholen. Dies geschieht in der Regel durch das Ausschöpfen des maximal verfügbaren Kapazitätsangebotes in Form von entweder Zusatzschichten oder nach Möglichkeit der Aussendung von mehr Inbetriebsetzungs-/Servicepersonals. So werden bei Bedarf je nach Möglichkeit Nacht- sowie Samstags- und Sonntagsschichten genutzt. Da diese mit diversen Zulagen vergütet werden und somit teurer sind als die Regelschichten, entstehen an dieser Stelle ungeplante Zusatzkosten. Zur Quantifizierung des Zusatzbedarfs an Schichten wird die Grundannahme getroffen, dass mindestens die Schichten, mit denen die Inbetriebsetzung verspätet beginnt, über Zusatzschichten ausgeglichen werden müssen. Verzögert sich demnach der Inbetriebsetzungsbeginn aufgrund von Planabweichungen um bspw. eine Woche, werden bei einem Zehnschichtsystem (zehn Schichten pro Woche) und fünf Arbeitstagen pro Woche mindestens zehn zusätzliche Schichten benötigt, um die Verspätung zu egalisieren.

	Aufwand/ Kompensation	Kostenart	VK	NV	Messgröße	Kostentreiber
1	Zusatzschichten	Personalkosten	X		-	-

Legende
VK: verursachungskonform
NV: nivelliert

Tabelle 5-9: Aufwände und Kostenarten bei Inbetriebnahme

Tabelle 5-9 fasst die im Teilprozess Inbetriebsetzung durch Belieferungsverspätungen hervorgerufenen, ungeplanten Zusatzaufwände und Kompensationsaktivitäten sowie die dadurch induzierten Zusatzkosten zusammen.

Zwischenfazit

Wie dargestellt wurde, bestehen Kausalzusammenhänge zwischen vom Lieferanten hervorgerufenen Belieferungsverspätungen, daraus resultierenden Planabweichungen in der Auftragsabwicklung sowie dem Unternehmenswert (Bild 5-16). Zusätzlich angestoßene Aktivitäten in der Auslieferung zur Kompensation der Planabweichungen verursachen ungeplante Kosten, die sich negativ auf den Unternehmenswert auswirken.

Im Speziellen die Nutzung alternativer Auslieferungswege verursacht signifikante Zusatzkosten im Auslieferungsprozess. Das Ausweichen von LKW- auf Luftfracht zur Kompensation von Planabweichungen kann bis zu einem zehnfachen Kostensprung führen. Ferner verursachen kompensatorische

Maßnahmen in der Inbetriebsetzung signifikante Zusatzkosten – vor allem bei Kunden mit Auslandssitz. Da allerdings die Inbetriebsetzung die letzte Möglichkeit ist, Planabweichungen zu egalisieren, nutzen Unternehmen die freisetzbaren Kapazitäten, um die Verspätung zu minimieren oder gar vollständig zu kompensieren.

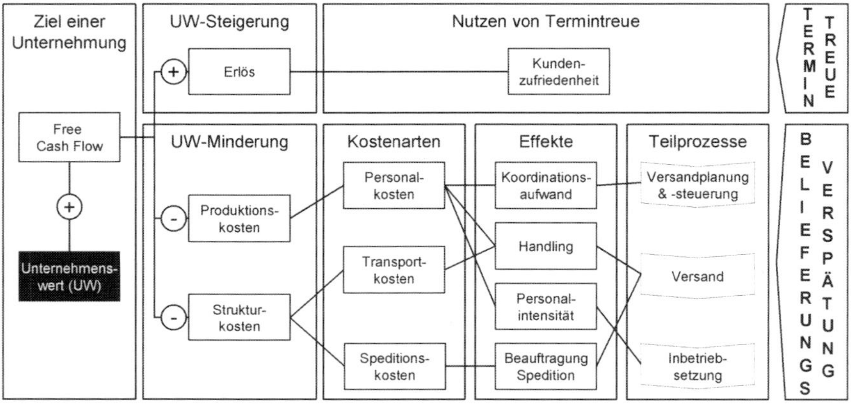

Bild 5-16: Induzierte Zusatzkosten in der Auslieferung

5.2.3.4 Szenario IV – Keine Kompensation möglich

Schafft es das Unternehmen nicht, die durch den Lieferanten verursachte Belieferungsverspätung durch jegliche kompensatorische Maßnahmen zu egalisieren, kann der dem Kunden zugesagte Auslieferungstermin nicht gehalten werden. Das vierte Szenario bildet demnach den Fall ab, bei dem eine Belieferungsverspätung eintritt und das Unternehmen mit vertraglich vereinbarten Pönalen seitens des Endkunden rechnen muss (Bild 5-17).

Im Folgen wird dargelegt, welche Zusatzkosten auftreten, sofern der finale Auslieferungstermin beim Kunden nicht gehalten werden kann. Ferner werden bei Bedarf die Kosten mit Kostentreibern in Verbindung gebracht.

Zusatzkosten durch Auslieferungsverspätung

Ist ein Unternehmen nicht in der Lage, sein Erzeugnis zum vereinbarten Auslieferteremin bereitzustellen, gilt der Auftrag als verspätet. Dadurch werden nicht nur die positiven Effekte termintreuer Auslieferungen wie etwa positive Mundpropaganda, verstärkte Kaufbereitschaft, Kundenbindung und -begeisterung sowie Loyalität und Wiederverkaufsrate kaschiert,[153] sondern es treten auch monetäre Effekte in Form von Pönalen oder Strafzahlungen in Kraft.

Pönalen stellen in diesem Zusammenhang Konventionalstrafen dar, die per Verweis von § 348 Handelsgesetzbuch auf die §§ 339-344 des Bürgerlichen Gesetzbuches (BGB) geregelt sind. Festgesetzt ist dort, dass bei Nichterfüllung oder Erfüllung in nicht gehöriger Weise (Terminabweichung) einer Verbindlichkeit die Zahlung einer Geldsumme als Strafe dient.[154] Zahlreiche allgemeine

[153] siehe hierzu Kap. 5.2.2 Nutzenwirkung von Termintreue
[154] vgl. BGB (2013), Bürgerliches Gesetzbuch, S. 76 f.

Geschäftsbedingungen der deutschen Maschinen- und Anlagenbauer sowie deren Kunden enthalten Klauseln, die auf dieser gesetzlichen Regelung aufbauen. Hinweise auf diese Art der Regelung enthalten sogar Musterverträge des VDMA, die Strafen für jeweils eine Überschreitung einer vollendeten Woche, eines Werktages und einer Einzelfrist vorsehen. Gleichzeitig wird die Deckelung einer Höchststrafe in diesem Mustervertrag geregelt.[155] Im Allgemeinen werden Strafen zwischen 0,5% pro angefangene Woche bis hin zu 20% des Gesamtauftragsvolumens veranschlagt. Durch die vertragliche Regelung der Pönalen sind diese eindeutig im Sinne einer verursachungskonformen Allokation zum jeweiligen Auftrag verrechenbar. Ihre Abhängigkeit von der Zeit erleichtert die spätere funktionale Modellierung.

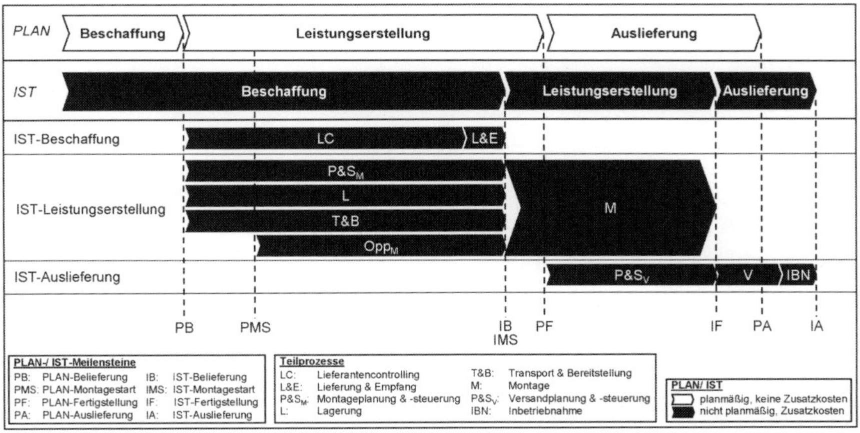

Bild 5-17: Auftragsabwicklungsdurchlauf in Szenario IV

Ist ein Unternehmen nicht in der Lage, sein Erzeugnis zum vertraglich fixierten Kundenliefertermin fertig- bzw. bereitzustellen, kommen nicht nur Pönalen auf das Unternehmen zu, sondern der Kunde wird vorerst für die nicht erbrachte Leistung jegliche Rechnungsbegleichung verweigern. Durch die Verschiebung des Zahlungsflusses durch den Kunden tritt der Hersteller einen längeren Zeitraum in finanzielle Vorleistung, was wiederum in Kapitalkosten mündet. Diese finanzielle Belastung hat keine große Bedeutung im Falle von gesplitteten Zahlungsvereinbarungen und einer Abschlusszahlung im zehnprozentigen Auftragsvolumenbereich, allerdings kann im Fall von höheren Abschlussraten je nach angesetztem unternehmensinternen Zinsfußsatz eine signifikante Minderung des Cashflows auftreten.

Tabelle 5-10 fasst die im Teilprozess Rechnungsprüfung und Bezahlung durch Belieferungsverspätungen hervorgerufenen, ungeplanten Zusatzaufwände und Kompensationsaktivitäten sowie die dadurch induzierten Zusatzkosten zusammen.

---

[155] vgl. VDMA (2006), Ausschreibung

	Aufwand/ Kompensation	Kostenart	VK	NV	Bezugsgröße	Kostentreiber
1	Strafzahlungen	Pönalkosten	X		-	-
2	Verspätete Rechnungsbegleichung	Finanzierungskosten	X		-	-

Legende
VK: verursachungskonform
NV: nivelliert

Tabelle 5-10: Aufwände und Kostenarten bei verspäteter Auslieferung

Zwischenfazit

Wie dargestellt wurde, bestehen Kausalzusammenhänge zwischen vom Lieferanten hervorgerufenen Belieferungsverspätungen, daraus resultierenden Pönalen vom Endkunden (bei Nichtkompensation der Belieferungsverspätung) sowie verspäteter Rechnungsbegleichung und dem Unternehmenswert (Bild 5-18). Vertraglich vereinbarte Strafzahlungen bei Auslieferungsverspätungen verursachen ungeplante Kosten, die sich negativ auf den Unternehmenswert auswirken. Diese Kosten können im Kontext heterarchischer Wertschöpfungsnetzwerke in der Regel nicht an die eigenen Lieferanten weitergegeben werden.[156]

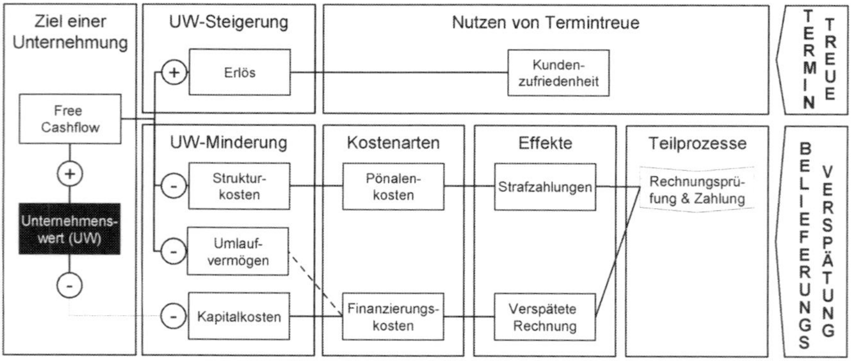

Bild 5-18: Induzierte Zusatzkosten bei verspäteter Auslieferung

5.2.4 Aggregation von Nutzen- und Kostenwirkung

Die Aggregation positiver Effekte termintreuer Leistungserstellung sowie negativer Kosteneffekte bei Belieferungsverspätungen werden in Bild 5-19 zusammengefasst. Basierend auf dem erarbeiteten Wirkmodell, insbesondere auf den Beziehungen zwischen Teilprozessen, belieferungsverspätungsinduzierten Kompensationsaktivitäten und Zusatzaufwänden sowie den zugehörigen Kostenarten und deren Verrechnungsmöglichkeit, können nun die funktionalen Beziehungen zwischen Belieferungsverspätung und Zusatzkosten abgeleitet werden.

[156] siehe hierzu Kap. 2.3.2.4 Problematisierung heterarchische Wertschöpfungsnetzwerke

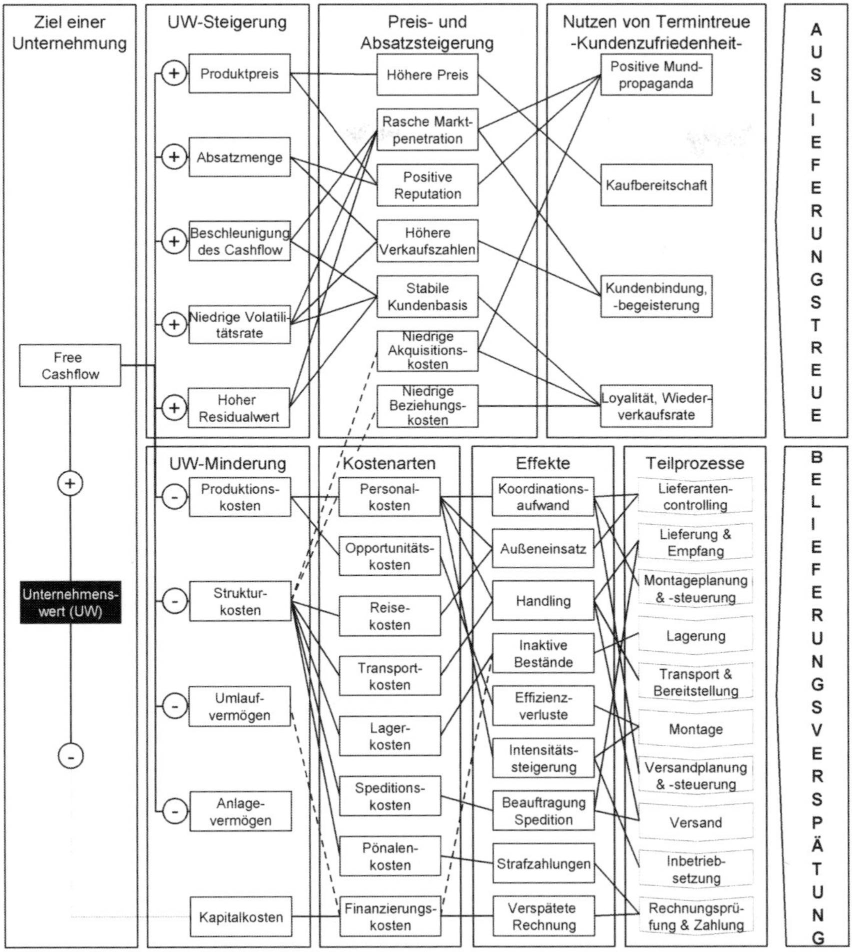

Bild 5-19: Aggregiertes Wirkmodell der Nutzen- und Kostenwirkung

5.3 Funktionaler Zusammenhang zwischen Belieferungsverzug und Zusatzkosten

Nachdem die Kostenwirkung von Zusatzaufwänden und kompensatorischen Maßnahmen in den einzelnen Teilprozessen des Auftragsabwicklungsprozesses diskutiert wurde und ferner festgelegt wurde, welche Kosten verursachungskonform und welche nivelliert abgebildet werden müssen, kann eine mathematische Modellierung der Kosten erfolgen. Zunächst werden dabei Vorüberlegungen und Annahmen zum Kostenmodell getroffen, worauf aufbauend die belieferungsverspätungsabhängigen Kostenfunktionen in den einzelnen Teilprozessen abgeleitet werden.

5.3.1 Vorüberlegungen und Annahmen

Im Folgenden werden Vorüberlegungen diskutiert sowie Annahmen und Konventionen für das Kostenmodell festgelegt. Zunächst wird die verwendete mathematische Modellierungssprache thematisiert und in diesem Kontext ein Bezugs- bzw. Koordinatensystem festgelegt. Darauf aufbauend werden die Kostenfunktionen in den Hauptprozessen Beschaffung, Leistungserstellung und Auslieferung modelliert.

Zur Darstellung des funktionalen Zusammenhangs zwischen Belieferungsverspätungen und Zusatzkosten wird ein Bezugssystem bzw. Koordinatensystem benötigt. Da über die Zeitachse der Terminverzug abgebildet werden soll, wird die Abszisse als Achse der Belieferungsverspätung definiert und hat den Ursprung im Plan-Belieferungszeitpunkt. Als kleinste, diskrete Zeiteinheit werden einzelne Schichten genutzt. Dies ermöglicht zum einen eine schichtgenaue Abbildung der Zusatzkosten bei einer Blieferungsverspätung.

5.3.1.1 Festlegung eines Bezugssystems

Zusätzlich kann so die Kostenwirkung zeitkompensatorischer Aktivitäten in unterschiedlichen Schichten (Früh-, Spät- und Nachtschicht als auch Samstags- und Sonntagsschichten) unter der Prämisse von Kostenzuschlägen für Sonderschichten dargestellt werden.[157] So besteht im Modell ein Tag aus einer Nachtschicht (NS), einer Frühschicht (FS) und einer Spätschicht (SS). Wann bzw. um welche Uhrzeit die jeweiligen Schichten beginnen, ist für das Kostenmodell nicht relevant und kann für den jeweiligen Unternehmensfall angepasst werden. Anschaulichkeitshalber wird in den nachfolgenden Ausführungen ein 10-Schichtsystem (Früh- und Spätschichten in der Woche) zugrunde gelegt und attestiert, dass Nachtschichten eines Sonntages die kostenintensivsten sind, während Früh- und Spätschichten in der Woche die günstigsten sind (Bild 5-20). Samstage werden als Arbeitstage betrachtet und Nachtschichten erfahren Zulagen.

Jede Schicht besitzt eine eindeutige laufende Nummer, die sich auf einen absoluten Nullpunkt bezieht, der beliebig gesetzt werden kann.[158] So kann bspw. der Plan-Belieferungstermin auf Schicht 47 fallen. Je nachdem wie viel zeitlicher Puffer bis zum Montagestart angesetzt ist, kann bspw. in Schicht 50 die Plan-Leistungserstellung beginnen. Liefert der Zulieferer erst in Schicht 53, müssen die zwei verpassten Plan-Arbeitsschichten (50, 51) über Nacht- oder Wochenendschichten kompensiert werden.

Als Ordinate wird eine Kostenachse eingeführt. Die Kostenachse soll dabei lediglich ungeplante Zusatzkosten abbilden, die für zeitkompensatorische Aktivitäten aufgrund von lieferantenbedingten Verspätungen aufgewendet werden. Demnach sollen keine geplanten Kosten abgebildet werden, die

---

[157] Eine Schicht ist ein Zeitraum, in dem nominell und bezogen auf die Tätigkeit immer dieselbe Kapazität von Leistung abrufbar ist. Eine Schicht wird mit einer fortlaufenden Nummer gekennzeichnet. Die Schichtart wird durch die zeitliche Einordnung im Verlauf des Tages bestimmt. Allgemein bekannte Schichtarten sind Früh-, Spät- oder Nachtschicht. Die zeitliche Dauer einer Schicht wird als Schichtlänge bezeichnet. Gebräuchliche Schichtlänge sind 8 Stunden. Aufgrund der Anzahl der pro Woche gearbeiteten Schichten wird das jeweilige Schichtsystem bezeichnet. In einem 5-Schichtsystem werden nur die Regelschichten von Montag bis Freitag gearbeitet. Wenn Früh- und Spätschicht belegt werden, ist es ein 10-Schichtensystem. 15 Schichten werden mit Einbeziehung der Nachtschichten erreicht. 18 und 21 Schichten mit Wochenendarbeit am Samstag und Sonntag. Vgl. Fergen et al. (2009), Gute Arbeit im Schichtbetrieb, S. 45

[158] Im dargestellten Beispiel beginnt die Nummerierung am Dienstag, den 01.01.2013, sodass der Nachtschicht des Dienstages die Nummer 1 zugeordnet ist.

unabhängig von der Belieferungsverspätung ohnehin aufgetreten wären. Ferner sollen die sich entwickelnden Kosten in der Kumulation dargestellt werden, sodass eine eindeutige Zuordnung zwischen Anzahl verspäteter Schichten bzw. Ist-Belieferungsschicht sowie den zur Kompensation notwendigen Zusatzkosten entsteht.

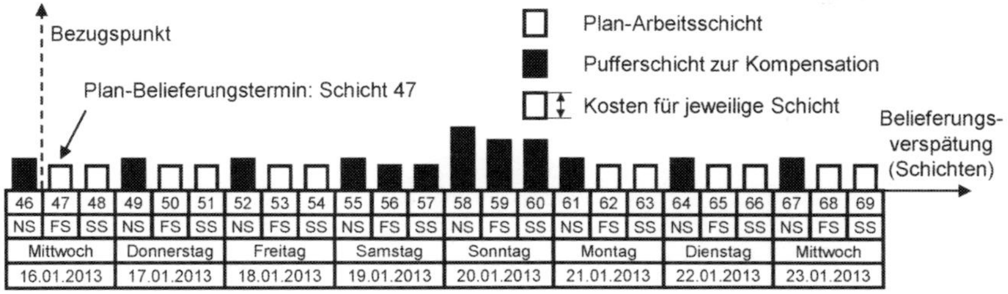

Bild 5-20: Festlegung des Bezugssystems

In der kumulierten Darstellung wird somit eine Kurve erzeugt, welche die Kostenverursachung modelliert. Wann die Kosten tatsächlich auftreten, ist in der Betrachtung sekundär, da im Kostenmodell die unmittelbare Auswirkung von Belieferungsverspätungen je verspätete Schicht dargestellt werden soll. So würde bspw. im oben dargelegten Beispiel abgebildet, welche Zusatzkosten bei Belieferung erst in Schicht 50 oder 51 anfallen, auch wenn diese erst zu einem späteren Zeitpunkt in Erscheinung treten (bspw. in den Wochenendschichten zwischen Schicht 55 und 60 als zeitkompensatorische Reaktionsmaßnahme).

5.3.1.2 Festlegung der mathematischen Modellierungssprache

Zur Abbildung von Kosten über die zeitdiskrete Zeitachse der Belieferungsverspätung wird das mathematische Teilgebiet der Analysis genutzt. Dabei werden zur Darstellung der Kostenwirkung in einzelnen (Teil-) Prozessen Folgen und Abbildungen verwendet. Zur Bestimmung einer mathematischen Abbildung eines funktionalen Zusammenhangs zwischen zwei Mengen A und B müssen beide Mengen definiert und für die Funktion eine Vorschrift gefunden werden, die jedem Element der Menge A genau ein Element der Menge B zuordnet. Die Menge A wird dabei als Definitionsbereich und die Menge B als Wertebereich bezeichnet.[159] Im vorliegenden Fall bildet die Menge der Schichten der Belieferungsverspätung die Definitionsmenge (positive ganze Zahlen) und die Menge der durch Belieferungsverspätung entstehenden Zusatzkosten die Wertemenge (positive rationale Zahlen).

Zur mathematischen Modellierung des Gesamtprozesses ist zunächst eine Einzelmodellierung des Teilprozesses unter Zuhilfenahme der Folgen und Abbildungen notwendig. Da eine zeitdiskrete Zeitachse als grundlegendes Bezugssystem mit einzelnen Schichten als kleinste diskrete Zeitelemente zugrunde gelegt wird und Aktivitäten vorliegen, die bspw. nur wochentags in Erscheinung treten und an Wochenenden keine Kostenwirkung vorweisen, können nicht alle Teilprozesse als stetig-differenzierbare Funktion modelliert werden. Da diese allerdings einer gewissen Regelmäßigkeit unterliegen, können mathematische Folgen zugrunde gelegt werden, die den funktionalen Zusammenhang bzw. die Regelmäßigkeit der Kostenwirkung abbilden. Da die Kostenwirkungen verschiedener

[159] vgl. Meyberg et al. (2003), Höhere Mathematik I, S. 2

Aktivitäten zu einzelnen Schichten allokiert werden, ergeben sich in der Darstellung sprungfixe Kostenabbildungen, die in der Kumulation zu Treppenfunktionen werden (Bild 5-21).

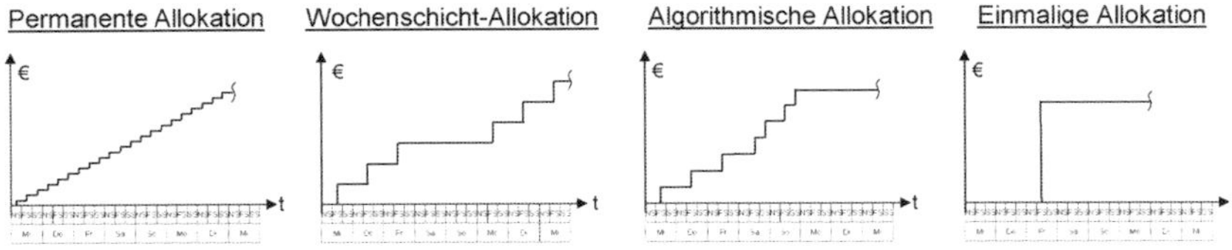

Bild 5-21: Typen von Kostenfunktionen

Dabei können vier verschiedene Typen von Kostenfunktionen mit Treppencharakter unterschieden werden, die sich jeweils in der Allokation von Kosten auf jeweilige Schichten differenzieren. So existieren Fälle, in denen Zusatzkosten nach Überschreitung eines kritischen Zeitpunktes permanent wirken, also in jeder Schicht bzw. jeden Tag. Beispiele solcher Kosten sind Kapitalkosten aufgrund der verspäteten Rechnungsbegleichung durch den Kunden oder aber Lagerkosten. Ferner liegen Fälle vor, in denen Kosten nur in Wochentagen auftreten. Dies ist in der Regel bei Personal indirekter Bereiche (Einkauf, Planung und Steuerung, Versand etc.) der Fall. Gewöhnlich ist die Arbeitszeit der indirekten Mitarbeiter nicht schichtgebunden, sodass im zu entwickelnden Kostenmodell die entstehenden Zusatzkosten jeweils verrechnungstechnisch auf die Frühschicht eines Wochentages allokiert werden. An Wochenenden tritt in diesen Fällen keine Kostenbelastung auf. Ferner existieren Fälle, in denen das Kostenauftreten einem bestimmten Algorithmus folgt.[160] Dieser Fall liegt bei direkten Mitarbeitern vor, deren Kostenbelastung eindeutig einzelnen Schichten in der Woche als auch am Wochenende zugeordnet werden kann. Ein solcher Algorithmus folgt bspw. der Logik einer schichtdiskreten Prüfung der noch zukünftig zur Verfügung stehenden Kompensationsschichten bis zum Plan-Auslieferungstermin und der kostenoptimierten Verortung von verpassten Plan-Arbeitsschichten in die bestimmte Menge der zur Verfügung stehenden Kompensationsschichten. Ein solcher Algorithmus würde dann abbrechen, sobald keine Kompensationsschichten mehr zur Verfügung stehen und die maximale Kapazitätsverfügbarkeit vollständig ausgeschöpft worden ist. Den letzten Kostentyp stellen die einmalig wirkenden Kosten dar. Sie treten bspw. bei der Beschaffung oder Auslieferung auf, wenn auf alternative Transportwege ausgewichen wird. Die Kostenwirkung ist einer bestimmten Schicht zugeordnet und tritt einmalig auf.

Im mathematischen Kontext erfordert das Wirksamwerden der Kosten in bestimmten Schichten eine regelbasierte Fallunterscheidung darüber, ob Kosten tatsächlich wirksam werden oder nicht. Die Positivbedingungen der Fallunterscheidung ermöglichen die Modellierung des Eintritts eines Ereignisses in einer gewissen Frequenz (bspw. alle drei Schichten im Fall von indirektem Personal, dessen normierter Tageskostensatz jeweils zur Frühschicht eines Wochentages allokiert wird). Die Überprüfung der Fälle erfolgt mit der mathematischen Funktion der „Division mit Rest" bzw. modulo (Abk.

[160] Unter einem Algorithmus wird eine eindeutige und ausführbare Handlungsvorschrift zur Lösung eines Problems verstanden, die aus einer endlichen Anzahl an Schritten besteht. Im Rahmen einer Ausführung eines Algorithmus wird eine Eingabegröße oder eine Menge von Eingabegrößen in eine Ausgabegröße oder eine Menge von Ausgabegrößen umgewandelt (vgl. Cormen et al. (2010), Algorithmen, S. 5). Solche Algorithmen werden in Kapitel 5.3.3.4 Montage sowie Kapitel 5.4 Aggregation der Teilfunktionen zum Gesamtkostenmodell hergeleitet.

mod). Kommt es wie im dargelegten Fall zu einer Kostensteigerung in jeder dritten Schicht, so wird durch die Division mit Rest (*T mod 3 = 0*) überprüft, ob es sich um jene dritte Schicht bzw. ein Vielfaches der ersten Frühschicht im Gesamtbezugssystem handelt.

Nachdem die Einzelmodellierung in Form von funktionalen Abbildungen der Teilprozesse erfolgt ist und die Teilfunktionen mit den jeweiligen Bildungsgesetzen zueinander kompatibel gemacht wurden, können im abschließenden Schritt die Einzelfunktionen zu einer Gesamtfunktion aggregiert werden.

5.3.1.3 Bestimmung der Lieferzeitpunkte basierend auf dem kritischen Montagepfad

Im Rahmen des Koordinationsmechanismus wird der Beschaffungsprozess und insbesondere die Incentivierung der Lieferanten basierend auf der Kenntnis der entstehenden lieferverspätungsbedingten Zusatzkosten betrachtet. So stellt der Plan-Belieferungstermin die zentrale Bezugsgröße des Kostenmodells dar, relativ zu dem die Kostenentwicklung abhängig von der Belieferungsverspätung dargestellt werden soll. Voraussetzung dafür ist die Kenntnis des Plan-Belieferungstermins. In Literatur und Praxis existieren zahlreiche Ansätze und Möglichkeiten der Lieferterminermittlung. An dieser Stelle sollen mit der klassischen Projektplanung über Gantt-Charts sowie der Netzplantechnik zwei sich im Detaillierungsgrad differenzierende Verfahren repräsentativ erwähnt werden (Bild 5-22).

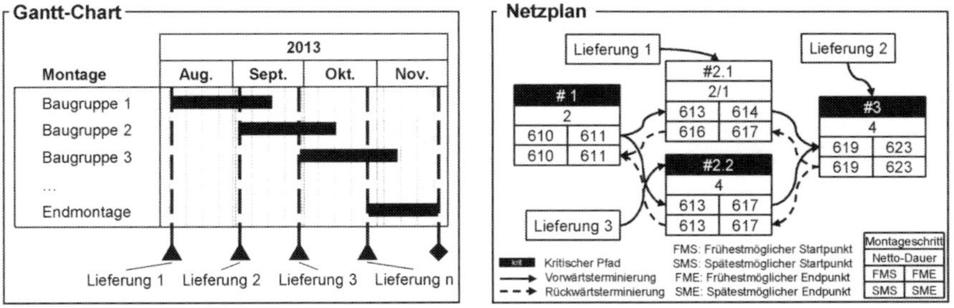

Bild 5-22: Ansätze zur Ermittlung des Belieferungstermins

Langläuferteile müssen frühzeitig im Leistungserstellungsprozess beschafft werden. Gewöhnlich liegt zu diesem Zeitpunkt, an dem das Engineering und die Konstruktion noch nicht abgeschlossen sind, noch keine dezidierte Arbeits- bzw. Montageplanung vor. An dieser Stelle wird in der Regel mit Projektplänen oder Gantt-Charts gearbeitet. Über eine Rückwärtsterminierung ausgehend vom Auslieferungstermin über den geplanten Fertigstellungstermin der Montage können auf grober Ebene Start- und Endzeitpunkte einzelner Baugruppenmontagen abgeschätzt werden. Die jeweiligen Startpunkte der Baugruppenmontagen legen demnach den Plan-Belieferungstermin jeglicher Teile, Komponenten etc. der Baugruppe fest.

Im Fall von Nicht-Langläufern ist gewöhnlich während der Beschaffung der Leistungserstellungsprozess wesentlich weiter vorangeschritten und eine dezidierte Montageplanung auf Einzelteilebene ist durchgeführt worden. Mithilfe der Netzplantechnik können bspw. über eine Kombination aus Rückwärts- und Vorwärtsterminierungen deterministisch frühestmögliche Start- und Endzeitpunkte als auch spätestmögliche Start- und Endtermine einzelner Montageschritte bestimmt werden, aus denen sich die

Belieferungsterminbedarfe ableiten lassen. Weitere Detaillierungen der beiden erwähnten Verfahren als auch eine Vielzahl weiterer Planungsinstrumente sind der Literatur zu entnehmen.[161]

5.3.2 Modellierung der Kostenfunktionen in der Beschaffung

Im Folgenden werden der formelmäßige Zusammenhang zwischen Belieferungsverspätung und induzierten Zusatzkosten als auch die zugehörigen Kostenkurven im Rahmen der Beschaffung in den Teilprozessen Lieferantencontrolling sowie Lieferung und Empfang hergeleitet.

5.3.2.1 Lieferantencontrolling

Wie in Kapitel 5.2.3.1 dargelegt, treten die im Lieferantencontrolling anfallenden, ungeplanten Zusatzkosten zum einen in Form von Personalkosten und zum anderen in Reisekosten auf. Die sich dahinter verbergenden Aktivitäten umfassen Nachfasstätigkeiten gegenüber den Lieferanten sowie Lieferantenbesuche und beginnen ab dem Plan-Belieferungszeitpunkt. Es ergibt sich folgender formelmäßiger Zusammenhang im Fall der Personalkosten:

$$K_{LC}(t) = \begin{cases} 0 & \text{, wenn } t = 0 \\ k_{LC} + K_{LC}(t-1) & \text{, wenn } t + 1 \bmod 3 = 0 \,/ \left\{ \begin{matrix} t = 0 \wedge \\ t + 4 \bmod 21 = 0 \wedge \\ t + 1 \bmod 21 = 0 \end{matrix} \right\} \\ K_{LC}(t-1) & \text{, sonst} \end{cases} \quad mit\ k_{LC} = \frac{p_{LC} * KS_{LC} * \# MA_{LC}}{\# BV * 220 * 3}$$

Formel 5-1: Induzierte Zusatzkosten beim Lieferantencontrolling

Kristallisiert sich (für gewöhnlich im Wareneingang) heraus, dass der Lieferant den zugesagten Belieferungstermin nicht realisieren konnte, wird das Personal des Lieferantencontrollings bzw. des Einkaufs aktiv. Da die Kostenstellen des Einkaufs in der Regel nicht im Schichtsystem verortet sind, wird die Kostenbelastung des Personals im Kostenmodell jeweils auf eine Frühschicht (FS) eines Wochentages beginnend mit dem Tag des Plan-Belieferungszeitpunktes allokiert. Da die Kostenwirksamkeit und -intensität nicht auftragsspezifisch vorherbestimmt werden kann, werden alle in einem Bezugszeitraum anfallenden ungeplanten Kosten unter Zuhilfenahme des Prinzips der Prozesskostenrechnung abgebildet. Dazu wird der Anteil der Arbeitszeit im Einkauf für ungeplante, reaktive Tätigkeiten (p_{LC}) mit allen sich in der Einkaufsabteilung aktiv mit diesen Tätigkeiten befassenden Mitarbeitern ($\#MA$) und den entsprechenden jährlichen Personal-Kostensätzen (KS_{LC}) verrechnet und auf alle lieferanteninduzierten Belieferungsverspätungen ($\#BV$) im selbigen Zeitraum bezogen. Demnach werden durch k_{LC} die Zusatzkosten für ungeplante Tätigkeiten für das Lieferantencontrolling eines (durchschnittlichen) Auftrages pro Arbeitstag bzw. pro Schicht abgebildet.[162] Es ergibt sich der in Bild 5-23 dargestellte zeitlich kumulierte Kostenverlauf.

Es resultiert eine sprungfixe funktionale Beziehung zwischen Belieferungsverspätung und Zusatzkosten. Die Kostensprünge sind jeweils in der Frühschicht von Wochentagen verortet. An Wochenenden treten keine Kostensprünge auf, da indirekte Abteilungen dort planmäßig nicht arbeiten. Die Höhe des Kostensprunges ergibt sich aus dem normierten Kostensatz eines (oder mehrerer) Einkäufer und dem Anteil lieferantenbedingt ungeplanter Tätigkeiten beim Lieferantencontrolling.

---

[161] vgl. Westkämper et al. (2006), Einführung in die Organisation, S. 190

[162] Über die Faktoren 220 und 3 werden die Jahreskosten auf Tages- bzw. Schichtbasis normiert.

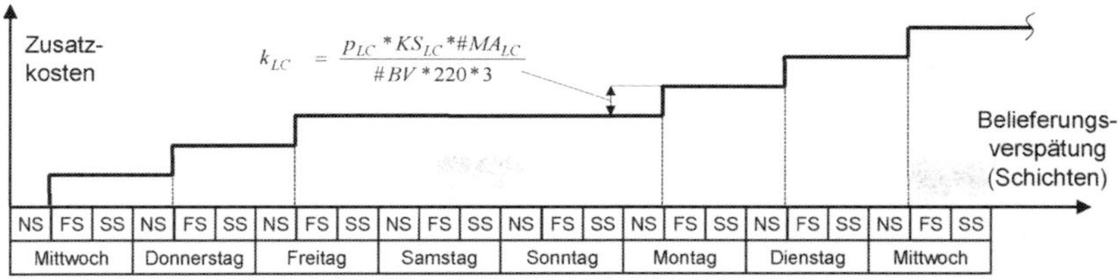

Bild 5-23: Induzierte Zusatzkosten beim Lieferantencontrolling (kumuliert)

Ferner können im Rahmen des Lieferantencontrollings Lieferantenbesuche zwecks Statuscontrolling, Druckaufbaus und Beschleunigungsversuchen anfallen, bei denen im Wesentlichen Personalkosten sowie Reisekosten anfallen. Es ergibt sich der folgende formelmäßige Zusammenhang:

$$K_{LB}(t) = \begin{cases} 0 & , wenn\ t = 0 \\ k_{LB} + K_{LB}(t-1) & , wenn\ t \bmod f * 21 = 0 / \{t = 0\} \\ K_{LB}(t-1) & , sonst \end{cases} \qquad mit\ k_{LB} = \frac{RKP}{21} * D_{Zul} + KS_{LC} * \frac{T_{LB}}{220 * 3}$$

Formel 5-2: Induzierte Zusatzkosten bei Lieferantenbesuchen

Die anfallenden Kosten lassen sich verursachungsgerecht zu einem spezifischen Auftrag zuordnen, da die kostenrelevanten Parameter bereits im Vorfeld bekannt sind und die Kostenintensität entsprechend parametrisiert werden kann. So treten Kosten für Lieferantenbesuche bzw. ihre Kumulation abhängig von der Besuchsfrequenz (*f*) eines Einkäufers beim Lieferanten auf.[163] Die Höhe der Kosten ist abhängig von der streckenabhängigen Reisekostenpauschale (*RKP*) sowie der Distanz zum Lieferanten (D_{Zul}) als auch dem (auf Schichteinheiten normierten) jährlichen Personal-Kostensatz (KS_{LC}) der Einkaufsabteilung und der Dauer des Lieferantenbesuchs (T_{LB}). Demnach quantifiziert k_{LB} die auftragsspezifischen Personal- und Reisekosten abhängig vom Lieferantenstandort und der Besuchsdauer. Es ergibt sich der in Bild 5-24 dargestellte zeitlich kumulierte Kostenverlauf.

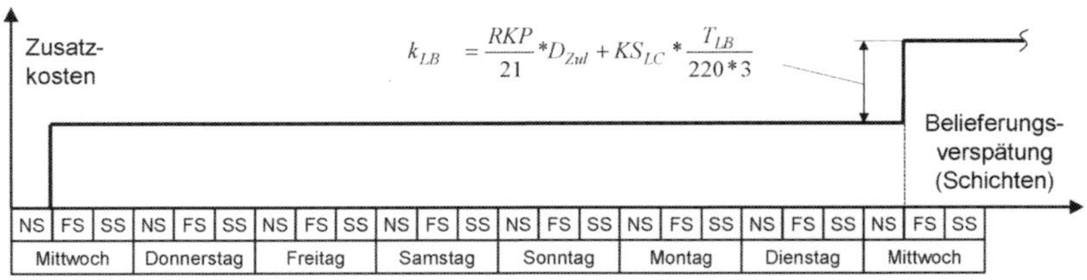

Bild 5-24: Induzierte Zusatzkosten bei Lieferantenbesuchen (kumuliert)

Es resultiert eine sprungfixe funktionale Beziehung zwischen Verspätung und Zusatzkosten. Die Kostensprünge treten je nach Frequenz der Lieferantenbesuche auf (im dargestellten Beispiel ein Mal wöchentlich). Die Höhe des Kostensprunges ergibt sich aus dem normierten Personalkostensatz eines Einkäufers, der Dauer des Lieferantenbesuches sowie den entsprechenden Reisekostenpauschalen.

[163] Über den Faktor 21 wird die Lieferantenbesuchsfrequenz auf Wochenbasis normiert. Werden keine Lieferantenbesuche durchgeführt, ist eine Frequenz von Null zulässig.

5.3.2.2 Lieferung und Empfang

Wie in Kapitel 5.2.3.1 dargelegt, können bei der Lieferung und dem Empfang ungeplante Zusatzkosten in Form von Transportkosten auftreten. Als zeit-kompensatorische Maßnahmen stehen die Optionen des Einsatzes eines Spediteurs oder eigener Ressourcen zur Selbstabholung sowie der Alternativweg der Luftfracht zur Verfügung. Ein Spediteur oder aber eigene Ressourcen würden nur in dem Fall genutzt werden, wenn der Lieferant prinzipiell seine Leistungserstellung abgeschlossen hat, aber sein Erzeugnis aus diversen Gründen nicht ausliefert bzw. nicht ausliefern kann. Auf Luftfracht würde nur dann zurückgegriffen werden, wenn eine signifikante Zeitkompensation erreicht worden wäre und diese in Relation zu den hohen Luftfrachtkosten stehen würde. Es ergeben sich demnach folgende formelmäßige Zusammenhänge:

$$K_{L\&E} = \begin{cases} k_{Spedition} - k_{ursprünglich} & , wenn Spedition \\ k_{eigene\ Ressourcen} - k_{ursprünglich} & , wenn\ eigene\ Ressourcen \\ k_{Luftfracht} - k_{ursprünglich} & , wenn\ Luftfracht \end{cases} \qquad mit\ k_{eigene\ Ressourcen} = k_{TP} * D_{Zul} + KS_{LC} * T_{L\&E}$$

Formel 5-3: Induzierte Zusatzkosten bei Lieferung und Empfang

Im Fall der Beauftragung eines Spediteurs berechnen sich die Zusatzkosten über die Differenz des auftragsspezifischen Kostensatzes der Spedition ($k_{Spedition}$) und den ursprünglich angesetzten Transportkosten ($k_{ursprünglich}$). Der Kostensatz eines Spediteurs muss in der Regel situationsspezifisch angefragt werden und kann nicht pauschalisiert über bspw. kilometerabhängige Kosten abgebildet werden. In diesem Fall sind in den Einkaufsabteilungen vorliegende Erfahrungswerte anzusetzen. Die ursprünglichen Transportkosten sind gewöhnlich im Angebot des Lieferanten angegeben und können dort entsprechend entnommen werden. Ebenso wie die Speditionskosten am Boden handelt es sich bei Luftfracht ($k_{Luftfracht}$) um eine situationsspezifische Angabe und kann nicht pauschalisiert werden. Auch hierbei handelt es sich um einen Erfahrungswert der Einkaufs- und Versandabteilung. Werden eigene Ressourcen eingesetzt, ergeben sich die Kosten eigener Ressourcen ($k_{eigene\ Ressourcen}$) über die Transportkostenpauschale (k_{TP}) abhängig von der Entfernung zum Zulieferer (D_{Zul}) und dem Personalkostensatz eines Einkaufsmitarbeiters (K_{LC}) abhängig vom Zeitaufwand für die Beschaffung ($T_{L\&E}$). Es ergeben sich die in Bild 5-25 dargestellten Kostensprünge und Zeitkompensationen.

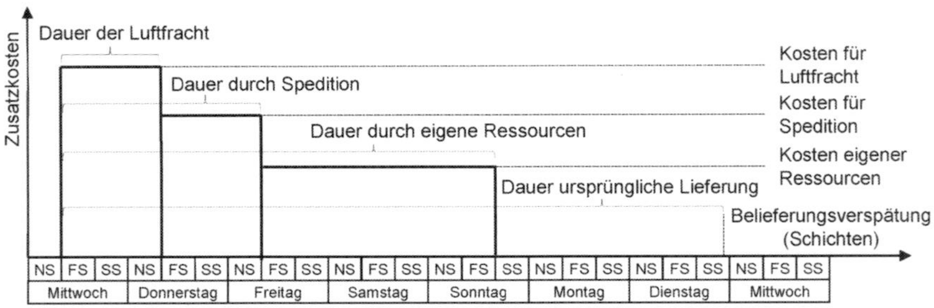

Bild 5-25: Induzierte Zusatzkosten bei Lieferung und Empfang

Die jeweiligen Transportkosten sind allesamt sprungfix und treten jeweils nur einmal auf. Die Sprunghöhe ist durch die jeweiligen Parameter der entsprechenden Transportalternativen determiniert und korreliert mit der Zeitersparnis. Die größte Zeitkompensation kann mit der Luftfracht erzielt werden; allerding unter Inkaufnahme der höchsten Zusatzkosten. Ein kurzfristig engagierter Spediteur ist in der Regel kostenintensiver als die kurzfristige Nutzung eigener Ressourcen und hat gewöhnlich eine größere Zeitersparnis als eigens abgestelltes Personal aufgrund des Einsparens einer Route (unter der Voraussetzung von verfügbaren Ressourcen in Lieferantennähe).

5.3.3 Modellierung der Kostenfunktionen in der Leistungserstellung

Im Folgenden werden der formelmäßige Zusammenhang zwischen Belieferungsverspätung und induzierten Zusatzkosten als auch die zugehörigen Kostenkurven im Rahmen der Leistungserstellung in den Teilprozessen Montageplanung und -steuerung, Lagerung, Transport und Bereitstellung sowie Montage hergeleitet.

5.3.3.1 Montageplanung und -steuerung

Wie in Kapitel 5.2.3.2 dargelegt, treten die in der Montageplanung und -steuerung anfallenden, ungeplanten Zusatzkosten in Form von Personalkosten für reaktive Tätigkeiten zur Koordination der eigenen Leistungserstellung aufgrund von lieferantenverursachten Belieferungsverspätungen auf. Es ergibt sich folgender formelmäßiger Zusammenhang:

$$K_{MPS}(t) = \begin{cases} 0 & \text{, wenn } t = 0 \\ k_{MPS} + K_{MPS}(t-1) & \text{, wenn } t+1 \bmod 3 = 0 \,/\, \left\{ \begin{array}{l} t = 0 \wedge \\ t+4 \bmod 21 = 0 \wedge \\ t+1 \bmod 21 = 0 \end{array} \right\} \\ K_{MPS}(t-1) & \text{, sonst} \end{cases}$$

$$mit \quad k_{MPS} = \frac{k_{BV\_MPS} * p_{MPS} * KS_{MPS} * \#MA_{MPS}}{\#BV * 220 * 3}$$

Formel 5-4: Induzierte Zusatzkosten bei Montageplanung und -steuerung

Der Beginn der Kostenbelastung wird per Definition auf den Zeitpunkt des geplanten Starttermins der Montage gelegt. Kristallisiert sich heraus, dass aufgrund von Fehlteilen die Montage nicht beginnen kann, werden reaktiv-koordinative Tätigkeiten zwecks Umpriorisierungen etc. notwendig. Diese laufen so lange, bis die tatsächliche Montage beginnen kann.[164] Da die Kostenstellen der Planung und Steuerung (in vielen Fällen über einen Meister oder Montageplaner/-steuerer abgebildet) in der Regel nicht im Schichtsystem verortet sind, wird die Kostenbelastung des Personals im Kostenmodell jeweils auf eine Frühschicht (FS) eines Wochentages allokiert. Da die Kostenwirksamkeit und -intensität nicht auftragsspezifisch vorherbestimmt werden kann, werden alle in einem Bezugszeitraum anfallenden ungeplanten Kosten unter Zuhilfenahme des Prinzips der Prozesskostenrechnung abgebildet. Dazu wird der Anteil der Arbeitszeit in der Montageplanung und -steuerung für ungeplante, reaktive Tätigkeiten (p_{MPS}) mit allen sich in der entsprechenden Abteilung aktiv mit diesen Tätigkeiten befassenden Mitarbeitern ($\#MA_{MPS}$) und den entsprechenden jährlichen Personal-Kostensätzen (KS_{MPS}) verrechnet und auf alle lieferanteninduzierten Belieferungsverspätungen ($\#BV$) im selbigen Zeitraum bezogen. Über einen Korrekturwert (k_{BV_MPS}) werden die Zusatzkosten auf die lieferantenverursachten Fehlteile bezogen, da nicht alle reaktiven Maßnahmen in der Montageplanung und -

[164] Diese Annahme ist zulässig, da die Kostenintensität über den Kostentreiber „Anzahl Belieferungsverspätungen" auf ein auftretendes Fehlteil normiert wird und dadurch lediglich die Zusatzkosten für den einen Auftrag abbildet.

steuerung auf lieferantenbedingte Fehlteile zurückzuführen sind.[165] Demnach werden durch k_{MPS} die Zusatzkosten für ungeplante Tätigkeiten im Rahmen der Montageplanung und -steuerung eines (durchschnittlichen) Auftrages pro Arbeitstag bzw. pro Schicht abgebildet.[166] Es ergibt sich der in Bild 5-26 dargestellte zeitlich kumulierte Kostenverlauf.

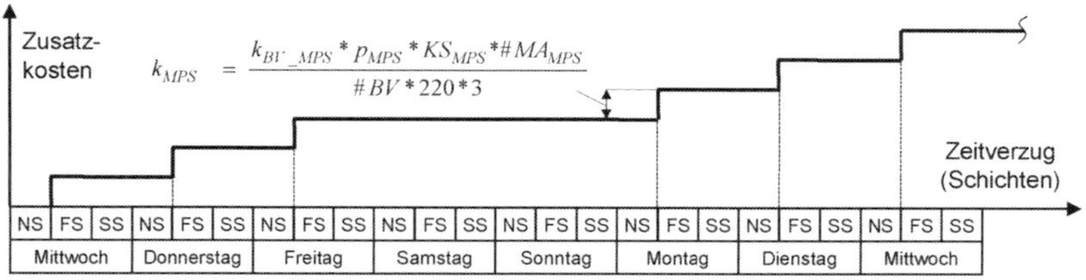

Bild 5-26: Induzierte Zusatzkosten bei Montageplanung und -steuerung (kumuliert)

Es resultiert eine sprungfixe funktionale Beziehung zwischen Zeitverzug und Zusatzkosten. Die Kostensprünge sind jeweils in der Frühschicht von Wochentagen verortet. An Wochenenden treten keine Kostensprünge auf, da indirekte Abteilungen dort planmäßig nicht arbeiten. Die Höhe des Kostensprunges ergibt sich aus dem normierten Kostensatz eines (oder mehrerer) Montageplaners und -steuerers und dem Anteil lieferantenbedingt ungeplanter Tätigkeiten bei der Montageplanung und -steuerung.

5.3.3.2 Lagerung

Wie in Kapitel 5.2.3.2 dargelegt, treten im Kontext der Vorhaltung von Lagerfläche ungeplante Zusatzkosten in Form von Lagerkosten aufgrund von lieferantenverursachten Belieferungsverspätungen auf. Verfahren zur Ermittlung von Lagerkosten sind in der Literatur weit verbreitet.[167] In der Regel wird eine volumen- oder flächenmäßige Berechnung abhängig vom Lagerkostensatz angestrebt. Für den Kontext dieser Arbeit wird aufgrund des pragmatischeren Ansatzes eine flächenbasierte Modellierung gewählt. Es ergibt sich demnach folgender formelmäßiger Zusammenhang:

$$K_{LG}(t) = k_{LG} * A_{KT} * t \qquad mit \quad k_{LG} = \frac{KS_{LG}}{365 * 3} * A_{KT}$$

Formel 5-5: Induzierte Zusatzkosten bei Lagerung

Die Lagerungskosten hängen somit zunächst von der Einlagerungsdauer (T_{LG}) ab. Diese wird auf den Zeitraum zwischen geplantem Montagestart sowie dem tatsächlichen Montagestart terminiert. Ferner bildet die durch noch nicht verbaubare Teile aufgrund von Fehlteilen, Komponenten, Baugruppen etc. gebundene Fläche (A_{KT}) eine weitere Eingangsgröße. Die benötigte Fläche kann entweder abgeschätzt werden oder aber deterministisch aus den Materialstammdaten bestimmt werden. Der Lagerkostensatz (KS_{LG}) beschreibt die flächenabhängige Aggregation aller lagerrelevanten Kostenar-

[165] Der Korrekturwert kann entweder über Erfahrungswerte abgeschätzt werden oder aber über empirische Untersuchungen hergeleitet werden (Bild 1-3). Anzusetzen sind Werte zwischen 0,2 bis 0,5.

[166] Über die Faktoren 220 und 3 werden die Jahreskosten auf Tages- bzw. Schichtbasis normiert.

[167] vgl. Stöppler (1985), Der Einfluß der Lagerkosten auf die Produktionsanpassung, S. 129; Nyhuis et al. (1999), Logistische Kennlinien, S. 16; Schuh (1989), Gestaltung und Bewertung von Produktvarianten, S. 121 ff.

ten (Lagermiete, Energiekosten, Kosten für Lager- und Handlingsysteme etc.) und ist in der Regel eine betriebsintern festgelegte Kalkulationsgröße.[168] Demnach beschreibt k_{LG} die pro Schicht anfallenden ungeplanten Lagerzusatzkosten, die durch nicht verbau- bzw. montierbare Teile bedingt durch lieferanteninduzierte Fehlteile verursacht werden. Es ergibt sich der in Bild 5-27 dargestellte zeitlich kumulierte Verlauf.

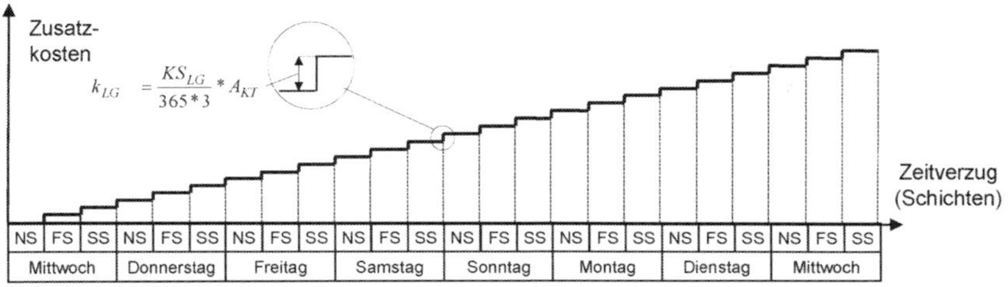

Bild 5-27: Induzierte Zusatzkosten bei Lagerung (kumuliert)

Es resultiert eine sprungfixe funktionale Beziehung zwischen Zeitverzug und Zusatzkosten. Die Kostensprünge sind in jeder Schicht verortet, wobei die flächenabhängigen Lagerkosten die Sprunghöhe pro Schicht beschreiben. Da Lagerkosten auch übers Wochenende kostenwirksam sind, liegt dort keine Abflachung des Kostenzuwachses vor.

5.3.3.3 Transport und Bereitstellung

Wie in Kapitel 5.2.3.2 hergeleitet, treten die beim innerbetrieblichen Transport und der Bereitstellung anfallenden, ungeplanten Zusatzkosten in Form von Personalkosten für reaktive Tätigkeiten aufgrund von lieferantenverursachten Belieferungsverspätungen auf. Es ergibt sich folgender formelmäßiger Zusammenhang:

$$K_{TB}(t) = \begin{cases} 0 & \text{, wenn } t = 0 \\ k_{TB} + K_{TB}(t-1) & \text{, wenn } t + 1 \bmod 3 = 0 \\ K_{TB}(t-1) & \text{, sonst} \end{cases} \quad / \left\{ \begin{matrix} t = 0 \wedge \\ t + 4 \bmod 21 = 0 \wedge \\ t + 1 \bmod 21 = 0 \end{matrix} \right\}$$

$$mit \quad k_{TB} = \frac{k_{LV\_A} * p_{TB} * KS_{TB} * \#MA_{TB}}{\#BV * 220 * 3}$$

Formel 5-6: Induzierte Zusatzkosten bei Transport und Bereitstellung

Der Beginn der Kostenbelastung wird per Definition auf den Zeitpunkt des geplanten Starttermins der Montage gelegt. Kristallisiert sich heraus, dass aufgrund von Fehlteilen die Montage nicht beginnen kann, werden reaktiv-koordinative Tätigkeiten zwecks Umpriorisierungen etc. notwendig. Die im Rahmen der Montageplanung und -steuerung festgelegten Umplanungen werden in der Regel vom Personal der innerbetrieblichen Logistik umgesetzt. Diese Tätigkeiten laufen so lange, bis die tatsäch-

---

[168] Ist dieser kalkulatorische Wert nicht gegeben, können die jährlichen Lagerkosten (Kosten gebucht auf Lagerkostenstellen) auf die im Unternehmen vorhandene Lagerfläche bezogen werden und es ergibt sich näherungsweise ein Lagerkostensatz.

liche Montage beginnen kann.[169] Da die Kostenstellen der innerbetrieblichen Logistik in der Regel nicht im Schichtsystem verortet sind, wird die Kostenbelastung des Personals im Kostenmodell jeweils auf eine Frühschicht (FS) eines Wochentages allokiert. Da die Kostenwirksamkeit und -intensität nicht auftragsspezifisch vorherbestimmt werden kann, werden alle in einem Bezugszeitraum anfallenden ungeplanten Kosten unter Zuhilfenahme des Prinzips der Prozesskostenrechnung abgebildet. Dazu wird der Anteil der Arbeitszeit bei Transport und Bereitstellung für ungeplante, reaktive Tätigkeiten (p_{TB}) mit allen sich in der entsprechenden Abteilung aktiv mit diesen Tätigkeiten befassenden Mitarbeitern ($\#MA_{TB}$) und den entsprechenden jährlichen Personal-Kostensätzen (KS_{TB}) verrechnet und auf alle lieferanteninduzierten Belieferungsverspätungen ($\#BV$) im selbigen Zeitraum bezogen. Über einen Korrekturwert (k_{BV_TB}) werden die Zusatzkosten auf die lieferantenverursachten Fehlteile bezogen, da nicht alle reaktiven Maßnahmen beim Transport und der Bereitstellung auf lieferantenbedingte Fehlteile zurückzuführen sind.[170] Demnach werden durch k_{TB} die Zusatzkosten für ungeplante Tätigkeiten im Rahmen des Transports und der Bereitstellung eines (durchschnittlichen) Auftrages pro Arbeitstag bzw. pro Schicht abgebildet.[171] Es ergibt sich die in Bild 5-28 dargestellte sprungfixe funktionale Beziehung zwischen Zeitverzug und Zusatzkosten. Die Kostensprünge sind jeweils in der Frühschicht von Wochentagen verortet. An Wochenenden treten keine Kostensprünge auf, da indirekte Abteilungen dort planmäßig nicht arbeiten. Die Höhe des Kostensprunges ergibt sich aus dem normierten Kostensatz eines (oder mehrerer) Logistikmitarbeiter und dem Anteil lieferantenbedingt ungeplanter Tätigkeiten beim Transport und der Bereitstellung.

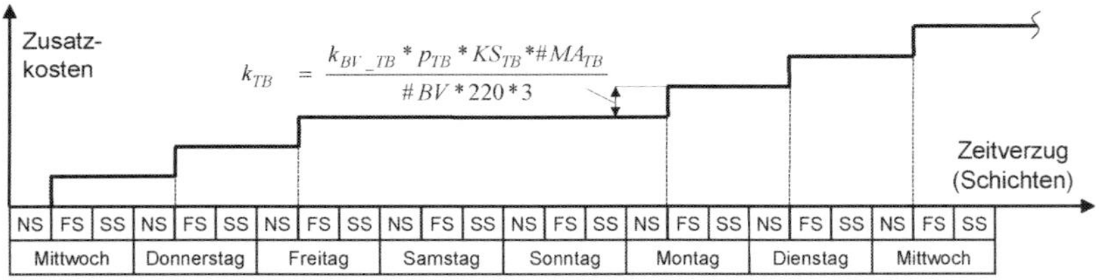

Bild 5-28: Induzierte Zusatzkosten bei Transport und Bereitstellung (kumuliert)

5.3.3.4 Montage

Wie in Kapitel 5.2.3.2 hergeleitet, treten die in der Montage anfallenden, ungeplanten Zusatzkosten in Form von Personalkosten einerseits als Opportunitätskosten aufgrund von fehlteilbedingten unproduktiven Arbeitszeiten und andererseits für reaktive Tätigkeiten zur zeitlichen Kompensation des Belieferungsverzuges auf. Wenn Fehlteile erst bei geplantem Montagestart identifiziert werden, sind die Montagemitarbeiter mit Fehlteilsuche beschäftigt. Diese Zeitanteile, die bis zu 40% der Arbeitszeit betragen können, sind nicht wertschöpfend und hätten gewinnbringend eingesetzt werden können. Es ergibt sich folgender formelmäßiger Zusammenhang für die Opportunitätskosten der Montage:

---

[169] Diese Annahme ist zulässig, da die Kostenintensität über den Kostentreiber „Anzahl Belieferungsverspätungen" auf ein auftretendes Fehlteil normiert wird und dadurch lediglich die Zusatzkosten für den einen Auftrag abbildet.

[170] Der Korrekturwert kann entweder über Erfahrungswerte abgeschätzt werden oder aber über empirische Untersuchungen hergeleitet werden (Bild 1-3). Anzusetzen sind Werte zwischen 0,2 bis 0,5.

[171] Über die Faktoren 220 und 3 werden die Jahreskosten auf Tages- bzw. Schichtbasis normiert.

$$K_{OM}(t)=\begin{cases}0 & \text{, wenn } t=0 \\ k_{OM}+K_{OM}(t-1) & \text{, wenn } t+i \bmod 3=0 \text{ für } i=1,2 \,/\, \begin{Bmatrix} t=0\wedge \\ t+1 \bmod 21=0\wedge \\ t+4 \bmod 21=0 \end{Bmatrix} \\ K_{OM}(t-1) & \text{, sonst}\end{cases}$$

$$mit \quad k_{OM} = \frac{k_{BV\_M} * p_M * KS_M * \#MA_M}{\#BV * 220 * 3}$$

Formel 5-7: Induzierte Opportunitätskosten bei der Montage

Die Kostenbelastung beginnt im geplanten Montagestarttermin. Kristallisiert sich heraus, dass aufgrund von Fehlteilen die Montage nicht beginnen kann, sind die Mitarbeiter nicht produktiv. Dies ist der Fall, bis die tatsächliche Montage beginnen kann.[172] Da die Kostenstellen der direkten Mitarbeiter der Montage im Schichtsystem verortet sind, wird die Kostenbelastung des Personals im Kostenmodell jeweils auf eine Frühschicht (FS) und Spätschicht (SS) eines Wochentages allokiert (Plan-Arbeitsschichten). Da die Kostenwirksamkeit und -intensität nicht auftragsspezifisch vorherbestimmt werden kann, werden alle in einem Bezugszeitraum anfallenden ungeplanten Kosten unter Zuhilfenahme des Prinzips der Prozesskostenrechnung abgebildet. Dazu wird der Anteil der Arbeitszeit bei der Montage für ungeplante, reaktive Tätigkeiten (p_M) mit allen sich in der entsprechenden Abteilung aktiv mit diesen Tätigkeiten befassenden Mitarbeitern ($\#MA_M$) und den entsprechenden jährlichen Personal-Kostensätzen (KS_M) verrechnet und auf alle lieferanteninduzierten Belieferungsverspätungen ($\#BV$) im selbigen Zeitraum bezogen. Über einen Korrekturwert (k_{BV_TB}) werden die Zusatzkosten auf die lieferantenverursachten Fehlteile bezogen, da nicht alle reaktiven Maßnahmen in der Montage auf lieferantenbedingte Fehlteile zurückzuführen sind.[173] Demnach werden durch k_{OM} die Zusatzkosten für ungeplante Tätigkeiten im Rahmen der Montage eines (durchschnittlichen) Auftrages pro Arbeitstag bzw. pro Schicht abgebildet.[174] Es ergibt sich der in Bild 5-29 dargestellte zeitlich kumulierte Verlauf.

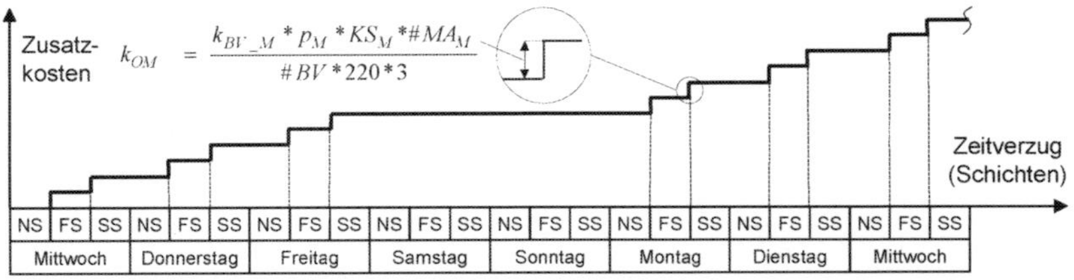

Bild 5-29: Induzierte Opportunitätskosten bei der Montage (kumuliert)

Es resultiert eine sprungfixe funktionale Beziehung zwischen Zeitverzug und Zusatzkosten. Die Kostensprünge sind jeweils in der Früh- und Spätschicht von Wochentagen verortet. An Wochenenden treten keine Kostensprünge auf, da die Mitarbeiter unter der Prämisse eines 10-Schichtsystems planmäßig dann nicht arbeiten. Die Höhe des Kostensprunges ergibt sich aus dem normierten Kostensatz

[172] Diese Annahme ist zulässig, da die Kostenintensität über den Kostentreiber „Anzahl Lieferverspätungen" auf ein auftretendes Fehlteil normiert wird und dadurch lediglich die Zusatzkosten für den einen Auftrag abbildet.

[173] Der Korrekturwert kann entweder über Erfahrungswerte abgeschätzt werden oder aber über empirische Untersuchungen hergeleitet werden (Bild 1-3). Anzusetzen sind Werte zwischen 0,2 bis 0,5.

[174] Über die Faktoren 220 und 3 werden die Jahreskosten auf Tages- bzw. Schichtbasis normiert.

eines (oder mehrerer) Montagemitarbeiter und dem Anteil lieferantenbedingt ungeplanter Tätigkeiten bei der Montage.

Ferner werden durch einen Belieferungsverzug bzw. einen Verzug des Plan-Montagestarttermins Zusatzkosten für zeitkompensatorische Aktivitäten in Form von Zusatzschichten verursacht. Die Kosten entstehen durch die Nutzung von verfügbaren Schichten, die für die eigentliche Leistungserstellung nicht geplant waren. Dabei handelt es sich in der Regel um Nacht- und Wochenendschichten. Der funktionale Zusammenhang zwischen Zusatzkosten und Zeitverzug lässt sich an dieser Stelle allerdings nicht über eine mathematische Abbildung oder Folge beschreiben, da eine Regelmäßigkeit ähnlich zu den anderen Teilprozessen nicht vorliegt. Je nach Plan-Montagestart existiert bis zum Plan-Fertigstellungsende bzw. zur Plan-Auslieferung neben den Plan-Arbeitsschichten (in einem 10-Schichtsystem die Wochentagschichten) eine bestimmte Anzahl an potenziell verfügbaren Kompensationsschichten (Nacht- sowie Wochenendschichten). Die Situation bzw. die Anzahl zur Kompensation zur Verfügung stehender Schichten ändert sich mit jedem diskreten Verzug, also mit der Verschiebung des Ist-Montagestarts. Verschiebt sich bspw. der Montagebeginn um einen Tag, müssen zwei Schichten kompensiert werden und es steht eine Kompensationsschicht (die Nachtschicht) weniger zur Verfügung. Ähnliches gilt, wenn der Verzug über ein Wochenende hinausgeht. Zwar müssen keine Plan-Arbeitsschichten kompensiert werden, da die initiale Planung keine Montage über das Wochenende vorgesehen hat, allerdings stehen sieben Kompensationsschichten weniger zur Verfügung.

Diese dargelegte Regelmäßigkeit lässt sich zwar nicht über klassische mathematische Abbildungen und Folgen darstellen, allerdings kann an dieser Stelle ein deterministischer Algorithmus zur Abbildung des Zusammenhangs konzipiert werden.[175] Ein solcher Algorithmus müsste demnach der Logik einer schichtdiskreten Prüfung der noch zukünftig zur Verfügung stehenden Kompensationsschichten bis zum Plan-Auslieferungstermin bzw. geplantem Montageende und der kostenoptimierten Verortung von verpassten Plan-Arbeitsschichten in die bestimmte Menge der zur Verfügung stehenden Kompensationsschichten folgen. Ferner müsste der Algorithmus abbrechen, sofern keine Kompensationsschichten mehr zur Verfügung stehen und die maximale Kapazitätsverfügbarkeit vollständig ausgenutzt worden ist. Bild 5-30 zeigt den Ablauf des Montagekompensationsalgorithmus.

Der Algorithmus beginnt seinen Durchlauf bei der Plan-Montagestartschicht. Zunächst wird geprüft, wie viele Schichten bereits verpasst wurden, also noch zu kompensieren sind (Funktion „Wie viele zu kompensierende Schichten"). Die Anzahl der zu kompensierenden Schichten wird entsprechend ausgegeben. Im nächsten Schritt wird überprüft, wie viele Samstags-, Nacht-, Sonntags- sowie Sonntagsnachtschichten bis zum Plan-Auslieferungszeitpunkt noch zur Kompensation zur Verfügung stehen (Funktion „Welche möglichen kompensatorischen Schichten"). Die Anzahl der jeweilig verfügbaren Kompensationsschichten wird ausgegeben. Im darauf folgenden Schritt wird überprüft, ob die Anzahl der zu kompensierenden Schichten kleiner gleich Null ist. Ist dies der Fall, bedeutet dies, dass noch keine Schicht zu kompensieren ist, sodass die Schleifenvariable um eins erhöht werden kann und der Durchlauf bei Schicht „Plan-Montagestartschicht + 1" erneut beginnt.

[175] Ein Algorithmus wird dann als deterministisch bezeichnet, wenn zu jedem Zeitpunkt der Ausführung des Algorithmus der nächste Schritt eindeutig festgelegt ist.

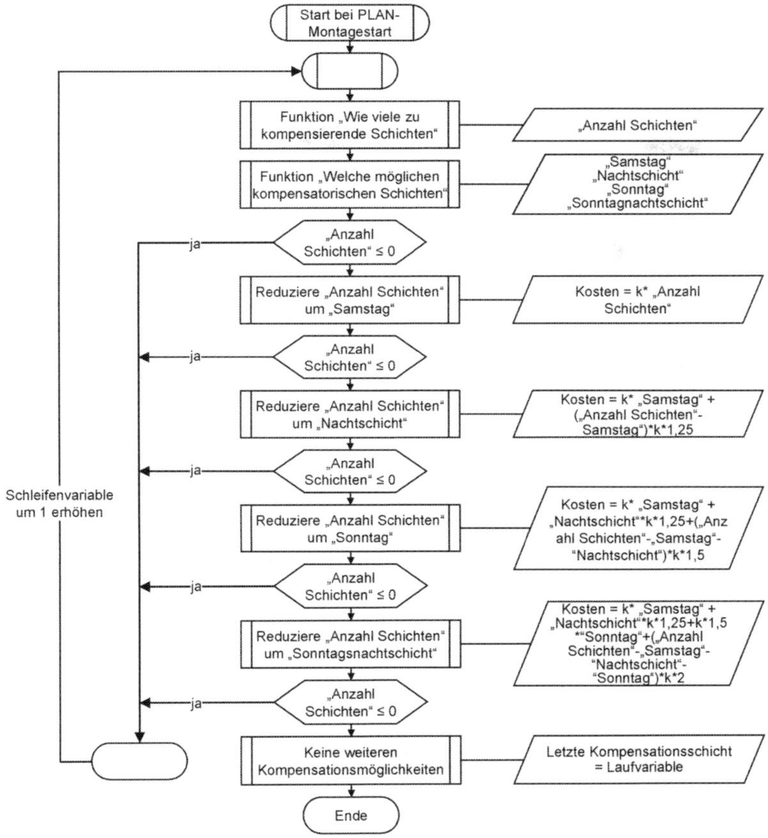

Bild 5-30: Ablauf des Montagekompensationsalgorithmus

Daraufhin werden dieselben Abfragen wie im ersten Durchlauf geprüft. Unterschied nun ist, dass es mittlerweile eine zu kompensierende Schicht gibt, sodass die Abfrage nach der Anzahl zu kompensierender Schichten mit größer null beantwortet wird und der Algorithmus nicht wie zuvor zurückspringt. Da zu diesem Zeitpunkt bereits eine Schicht zur Kompensation vorgehalten werden muss, um den Zeitverzug zu kompensieren, wird durch den Algorithmus die Anzahl der Samstagsschichten um eins reduziert und gleichzeitig die induzierten Kosten dieser Samstagsschicht in den Zusatzkostenspeicher geschrieben und der Schicht „Plan-Montagestartschicht + 1" zugeordnet.[176] In der entsprechenden Abfrage im nächstgehenden Schritt ist die Anzahl zu kompensierender Schichten um eine verringert worden, hat also den Wert kleiner gleich null, sodass die Schleifenvariable wiederum um eins erhöht werden kann. Der Algorithmus beginnt erneut seinen Durchlauf bei „Plan-Montagestartschicht + 2".

[176] Die Reihenfolge der einzuplanenden Kompensationsschichten ergibt sich aus deren Kosten. Im dargestellten Beispiel sind die Kompensationsschichten an einem Samstag am günstigsten, während Kompensationsschichten Sonntagnachts am teuersten sind.

Das Prozedere wiederholt sich solange, bis keine Kompensationsschichten bis zum Plan-Auslieferungszeitpunkt mehr verfügbar sind. Ab diesem Zeitpunkt würde die Montage unter Ausnutzung des maximal möglichen Kapazitätsangebotes laufen.

Bild 5-31 illustriert beispielhaft die Anwendung des Algorithmus auf eine konkrete Montagesituation. Gegenstand ist eine Montage mit einer Netto-Montagedauer von 41 Schichten und einem geplanten Montageende in Schicht 108. In einem 10-Schichtsystem ergibt sich damit eine Brutto-Montagedauer von 84 Schichten und entsprechend ein Montagestartpunkt in Schicht 24. Kommt es zu einer Montagestartverzögerung, wird also bspw. die Schicht 24 verpasst, muss eine in der Zukunft liegende Schicht als Kompensationsschicht vorgesehen werden. Da diese Schicht außerhalb des 10-Schichtsystems liegt, werden Zusatzkosten für den außerplanmäßigen Personaleinsatz verursacht. Wann die Kosten tatsächlich zum Tragen kommen, also welche Samstagsschicht zur Zeitkompensation genutzt wird, ist zunächst egal, da noch eine Vielzahl von zukünftigen Samstagsschichten zur Verfügung stehen. Erstreckt sich ein Zeitverzug über eine (noch ungeplante) Nachtschicht, steigen keine Kosten, da es sich bei der Nachtschicht um keine Plan-Arbeitsschicht haltet. Ähnlich verhält es sich bei Überschreiten eines Wochenendes. Dort bleibt das Niveau der Zusatzkosten zunächst konstant, da es sich auch bei diesen Schichten nicht um Plan-Arbeitsschichten handelt.

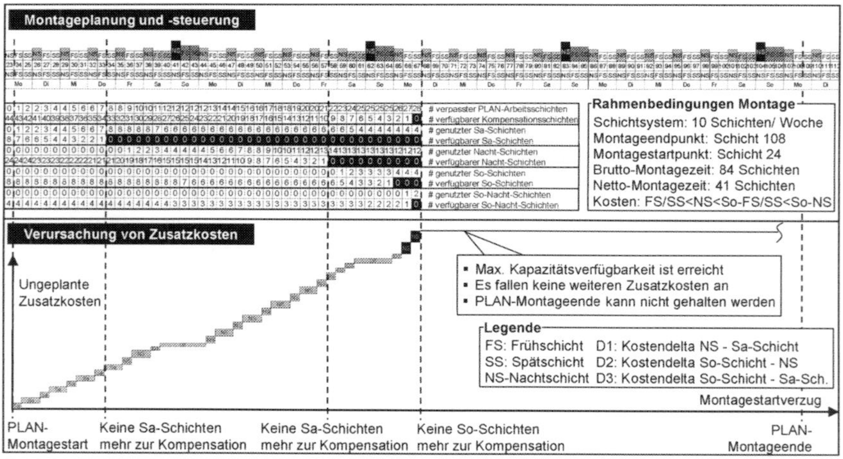

Bild 5-31: Montageplanung und -steuerung bei Terminverzug und Kostenverursachung

Bei andauerndem Verzug des Montagestarttermins wird die Anzahl der zu kompensierenden Schichten größer und die Anzahl der zur Verfügung stehenden Kompensationsschichten geringer, bis zu einem bestimmten Zeitpunkt keine Samstagsschichten mehr zur Kompensation verfügbar sind (im dargestellten Beispiel Schicht 34). Ab diesem Zeitpunkt stehen (als nächstgünstigste Schichten) die Nachtschichten zur Kompensation zur Verfügung. Entsprechend werden nun die Kostensprünge größer, da im dargestellten Beispiel ungeplante Nachtschichten aufgrund von Nachtzulagen mit einem höheren Schichtkostensatz versehen sind als die Samstagsschichten. Ab diesem Zeitpunkt tritt auch die Konstellation auf, dass bereits verplante Samstagsschichten bei weiterem Zeitverzug nicht mehr zur Kompensation zur Verfügung stehen und durch Nachtschichten ersetzt werden müssen. Es ergibt sich ein Kostensprung, der dem Kostendelta einer Samstags- und einer Nachtschicht entspricht. Nach gleichem Muster stehen zu einem bestimmten Zeitpunkt auch keine Nachtschichten mehr als kompensatorisches Fenster zur Verfügung, sodass auf Sonntagsschichten zurückgegriffen werden muss. Die Kostensprünge sind demnach erneut höher als zuvor. Letztendlich wird der Zeitpunkt erreicht, an dem keine Kompensationsschichten mehr zur Verfügung stehen (Schicht 67). Genau ab diesem Zeitpunkt entspricht die Anzahl der noch zur Verfügung stehenden Schichten der Netto-Montagedauer; d.h. es muss mit voller Kapazitätsausnutzung montiert werden, um das Plan-Montageende (gerade noch) halten zu können. Wird diese Schicht überschritten, ist eine Verzögerung des geplanten Montageendes unumgänglich.

5.3.4 Modellierung der Kostenfunktionen in der Auslieferung

Im Folgenden werden der formelmäßige Zusammenhang zwischen Belieferungsverspätung und induzierten Zusatzkosten als auch die zugehörigen Kostenkurven im Rahmen der Auslieferung in den Teilprozessen Versandplanung und -steuerung, Versand, Inbetriebnahme sowie Rechnungsprüfung und Zahlung hergeleitet.

5.3.4.1 Versandplanung und -steuerung

Wie in Kapitel 5.2.3.3 dargelegt, treten die in der Versandplanung und -steuerung anfallenden, ungeplanten Zusatzkosten in Form von Personalkosten für reaktive Tätigkeiten zur Koordination des Versandes aufgrund von lieferantenverursachten Belieferungsverspätungen auf. Es ergibt sich folgender formelmäßiger Zusammenhang:

$$K_{VPS}(t) = \begin{cases} 0 & \text{, wenn } t = 0 \\ k_{VPS} + K_{VPS}(t-1) & \text{, wenn } t+1 \bmod 3 = 0 \\ K_{VPS}(t-1) & \text{, sonst} \end{cases} \quad / \left\{ \begin{matrix} t = 0 \\ t+1 \bmod 21 = 0 \\ t+4 \bmod 21 = 0 \end{matrix} \right\}$$

$$mit \quad k_{VPS} = \frac{k_{BV\_VPS} * p_{VPS} * KS_{VPS} * \# MA_{VPS}}{\# BV * 220 * 3}$$

Formel 5-8: Induzierte Zusatzkosten bei Versandplanung und -steuerung

Der Beginn der Kostenbelastung wird per Definition auf den Zeitpunkt des geplanten Starttermins des Versandes gelegt. Kristallisiert sich heraus, dass aufgrund von Fehlteilen der Versand nicht plankonform beginnen kann, werden reaktiv-koordinative Tätigkeiten zwecks Umplanung des Versandes notwendig. Diese laufen so lange, bis der tatsächliche Versand stattgefunden hat.[177] Da die Kostenstellen der Versandabteilung in der Regel nicht im Schichtsystem verortet sind, wird die Kostenbelastung des Personals im Kostenmodell jeweils auf eine Frühschicht (FS) eines Wochentages allokiert. Da die Kostenwirksamkeit und -intensität nicht auftragsspezifisch vorherbestimmt werden kann, werden alle in einem Bezugszeitraum anfallenden ungeplanten Kosten unter Zuhilfenahme des Prinzips der Prozesskostenrechnung abgebildet. Dazu wird der Anteil der Arbeitszeit in der Versandplanung und -steuerung für ungeplante, reaktive Tätigkeiten (p_{VPS}) mit allen sich in der entsprechenden Abteilung aktiv mit diesen Tätigkeiten befassenden Mitarbeitern ($\#MA_{VPS}$) und den entsprechenden jährlichen Personal-Kostensätzen (KS_{VPS}) verrechnet und auf alle lieferanteninduzierten Belieferungsverspätun-

---

[177] Diese Annahme ist zulässig, da die Kostenintensität über den Kostentreiber „Anzahl Belieferungsverspätungen" auf ein auftretendes Fehlteil normiert wird und dadurch lediglich die Zusatzkosten für den einen Auftrag abbildet.

gen (*#BV*) im selbigen Zeitraum bezogen. Über einen Korrekturwert (k_{BV_VPS}) werden die Zusatzkosten auf die lieferantenverursachten Fehlteile bezogen, da nicht alle reaktiven Maßnahmen in der Versandplanung und -steuerung auf lieferantenbedingte Fehlteile zurückzuführen sind.[178] Demnach werden durch k_{VPS} die Zusatzkosten für ungeplante Tätigkeiten im Rahmen der Versandplanung und -steuerung eines (durchschnittlichen) Auftrages pro Arbeitstag bzw. pro Schicht abgebildet.[179] Es ergibt sich der in Bild 5-32 dargestellte zeitlich kumulierte Kostenverlauf.

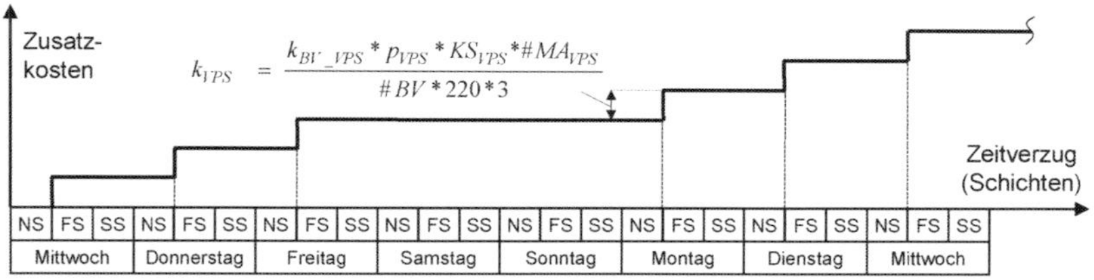

Bild 5-32: Induzierte Zusatzkosten bei Versandplanung und -steuerung (kumuliert)

Es resultiert eine sprungfixe funktionale Beziehung zwischen Zeitverzug und Zusatzkosten. Die Kostensprünge sind jeweils in der Frühschicht von Wochentagen verortet. An Wochenenden treten keine Kostensprünge auf, da indirekte Abteilungen dort planmäßig nicht arbeiten. Die Höhe des Kostensprunges ergibt sich aus dem normierten Kostensatz eines (oder mehrerer) Logistikmitarbeiter und dem Anteil lieferantenbedingt ungeplanter Tätigkeiten bei der Versandplanung und -steuerung.

5.3.4.2 Versand

Wie in Kapitel 5.2.3.3 hergeleitet, können beim Versand ungeplante Zusatzkosten in Form von Transportkosten auftreten. Als zeitkompensatorische Maßnahmen stehen die Optionen des Einsatzes mehrerer Personalressourcen beim Auslieferungsspediteur oder aber der Alternativweg der Luftfracht zur Verfügung. Durch die Nutzung mehrerer Fahrer in der Auslieferung können Stillstandzeiten minimiert und somit die Auslieferungszeit verkürzt werden. Auf Luftfracht würde nur dann zurückgegriffen werden, wenn eine signifikante Zeitkompensation erreicht werden könnte und diese in Relation zu den hohen Luftfrachtkosten stehen würde. Es ergeben sich demnach folgende formelmäßige Zusammenhänge:

$$K_V = \begin{cases} k_{Straßenfracht} & \text{, wenn Straßenfracht} \\ k_{Luftfracht} & \text{, wenn Luftfracht} \end{cases} \qquad mit \quad k_{Straßenfracht} = \# FA * KS_{FA} * T_V$$

Formel 5-9: Induzierte Zusatzkosten beim Versand

Die Kosten der Straßenfracht ($k_{Straßenfracht}$) sind abhängig von der Anzahl der zur Zeitkompensation eingesetzten Fahrer (*#FA*) und ihrer entsprechenden Kostensätze (KS_{FA}) als auch der Auslieferungsdauer (T_V). Die auftragsspezifischen Transportkosten eines Spediteurs (mit einem Fahrer) fließen nicht in die Betrachtung mit ein, da sie mit planmäßigen Versandkosten gleichzusetzen sind und demnach

[178] Der Korrekturwert kann entweder über Erfahrungswerte abgeschätzt werden oder aber über empirische Untersuchungen hergeleitet werden (Bild 1-3). Anzusetzen sind Werte zwischen 0,2 bis 0,5.

[179] Über die Faktoren 220 und 3 werden die Jahreskosten auf Tages- bzw. Schichtbasis normiert.

nicht als Zusatzkosten deklariert werden können. Die Kosten für Fahrer sind speditionsabhängig, sodass an dieser Stelle in den Versand- und Einkaufsabteilungen vorliegende Erfahrungswerte anzusetzen sind. Ebenso wie die Speditionskosten am Boden handelt es sich bei Luftfracht ($k_{Luftfracht}$) um eine situationsspezifische Angabe und kann nicht pauschalisiert werden. Auch hierbei handelt es sich um einen Erfahrungswert der Einkaufs- und Versandabteilung. Es ergeben sich die in Bild 5-33 dargestellten Kostensprünge und Zeitkompensationen.

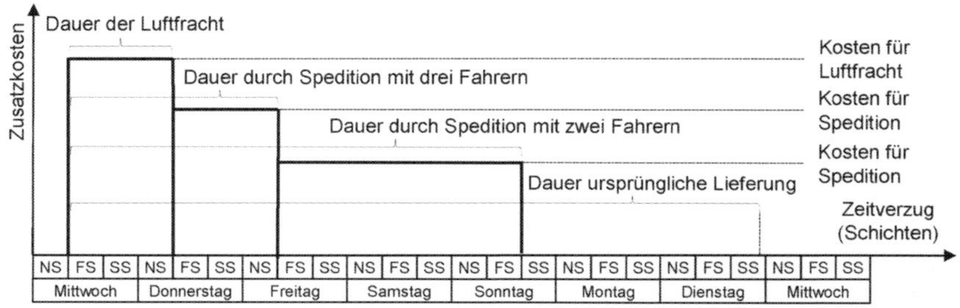

Bild 5-33: Induzierte Zusatzkosten beim Versand

Die jeweiligen Transportkosten sind allesamt sprungfix und treten jeweils nur einmal auf. Die Sprunghöhe ist durch die Parameter der jeweiligen Transportalternativen determiniert und korreliert mit der Zeitersparnis. Die größte Zeitkompensation kann mit der Luftfracht erzielt werden; allerdings unter Inkaufnahme der höchsten Zusatzkosten. Die größte Zeitersparnis bei der Straßenfracht kann mit der maximal möglichen Anzahl an Fahrern ermöglicht werden; diese liegt in der Regel bei drei Fahrern.

5.3.4.3 Inbetriebnahme

Wie in Kapitel 5.2.3.3 hergeleitet, können beim Versand ungeplante Zusatzkosten in Form von Personalkosten auftreten. Als zeitkompensatorische Maßnahmen stehen die Optionen der Nutzung von ungeplanten Zusatzschichten (Nacht- und Wochenendschichten) sowie des prinzipiellen Einsatzes mehrerer Personalressourcen vor Ort beim Kunden zur Verfügung. Der Einsatz mehrerer Inbetriebnehmer als beschleunigende Maßnahme wird an der Stelle ausgeschlossen, da in der Regel keine deterministisch vorhersagbare Beziehung zwischen zusätzlich abgestelltem Personal und Zeitersparnis besteht und ferner die maximal einsetzbare Anzahl an Mitarbeitern mangels Parallelisierungsmöglichkeiten und aufgrund der räumlichen Situation stark limitiert ist. Die Entstehung der Zusatzkosten folgt demselben Algorithmus wie bei der Montage. Es werden jeweils die kostengünstigsten Zusatzschichten zur Zeitkompensation genutzt, die gerade noch benötigt werden, um den Auslieferungs- bzw. Kundenabnahmetermin zu halten.[180]

5.3.4.4 Rechnungsprüfung und Zahlung

Wie in Kapitel 5.2.3.4 hergeleitet, treten im Fall einer tatsächlichen Auslieferungsverspätung ungeplante Zusatzkosten in Form von durch den Kunden auferlegten bzw. vertraglich fixierten Pönalen

[180] siehe hierzu Kap. 5.3.3.4 Montage

sowie durch eine kundenseitig spätere Rechnungsbegleichung Kapitalkosten auf. Pönalen können verursachungsgerecht allokiert werden, da das Auftragsvolumen sowie der Pönalensatz bekannt sind. Für die Pönalen ergibt sich folgender formelmäßiger Zusammenhang:

$$K_{PN}(t) = \begin{cases} K_{PN}(t-1) & ,\text{wenn } \left\{ t > 21 * \frac{k_{max}}{k_{PN}} \vee t \bmod 21 \neq 0 \right\} \\ AV * k_{PN} * \frac{t}{21} & ,\text{wenn } \left\{ t \leq 21 * \frac{k_{max}}{k_{PN}} \wedge t \bmod 21 = 0 \right\} \end{cases}$$

Formel 5-10: Induzierte Zusatzkosten durch Pönalen

Pönalen werden in der Regel ab dem ersten Tag nach vereinbartem Auslieferungstermin fällig. War der Hersteller nicht in der Lage, durch kompensatorische Maßnahmen in der Beschaffung, Leistungserstellung sowie Auslieferung die Belieferungsverspätung des Zulieferers zu egalisieren, tritt die Vertragsklausel der Strafzahlungen in Kraft. In der Regel ist die Zahlungshöhe vom Auftragsvolumen (*AV*) abhängig. Gängige Art in der Maschinen- und Anlagenbaubranche ist eine Zahlung eines auftragsvolumenabhängigen Pönalensatzes (k_{PN}) auf wöchentlicher Basis. Die Pönale ist üblicherweise durch einen ebenfalls auftragsabhängigen Deckelungsbetrag (k_{max}) begrenzt. Dieser ist vertragsabhängig und richtet sich für gewöhnlich nach der Lieferzeit und dem Auftragsvolumen. So ergibt sich der in Bild 5-34 dargestellte zeitlich kumulierte Kostenverlauf.

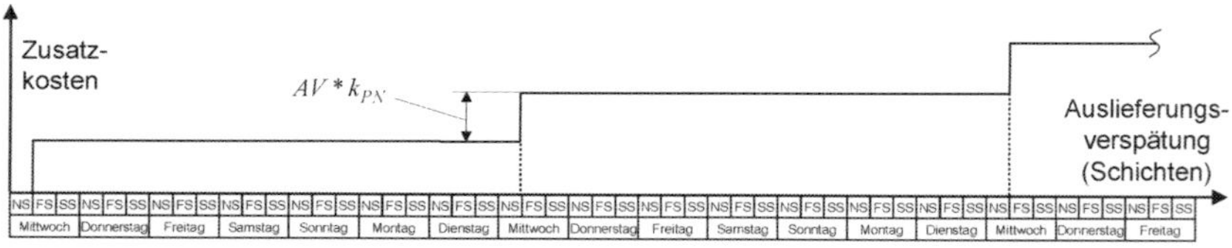

Bild 5-34 Induzierte Zusatzkosten durch Pönalen (kumuliert)

Es ergibt sich eine sprungfixe funktionale Beziehung zwischen Auslieferungsverspätung und Zusatzkosten. Die Kostensprünge sind jeweils im Wochenrhythmus in der Frühschicht des Tages verortet, der vertraglich als Auslieferungstermin fixiert wurde. Die Kostensprünge treten so lange auf, bis der Deckelungsbetrag erreicht wurde. Die Höhe des Kostensprunges ergibt sich aus dem Auftragsvolumen und dem Pönalensatz.

Ferner fallen im Fall der Auslieferungsverspätung neben Zusatzkosten in Form von Pönalen auch Kapitalkosten an, die durch den kundenseitig „verspäteten" Zahlungseingang der Rechnungsbegleichung verursacht werden. Diese können ebenfalls verursachungsgerecht allokiert werden, da die wertmäßige Zusammensetzung des Erzeugnisses bzw. das Auftragsvolumen bekannt sind. Die Kapitalbindung hängt demnach vom Auftragsvolumen, der Dauer des verspäteten Zahlungseingangs und des internen Zinsfußes ab.[181] Prinzipiell stehen zwei unterschiedliche Ansichten alternativer Ermittlungsansätze gegenüber. Die Kapitalbindungskosten können zum einen als Kosten der Nutzung fremden Kapitals verstanden werden, wenn zur Finanzierung des Erzeugnisses Fremdkapital anzusetzen

---

[181] vgl. Kerner (2002), Modellbasierte Beurteilung der Logistikleistung von Prozessketten, S. 75

ist.[182] Zum anderen können sie aber auch als Opportunitätskosten angesetzt werden, wenn das gebundene Kapital nicht anderweitig am Kapitalmarkt angelegt werden kann.[183] Aufgrund der hohen Verbreitung des Ansatzes von Fremdkapitalkosten in der Praxis liegt dieser Ansatz dem entwickelten Kostenmodell zugrunde. Dazu ist im Anwendungsfall ein entsprechender Kalkulationszinssatz zu wählen, der den unternehmensspezifischen Rahmenbedingungen entspricht.[184] Es ergibt sich demnach folgender formelmäßiger Zusammenhang:

$$K_{KK}(t) = AV * z_{RR}((k_{KK}+1)^{\frac{t}{365*3}} - 1)$$

Formel 5-11: Induzierte Zusatzkosten für Kapital

Die Kapitalkosten sind abhängig vom Auftragsvolumen (*AV*), welches der Hersteller in der Regel vorfinanziert. Je nach vertraglich vereinbarten Zahlungszielen finden entlang der Auftragsabwicklung an zuvor definierten Meilensteinen Zahlungsflüsse statt (Vorfinanzierung, Zahlungen nach Design Reviews etc.). Vor Abschluss des Auftrages bzw. der Kundenabnahme bleibt eine zu zahlende Restrate (z_{RR}), die je nach vertraglichen Konditionen, Auftragsvolumen und Lieferzeit 10-100% des Auftragsvolumens betragen kann. Wird die Restzahlung kundenseitig nicht wie geplant ausgeführt, steht dieses Geld dem Unternehmen demnach nicht für andere gewinnbringende Aktivitäten zur Verfügung, sodass Kapitalkosten abhängig vom unternehmensinternen kalkulatorischen (k_{KK}) Zinsfuß entstehen. Demnach spiegeln die Kapitalkosten K_{KK} den theoretischen Wert wider, den das Unternehmen mit dem (nicht vorhandenen) Geld hätte erwirtschaften können. Es ergibt sich der in Bild 5-35 dargestellte zeitlich kumulierte Kostenverlauf.

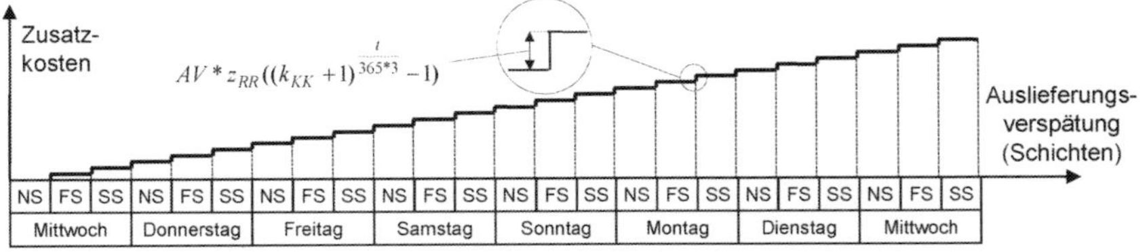

Bild 5-35: Induzierte Zusatzkosten für Kapital (kumuliert)

Es resultiert eine exponentielle Funktionalrelation zwischen Auslieferungsverspätung und Zusatzkosten. Die Kostensprünge sind in jeder Schicht verortet, wobei die Restzahlung des Auftragsvolumens sowie der unternehmensinterne Zinsfuß die Sprunghöhe pro Schicht beschreiben. Da Kapitalkosten über ein Wochenende kostenwirksam sind, liegt dort keine Abflachung des Kostenzuwachses vor.

---

[182] vgl. Hollander (1981), Losgrössenplanung bei mehrstufigen Produktionsprozessen
[183] vgl. Backes (1997), Produktionsprozessplanung und -regelung
[184] vgl. Kerner (2002), Modellbasierte Beurteilung der Logistikleistung von Prozessketten, S. 76

5.4 Aggregation der Teilfunktionen zum Gesamtkostenmodell

Nachdem die Teilprozesse und insbesondere ihre Kostenwirkung mathematisch beschrieben sind und der sequenzielle Ablauf festgelegt ist, kann die Aggregation zum Gesamtkostenmodell erfolgen. Die Aggregation wird dabei mithilfe eines Aggregationsalgorithmus durchgeführt.[185]

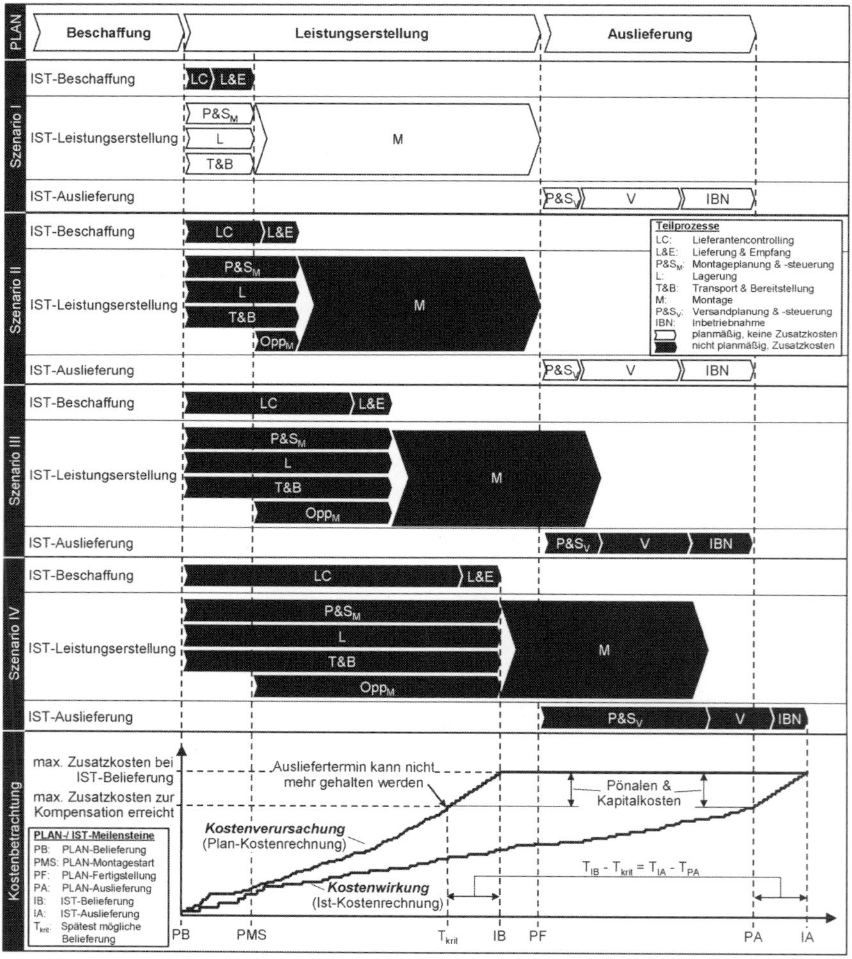

Bild 5-36: Zusammenhang zwischen Belieferungsverspätung und Kostenentstehung

Startpunkt des Algorithmus ist der Plan-Belieferungszeitpunkt durch den Lieferanten, jener Zeitpunkt, ab dem das Lieferantencontrolling bei Nichtbelieferung initiiert werden würde. Die Funktions-

[185] Der Aggregationsalgorithmus folgt der Logik des Montagekompensationsalgorithmus und wird an dieser Stelle nicht expliziert. Siehe hierzu Kap. 5.3.3.4 Montage.

weise des Algorithmus beruht auf der Logik, jede Schicht ab der SOLL-Belieferungsschicht zugrunde zu legen und eine kostenoptimierte, den jeweiligen Belieferungsverzug egalisierende Prozesssequenz aufzubauen und diese unter Aufsummierung der anfallenden Zusatzkosten zu durchlaufen. Demnach wird Schritt für Schritt bzw. Schicht für Schicht, in welcher der Lieferant prinzipiell (verspätet) beliefern könnte, ein verspätungskompensierender Auftragsdurchlauf unter gleichzeitiger Kostenbetrachtung generiert. Dabei läuft der Algorithmus kostenoptimiert ab, d.h. es werden jeweils die kostengünstigsten Kompensationsaktivitäten genutzt, welche die Belieferungsverspätung gerade noch egalisieren und den Auslieferungstermin halten. Es ergibt sich der in Bild 5-36 dargestellte Prozess- und Kostenverlauf.

Dabei ist zwischen Kostenverursachung und Kostenwirkung zu unterscheiden. Die Kurve der Kostenverursachung zeigt die mit der Belieferungsverspätung verursachten Kosten direkt ab Plan-Belieferungszeitpunkt an; d.h. in der Darstellung kann Schicht für Schicht ab dem SOLL-Belieferungszeitpunkt abgelesen werden, mit welchen Zusatzkosten für Kompensationsaktivitäten zu rechnen ist. Die Kostenverursachung ist zunächst einmal unabhängig davon, wann die Kosten tatsächlich anfallen. So kann bspw. eine Belieferungsverspätung dazu führen, dass Nacht- oder gar Sonntagsschichten zur Kompensation benötigt werden. Diese Belieferungsverspätung verursacht demnach den mit Zusatzkosten verbundenen Kompensationsbedarf. Anfallen werden die Kosten (für die Nacht- oder Sonntagsschichten) hingegen erst zu einem späteren Zeitpunkt.

So ist auch die Höhe der beiden Kostenkurven im Ist-Belieferungszeitpunk (bei der Kostenverursachung) und im Ist-Auslieferungszeitpunkt (bei der Kostenwirkung) gleich. Die Kostenverursachungskurve kann in dem Sinne interpretiert werden, welche Zusatzkosten Schicht für Schicht zur Kompensation der Belieferungsverspätung notwendig wären, wenn der Lieferant erst in jener Schicht liefern würde. Ferner existiert ein Punkt T_{krit}, ab dem nicht mehr genügend Kompensationsoptionen zur Verfügung stehen, um die Belieferungsverspätung aufzufangen. Einzige Zusatzkosten, die ab diesem Punkt noch hinzukommen können, sind kundenseitige Pönalen (bis zum Deckelungsbetrag) und Kapitalkosten aufgrund einer verspäteten Rechnungsbegleichung.

6 Implementierung des Koordinationsmechanismus – Regelkreis der Lieferantenincentivierung

„WAS WIR BRAUCHEN, SIND EIN PAAR VERRÜCKTE LEUTE. SEHT EUCH AN, WOHIN UNS DIE NORMALEN GEBRACHT HABEN."

-George Bernhard Shaw-

Das im vierten Kapitel hergeleitete Konzept zur Steigerung von Termintreue in heterarchischen Wertschöpfungsnetzwerken des Maschinen- und Anlagenbaus basiert auf der Kenntnis der ungeplanten Zusatzkosten aufgrund von Lieferanten hervorgerufenen Belieferungsverspätungen. Nachdem ein Verfahren entwickelt und angewendet wurde, um diesen Wert von Termintreue relativ zur Belieferungsverspätung abzubilden, kann das Konzept operationalisiert werden – im Anwendungszusammenhang ergibt sich der dezentrale, marktorientierte Koordinationsmechanismus in Form des Regelkreises der Incentivierung.

Bild 6-1 zeigt den Aufbau des Kapitels, welches der regelungstechnischen Logik der Kybernetik folgt. Dabei stellt die Regelstrecke, also die zu regelnde Größe, die operative unternehmensübergreifende Auftragsabwicklung in nicht-hierarchischen Wertschöpfungsnetzwerken des Maschinen- und Anlagenbaus dar (Kap. 6.1). Ziel ist die Verbesserung der Termintreue von Lieferanten, um dadurch die eigene Ausliefertreue gegenüber dem eigenen (End-) Kunden zu verbessern.[1] Das Konzept basiert einerseits auf der Kenntnis der Zusatzkosten von nicht termintreuen Belieferungen sowie andererseits der Kenntnis über die Lieferperformance der Lieferanten im Netzwerk. Demzufolge muss der Auftragsabwicklungsprozess datentechnisch so abgebildet sein, dass eine Basis vorhanden ist, um über Auswerteroutinen automatisiert die Lieferhistorie im Netzwerk abbilden zu können. Entscheidend dabei ist eine zentralisierte, IT-gestützte Kommunikation zwischen Beschaffern und Abnehmern.

Das Analyseelement repräsentiert die Mess- bzw. Bewertungseinheit des Regelkreises (Kap. 6.2). Zum einen muss der Grundhypothese folgend sichergestellt werden, dass ein Lieferant prinzipiell in der Lage ist, seine Leistungen termintreu zu erbringen. Die heterogenen Kunden-Lieferanten-Beziehungen in der Branche des Maschinen- und Anlagenbaus (jeweilige Konstellation von A-, B- und C-Lieferant zu A-, B- und C-Kunde) führen dazu, dass strategisch und monetär bedeutende Kunden in der Regel priorisiert werden und die unbedeutenden Kunden opportunistisch abgewickelt werden.[2] Zur Einordnung eines Lieferanten und im Speziellen zur Rechtfertigung des Einsatzes einer Incentivierung muss ein Maschinen- oder Anlagenhersteller wissen, wie termintreu ein spezifischer Lieferant im Kontext der eigenen Kunden-Lieferanten-Beziehung sowie im Branchendurchschnitt agiert. Ist die prinzipielle Termintreue sichergestellt – ist also ersichtlich, dass der Lieferant in anderen

---

1 Die eigene Auslieferungstreue wird entscheidend von der Belieferungstreue der Lieferanten beeinflusst. Siehe hierzu Kap. 1.1 Problemstellung und Kap. 2.3 Herausforderung Termintreue in der Auftragsabwicklung.

2 siehe hierzu Kap. 2.3.2.4 Problematisierung heterarchische Wertschöpfungsnetzwerke

Kunden-Lieferanten-Beziehungen termintreu agiert (externe Transparenz)[3] – wird über das entwickelte Kostenmodell das Incentivierungsbudget bestimmt (interne Transparenz). Dadurch erfolgt die Rechtfertigung der Höhe der Incentivierung, welche dann genutzt wird, um den Lieferanten eine finanziellen Anreiz zur Priorisierung gegenüber anderen (C-) Kunden zu geben.[4]

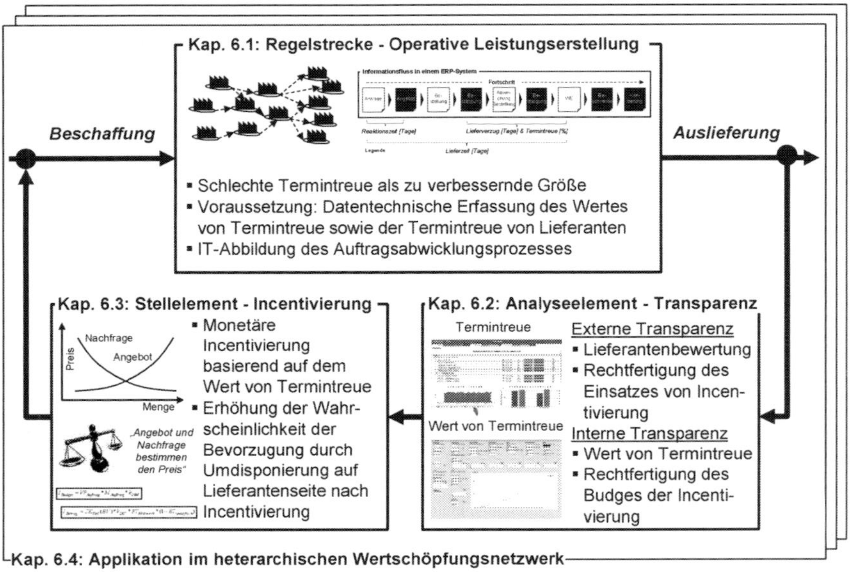

Bild 6-1: Struktur des Kapitels

Die Stellgröße bzw. das Stellelement stellt letztendlich die monetäre Incentivierung dar (Kap. 6.3). Durch Zahlung eines Bonusbetrages wird die Wahrscheinlichkeit erhöht, dass der Lieferant gerade den Kunden priorisiert, der bereit ist, mehr zu bezahlen. Die inhaltliche sowie terminliche Kritizität der jeweiligen Lieferung spiegelt in diesem Kontext die Höhe der Bonuszahlung wider – dem Wert von Termintreue. Es entsteht demnach ein Wettbewerb (im engeren Sinne eine Auktion) unter den C-Kunden eines spezifischen Lieferanten um die noch verfügbaren Kapazitäten – ein marktgetriebener, dezentralisierter Koordinationsmechanismus, bei dem das Incentivierungsbudget ein indirekter Indikator für die Bedarfssituation eines Kunden bzw. im gesamten heterarchischen Netzwerk ist.[5] In Kap. 6.4 wird dann der Anwendungszusammenhang in heterarchischen Wertschöpfungsnetzwerken hergestellt und ein Ausblick formuliert.

---

[3] Wesentliche Elemente der Lieferantenbewertung sowie der dazugehörigen Soft- und Hardwarearchitektur wurden in dem Forschungsprojekt *„In time delivery in non-hierarchical manufacturing networks for the machinery and equipment industry"* im von der EU geförderten siebten Rahmenprogramm (FP7) mit dem Kurzzeichen 229132-2 erarbeitet, welchem der Autor in koordinierender Funktion vorstand.

[4] siehe hierzu Kap. 4.1.3 Konzept: Lieferanten-Incentivierung basierend auf dem Wert von Termintreue

[5] siehe hierzu Kap. 4.1.2 Hypothese: Lieferanten steigern ihre Termintreue bei Incentivierung und Kap. 6.4 Applikation im heterarchischen Netzwerk

6.1 Regelstrecke – Operative Auftragsabwicklung

Im Kontext der Kybernetik stellt die operative Auftragsabwicklung die Regelstrecke dar. Ziel ist es, den entlang des unternehmensübergreifenden Leistungserstellungsprozesses auftretenden Turbulenzen (im Kontext dieser Arbeit die sich über einzelne Wertschöpfungsstufen ausbreitende mangelnde Termintreue) über einen Regelungsmechanismus entgegenzusteuern. Bestandteil des Regelungsmechanismus ist eine automatisierte Lieferantenbewertung zur Verifizierung der prinzipiellen Zuverlässigkeit von Lieferanten. Als Voraussetzung hierfür muss eine Kommunikationsstruktur geschaffen sein, die eine einfache, möglichst automatisierte Datenauswertung ermöglicht. Die Charakteristik der Branche sowie die in der Praxis vorherrschende heterogene Datenstruktur erschweren eine zentralisierte und/oder automatisierte Lieferantenbewertung zur Eigennutzung von Beschaffern als auch zentralisiert im Netzwerk im Sinne einer quasi-öffentlichen Lieferantenbewertung. Demnach wird im Folgenden aufgezeigt, wie die Anforderungen an die IT-basierte Beschaffungsabwicklung zur einfachen Datenauswertung erfüllt werden können.

6.1.1 B2B-Kommunikation in heterarchischen Wertschöpfungsnetzwerken

Der deutsche Maschinen- und Anlagenbau stellt, wie in den vorhergehenden Kapiteln gezeigt wurde, Produkte hoher Komplexität und Kundenindividualität innerhalb zeitlich instabiler heterogener Produktionsnetzwerke mit ständig wechselnden Partnern und Lieferanten unterschiedlicher Unternehmensgröße her.[6] Charakteristisch ist daher eine hohe Individualität jedes Kundenauftrags verbunden mit geringen Wiederholhäufigkeiten. Die unternehmensübergreifende Verfügbarkeit und Qualität von Informationen stellt eine wichtige Erfolgsgröße für eine leistungsfähige Auftragsabwicklung im Wertschöpfungsnetzwerk dar und ist im Maschinen- und Anlagenbau nur schwer realisierbar.[7]

Ganz entscheidend ist in diesem Zusammenhang die Nutzung der richtigen Medien zum Austausch von Informationen.[8] Speziell in der Branche des Maschinen- und Anlagenbaus dominieren nach wie vor konventionelle Medien (Telefon, Fax, Email) in der Kommunikation entlang der unternehmensübergreifenden Prozesskette. Die Nutzung konventioneller Medien führt grundsätzlich zu Medienbrüchen. Vermeintlich relevante Informationen werden zunächst exportiert, übermittelt und dann manuell weiterverarbeitet oder wieder in ein Planungs-/Steuerungssystem importiert. Hierbei kommt es einerseits zu Informationsverlusten sowie Übertragungsfehlern, andererseits ist eine Automatisierung nicht möglich, sodass Informationen nur auf Anforderung und/oder gar nicht übermittelt werden.[9]

Hauptgrund für die geringe Integration der überbetrieblichen Bestellabwicklung im Maschinen- und Anlagenbau ist neben der verstärkten Nutzung konventioneller Medien die starke Heterogenität des Marktes für ERP-Systeme und die damit einhergehende Vielfalt unterschiedlicher Daten- und Schnittstellenformate.[10] In Deutschland werden etwa 250 ERP-Systeme vertrieben, weltweit ist von

---

[6] siehe hierzu Kap. 2.3 Herausforderung Termintreue in der Auftragsabwicklung

[7] vgl. Steven et al. (2002), Advanced planning systems, S. 7 f.

[8] siehe hierzu Kap. 3.3.1.3 Informationsbedarf und überbetriebliche Informationssysteme

[9] Emails werden an dieser Stelle ebenfalls den konventionellen Kommunikationsmedien zugeordnet, da kein einheitliches Datenformat existiert und nicht grundsätzlich davon auszugehen ist, dass die per Email übermittelten Informationen automatisch und verlustfrei in die IT-Planungs- und -steuerungssysteme übernommen werden (können).

[10] Je nach Anbieter verfügen Systeme gleicher Benennung (ERP, PPS, SCM usw.) über unterschiedlich stark ausgeprägte Funktionalitätsschwerpunkte und Funktionen.

einer noch viel größeren Zahl auszugehen.[11] Die Systeme der großen Marktführer (SAP, Oracle, Sage, Infor usw.) finden hauptsächlich bei Unternehmen mit mehr als 50 Mitarbeitern Einsatz, kleinere Unternehmen, die den Maschinen- und Anlagenbau zahlenmäßig, dominieren, setzen hauptsächlich auf Lösungen kleinerer Anbieter (Bild 6-2).[12]

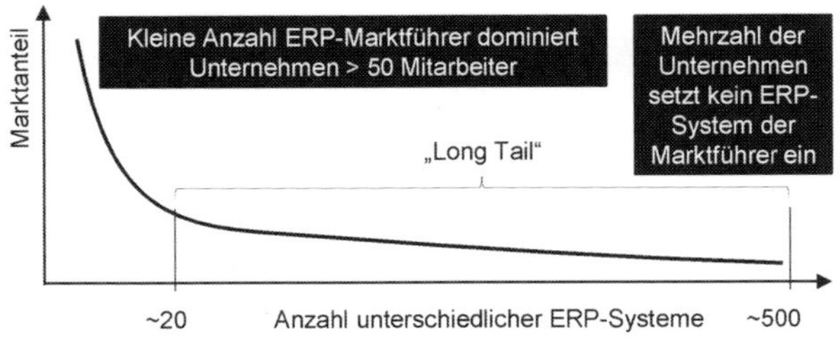

Bild 6-2: Einsatz von ERP-Systemen im Markt[13]

6.1.2 Elektronische Marktplätze

Ein hohes Potenzial zur Integration des Informationsaustausches innerhalb der Wertschöpfungsnetzwerke des Maschinen- und Anlagenbau versprechen elektronische Marktplätze, da sie neben der Möglichkeit eines effektiven und effizienten Informationsaustauschs eine kostengünstige Beschaffung versprechen.[14] Prinzipielle Hauptziele elektronisicher Marktplätze sind die Bereitstellung von Informationen, die Senkung der Prozesskosten durch informationstechnische Integration sowie geringere Produktpreise durch einen stärkeren Wettbewerb der Marktteilnehmer.[15] Sie decken damit (zumindest in der Theorie) den gesamten Geschäftsprozess von der Anbahnung bis zur Abwicklung ab.[16] Elektronische Marktplätze setzen diese Ziele mittels einer informationstechnischen Zentralisierung um.[17] Aus Sicht dieser Arbeit bieten elektronische Marktplätze insbesondere die Möglichkeiten einer standardisierten Kommunikation als Grundlage für die Lieferantenbewertung.[18]

Die angesprochene heterogene ERP-Systemlandschaft in der Branche des Maschinen- und Anlagenbaus hemmt wie zuvor erwähnt eine IT-gestützte überbetriebliche Auftragsabwicklung. Trotz verschiedener Standardisierungsansätze kann nicht gewährleistet werden, dass selbst ERP-Systeme des gleichen Anbieters konsistent miteinander kommunizieren können. Erschwerend kommt hinzu, dass konventionelle Medien wie Telefon, Brief, Fax oder Email vorwiegend als Kommunikationsme-

---

[11] vgl. Schuh (2008), Effiziente Auftragsabwicklung mit myOpenFactory, S. 25
[12] vgl. Schuh (2008), Effiziente Auftragsabwicklung mit myOpenFactory, S. 106 f.
[13] vgl. Schuh (2008), Effiziente Auftragsabwicklung mit myOpenFactory, S. 107
[14] vgl. Schuh et. al. (2010), Web-based benchmarking platform
[15] vgl. Richter et al. (2002), Elektronische Marktplätze, S. 44
[16] vgl. Richter et al. (2002), Elektronische Marktplätze, S. 17
[17] vgl. Richter et al. (2002), Elektronische Marktplätze, S. 27
[18] Grundsätzlich können elektronische Marktplätze in geschäftskundenorientiert (Business-to-Business, B2B) und endkundenorientiert (Business-to-Consumer, B2C sowie Consumer-to-Consumer, C2C) unterschieden werden. Bekannte endkundenorientierte Marktplätze sind Ebay (ursprünglich C2C, mittlerweile auch B2C) sowie Amazon (ursprünglich B2C, mittlerweile auch C2C). Im Mittelpunkt dieser Arbeit steht der deutsche Maschinen- und Anlagenbau, sodass im Weiteren der Fokus auf geschäftskundenorientierte elektronische Marktplätze (B2B) gelegt wird. Vgl. Richter et al. (2002), Elektronische Marktplätze, S. 18

dien genutzt werden, sodass der Aufbau standardisierter B2B-Verbindungen und zentraler Zusammenführung der Auftragsdaten nur schwierig zu implementieren ist (Bild 6-3).

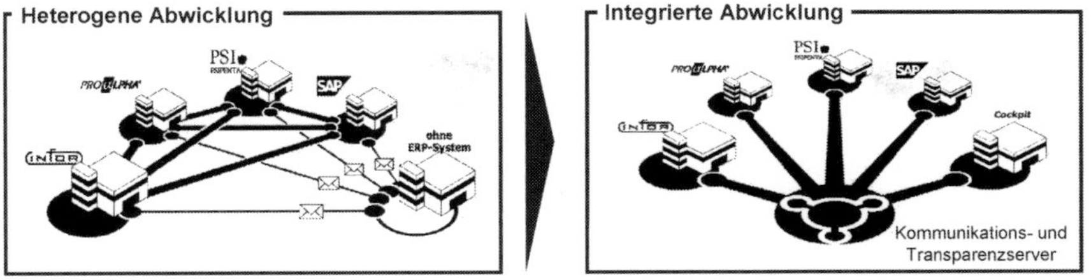

Bild 6-3: Übergang von heterogener zu integrierter Abwicklung[19]

Der Zentralisierungsansatz elektronischer Marktplätze forciert die Standardisierung von koordinationsrelevanten Datenstrukturen sowie die Allokation unternehmensübergreifender Kollaborationsfunktionen. Durch Standardisierung der notwendigen Schnittstellen steigt die Informationskompatibilität unterschiedlicher IT-Infrastrukturen und ermöglicht schnelle und transparente Abwicklungen. Durch die Nutzung einer zentralen Plattform in Verbindung mit der Implementierung von standardisierten Schnittstellen zwischen der Plattform und einzelnen ERP-Systemen ist somit eine einheitliche Kommunikation gewährleistet.

Neben direkten produktorientierten Potenzialen wie Preisoptimierung oder Vergrößerung des Kreises der Abnehmer bzw. Lieferanten bieten elektronische Marktplätze grundsätzlich eine Vielzahl prozessorientierter Potenziale. Zu diesen gehören die informationstechnische Integration der Auftragsanbahnung und -abwicklung, die zu einer Senkung der Prozesskosten führt,[20] sowie die Möglichkeit, weitere Funktionen wie bspw. eine automatisierte Lieferantenbewertung zu integrieren. Durch ihre zentrale Aggregation sowie elektronische (und damit automatisierbare) Bereitstellung von Auftragsabwicklungsdaten bieten elektronische Marktplätze demnach die Grundlage für die IT-gestützte, unternehmensübergreifende Auftragsabwicklung, wie sie im Kontext der Regelkreislogik benötigt wird.

6.1.3 Abwicklung über myOpenFactory

Standards für den elektronischen Datenaustausch (EDI) und eine signifikante Automatisierung des Informationsaustausches konnten sich allerdings bisher nur in Lieferketten durchsetzen, die der Branche des Maschinen- und Anlagenbaus fern sind und von großen Unternehmen dominiert werden. Die Anbindung der Lieferanten findet im Maschinen- und Anlagenbau eher einzeln und individuell statt. Lieferanten, die mit mehreren Abnehmern über EDI kommunizieren, müssen entsprechend mehrere Schnittstellen betreiben.[21] Einen Ansatz zur Konsolidierung der Daten-/Schnittstellenformate stellt an dieser Stelle die Plattform myOpenFactory dar.[22] Unternehmen können ihr ERP-System an einen zentralen myOpenFactory-Server anbinden und über diesen mit allen anderen angebundenen Unter-

---

19 vgl. Schuh (2008), Effiziente Auftragsabwicklung mit myOpenFactory, S. 257 f.

20 vgl. Richter et al. (2002), Elektronische Marktplätze, S. 35

21 vgl. Schuh (2008), Effiziente Auftragsabwicklung mit myOpenFactory, S. 90 ff.

22 myOpenFactory wurde im Rahmen eines Forschungsprojektes entwickelt und ist mittlerweile als offener Standard PAS 1074 (Publicly Available Specification) des Deutschen Institut für Normung (DIN) anerkannt.

nehmen kommunizieren. Die Konvertierung der Datenformate wird an zentraler Stelle von myOpen-Factory übernommen.[23]

Ziel von myOpenFactory ist es demnach, trotz des stark fragmentierten Marktes für ERP-Systeme im Maschinen- und Anlagenbau einen informationstechnischen Austausch zwischen den Lieferanten und Beschaffern zu ermöglichen. Statt wie bisher zu jedem Partner eine Schnittstelle aufzubauen, wird nur eine Schnittstelle zu myOpenFactory implementiert. Dabei werden der Transport der Daten zum Empfänger sowie die Konvertierung in dessen ERP-Format übernommen. Sämtliche EDI-Abwicklungsdaten fließen damit über das zentrale myOpenFactory-System (Bild 6-4).

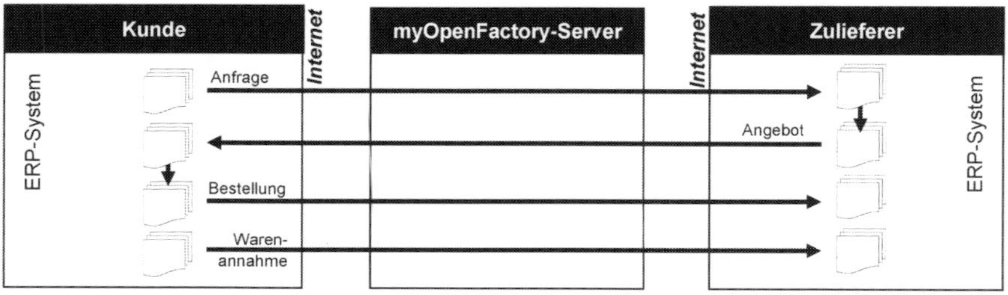

Bild 6-4: Informationsfluss zwischen ERP-Systemen[24]

Mittels myOpenFactory ist also eine einfache integrierte und vollautomatische Auftragsabwicklung möglich. Für Unternehmen, die kein ERP-System nutzen, bietet myOpenFactory ein sog. Web-Cockpit an, welches die Basisfunktionalitäten eines ERP-Systems (z.B. Erstellen und Versenden von Anfragen, Aufträgen usw.) im Webbrowser ermöglicht.[25]

6.2 Analyseelement – Externe und interne Transparenz

Das Analyseelement des Regelkreiseses hat im Kontext des dezentralen, marktorientierten Koordinationsmechanismus zweierlei Aufgaben. Einerseits erfolgt im klassischen Sinne der Kybernetik die Analyse der Regelstrecke, also der operativen Auftragsabwicklung im Netzwerkverbund (externe Transparenz). Dabei wird die Lieferperformance der Lieferanten kontinuierlich erfasst und ausgewertet und liefert essenzielle Informationen für die spätere Regeleinheit bzw. den Regelungsmechanismus. Die zweite Aufgabe besteht in der internen Erfassung der anfallenden Zusatzkosten bei lieferanteninduzierten Belieferungsverspätungen (interne Transparenz). Sie liefert ebenfalls essenzielle Informationen für den Regelungsmechanismus in Form des Incentivierungsbudgets.[26] Die Implementierung beider Module wird im Folgenden dargestellt.

6.2.1 Externe Transparenz zur Identifikation termintreuer Lieferanten

Das Modul der externen Transparenz hat zur Aufgabe, die Lieferperformance einzelner Lieferanten dezentralisiert verfügbar zu machen. So kann ein Einkäufer im Kontext des dezentralen, marktorien-

---

23 vgl. Schuh (2008), Effiziente Auftragsabwicklung mit myOpenFactory, S. 108 ff.
24 vgl. Schuh (2008), Effiziente Auftragsabwicklung mit myOpenFactory, S. 135 f.
25 vgl. Schuh (2008), Effiziente Auftragsabwicklung mit myOpenFactory, S. 3
26 siehe hierzu Kap. 4.1.3 Konzept: Lieferanten-Incentivierung basierend auf dem Wert von Termintreue

tierten Koordinationsmechanismus diejenigen Lieferanten identifizieren, die prinzipiell in der Lage sind, ihre Aufträge termintreu abzuwickeln – die Legitimierung der Anwendung monetärer Incentivierung. Ferner kann ein Indiz für die Positionierung gegenüber dem Lieferanten (A-, B- oder C-Kunde) abgeleitet werden, was eine Eingangsgröße für die Berechnung des Incentivierungsbudgets darstellt.

6.2.1.1 Datenerfassung als Grundlage für die Lieferantenbewertung

Durch die Nutzung der myOpenFactory-Plattform und demnach der IT-technischen Abbildung des unternehmensübergreifenden Leistungserstellungsprozesses und insbesondere des Beschaffungsprozesses ist eine strukturierte und standardisierte Grundlage geschaffen. Durch die verbindliche Einhaltung der Beschaffungs- bzw. Abwicklungsroutinen verbunden mit durch das jeweilige ERP-System erzeugten Zeitstempeln für die einzelnen Schritte (Anfrage, Angebot, Bestellung, Bestätigung etc.) wird die zentrale Ablage von Abwicklungsdaten ermöglicht (Bild 6-5).[27] Auf diese Weise wird jeder Beschaffungsvorgang in einer Kunden-Lieferanten-Beziehung im Netzwerk aller beteiligten Partner gespeichert und über die Zeit gesammelt. Auf dieser Grundlage können über Auswertelogiken Historiedaten analysiert, aufbereitet und visualisiert werden. Hierauf basierend ist ein Beschaffer in der Lage, sich die Liefertreue eines beliebigen (im Netzwerk vertretenen) Lieferanten für einen frei wählbaren Zeitraum anzeigen zu lassen.

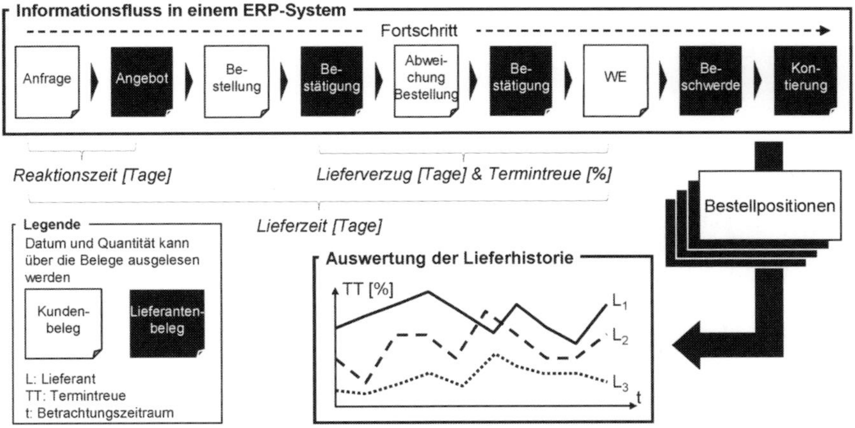

Bild 6-5: Datenerfassung als Grundlage zur Lieferantenbewertung[28]

6.2.1.2 Vorgehen bei der Identifikation zuverlässiger Lieferanten

Die über myOpenFactory abgebildete und durch Performance-Visualisierungen unterstützte Lieferantenauswahl ist in Bild 6-6 dargestellt. Der Prozess der Lieferantenauswahl wird durch einen Bedarf initiiert.[29] Wird eine Komponente etc. für den Leistungserstellungsprozess benötigt und kann oder soll diese nicht durch unternehmensinterne Ressourcen bereitgestellt werden, wird sie bei einem Lieferan-

[27] vgl. Schuh et. al. (2010), Framework for delivery reliability, S. 753; Schuh et. al. (2010), Web-based benchmarking platform

[28] i.A.a. Schuh et. al. (2013), Supplier Relationship Management in Machinery Industry, S. 239

[29] siehe hierzu Kap. 5.1.1.1 Situations- und Bedarfsanalyse

ten beschafft. Im Rahmen der Lieferantenvorauswahl[30] werden potenzielle Lieferanten gesichtet, die in der Lage sind, den Bedarf produktseitig decken zu können. Zum Zweck der auf Historiedaten basierenden Lieferantenanalyse wurden Visualisierungsoberflächen (Dashboards) entwickelt, welche die Performance der Lieferanten verfügbar machen. Aus dem Pool an prinzipiell infrage kommenden Lieferanten wählt der Beschaffer die favorisierten Lieferanten aus und verschickt elektronische Anfragen (Request for Quotation, RFQ) über die myOpenFactory-Plattform.

Inhalt dieser Anfrage sind die Produktspezifikation, die angefragte Quantität sowie ein Wunschbelieferungstermin, der sich aus der internen Auftragsplanung ergibt. Bei Bedarf können weitere Dokumente (z.B. Konstruktionszeichnungen etc.) an die Anfrage angehängt werden. Vom ERP-System des Beschaffers oder aber dem Webcockpit gelangen die Anfragen über den myOpenFactory-Server zum jeweiligen ERP-System respektive Webcockpit des potenziellen Lieferanten. Die Lieferanten haben nun die Möglichkeit, die Anfrage zu bearbeiten und entweder anzunehmen oder aber abzulehnen. Dazu wird verifiziert, inwiefern die Anfrage hinsichtlich Produktspezifikation, Quantität und Liefertermin (Produkt- bzw. Kapazitätsverfügbarkeit) abgebildet werden kann. Entscheidet sich der Lieferant anzubieten, wird neben Befüllung aller notwendigen Felder zusätzlich ein Preis für das angefragte Produkt angegeben und ein Angebot (Quote) erneut über das ERP-System via myOpenFactory-Server an das ERP-System des Beschaffers gesendet. Auf Beschafferseite kommen die Angebote an und können im Kontext der Lieferantenendauswahl verglichen werden. Auf dieser Basis können die relevanten Kontextinformationen bzgl. der Angebote sowie der Lieferanten und deren Performance (Termintreue, Lieferzeit etc.) dargestellt werden. Wurde ein adäquater Lieferant ausgewählt, wird im darauf folgenden Schritt innerhalb des Moduls der internen Transparenz über den Wert von Termintreue der Incentivierungsbetrag berechnet und die Bestellung initiiert.[31]

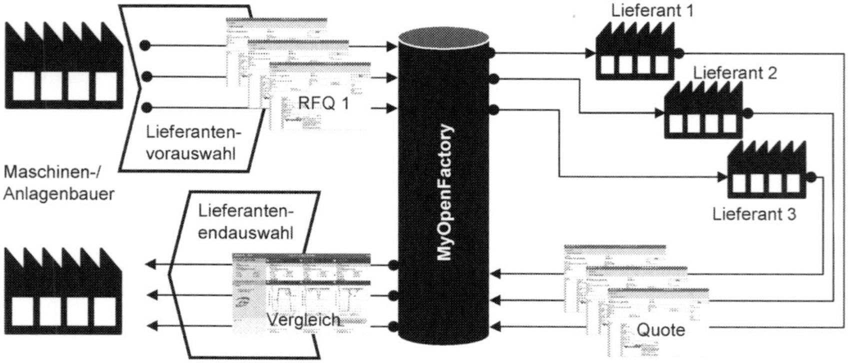

Bild 6-6: Ablauf der Lieferantenauswahl

6.2.1.3 Visualisierungsoberfläche zur Abbildung der Lieferantenleistung

Im Rahmen des Lieferantenbewertungskonzeptes wurden zur Aufbereitung der historischen Leistungsdaten aller an der myOpenFactory-Plattform angebundenen Lieferanten zahlreiche Visualisie-

[30] siehe hierzu Kap. 5.1.1.2 Lieferantenanalyse und -auswahl
[31] siehe hierzu Kap. 6.2.2 Interne Transparenz zur Berechnung des Wertes von Termintreue

rungsoberflächen (Dashboards) entwickelt, die den Beschaffer bei der Identifikation adäquater Lieferanten bis hin zur finalen Auswahl unterstützen. Ein erstes Dashboard kommt bei der Lieferantenvorauswahl zum Einsatz und bietet dem Einkäufer relevante Basislieferanteninformationen (Bild 6-7). Das Dashboard besteht aus den drei Teilbereichen Beschaffungsstruktur, Bestellhistorie sowie Belieferungszuverlässigkeit.

Im oberen linken Bereich wird die Beschaffungsstruktur dargestellt. Dabei werden alle bisherigen Lieferanten des Unternehmens sowie zugehörige Beschaffungsvolumen aufgezeigt. Ein Klick auf das Kuchensegment eines Lieferanten stellt im oberen rechten Bereich des Dashboards die bestellten Komponenten und die damit verbundenen Umsätze dar. Im unteren Bereich des Dashboards wird die Belieferungsperformance des ausgewählten Lieferanten aufgeführt. Visualisiert werden die Belieferungsabweichungen in einem frei festzulegenden Zeitraum. Dabei können einerseits die Leistungen der eigenen Kunden-Lieferanten-Beziehungshistorie und andererseits die Performance des Lieferanten im gesamten (myOpenFactory-) Netzwerk aufgezeigt werden.

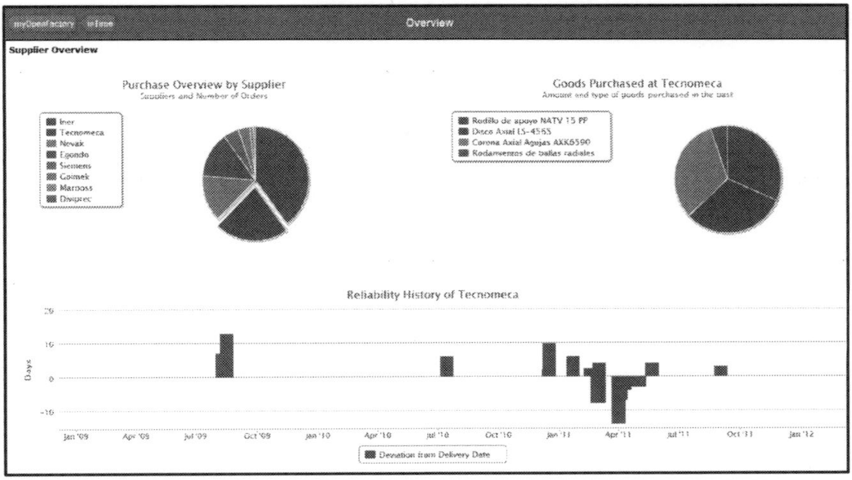

Bild 6-7: Visualisierung der Lieferantenbasisdaten[32]

Dies ermöglicht die Identifikation derjenigen Lieferanten, die möglicherweise im Kontext der eigenen Kunden-Lieferanten-Beziehung nicht adäquat termintreu sind, während sie im Netzwerk eine wesentlich bessere Performance liefern. Dies ermöglicht bereits erste Rückschlüsse auf die eigene Positionierung aus Sicht des Lieferanten in seiner Absatzstruktur (A-, B- oder C-Kunde).

Bild 6-8 zeigt ein weiteres Dashboard, welches ebenfalls zur Unterstützung der Lieferantenvorauswahl herangezogen werden kann. Diese Visualisierung mit dem Ziel der Darstellung der zeitlichen Anteile der Auftragsbearbeitung eines Lieferanten ist in zwei Bereiche aufgeteilt. Auf der linken Seite wird die zeitliche Zusammensetzung der Auftragsbearbeitungszeit für das jeweils ausgewählte Produkt

[32] Das Dashboard wurde in dem Forschungsprojekt „*In time delivery in non-hierarchical manufacturing networks for the machinery and equipment industry*" im von der EU geförderten siebten Rahmenprogramm (FP7) mit dem Kurzzeichen 229132-2 erarbeitet, welchem der Autor in koordinierender Funktion vorstand.

(-cluster) dargestellt. Dabei ist die Auftragsbearbeitungszeit auf die Anteile Angebotszeit (AVG Time to Quote), Verhandlungszeit (AVG Negotiation Time) und Lieferzeit (AVG Delivery Time) heruntergebrochen. Diese Darstellung ermöglicht dem Einkäufer einen Vergleich zwischen einzelnen infrage kommenden Lieferanten in den jeweiligen Kategorien und befähigt ihn dazu, nicht adäquate Lieferanten bereits zu diesem Zeitpunkt auszuschließen. Auf der rechten Seite des Dashboards wird das Beschaffungsvolumen in einem beliebig auswählbaren Zeitraum für das ausgewählte Produktcluster mit den jeweiligen Lieferanten als Referenz angezeigt.

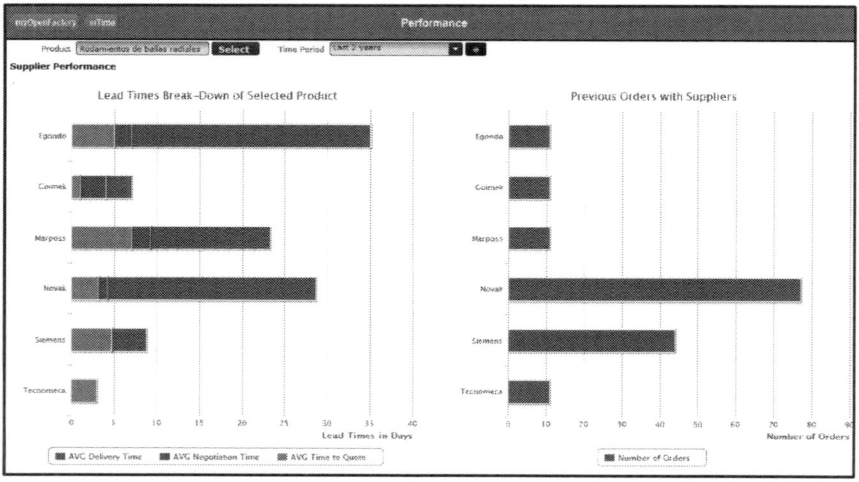

Bild 6-8: Visualisierung der Auswertung der Auftragsabwicklung[33]

Hat sich der Beschaffer im Rahmen der Lieferantenvorauswahl für adäquat erscheinende Lieferanten entschieden, versendet er myOpenFactory nutzend eine elektronische Anfrage (Request for Quotation, RFQ) an die jeweiligen infrage kommenden Lieferanten. Inhalt dieser Anfrage sind die Produktspezifikation, die angefragte Quantität sowie ein Wunschbelieferungstermin, der sich aus der internen Auftragsplanung ergibt. Bei Bedarf können weitere Dokumente (z.B. Konstruktionszeichnungen etc.) an die Anfrage angehängt werden. Vom ERP-System des Beschaffers oder aber dem Webcockpit gelangen die Anfragen über den myOpenFactory-Server zum jeweiligen ERP-System respektive Webcockpit des potenziellen Lieferanten. Diese haben nun die Möglichkeit, die Anfrage zu bearbeiten und entweder anzunehmen oder aber abzulehnen. Dazu wird verifiziert, inwiefern die Anfrage hinsichtlich Produktspezifikation, Quantität und Liefertermin abgebildet werden kann. Bei Entscheidung anzubieten wird ein elektronisches Angebot erneut über das ERP-System via myOpenFactory-Server an das ERP-System des Beschaffers gesendet.

Über das Dashboard des Lieferantenvergleichs kann dieser nun im Kontext der Lieferantenendauswahl die Angebote untereinander vergleichen und gegenüber seiner initialen Anfrage spiegeln

33 Das Dashboard wurde in dem Forschungsprojekt „*In time delivery in non-hierarchical manufacturing networks for the machinery and equipment industry*" im von der EU geförderten siebten Rahmenprogramm (FP7) mit dem Kurzzeichen 229132-2 erarbeitet, welchem der Autor in koordinierender Funktion vorstand.

(Bild 6-9). In der linken Spalte des Dashboard werden die Informationen aus der Anfrage zusammengefasst. Die drei zentralen Spalten fassen die Lieferantenangebote zusammen. Abweichungen von den jeweiligen Vorgaben des Angebots werden mit gelben Warnschildern gekennzeichnet. Dies ist bspw. der Fall, wenn die Quantität der Lieferung oder aber der Wunschbelieferungstermin lieferantenseitig nicht realisierbar ist.

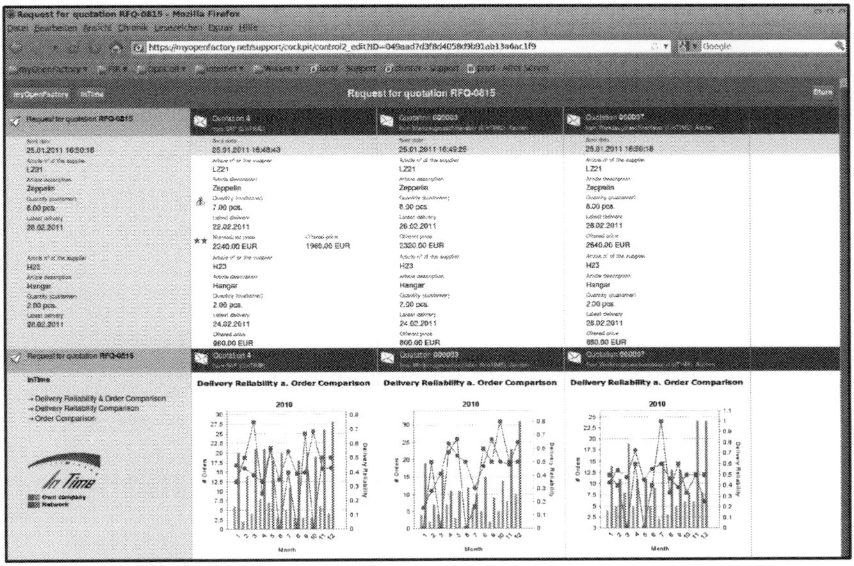

Bild 6-9: Visualisierung des Lieferantenvergleichs[34]

Im unteren Teil des Dashboards wird die Belieferungsleistung (Termintreue in %) des jeweiligen Lieferanten im vergangenen Jahr dargestellt. An dieser Stelle wird ebenfalls wie im Rahmen der Lieferantenvorauswahl zwischen der Termintreue des Lieferanten im gesamten Netzwerk sowie der Termintreue in der eigenen Kunden-Lieferanten-Beziehung differenziert, sodass die Identifikation prinzipiell termintreuer Lieferanten ermöglicht wird (auch wenn diese im eigenen Kontext keine adäquate Termintreue realisieren) und die eigene Positionierung gegenüber dem Lieferanten abgeleitet werden kann.

Darüber hinaus kann die lieferantenseitige Belieferungstreue in Relation zum Angebotspreis gesetzt werden.[35] So ist eine Konstellation möglich, in der einer der Lieferanten einen signifikant geringeren Angebotspreis angibt, allerdings eine wesentlich schlechtere Termintreue aufweist als ein Lieferant, der wiederum einen höheren Angebotspreis veranschlagt. So kann der Einkäufer abwägen, ob er bewusst einen teureren Lieferanten auswählt, der dafür allerdings nachweislich eine höhere Termin-

---

[34] Das Dashboard wurde in dem Forschungsprojekt „*In time delivery in non-hierarchical manufacturing networks for the machinery and equipment industry*" im von der EU geförderten siebten Rahmenprogramm (FP7) mit dem Kurzzeichen 229132-2 erarbeitet, welchem der Autor in koordinierender Funktion vorstand.

[35] Siehe dazu die ganzheitliche Betrachtung der Beschaffungskosten im Kontext des TCO-Ansatzes (Total Costs of Ownership) in Kap. 3.2.2.2 Systeme der Plankostenrechnung.

treue aufweist. Ferner können diese Informationen in Bezug zum Incentivierungsbudget gesetzt werden. Auch hier kann abgewogen bzw. berechnet werden, ob der teurere, termintreuere Lieferant allerdings mit einem geringeren Incentivierungsbetrag ausgewählt wird, oder aber ein günstigerer Lieferant mit schlechterer Termintreue hingegen aber mit einem höheren Incentivierungsbetrag ausgewählt wird.[36]

Dezidiertere Detailbetrachtungen zu den jeweiligen Lieferanten werden über eine weitere Visualisierungsoberfläche ermöglicht (Bild 6-10). Dargestellt werden verschiedene grafische Auswertungen der Kunden-Lieferanten-Beziehung, die an dieser Stelle ebenfalls mit dem Branchendurchschnitt (myOpenFactory-Netzwerk) in Relation gestellt werden. Als Eingabe wählt der Benutzer einen Lieferanten, ein Produkt und das Zeitfenster für die Analyse aus. Für die getroffene Auswahl zeigt das Dashboard zunächst die zeitliche Zusammensetzung der gesamten Auftragsdurchlaufzeit bestehend aus den Bestandteilen Lieferzeit (Delivery Time) sowie der vorgelagerten Bearbeitungszeit (Time to Order), die wiederum aus Angebotszeit (Time to Quote) sowie Verhandlungszeit (Negotiation Time) besteht.

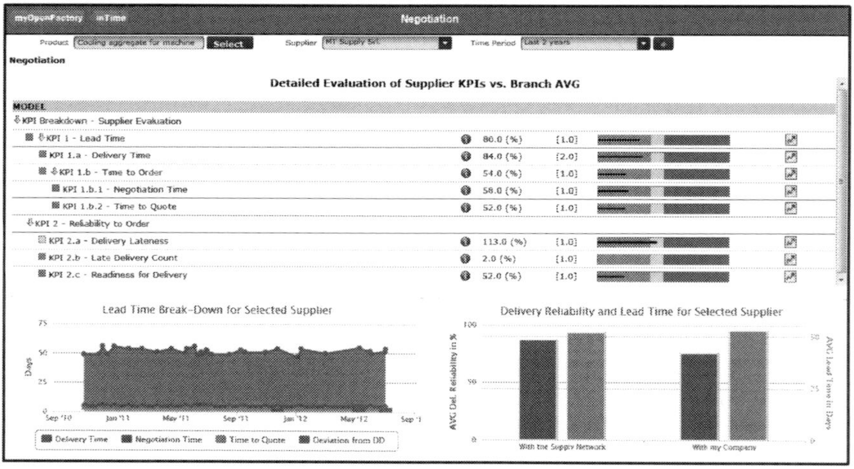

Bild 6-10: Visualisierung der Lieferperformance-Detailbetrachtung[37]

Ferner werden die Leistungsindikatoren der zeitlichen Belieferungsverspätung (Delivery Lateness), Anzahl an Belieferungsverspätungen (Late Delivery Count) sowie die Belieferungsagilität (Readiness for Delivery) über eine Auswerteeinheit berechnet und dargestellt. Diese Informationen werden im unteren linken Bereich zusätzlich in den zeitlichen Kontext gesetzt, sodass der Einkäufer ggf. Trends erkennen kann. Zusammenfassend werden die wichtigsten Informationen, also die lieferantenseitige Belieferungszeit und Beliefertreue (im Vergleich zum gesamten Netzwerk) als Balkendiagramm im unteren rechten Bereich visualisiert. Mithilfe dieser Kontextinformationen kann der Einkäufer nun die

---

[36] siehe hierzu Kap. 6.3.2 Berechnung des lieferantenspezifischen Incentivierungsbetrags

[37] Das Dashboard wurde in dem Forschungsprojekt *„In time delivery in non-hierarchical manufacturing networks for the machinery and equipment industry"* im von der EU geförderten siebten Rahmenprogramm (FP7) mit dem Kurzzeichen 229132-2 erarbeitet, welchem der Autor in koordinierender Funktion vorstand.

finale Auswahl des Lieferanten treffen und im Nachgang das Incentivierungsbudget bzw. den lieferantenspezifischen Incentivierungsbetrag über das Modul der internen Transparenz bestimmen.

6.2.2 Interne Transparenz zur Berechnung des Wertes von Termintreue

Basierend auf dem im fünften Kapitel entwickelten Kostenmodell können nun im Kontext interner Transparenz die ungeplanten Zusatzkosten von lieferanteninduzierten Belieferungsverspätungen in Abhängigkeit von der Zeit bzw. des Belieferungsverzugs bestimmt werden. Zunächst wird auf das Vorgehen zur Ermittlung eingegangen, um dann ein implementiertes IT-gestütztes Tool zur Berechnung vorzustellen.

6.2.2.1 Vorgehen zur Ermittlung belieferungsverspätungsabhängiger Zusatzkosten

Bild 6-11 illustriert das Vorgehen zur Ermittlung der zeitabhängigen Zusatzkosten von Belieferungsverspätungen. Sind im Rahmen des Leistungserstellungsprozesses das Engineering sowie die Auskonstruktion mit dem Fertigstellen der Stücklisten abgeschlossen und eine erste Montagegrobplanung mit dem Ergebnis eines Vorgangsfolgegraphen fertiggestellt, können die zeitlich montagekritischen Teile identifiziert werden. Darauf aufbauend können über Netzpläne und eine Vor- und Rückwärtsterminierung die notwendigen Liefertermine dieser kritischen Teile ermittelt werden.[38]

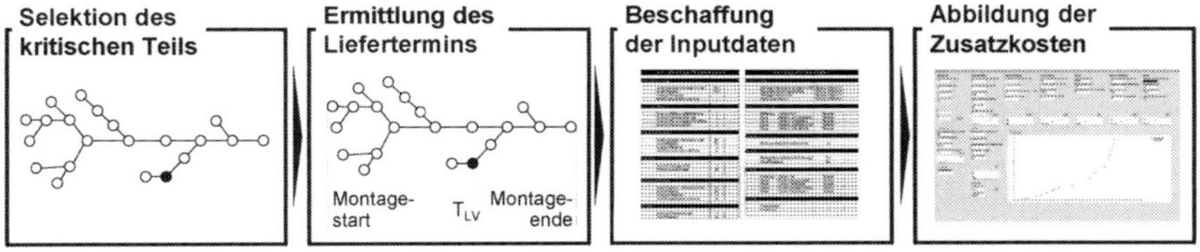

Bild 6-11: Vorgehen zur Ermittlung der Zusatzkosten für Belieferungsverspätungen

Für die Erzeugung der Kostenkurve werden bestimmte Eingangsgrößen benötigt, die sich aus den in Kapitel 5.3 hergeleiteten funktionalen Beziehungen ableiten lassen.[39] Zunächst müssen einmalig Unternehmensstammdaten eingepflegt werden. Bestandteile solcher Stammdaten sind bspw. Personalkostensätze, Lagerkosten, Anzahl der Belieferungsverspätungen im letzten Geschäftsjahr, Anteil der fehlteilbedingten Zusatzaufwände in ausgewählten Abteilungen an der Arbeitszeit (valide Schätz- und Erfahrungswerte) oder aber der unternehmensinterne Zinsfußsatz. Ferner werden auftragsspezifische Inputdaten benötigt. Diese umfassen bspw. den Kundenliefertermin, das Auftragsvolumen, Durchlaufzeiten, vertraglich fixierte Pönalen etc. Liegen alle benötigten Stamm- sowie Auftragsdaten vor, kann mithilfe des implementierten Tools der funktionale Zusammenhang zwischen Belieferungsverspätung und ungeplanten Zusatzkosten ermittelt werden.

6.2.2.2 Toolbasierte Bestimmung der Zusatzkosten bei Belieferungsverspätung

Wird die Eingabemaske mit den zuvor beschriebenen Eingangsgrößen befüllt, können die einzelnen Kostenfunktionen der jeweiligen Teilprozesse der Beschaffung, Leistungserstellung und Auslieferung berechnet und dargestellt werden (Bild 6-12). Zur Berechnung bzw. Darstellung der Einzelkurven stehen dem Anwender verschiedene Optionen zur Verfügung. Zunächst kann ausgewählt werden,

[38] siehe hierzu Kap. 5.3.1.3 Bestimmung der Lieferzeitpunkte basierend auf dem kritischen Montagepfad
[39] siehe hierzu Kap. 5.3 Funktionaler Zusammenhang zwischen Belieferungsverzug und Zusatzkosten

ob alle Kostenfunktionen für den jeweiligen Unternehmensfall relevant sind. Bei Nichtrelevanz können einzelne Teilfunktionen bewusst abgeschaltet werden. Weiterhin können innerhalb von Teilprozessen verschiedene Optionen realisiert werden. So kann bspw. im Rahmen der kompensatorischen Teilprozesse Lieferung und Empfang sowie Versand gezielt ausgewählt werden, welche alternativen Transportwege infrage kommen sollen. Es kann z.B. die Funktion alternativer Versandweg über Luftfracht verboten werden, während diese Option bspw. im Rahmen der Beschaffung zugelassen werden kann. Zusätzlich steht eine Optimierungsfunktionalität zur Verfügung, die bei bekannten Zeiteinsparungen der einzelnen Transportmöglichkeiten jeweils die kostengünstigste Transportalternative unter der Prämisse der Erreichung des Auslieferertermins selektiert.

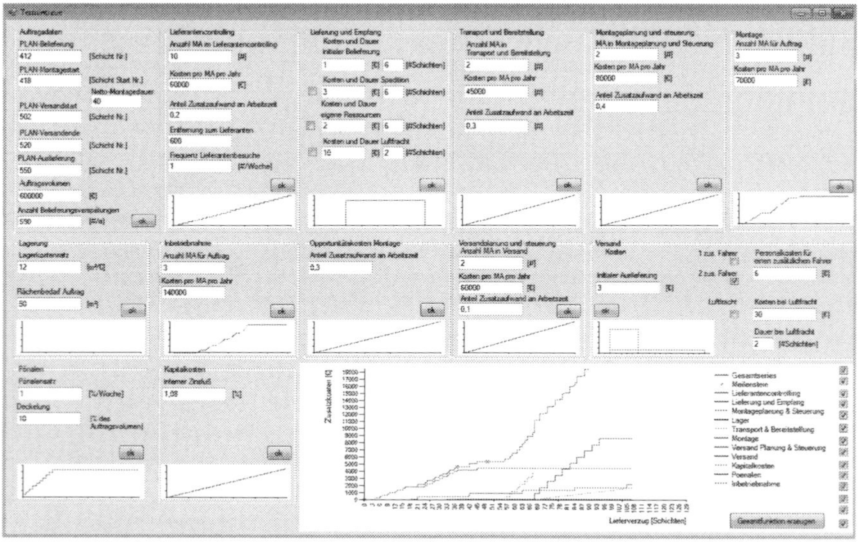

Bild 6-12: Toolbasierte Abbildung des funktionalen Kosten-Zeit-Zusammenhangs

Sind alle Eingangswerte gesetzt und relevante Optionen ausgewählt, kann die aggregierte Kurve der Zusatzkosten über Belieferungsverspätung erzeugt werden.[40] Dargestellt werden die anfallenden Zusatzkosten durch Belieferungsverzug, also ab dem Zeitpunkt der Plan-Belieferung. Kostenwirksam werden dabei Tätigkeiten der Verspätungskompensation (z.B. alternative Form der Beschaffung, Zusatzschichten etc.) sowie durch die Verspätung notwendig gewordene koordinative und planerisch-steuernde Tätigkeiten (z.B. zusätzliche Tätigkeiten des Einkaufs beim Lieferantencontrolling, Montageplanung und -steuerung, Strafzahlungen etc.). Zu einem gewissen Verspätungszeitunkt sind die maximalen Zusatzkosten erreicht, da alle vorhandenen Aktivitäten zur Kompensation der Belieferungsverspätung ausgeschöpft sind und die eigene Auslieferungsverspätung nicht mehr vermeidbar ist bzw. der Punkt der Pönalendeckelung erreicht ist. Eine Ausnahme bilden die Kapitalkosten, welche prinzipiell so lange weiterlaufen, bis die finale Zahlung durch den Kunden getätigt ist. Der funktionale

[40] Logik und Funktionsweise sind in Kap. 5.4 Aggregation der Teilfunktionen zum Gesamtkostenmodell zu finden.

Zusammenhang zwischen Belieferungsverspätung und Zusatzkosten schafft Transparenz bzgl. der Kostenverursachung von verspäteten Belieferungen, zeigt monetär quantifizierte Optionen der Verspätungskompensation auf und kann als Grundlage zur Bestimmung eines adäquaten Incentivierungsbetrages genutzt werden.

6.3 Regelelement – Monetäre Incentivierung

Sind die durch Belieferungsverspätungen einzelner montagekritischer Teile hervorgerufenen Zusatzkosten bekannt, kann darauf aufbauend das Incentivierungsbudget für den gesamten Auftrag bestimmt werden und daraus der Incentivierungsbetrag für ein einzelnes zu bestellendes Teil abgeleitet werden. Motivation des Ansatzes ist die finanzielle Incentivierung von Lieferanten kritischer Teile – also die Zahlung eines Mehrwertes. Dies impliziert zwar, dass prinzipiell mehr finanzielle Ressourcen im Auftrag genutzt werden als es theoretisch nötig wäre, allerdings durch die Erhöhung der Wahrscheinlichkeit der lieferantenseitig pünktlichen Belieferung die Vermeidung von ungeplanten Zusatzkosten erreicht wird, die wiederum den Deckungsbeitrag hätten gefährden können.

6.3.1 Berechnung des auftragsspezifischen Incentivierungsbudgets

Das Incentivierungsbudget des gesamten Auftrages muss so gestaltet sein, dass einerseits die zu erzielende Marge des Auftrages nicht gefährdet wird und andererseits genügend Budget für die Incentivierung der einzelnen kritischen Lieferanten verfügbar ist. Vorgeschlagen wird folgender formelmäßiger Zusammenhang:

$$I_{Budget} = VP_{Auftrag} * M_{Auftrag} * k_{IAM}$$

Formel 6-1: Incentivierungsbudget

Das Incentivierungsbudget (I_{Budget}) hängt zunächst von der geplanten Marge ($M_{Auftrag}$) des abzuwickelnden Auftrages ab, die sich anteilig über den Verkaufspreis des Auftrages ($VP_{Auftrag}$) errechnet bzw. im Vorfeld geplant wird. Die Auftragsmarge sollte durch das Incentivierungsprinzip nicht signifikant gefährdet werden. Sichergestellt wird das durch einen Korrekturfaktor (k_{IA}), der den Anteil des Incentivierungsbudgets relativ zur Marge darstellt. Dieser Wert ist unternehmensspezifisch sowie auftragsspezifisch festzulegen und hängt von einer Vielzahl von Faktoren wie bspw. der strategischen Bedeutung des Auftrages bzw. des (End-) Kunden, der Auftragskomplexität, des Umfangs des kundenspezifischen Engineerings oder der vereinbarten Zahlungsziele bzw. der Zahlungsstaffelung ab. Der Wert sollte allerdings nicht 5-10% (der Auftragsmarge) übersteigen. So würde einem Hersteller, der ein mit 15% Marge beaufschlagtes Erzeugnis für einen Verkaufspreis von 1.000.000 € abwickelt, ein Incentivierungsbudget von 15.000 € zur Verfügung stehen.

6.3.2 Berechnung des lieferantenspezifischen Incentivierungsbetrags

Ist das Incentivierungsbudget ermittelt, kann der lieferantenspezifische Incentivierungsbetrag bestimmt werden. Da der Incentivierungsbetrag stark davon abhängt, welche Zusatzkosten das betrachtete kritische Teil bei einer Belieferungsverspätung verursachen würde sowie wie die Stellung des Beschaffers im Markt bzw. gegenüber dem Lieferanten gestaltet ist, wird folgender formelmäßiger Zusammenhang zur Berechnung eines Richtwertes vorgeschlagen:

$$I_{Betrag} = ZK_{Teil}(BV) * k_{IAT} * BT_{Netzwerk} * (1 - BT_{spezifisch}) \qquad mit \sum_{i=1}^{n_{Teile}} I_{Betrag,i} \leq I_{Budget}$$

Formel 6-2: Incentivierungsbetrag

Zunächst ist der Incentivierungsbetrag (I_{Betrag}) von den Zusatzkosten (ZK_{Teil}) abhängig, die ungeplant für Kompensationsaktivitäten und Zusatzaufwände entstehen würden, wenn der Lieferant zu spät beliefern würde. Demnach hängt der Wert von der Belieferungsverspätung (BV) ab. An dieser Stelle wird vorgeschlagen, den Wert der Zusatzkosten zu wählen, welcher der durchschnittlichen Belieferungsverspätung des jeweilig ausgewählten Lieferanten entspricht (Ablesen oder Bestimmung über aggregierte Kostenkurve). Da Lieferanten mit geringerer unternehmensspezifischer Belieferungstreue ($BT_{spezifisch}$) als der Belieferungstreue im Netzwerk ($BT_{Netzwerk}$) aufgrund ihrer nachteiligen Positionierung (C-Kunden) tendenziell eine höhere Incentivierung benötigen, wird ein Verhältnis beider Termintreuewerte mit in die Berechnung einbezogen. Je größer die Diskrepanz zwischen Belieferungstreue im Netzwerk und Belieferungstermintreue in der eigenen Kunden-Lieferanten-Beziehung, desto höher wird der Incentivierungsbetrag.[41] Dabei wird allerdings nie der vom Unternehmen angesetzte Incentivierungsanteil (k_{IAT}) (also der Anteil der theoretisch verursachten Zusatzkosten, der für die Incentivierung genutzt werden soll) überschritten. Ist die Belieferungstreue im Netzwerk nicht bekannt, wird dieser Wert auf „1" gesetzt, sodass lediglich die relative Belieferungstreue berücksichtigt wird. Demnach ergibt sich ein Incentivierungsbetrag im oben aufgeführten Rechenbeispiel von 490 €, wenn bspw. eine unternehmensspezifische Belieferungstreue von 40% und eine Belieferungstreue im Netzwerk von 80% vorliegt, Zusatzkosten von insgesamt 1.600 € bei einer spezifischen Belieferungsverspätung anfallen würden und der maximale zusatzkostenabhängige Incentivierungsanteil auf 60% limitiert wird. Zu beachten ist, dass die Summe aller Incentivierungsbeträge (ΣI_{Betrag}) das Incentivierungsbudget (I_{Budget}) nicht überschreiten sollte. Als Orientierungswert kann das durchschnittliche Incentivierungsbudget pro Lieferant als Quotient des gesamten Incentivierungsbudgets durch die Anzahl kritischer Teile bzw. Lieferanten zur Orientierung genommen werden (im aufgezeigten Rechenbeispiel beträgt das durchschnittliche Lieferantenbudget 1.250 € bei zwölf kritischen Teilen bzw. Lieferanten).

6.4 Applikation im heterarchischen Netzwerk – Ein Ausblick

Die Anwendung des dezentralen, marktorientierten Koordinationsmechanismus im heterarchischen Wertschöpfungsnetzwerk des Maschinen- und Analagenbau ermöglicht eine bedarfsgerechte Regelung der Kapazitätsbedarfe. Unter der Prämisse, dass diejenigen Unternehmen, deren Bedarfskritizität am größten ist, auch bereit sind, den höchsten Incentivierungsbetrag (= Wert von Termintreue) zu entrichten und die Lieferanten im Kontext einer in Erscheinung tretenden Auktion diejenigen Unternehmen priorisieren, die den höchsten Incentivierungsbetrag anbieten, wird die Wahrscheinlichkeit erhöht, dass auch jenes Unternehmen primär beliefert wird. Termintreue, in diesem Fall ein Synonym für die am Markt limitierte Kapazität eines Lieferanten, wird dadurch zu einem handelbaren Gut.

Zugleich ist die Bereitschaft, für Termintreue einen Mehrwert zu zahlen, ein indirekter Indikator für die Bedarfssituation vom jeweilig betrachteten Unternehmen. Im Netzwerkkontext repräsentiert

---

[41] siehe hierzu Kap. 4.1.3 Konzept: Lieferanten-Incentivierung basierend auf dem Wert von Termintreue und Kap. 4.2.3 Erhöhung der Belieferungswahrscheinlichkeit bei Incentivierung

der zu entrichtende Mehrwert bzw. der notwendige Wert, Termintreue sicherzustellen, die aktuelle Nachfragesituation im Markt. Je größer die Nachfrage nach Termintreue bzw. Kapazität, umso größer auch der an den Lieferanten zu entrichtende Mehrwert. Somit diktiert die Nachfrage den am Markt erzielbaren Preis.

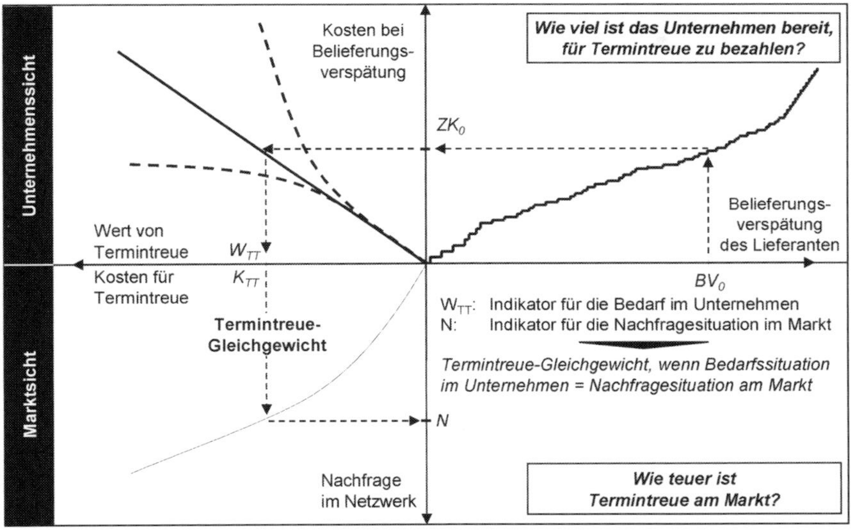

Bild 6-13: Wert von Termintreue im Unternehmen und im Markt[42]

Benötigt ein Unternehmen ein bestimmtes, zu beschaffendes Teil, welches bei Belieferungsverspätung bestimmte ungeplante Zusatzkosten verursachen würde, kann das Unternehmen zunächst den unternehmensinternen „Wert von Termintreue“ ermitteln, der je nach spezifischer Kunden-Lieferanten-Beziehung und eingestellten Kritizitätsparametern ein Indikator für die Bedarfssituation im Unternehmen darstellt. Dieser Wert von Termintreue muss mindestens genauso hoch sein wie die derzeitigen Kosten für Termintreue im Markt, die wiederum ein Indikator für die derzeitige Bedarfssituation im Mark sind. Demnach existiert genau ein Gleichgewichtspunkt, bei dem die Kritizität des Bedarfes im Unternehmen der Nachfragesituation im Markt entspricht – das Gleichgewicht für Termintreue (Bild 6-13).

[42] vgl. Schuh et. al. (2013), Decentralized, market-driven Coordination Mechanism, S. 12

7 Anwendung und kritische Reflexion

„ES IST NICHT GENUG ZU WISSEN – MAN MUSS AUCH ANWENDEN.
ES IST NICHT GENUG ZU WOLLEN – MAN MUSS AUCH TUN.“

-Johann Wolfgang von Goethe-

Zur Validierung des erarbeiteten Kostenmodells sowie zur Anwendung des Incentivierungskonzeptes wurden drei Beispielunternehmen aus der Branche des Maschinen- und Anlagenbaus ausgewählt – ein Hersteller von NC-Steuerungen, ein Hersteller von Werkzeugmaschinen sowie ein Hersteller von Induktionsschmelzanlagen und Thermoprozessanlagen. Jedes der Beispielunternehmen repräsentiert eine Position in der charakteristischen Wertekette der Branche des Maschinen- und Anlagenbaus, die über die Produktkomplexität und die Lieferzeit differenziert werden kann (Bild 7-1). Während der Komponentenhersteller (Kapitel 7.1) mit niedriger Produktkomplexität und kurzen Lieferzeiten agiert, ist die Produktkomplexität und gleichzeitig auch die Lieferzeit beim Maschinenhersteller (Kapitel 7.2) wesentlicher höher. Die im Kontext höchste Erzeugniskomplexität erreicht der Anlagenhersteller (Kapitel 7.3) als klassischer Anlagenprojektierer und -bauer mit Projekten, die nicht selten über mehrere Jahre abgewickelt werden.

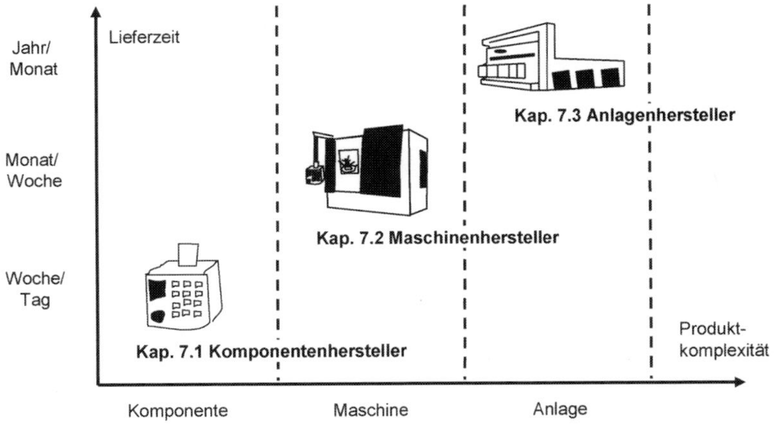

Bild 7-1: Struktur des Kapitels und Einordnung der Fallbeispiele

Die unterschiedliche Positionierung in der Wertekette und die damit verbundenen variierenden Herausforderungen in der Auftragsabwicklung qualifizieren die ausgewählten Unternehmen als Fallbeispiele für den Anwendungszusammenhang. Die Gemeinsamkeit aller Piloten – mangelnde Termintreue als zentrale Herausforderung entlang der gesamten Auftragsabwicklungskette – führte zur Anerkennung des Handlungsbedarfes der Termintreueverbesserung und äußerte sich im Interesse der Pilotanwendung des in der Arbeit hergeleiteten Ansatzes.

Im Folgenden werden die jeweiligen Pilotunternehmen zunächst kurz vorgestellt, um dann deren zentrale Herausforderung – mangelnde Termintreue – zu diskutieren. Aufbauend auf diesen Erkenntnissen wird ein Auszug aus dem betrachteten Auftragsabwicklungs- bzw. Beschaffungsprozess dargestellt sowie das Kostenmodell und der Incentivierungsmechanismus zur Anwendung gebracht. Geschlossen wird in Kapitel 7.4 mit einem Fazit und einer kritischen Reflexion.

7.1 Anwendung bei einem Komponentenhersteller

Das erste Fallbeispiel wurde bei einem Hersteller von NC-Steuerungen durchgeführt. Das mittelständisch geprägte Unternehmen ist durch seine Rolle als Komponentenhersteller zur Validierung des in der Arbeit hergeleiteten Kostenmodells geeignet. Die Anwendung bei einem Unternehmen, welches in der Wertschöpfungskette nicht als Endproduzent agiert, zeigt die breite Einsetzbarkeit des Modells. Im Fall des Komponentenherstellers wurde das Tool der externen Transparenz nicht eingesetzt.[1]

7.1.1 Unternehmensprofil

Der vor ca. vierzig Jahren gegründete, an der Börse notierte Komponentenhersteller setzt sich aus mehreren Tochterunternehmen sowie einem Joint Venture mit einem ausländischen Hersteller zusammen. Das Kerngeschäft der Unternehmensgruppe umfasst die Konstruktion, Produktion und den Verkauf von numerischen Steuerungen sowie Fräsmaschinen. Der in der Unternehmenshistorie erst später hinzugekommene Geschäftsbereich Fräsmaschinen generiert heute zwei Drittel des Gesamtumsatzes des Unternehmens. Als global agierendes mittelständisches Unternehmen mit ca. 350 Mitarbeitern und einem Umsatz von 47 Millionen Euro im Jahr 2012 unterhält das Unternehmen Standorte in u.a. China, Brasilien, Russland, Deutschland und weiteren Ländern. Insgesamt ist die Unternehmensgruppe in 14 Ländern durch Produktionsstandorte, Niederlassungen und Service-Center vertreten. Die Kunden des Komponentenherstellers sind hauptsächlich in der Automobil- und Luftfahrtindustrie als auch im Energiesektor verortet. Im Rahmen der Fallstudie wird ausschließlich der Geschäftsbereich der NC-Steuerungen betrachtet.

7.1.2 Eigene und lieferantenseitige Termintreue

Im Rahmen der Auftragsabwicklung des Komponentenherstellers werden jährlich ca. 100 NC-Steuerungen hergestellt. Bis auf kleinere Ausnahmen besteht die Leistungserstellung lediglich aus der Montage. So werden jährlich ca. 1000 Beschaffungsvorgänge bei ungefähr 70 unterschiedlichen Lieferanten und einem Beschaffungsvolumen von rund zwei Millionen Euro initiiert. Bei den zu beschaffenden Teilen und Komponenten handelt es sich hauptsächlich um Armaturen, Gehäuse sowie elektronische Komponenten (Bedienelemente, Tastaturen, Platinen, Kabel, Konnektoren etc.). Die Lieferantenstruktur des Komponentenherstellers teilt sich zu zwei Drittel auf Kleinlieferanten und jeweils zu einem Sechstel auf mittelgroße sowie Großlieferanten auf. Dabei sind 92% der Lieferanten im eigenen Land beheimatet und die verbleibenden 8% des Beschaffungsumfangs werden international gesourct. In Summe wiesen die Lieferanten im Betrachtungszeitraum eine Termintreue von ca. 65% mit einer durchschnittlichen Verspätung von 3,2 Tagen auf, während der Komponentenhersteller im selbigen Zeitraum ca. 70% der Aufträge termintreu abwickelte (Bild 7-2).

---

[1] Der Komponentenhersteller verfügt weder über eine ERP- noch Cockpit-basierte Anbindung an die genutzte B2B-Plattform myOpenFactory.

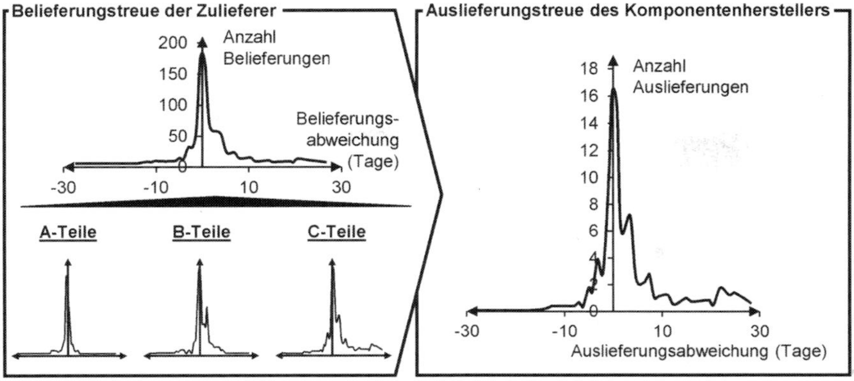

Bild 7-2: Termintreue des Komponentenherstellers und seiner Lieferanten[2]

Die schlechte lieferantenseitige Belieferungstreue stellt den Komponentenhersteller im Kontext sehr kurzer Lieferzeiten gegenüber seinen Kunden vor enorme Herausforderungen. Verspätete Belieferungen, die in der Regel erst beim Plan-Belieferungstermin in Erscheinung treten, wirken sich dementsprechend unmittelbar auf den eigenen Leistungserstellungsprozess aus. Der geringe Spielraum bei der Belieferungsterminverhandlung sowie vor allem die marktmachtbedingte Benachteiligung bzw. Herunterpriorisierung bei der Belieferung im Fall von Großlieferanten, die mengenmäßig einen Großteil des Beschaffungsvolumens ausmachen, lässt die eigene Leistungserstellung oft verspätet beginnen. Insbesondere werden Lieferverspätungen unmittelbar kostenwirksam, wenn elektronische Komponenten alternativ bei Händlern gekauft werden müssen, welche sich die kurzfristigen Anfragen mit Aufschlägen von 50-100% bezahlen lassen.

7.1.3 Betrachteter Bestellvorgang eines Spritzgussgehäuses

Zur Validierung des Kostenmodells wurde die Auftragsabwicklung einer kundenindividualisiert programmierten NC-Steuerung für einen aus der Maschinenbaubranche kommenden Kunden herangezogen. Der kundenindividuelle Anteil bezog sich lediglich auf eine kleinere software-technische sowie sprachliche Anpassung für den in China sitzenden Kunden. Im Rahmen des Vertragsabschlusses wurde eine Lieferzeit von ca. zwei Monaten (inkl. Versand via Schiffsfracht) sowie wöchentliche Pönalen von 5,0% (Deckelung bei 35%) bei Terminverzug vereinbart. Die hohen Pönalen wurden vereinbart, da eine termintreue Anlieferung für den Kunden von zentraler Bedeutung war, da er sonst seine Werkzeugmaschine nicht hätte einsetzen können. Für die betrachtete zu erzeugende Steuerung waren in Summe 36 A- und B-Teile (12 A-Teile und 24 B-Teile) extern zu beschaffen, waren also nicht bevorratet.

Bei der im Fallbeispiel betrachteten zu beschaffenden Komponente, die auf dem kritischen Montagepfad liegt, handelte es sich um ein Spritzgussgehäuse, welches beim Komponentenhersteller ein entsprechend nicht im Lager vorgehaltenes Objekt darstellt. Allerdings handelt es sich bei dem Gehäuse um kein kundenindividualisiertes Teil und der in der unmittelbaren Umgebung angesiedelte Stamm-

[2] Auswertung von ERP-Daten im Zeitraum vom 01.01.2010 bis zum 31.12.2010

lieferant liefert dieses Gehäuse seit geraumer Zeit an den Komponentenhersteller aus. Da es sich um einen bekannten (Exklusiv-) Lieferanten handelte, war eine Lieferantenauswahl an dieser Stelle nicht notwendig. Ferner war der Lieferant nicht an die myOpenFactory-Plattform angedockt, sodass keine Daten zur Lieferperformance im Netzwerk vorlagen. Die Beschaffungsanfrage (RFQ) wurde über ein internes ERP-System versendet und vom Lieferanten mit einer Belieferungszeit von 10 Tagen beantwortet. Die durchschnittliche Belieferungstreue des Lieferanten betrug im betrachteten Geschäftsjahr ca. 65%, durchschnittlich betrug die Belieferungsverspätung gegenüber dem Komponentenhersteller 22,1 Brutto-Schichten (ca. eine Woche).

7.1.4 Anwendung des Kostenmodells

Die Durchlaufzeit der vollständigen Auftragsabwicklung, also inklusive Engineering, Beschaffung, Fertigung, Montage und Auslieferung mittels Schiffsfracht nach China betrug in Summe 187 Brutto-Schichten (ca. 2 Monate). Das Gehäuse wurde direkt zu Beginn des 16 Brutto-Schichten andauernden Montageprozesses benötigt. Die Montage wurde über eine Standplatzmontage mit einem Mitarbeiter abgebildet. Ab dem Plan-Belieferungszeitpunkt des Spritzgussgehäuses standen noch 151 Schichten (inkl. Versand) zur finalen Auslieferung und Abnahme beim Kunden zur Verfügung. Die Inbetriebsetzung war mit 9 Brutto-Schichten durch einen Einrichter vor Ort beim Kunden vorgesehen.

Nachdem alle relevanten Eingangsinformationen im Tool der internen Transparenz eingegeben worden sind, bestand die Möglichkeit, über den Aggregationsalgorithmus die einzelnen Kostenkurven sowie die aggregierte Darstellung zu generieren (Bild 7-3).

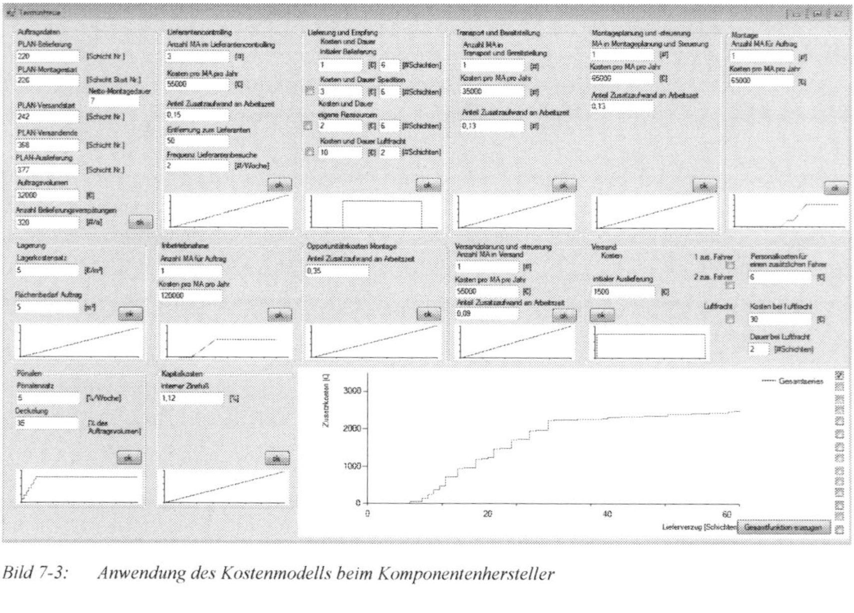

Bild 7-3: Anwendung des Kostenmodells beim Komponentenhersteller

Die Nutzung von Luftfracht im Rahmen der Beschaffung kam aufgrund der Nähe des Lieferanten nicht als Option infrage. Bei der Auslieferung hingegen war Luftfracht von Relevanz, da der Kunde in China beheimatet war und eine sechswöchige Schiffsfracht zum Versand vorgesehen war. Dies bedeutete, dass unter der vertraglich fixierten Konstellation bei Pönalen in Höhe von wöchentlich 5% des Auftragsvolumens (1.600 € pro Woche) je nach Belieferungsverspätung und Kompensationseffekten ein Ausweichen auf Luftfracht kostengünstiger wäre. Im vorliegenden Fall würde dies unter Annahme von 8.000 € als Luftfrachtkosten ab der fünften verspäteten Auslieferungswoche zutreffen (5*1.600 € = 8.000 ≥ $K_{Luftfracht}$).

Die aggregierte Kostenkurve zeigt die signifikanten Punkte, an denen jeweils keine Kompensation im Rahmen der Beschaffung, der Leistungserstellung und vor allem der Auslieferung mehr möglich ist. Ab dem letzten charakteristischen Punkt sind deutlich die pönalenbedingten Kostensprünge zu identifizieren. Ferner ist die Pönalen-Deckelung ca. bei Verspätungsschicht 30 zu erkennen. Ab diesem Zeitpunkt treten lediglich Kapitalkosten aufgrund vom verspäteten Zahlungseingang auf.

7.1.5 Lieferantenincentivierung

Für den Montageprozess wurden insgesamt drei kritische, zu beschaffende Komponenten identifiziert. In Anlehnung an Formel 6-1 konnte bei einer anvisierten Auftragsmarge von 18% und einem maximalen Incentivierungsanteil von 15% der Marge ein maximales Incentivierungsbudget von 864 € ermittelt werden. Bei drei zu incentivierenden Lieferanten steht demnach ein durchschnittlicher Incentivierungsbetrag von 288 € pro Lieferant zur Verfügung.

Der selektierte Lieferant wies im Betrachtungszeitraum eine durchschnittliche Belieferungsverspätung von 22,1 Brutto-Schichten (ca. eine Woche) auf. Gemäß der in Bild 7-3 dargestellten Aggregationskurve würde diese Belieferungsverspätung zu ungeplanten Kompensations- und Zusatzkosten in Höhe von 1.750 € führen. Mit Formel 6-2 konnte so der lieferantenspezifische Incentivierungsbetrag ermittelt werden. Mit der genannten Belieferungstreue des Lieferanten und einem maximalen Incentivierungsanteil von 50% der theoretisch anfallenden Zusatzkosten ergab sich ein Incentivierungsbetrag von 306 €, welcher auch vollständig dem Lieferanten als finanzieller Anreiz in Aussicht gestellt wurde. Der Lieferant empfand die Bereitschaft des Zahlens eines Mehrwertes bei eingehaltener Termintreue als äußerst positiv. Das Spritzgussgehäuse wurde pünktlich angeliefert.

7.2 Anwendung bei einem Maschinenhersteller

Das zweite Fallbeispiel wurde bei einem Hersteller von Werkzeugmaschinen durchgeführt. Das einem größeren Unternehmensverbund angehörende Unternehmen ist durch seine Rolle als Maschinenbauer in der Funktion als OEM am Markt zur Validierung des in der Arbeit hergeleiteten Kostenmodells sowie der Lieferantenincentivierung geeignet. So wurden sowohl das Tool der externen Transparenz (Termintreue im Netzwerk sowie in der eigenen Kunden-Lieferanten-Beziehung) als auch das Tool der internen Transparenz (Zusatzkosten bei Belieferungsverspätung) zur Anwendung gebracht.

7.2.1 Unternehmensprofil

Der Maschinenhersteller mit Gründung in den 1950er Jahren beschäftigt rund 1000 Mitarbeiter und gehört einem größeren nationalen Unternehmensverbund an. Das Produktportfolio umfasst Maschinen und Produktionslösungen für die Fertigungsverfahren Fräsen, Schleifen, Drehen, Stanzen und Biegen, Bohren als auch das Zubehör für Schienenfahrzeughersteller. Zu den Abnehmern gehören vornehmlich die Automobil- und Luftfahrtindustrie, aber auch Schienenfahrzeughersteller, Unternehmen des allgemeinen Maschinenbaus, Energieerzeuger sowie Unternehmen der Öl- und Gasindustrie. Die internationale Ausrichtung des Maschinenerzeugers manifestiert sich in den zehn global verteilten Produktionsstandorten sowie zahlreichen Vertriebsniederlassungen.

7.2.2 Eigene und lieferantenseitige Termintreue

Der Maschinenhersteller, dessen Erzeugnisse in der Regel aus ca. 1.000 aktiven Teilen strukturiert in 12 funktionalen Baugruppen bestehen, beschafft bei insgesamt 172 unterschiedlichen Zulieferern, wobei 80% der Teile durch 32 Kern-Lieferanten bereitgestellt werden. Bei 76% der Lieferanten handelt es sich um heimische Unternehmen, während 19% aus dem europäischen Raum stammen. Die Kernlieferanten sind dabei Hersteller von Zerspanungstechnik, elektrischer und elektronischer Komponenten sowie Antriebs- und Kraftübertragungskomponenten.

Das Lieferantenportfolio beinhaltet sowohl große, global agierende Konzerne, kleine mittelständisch geprägte Unternehmen als auch Kleinstzulieferer, die oft als Exklusiv-Lieferant mit hohen Stückzahlen agieren. In einer Vielzahl der Aufträge sind spezifische Lieferanten durch den Endkunden vorgegeben und limitieren demnach den Spielraum im Rahmen der Beschaffung. Der Maschinenbauer wies im Betrachtungsjahr eine Termintreue von 71% (5 von 17 Maschinen sind verspätet ausgeliefert worden) auf, während die Lieferanten 87% ihrer Lieferungen termintreu abwickeln konnten (Bild 7-4). Die durchschnittliche Belieferungsabweichung betrug dabei ca. 32 Tage.

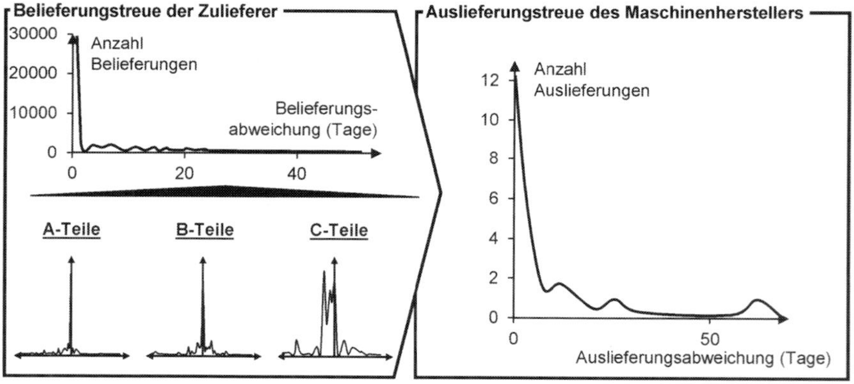

Bild 7-4: Termintreue des Maschinenherstellers und seiner Lieferanten[3]

Die Erzeugnis- bzw. Montagestruktur lässt eine Parallelmontage nur in Einzelfällen zu, was bedeutet, dass Belieferungsverspätungen sich unmittelbar auf den geplanten Montagestarttermin auswirken, sofern zeitliche Puffer im Auftragsabwicklungsprozess nicht vorgesehen sind. Um die Leistungserstellung möglichst robust und zuverlässig zu gestalten und die eigene termintreue Abwicklung nicht zu gefährden, nutzt der Maschinenbauer besagte zeitliche Puffer als auch, überall dort wo möglich, Sicherheitsbestände. Letztere sind allerdings nur bei Komponenten möglich, die über einzelne Produkttypen als auch Aufträge verbaut werden können. Ferner werden Überkapazitäten aufgebaut bzw. Zusatzkapazitäten vorgehalten, um auf Belieferungsverspätungen kurzfristig reagieren zu können. Der Maschinenhersteller schätzt seine Effizienzverluste durch lieferantenbedingte Belieferungsverspätun-

[3] Auswertung von ERP-Daten im Zeitraum vom 01.01.2011 bis zum 31.12.2011

gen auf 15% und ist regemäßig mit Pönalen von Endkunden konfrontiert. Auf strategischer Ebene wird der schlechten Termintreue eine Minderung der Wettbewerbsfähigkeit sowie Vertrauensverlust bei Endkunden beigemessen.

7.2.3 Betrachteter Bestellvorgang eines Radialrillenkugellagers

Zur Validierung des Kostenmodells wurde die Auftragsabwicklung einer kundenindividualisierten Spitzenlos-Schleifmaschine (Auftragsvolumen 600.000 €) für einen aus der Automobilindustrie kommenden Kunden herangezogen. Im Rahmen der Vertragsverhandlungen wurde eine Lieferzeit von vier Monaten sowie wöchentliche Pönalen von 1,0% (Deckelung bei 10%) des Auftragsvolumens bei Terminverzug vereinbart. Für die betrachtete Maschine waren in Summe 312 A- und B-Teile (126 A-Teile und 186 B-Teile) extern zu beschaffen, waren also nicht Gegenstand der hauseigenen Fertigung.

Bei der für das Fallbeispiel betrachteten, zu beschaffenden Komponente, die auf dem kritischen Montagepfad liegt, handelte es sich um ein Radialrillenkugellager, welches beim Maschinenhersteller ein nicht im Lager vorgehaltenes Objekt darstellt. Beschaffungsanfragen (RFQ) wurden an zwei unterschiedliche Lieferanten gesendet, die jeweils mit Angeboten beantwortet worden sind (Bild 7-5). Beide Lieferanten wiesen im Schnitt eine ähnliche Belieferungsreue vor. Als Lieferant wurde ein aus dem eigenen Land stammender Kernlieferant ausgewählt, der eine Lieferzeit von zwei Monaten veranschlagt hatte und dessen Sitz ca. 600 km vom Standort des Maschinenherstellers entfernt liegt. Die durchschnittliche Belieferungstreue des Lieferanten betrug im betrachteten Geschäftsjahr ca. 73%, während er im Netzwerk eine Termintreue von 88% aufwies. Durchschnittlich betrug die Belieferungsverspätung gegenüber dem Maschinenhersteller 30,7 Brutto-Schichten (~10 Tage).

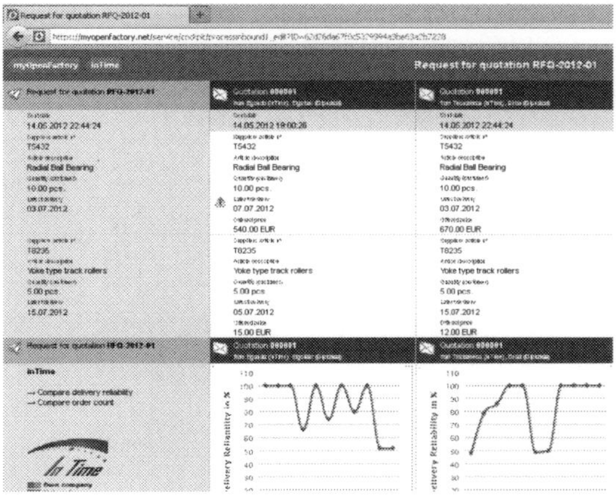

Bild 7-5: Lieferantenvergleich für das zu beschaffende Radialrillenkugellager

7.2.4 Anwendung des Kostenmodells für das Radialrillenkugellager

Die Durchlaufzeit der vollständigen Auftragsabwicklung, also inklusive Engineering, Beschaffung, Fertigung, Montage und Auslieferung, betrug in Summe 360 Brutto-Schichten (ca. vier Monate). Das Lager wurde relativ früh im 106 Brutto-Schichten andauernden Montageprozess benötigt. Die Montage wurde über eine Baustellenmontage mit drei Mitarbeitern abgebildet. Ab dem Plan-Belieferungszeitpunkt des Lagers standen noch 132 Schichten zur finalen Auslieferung und Abnahme beim Kunden zur Verfügung. Die Inbetriebnahme war mit 30 Brutto-Schichten mit drei Mitarbeitern vorgesehen. Nachdem alle relevanten Eingangsinformationen in das implementierte Tool eingegeben worden sind, bestand die Möglichkeit, über den Aggregationsalgorithmus die einzelnen Kostenkurven sowie die aggregierte Darstellung zu generieren. Bild 7-6 zeigt das simulierte Ergebnis.

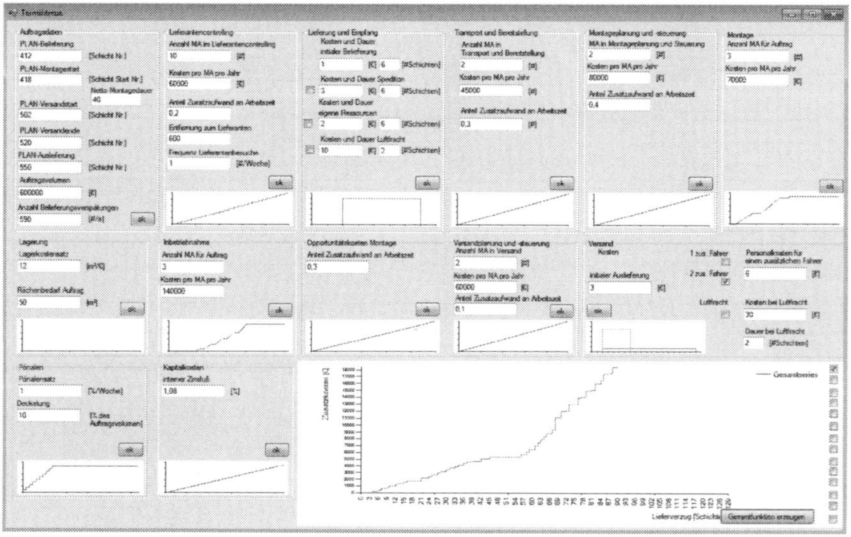

Bild 7-6: Anwendung des Kostenmodells beim Maschinenhersteller

Auf die Option der Nutzung von Luftfracht wurde sowohl im Rahmen der Beschaffung als auch bei der Auslieferung verzichtet, da die Entfernung zum Kunden- bzw. zum Lieferanten keine adäquate Zeitkompensation zuließ und auch in der Kostenrelation nicht vertretbar war. So wurde lediglich die Alternative des Einsatzes zusätzlicher Fahrer bei der Auslieferung zur Maximierung der aktiven Fahrzeit zugelassen. Die aggregierte Kostenkurve zeigt die signifikanten Punkte, an denen jeweils keine Kompensation im Rahmen der Beschaffung, der Leistungserstellung und vor allem der Auslieferung mehr möglich ist. Ab dem letzten charakteristischen Punkt sind die pönalenbedingten Kostensprünge zu erkennen.

7.2.5 Lieferantenincentivierung

Für den Montageprozess wurden insgesamt zwölf kritische, zu beschaffende Komponenten identifiziert. Mit Formel 6-1 konnte bei einer anvisierten Auftragsmarge von 15% und einem maximalen Incentivierungsanteil von 10% der Marge ein maximales Incentivierungsvolumen von 9.000 € ermittelt werden. Bei 12 zu incentivierenden Lieferanten ergibt sich ein durchschnittlicher zur Verfügung stehender Incentivierungsbetrag von 750 € pro Lieferant.

Der selektierte Lieferant wies im Betrachtungszeitraum eine durchschnittliche Belieferungsverspätung von 30,7 Brutto-Schichten (~10 Tage) auf. Gemäß der in Bild 7-6 dargestellten Aggregationskurve würde diese Belieferungsverspätung zu ungeplanten Zusatzkosten in Höhe von 3.650 € führen. Mit Formel 6-2 konnte so der lieferantenspezifische Incentivierungsbetrag ermittelt werden. Mit der aufgeführten Belieferungstreue des Lieferanten im Netzwerk als auch beim Maschinenhersteller selbst und einem maximalen Incentivierungsanteil von 60% der theoretisch anfallenden Zusatzkosten ergab sich ein Incentivierungsbetrag von 520 €, welcher auch vollständig als finanzieller Anreiz in Aussicht gestellt wurde. Der Lieferant empfand die Bereitschaft des Zahlens eines Mehrwertes bei eingehaltener Termintreue als äußerst positiv. Das Radialrillenkugellager wurde pünktlich angeliefert.

7.3 Anwendung bei einem Anlagenhersteller

Das dritte Fallbeispiel wurde bei einem Hersteller von Schmelz- und Gießanlagen durchgeführt. Das mittelständisch geprägte Unternehmen ist durch seine Rolle als Anlagenbauer in der Funktion als OEM am Markt zur Validierung des in der Arbeit hergeleiteten Kostenmodells sowie des Incentivierungsmechanismus geeignet. So wurden im Fall des Anlagenherstellers sowohl das Tool der externen Transparenz (Termintreue im Netzwerk sowie in der eigenen Kunden-Lieferanten-Beziehung) als auch das Tool der internen Transparenz (Zusatzkosten bei Belieferungsverspätung) zur Anwendung gebracht.

7.3.1 Unternehmensprofil

Der Anlagenhersteller wurde Anfang der zwanziger Jahre des letzten Jahrhunderts gegründet und gliedert sich in die drei Geschäftsfelder Edelstahlgießerei, Induktionsschmelzanlagen und Thermoprozessanlagen. Das Leistungsspektrum umfasst dabei Konstruktion, Montage, Inbetriebsetzung und After-Sales-Service von metallurgischen und thermischen Anlagen sowie die Produktion spezieller Maschinenbauteile innerhalb der Edelstahlgießerei. Das mittelständisch geprägte Unternehmen beschäftigt rund 500 Mitarbeiter am deutschen Standort und besitzt Niederlassungen in Europa, Asien sowie den USA. Zum Kundenstamm der weltweit abgesetzten Anlagen gehören u.a. die chemische und pharmazeutische Industrie, der allgemeine Maschinenbau, die Automobilindustrie und Produzenten von Aluminium- und Kupferhalbzeugen.

7.3.2 Eigene und lieferantenseitige Termintreue

Der Anlagenhersteller, dessen Erzeugnisse in der Regel aus mehr als 150.000 aktiven Teilen bestehen und dessen Kostenstruktur durch die Materialkosten bei einem Beschaffungsvolumen von ca. 30 Mio. Euro dominiert wird, koordiniert im Sinne eines Generalunternehmers ein weitreichendes, heterogenes Lieferantennetzwerk zur Abbildung der hohen Varianz im Erzeugnisportfolio. Dabei weisen die Lieferanten des Anlagenherstellers lediglich eine Termintreue von 56% auf. Die Liefertreue des Anlagenherstellers bezogen auf einzelne Baugruppen und ganze Gewerke betrug im betrachteten Geschäftsjahr 65% (Bild 7-7).

Die heterogene Lieferantenstruktur ist durch einerseits sehr kleine Zulieferer (Kleinstunternehmen) als auch durch sehr große konzernartige Lieferanten charakterisiert. Während die Kleinstunternehmen (weniger als 10 Mitarbeiter) oft mehr als 50% ihres Umsatzes mit dem Anlagenhersteller generieren, wird dem Anlagenhersteller wiederum von Konzernen keinerlei Bedeutung zugemessen, was sich infolge mangelnder Marktmacht immer wieder in Belieferungsverspätungen äußert. Aufgrund der Positionierung als klassischer Investitionsgüterhersteller mit für den Endkunden hohen Investitionskosten und langen Lieferzeiten sind vertraglich fixierte Pönalen von 0,5% des Projektbudgets pro Woche keine Seltenheit, sodass in Projekten 100 bis 600 ungeplante Zusatzstunden zur Kompensation von Lieferverspätungen keinen Seltenheitscharakter vorweisen.

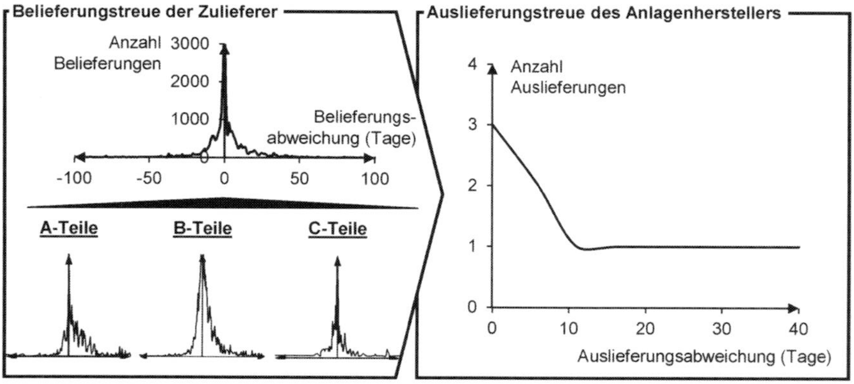

Bild 7-7: Liefertreue des Anlagenherstellers und seiner Lieferanten[4]

7.3.3 Betrachteter Bestellvorgang eines Kühlaggregates

Zur Validierung des Kostenmodells wurde die Auftragsabwicklung eines (kundenindividualisierten) Mittelfrequenz-Schmelzofens (Auftragsvolumen 1.890.000 €) für einen im europäischen Ausland ansässigen Kunden herangezogen. Der Schmelzofen unterliegt einer Auftragsabwicklungsdauer von 13 Monaten bis zur schlüsselfertigen Übergabe an den Kunden und besteht in Summe aus ca. 150.000 Teilen, die zu drei Viertel extern beschafft werden müssen. Die Abwicklungsstruktur des Anlagenherstellers sieht Baugruppenmontagen am heimischen Standort sowie den finalen Zusammenbau als auch die Inbetriebnahme am Kundenstandort vor. Betrachtet wird die Beschaffung eines Kühlaggregates, welches Bestandteil einer am Heimstandort montierten Baugruppe ist. Beschaffungsanfragen (RFQ) wurden an drei unterschiedliche Lieferanten versendet, die jeweils mit Angeboten beantwortet worden sind (Bild 7-8). Die Belieferungstreue der drei Lieferanten war unterschiedlicher Ausprägung. Zur Verprobung des Incentivierungsansatzes wurde an dieser Stelle ein Lieferant ausgewählt, der relativ zu den anderen beiden Lieferanten die schlechteste Belieferungsperformance in der Kunden-Lieferanten-Beziehung mit dem Anlagenhersteller aufwies (dafür allerdings am kostengünstigsten war).

So wurde ein aus Italien stammender Lieferant ausgewählt, der eine Lieferzeit von ca. zwei Monaten veranschlagt hat und dessen Sitz ca. 1.400 km vom Standort des Anlagenherstellers liegt. Die durchschnittliche Belieferungstreue des Lieferanten betrug im betrachteten Geschäftsjahr ca. 79%, während er im Netzwerk eine Termintreue von 92% aufwies. Durchschnittlich betrug die Belieferungsverspätung gegenüber dem Anlagenhersteller 34,2 Brutto-Schichten (~11 Tage).

[4] Auswertung von ERP-Daten im Zeitraum vom 01.01.2010 bis zum 31.12.2010

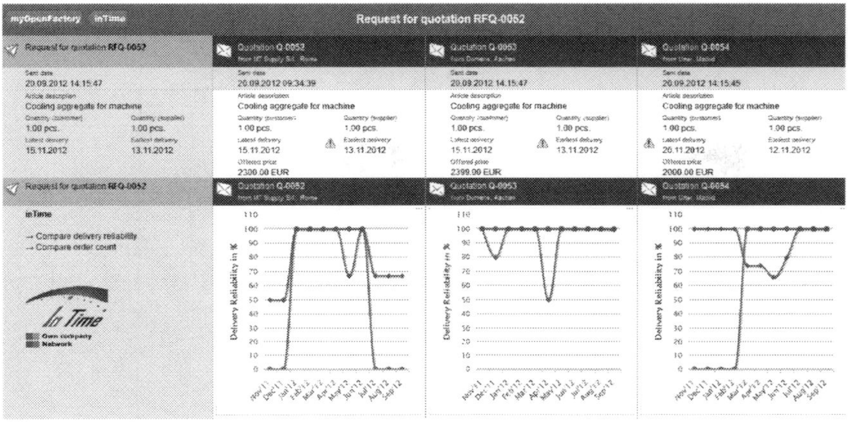

Bild 7-8: Lieferantenvergleich für das zu beschaffende Kühlaggregat

7.3.4 Anwendung des Kostenmodells

Die Durchlaufzeit der vollständigen Auftragsabwicklung, also inklusive Engineering, Beschaffung, Fertigung, Montage und Auslieferung betrug in Summe 1.180 Brutto-Schichten (ca. 13 Monate). Das Kühlaggregat wurde nach 70 Brutto-Schichten nach Montagestart im 440 Brutto-Schichten (ca. 5 Monate) andauernden Montageprozess am heimischen Standort benötigt. Die Montage wurde über eine Baustellenmontage mit vier Mitarbeitern abgebildet. Ab dem Plan-Belieferungszeitpunkt des Aggregates standen noch 600 Schichten zur finalen Auslieferung und Abnahme beim Kunden zur Verfügung. Die Inbetriebsetzung hatte dabei einen Anteil von 190 Brutto-Schichten mit vier Mitarbeitern am Kundenstandort.

Nachdem alle relevanten Eingangsinformationen im Tool eingegeben worden waren, bestand die Möglichkeit, über den Aggregationsalgorithmus die einzelnen Kostenkurven sowie die aggregierte Darstellung zu generieren. Bild 7-9 zeigt das simulierte Ergebnis.

Auf die Option der Nutzung von Luftfracht wurde sowohl im Rahmen der Beschaffung als auch bei der Auslieferung verzichtet, da die Entfernung zum Kunden- bzw. zum Lieferanten keine adäquate Zeitkompensation zuließ und auch in der Kostenrelation nicht vertretbar war. So wurde lediglich die Alternative des Einsatzes einer Spedition im Rahmen der Beschaffung zugelassen. Die aggregierte Kostenkurve zeigt die signifikanten Punkte, an denen jeweils keine Kompensation im Rahmen der Beschaffung, der Leistungserstellung und vor allem der Auslieferung mehr möglich ist. Ab dem letzten charakteristischen Punkt sind deutlich die pönalenbedingten Kostensprünge zu erkennen.

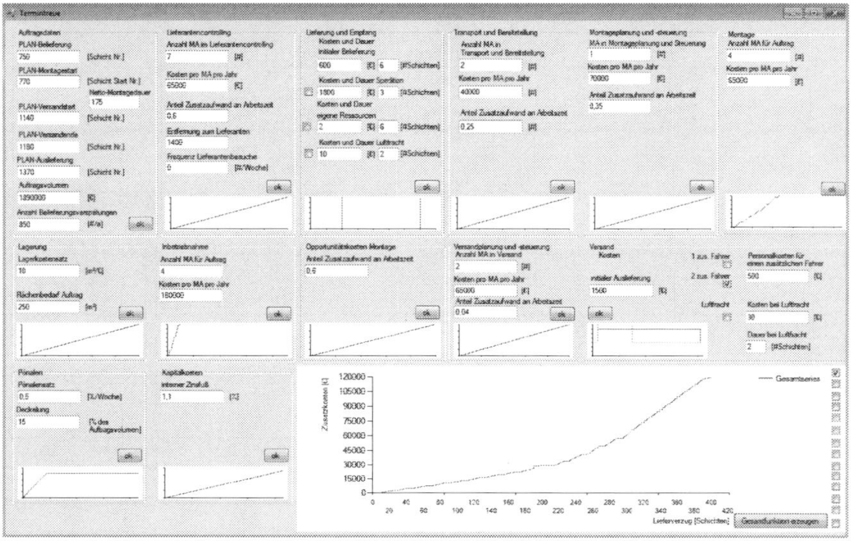

Bild 7-9: Anwendung des Kostenmodells beim Anlagenhersteller

7.3.5 Lieferantenincentivierung

Für den Montageprozess wurden insgesamt 32 montagekritische, zu beschaffende Komponenten identifiziert. In Anlehnung an Formel 6-1 konnte bei einer anvisierten Auftragsmarge von 25% und einem maximalen Incentivierungsanteil von 10% der Marge ein maximales Incentivierungsvolumen von 47.250 € ermittelt werden. Bei 32 zu incentivierenden Lieferanten ergibt sich daraus ein durchschnittlicher Incentivierungsbetrag von 1.477 € pro Lieferant. Der selektierte Lieferant wies im Betrachtungszeitraum eine durchschnittliche Belieferungsverspätung von 34,2 Brutto-Schichten (~11 Tage) auf. Gemäß der in Bild 7-9 dargestellten Aggregationskurve würde diese Belieferungsverspätung zu ungeplanten Kompensations- und Zusatzkosten in Höhe von 3.780 € führen. Mithilfe von Formel 6-2 konnte so der lieferantenspezifische Incentivierungsbetrag ermittelt werden. Mit der oben aufgeführten Belieferungstreue des Lieferanten im Netzwerk als auch beim Anlagenhersteller selbst und einem maximalen Incentivierungsanteil von 40% der theoretisch anfallenden Zusatzkosten ergab sich ein Incentivierungsbetrag von 464 €, welcher auch vollständig als finanzieller Anreiz in Aussicht gestellt wurde. Der Lieferant empfand die Bereitschaft des Zahlens eines Mehrwertes als äußerst positiv. Das Kühlaggregat wurde pünktlich angeliefert.

7.4 Fazit und kritische Reflexion

Die Anwendung des Kostenmodells sowie des Incentivierungskonzeptes bei drei klassischen Vertretern der Maschinen- und Anlagenbaubranche diente der Validierung der im Rahmen dieser Arbeit erzielten Ergebnisse. Sowohl beim Komponentenhersteller als auch beim Maschinen- und beim Anlagenhersteller war es möglich, jeweils bei einem konkreten Auftrag die theoretisch anfallenden, ungeplanten Zusatzkosten abhängig von der Belieferungsverspätung für ein repräsentatives kritisches Teil zu ermitteln. Die mithilfe des entwickelten, algorithmusbasierten Tools erzeugten Kostenkurven wiesen vergleichbare Verläufe auf. Auch wenn die jeweiligen Auftragsdurchlaufzeiten stark variierten und je nach Hersteller entsprechend die Spielräume für Kompensationsaktivitäten unterschiedlich waren, zeigten die Kurven charakteristische Züge auf. Klar erkenntlich sind die drei bezeichnenden, kritischen Zeitpunkte, an denen keine Zeitkompensation jeweils im Rahmen des Beschaffungs-, des Leistungserstellungs- sowie des Auslieferungsprozesses mehr möglich ist. Somit ist auch eindeutig ersichtlich, ab welchem Zeitpunkt der Belieferungsverspätung die verspätete Auslieferung an den (End-) Kunden nicht mehr verhindert werden kann, und das Unternehmen mit Pönalen und zusätzlichen Kapitalkosten konfrontiert ist. Bezeichnend ist ferner, dass ab den kritischen Zeitpunkten, ab denen keine Kompensation im jeweiligen Hauptprozess der Beschaffung, der Leistungserstellung sowie der Auslieferung mehr möglich ist, die Steigung der Kostenkurven zunimmt. Sind im Rahmen der Beschaffung die Kosten für Kompensationsaktivitäten wie bspw. für das Lieferantencontrolling noch relativ gering, werden die Aufwände für kompensatorische Maßnahmen im Rahmen der eigenen Leistungserstellung durch bspw. Zusatzschichten bereits kostenintensiver. Ist das Unternehmen auf Kompensationen durch Auslieferungsprozesse angewiesen, zeichnen sich noch höhere Kosten ab, die ihre maximale Steigung beim Eintritt in den Bereich der Pönalen und Kapitalkosten erfahren. Es liegt die Vermutung nahe, dass der Verlauf der Zusatzkosten bei Belieferungsverspätungen einen exponentiellen Charakter aufweist (Bild 7-10). Durch die Anwendung des Kostenmodells im Unternehmenskontext lassen sich demnach Erkenntnisse und Implikationen für die Forschung und Wissenschaft ableiten.

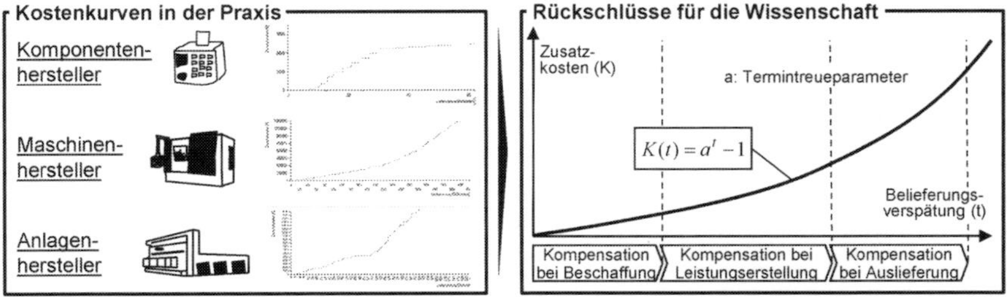

Bild 7-10: Implikationen aus der Praxis für die Wissenschaft

Ferner war es beim Maschinen- als auch beim Anlagenhersteller möglich, Erkenntnisse der Lieferantenbewertung mit in die Lieferantenauswahl einfließen zu lassen. Die Transparenz über die Belieferungsperformance des Lieferanten im gesamten Netzwerk im Verhältnis zur Performance im unternehmensspezifischen Kontext erlaubte Rückschlüsse auf die eigene Positionierung gegenüber dem Lieferanten (A-, B- oder C-Kunde). Allerdings lassen die Auswertungen nur Vermutungen zu, solange nicht ganzheitlich alle Beschaffungsprozesse über eine zentrale Plattform abgewickelt werden. Dennoch können mit Überschreiten einer kritischen Masse an Plattformteilnehmern, die ihre Auftragsabwicklung bzw. die Beschaffungsprozesse digital abbilden und so eine aussagekräftige Auswertung der Lieferperformance im Netzwerk zulassen, signifikante und valide Erkenntnisse abgeleitet werden.

Die Erkenntnisse aus der Lieferantenbewertung als auch die Kenntnis über die Zusatzkosten bei Belieferungsverspätung ermöglichten die Applikation des Incentivierungsansatzes zur Steigerung der Wahrscheinlichkeit einer termintreuen Belieferung. So war es bei allen drei Erzeugern möglich, ein Incentivierungsbudget festzulegen sowie den Incentivierungsbetrag für das ausgewählte, zu beschaffende Teil zu ermitteln. Schwierig bei allen drei Herstellern war hingegen die Überzeugung des Personals der Beschaffung bzw. des Beschaffungsleiters vom Zahlen eines Mehrwertes für eine pünktliche Belieferung, die ohnehin von den Lieferanten gefordert wird. Die Einsicht, dass das Zahlen eines höheren Betrages im Rahmen der Beschaffung die Robustheit und Stabilität des späteren Leistungserstellungsprozesses fördert und somit fehlteilinduzierte Zusatzkosten für zeitkompensatorische Maßnahmen minimiert, war nur begrenzt gegeben. Erklärbar ist dies einerseits mit der Tatsache, dass originäres Ziel von Einkaufsabteilungen die Minimierung der Beschaffungskosten, also die Senkung der Einkaufspreise darstellt. Demnach würde das Zahlen eines höheren Betrages als notwendig mit diesen Zielen konkurrieren. Andererseits wird befürchtet, dass dem Lieferanten eine zu starke Position gegeben wird und sich eine negative Preisspirale stetig steigender Einkaufskosten abzeichnen könnte. Die Kritik und die Befürchtungen sind nachvollziehbar, können allerdings entkräftet werden. Zum einen ist das Konzept für einen vollständigen Auftragsabwicklungsprozess ausgelegt. Angestrebt werden keine lokalen Optima wie bspw. minimale Kosten in der Einkaufsabteilung, sondern vielmehr die ganzheitliche Prozesssicht und somit das globale Optimum der minimalen Auftragsabwicklungskosten. Zum anderen besteht keine Gefahr einer negativen Preisspirale, da der Mehrbetrag lediglich eine Anreizwirkung zur Leistungsverbesserung darstellt und auch nur bei termintreuen Belieferungen zum Tragen kommt. Eine nachhaltige Erhöhung der Preise für Beschaffungsobjekte ist nicht zu erwarten.

Die ganzheitliche Wirksamkeit des dezentralen, marktorientierten Koordinationsmechanismus im Sinne einer nachhaltigen Verbesserung der Termintreue im Maschinen- und Anlagenbau kann nicht in voller Gänze nachgewiesen werden. Die Auflösung des branchenimmanenten Strukturdefizites über den kontraintuitiven Ansatz des Zahlens eines Mehrwertes für eine ohnehin erwartete Leistung kann zunächst nicht bewiesen werden. Allerdings ermutigt die Tatsache, dass in den drei betrachteten Fällen die jeweiligen Belieferungstermine von Lieferanten mit mäßiger Lieferperformance gehalten wurden.

8 Zusammenfassung und Fazit

„WENN DIE ANDEREN GLAUBEN, MAN IST AM ENDE,
SO MUSS MAN ERST RICHTIG ANFANGEN."

-Konrad Adenauer-

Termintreue stellt im heutigen produzierenden Gewerbe die entscheidende logistische Zielgröße und strategische Erfolgsposition zugleich dar. Gerade in Zeiten des konjunkturellen Hochs und überfüllten Auftragsbüchern entscheidet die Fähigkeit, Aufträge termingerecht abwickeln zu können, über den Erfolg eines Unternehmens. Speziell in der Branche des Maschinen- und Anlagenbaus, einer der Kernbranchen der deutschen Volkswirtschaft, besteht der Bedarf an termintreuer Auftragsabwicklung. Nicht termintreue Auslieferungen der Investitionsgüter verhindern oder verzögern die Leistungserstellung der Investitionsgüterempfänger, also dem produzierenden Gewerbe, und dämpfen so die Gesamtkonjunktur.

Allerdings zeichnet sich gerade im Maschinen- und Anlagenbau schlechte Termintreue auf Kunden- als auch auf Lieferantenseite als ein durchgängiges Branchenphänomen der durch eine variantenreiche Erzeugnisstruktur gekennzeichneten Branche ab. Die komplexen, kundenindividuellen Produkte verbunden mit signifikanten kurz-, mittel- und langfristigen Marktschwankungen und somit einer schlechten Prognostizierbarkeit sowie die durch eine komplexe Prozessstruktur gekennzeichnete Auftragsabwicklung und die überbetriebliche Ausbildung heterarchischer Wertschöpfungsnetzwerke machen eine adäquate Planung und Steuerung der Leistungserstellung nur schwer möglich. Zusätzliche unvorhergesehene Planungsänderungen sowie eine prototypenähnliche Leistungserstellung machen die genaue Bestimmung von Planzeiten in direkten sowie indirekten Bereichen nahezu unmöglich. Die schlechte Prognostizierbarkeit führt zu einer Unkenntnis über die zukünftigen Bedarfe; eine konstante Teileverfügbarkeit (insbesondere in der Montage) kann kaum gewährleistet werden und führt unweigerlich zu Terminverzügen.

Ein signifikanter Anteil der Auslieferungsverspätungen ist auf lieferantenseitig verspätete Belieferungen zurückzuführen. So kämpfen Maschinen- und Anlagenbauer im Tagesgeschäft mit der Kompensation der lieferanteninduzierten Belieferungsverspätungen. Die mit der Kompensation verbundenen zusätzlichen Aktivitäten sind in der Regel sehr kostenintensiv und weisen ungeplanten Charakter auf. Sie werden somit in einer Auftragskalkulation nicht abgebildet. Folglich werden die durch Belieferungsverspätungen verursachten Zusatzkosten in den Gemeinkosten verrechnet, was wiederum zu erhöhten Gemeinkostenzuschlägen führt. In Summe verschlechtert sich dadurch die Wettbewerbssituation des Unternehmens, da infolge der falsch bepreisten, überhöhten Gemeinkostenzuschläge die Produkte im Standardprogramm zu teuer angeboten werden und die komplexen Erzeugnisse im Premiumsegment mit wesentlich höherem Anteil an Fehlteilen nicht kostendeckend abgewickelt werden können.

Mit der Dominanz des Premium-Segments in den Triaden-Märkten einerseits und erneut bedeutender werdenden, unter enormem Kostendruck stehenden Erzeugnissen des mittleren Segments andererseits wird sich die Lage für den deutschen Maschinen- und Anlagenbau weiter verschärfen. Die von den Unternehmen zu beherrschende Komplexität in der gesamten Wertschöpfungskette wird sich weiterhin vergrößern. Unternehmen werden in der Lage sein müssen, Erzeugnisse des mittleren Segments konkurrenz-, also preisfähig gegenüber dem globalen Wettbewerb anbieten zu können und gleichzeitig hochkomplexe, stark kundenindividualisierte Maschinen und Anlagen möglichst plankostengenau abwickeln zu können. Demnach muss sichergestellt werden, dass einerseits Lieferanten bei montagekritischen Komponenten ihre zugesagten Belieferungstermine einhalten und andererseits die mit Belieferungsverspätungen verbundenen Zusatzkosten monetär quantifizierbar gemacht werden.

Um den unternehmensübergreifenden Auftragsabwicklungsprozess möglichst gut hinsichtlich Zeit, Kosten, Qualität und vor allem Termintreue zu gestalten und auszuführen, muss eine adäquate Koordination zur Regulierung von Interdependenzen zwischen den Aktivitäten der beteiligten Organisationseinheiten gegeben sein. Koordination bzw. Koordinationsmechanismen werden als adäquates Mittel zur Kompensation negativer Effekte der Arbeitsteilung gesehen, indem dabei Interdependenzen zwischen einzelnen Beteiligten im heterarchischen Wertschöpfungsnetzwerk reguliert werden und die jeweiligen Auftragsabwicklungsprozesse hinsichtlich eines oder mehrerer gemeinsamen Ziele ausgerichtet werden. Dennoch mangelt es trotz modernster IT-Systeme in der überbetrieblichen Auftragsabwicklung sowie fortschrittlichen zentralen und dezentralen Koordinationskonzepten an nachhaltigen Lösungen, die eine adäquate Steuerung und Kapazitätspriorisierung in heterarchischen Netzwerken abbilden und dadurch eine Verbesserung der Termintreue erzielen. Die dargestellten bisherigen Ansätze der Koordinationsgestaltung sowie existente Koordinationsmechanismen bilden zwar eine Grundlage für die Arbeit, vermögen es allerdings nicht, dem branchenimmanenten Strukturdefizit der Maschinen- und Anlagenbaubranche entgegenzuwirken und die netzwerkweite Termintreue nachhaltig zu verbessern.

Die Erörterung bestehender Modellierungsansätze im Spannungsfeld logistischer Zielgrößen (insbesondere Termintreue) und in der Auftragsabwicklung anfallender Kosten erfolgte zunächst anhand der Grundlagenforschungsfelder der Produktions- und Kostentheorie. Weiterhin wurden Modelle logistischer Planungs- und Steuerungssysteme sowie Ansätze und Konzepte der betrieblichen Kostenrechnung erörtert. Zwar liefern die jeweiligen Disziplinen mit der Darstellung der quantitativen, strukturellen und zeitlichen Beziehung zwischen Input- und Output-Mengen an Realgütern in einer Unternehmung sowie mit der Abbildung der Relation zwischen dem sachzielbezogenen bewerteten Verbrauch an Real- wie Nominalgütern und dessen Einflussgrößen ein Grundverständnis für die Modellierung betrieblicher Größen und der Abbildung von Kosteneffekten und bilden damit die Grundlage dieser Arbeit, jedoch mangelt es an Ansätzen der monetären Quantifizierung von Belieferungsverspätungen. Vielmehr wird von zahlreichen Autoren postuliert, dass noch keine Ansätze existieren, die eine kostenmäßige Bewertung von Belieferungsverspätungen zulassen.

Die Darstellung der Herausforderungen an das Leistungsangebot sowie der daraus resultierenden Problematik an die überbetriebliche Leistungserstellung haben den Handlungsbedarf aufgezeigt. Wollen die Unternehmen im Maschinen- und Anlagenbau auch zukünftig im Kontext aufstrebender asiatischer Wettbewerber erfolgreich sein, müssen sie es schaffen, die schlechte Termintreue verbunden mit negativen Kosteneffekten in der Auftragsabwicklung zu verbessern. So bestand die Zielsetzung dieser Arbeit darin, das branchenimmanente Strukturdefizit des Maschinen- und Anlagenbaus ein Stück weit aufzulösen und einen Weg aufzuzeigen, wie Belieferungs- und damit Auslieferungsverspätungen vermieden werden können und dadurch ungeplante Zusatzkosten für kompensatorische Maßnahmen verhindert werden können.

Die Kernidee des in dieser Arbeit hergeleiteten dezentralen, marktorientierten Koordinationsmechanismus folgt einem kontraintuitiven Ansatz und besteht darin, Lieferanten im Rahmen der Beschaffung gezielt monetär zu incentivieren, um dadurch die Wahrscheinlichkeit einer termintreuen Belieferung zu steigern. Es soll dem Lieferanten demnach dann ein Mehrwert bezahlt werden, wenn er in der Lage ist, seine Leistung termintreu zu erbringen. Dadurch soll zum einen im Kontext des Wettbewerbes um Lieferantenkapazitäten gegenüber den Wettbewerbern ein Vorteil erzielt werden, sodass das incentivierende Unternehmen aufgrund des höher zu erzielenden Verkaufspreises aus Lieferantensicht in seiner Produktionsplanung hochpriorisiert wird. Eine solche Bevorzugung wäre zwar gegenüber strategisch besser gestellten Beschaffern nicht adaptierbar (aus Lieferantensicht gesehene A- und B-Kunden zu C-Kunden oder A-Kunden zu B-Kunden), allerdings existieren in der Regel ebenfalls zahlreiche Mitwettbewerber um die Lieferantenkapazitäten mit vergleichbarer Positionierung. Zum anderen würden durch die Steigerung der Belieferungswahrscheinlichkeit durch zeitverzugsegalisierende Kompensationstätigkeiten hervorgerufene, ungeplante Zusatzkosten im Falle der termintreuen Belieferung vermieden werden. Idee ist also, im Vorfeld im Rahmen der Beschaffung einen gewissen Wert – den Wert von Termintreue – zu „investieren“, um die spätere Leistungserstellung zu stabilisieren und so wesentlich höhere, ungeplante Zusatzkosten zu vermeiden.

Zur Umsetzung des auf der finanziellen Incentivierung basierenden Koordinationsmechanismus müssen somit die mit Belieferungsverspätungen verbundenen Zusatzkosten bekannt sein, die anfallen, wenn der Beschaffer Maßnahmen der Verzugskompensation initiiert. So wurden zunächst die Anforderungen an ein solches Kostenmodell formuliert. Diese bezogen sich auf Prozess- und Kostensicht. Prozessseitig muss das Kostenmodell in der Lage sein, dynamische Wechselwirkungen zwischen einzelnen Teilprozessen entlang der Auftragsabwicklung abzubilden sowie die bei jeder zeitdiskreten Belieferungsverspätung entstehenden Abwicklungsketten kostenoptimiert darzustellen. Auf Kostenseite müssen die Kompensationsmaßnahmen und anfallende Zusatztätigkeiten in direkten als auch indirekten Bereichen der Auftragsabwicklung kostenmäßig bewertet und verursachungsgerecht auf jeweilige Belieferungsverspätungen allokiert werden. Basierend auf den Anforderungen wurde ein Vorgehen hergeleitet, wie ein solches Kostenmodell auf generischer Ebene zum Einsatz für Unternehmen des Maschinen- und Anlagenbaus aufgebaut werden kann.

In einem ersten Schritt wurde zunächst ein Prozessmodell hergeleitet, welches eine modellierte Grundlage für die überbetriebliche Auftragsabwicklung darstellt und repräsentativ den Auftragsabwicklungsprozess eines Maschinen- und Anlagenbauers widerspiegelt. Das Prozessmodell umfasst auf Hauptprozessebene die drei Bestandteile der Auftragsabwicklung Beschaffung, Leistungserstellung und Auslieferung, die jeweils in einer Subprozessebene in Teilprozesse detailliert sind. Anspruch des Prozessmodells war es, möglichst generisch und repräsentativ den Auftragsabwicklungsprozess eines Maschinen- und Anlagenbauers abzubilden. In einem zweiten Schritt wurden Wirkbeziehungen zwischen Belieferungsverspätung und anfallenden Zusatzaufwänden durch notwendig werdende Kompensationsaktivitäten unter der Prämisse der Sicherstellung des eigenen Auslieferungstermins entlang des Auftragsabwicklungsmodells hergeleitet. Dabei wurden die zusätzlich anfallenden Tätigkeiten mit Kostentreibern sowie Kostenarten verknüpft, um somit die induzierten Zusatzkosten möglichst verursachungsgerecht entlang des Prozessablaufs abbilden zu können. Bestandteil des dritten Schrittes war die mathematische Modellierung des funktionalen Zusammenhangs zwischen Belieferungsverspätung und induzierten Zusatzkosten über Abbildungen, Folgen sowie deterministische Algorithmen. Zielsetzung war die Ableitung von mathematischen Formeln sowie Kostenkurven, die zeitdiskret die mit Belieferungsverspätung zusammenhängenden Kosten berechenbar machen. Mithilfe eines weiteren deterministischen Algorithmus wurden im letzten Schritt die Teilprozesse mit den zugehörigen Kostenfunktionen zu einem aggregierten Gesamtkostenmodell verknüpft. Basierend auf dem Algorithmus sowie den mathematisch beschriebenen Kostenfunktionen konnte so ein IT-Tool implementiert werden, welches die aggregierte Kostenkurve zeitdiskret Verspätungsschicht für Verspätungsschicht aufbaut. Dabei wird je Schicht abgefragt, wie viele Schichten aufgrund der Belieferungsverspätung bereits zu kompensieren sind sowie wie viele Kompensationsschichten bis zum finalen Auslieferungstermin noch zur Verfügung stehen. Über eine prozessorientierte Kostenoptimierung wird darauf aufbauend der Auftragsabwicklungspfad ab dem theoretischen Ist-Belieferungszeitpunkt simuliert und die damit anfallenden Kosten monetär quantifiziert.

Durch den Aufbau eines Kostenmodells, welches in der Lage ist, lieferantenseitige Belieferungsverspätungen monetär zu quantifizieren, konnte so der Koordinationsmechanismus operationalisiert und implementiert werden. Voraussetzung für den Incentivierungsansatz war zum einen die Möglichkeit der Identifikation von Lieferanten, bei denen die Zahlung eines finanziellen Mehrwertes gerechtfertigt war, und zum anderen die Kenntnis über die Leistungsperformance eines Lieferanten im Markt bzw. Netzwerk im Vergleich zu der singulären Kunden-Lieferanten-Beziehung mit dem Beschaffer. Dies bedingte die IT-technische Abbildung des Beschaffungsprozesses, um so über Auswertemechanismen von Historiedaten aus dem Beschaffungskontext die benötigten Informationen bereitzustellen. Ermöglicht wurde die Anforderung durch die Nutzung der B2B-Plattform myOpenFactory, welche die zentrale Kommunikation zwischen ERP-Systemen verschiedener Akteure im Netzwerk abwickelt und gleichzeitig die Speicherung und Archivierung der Auftragsdaten übernimmt. Basierend auf der Plattform konnte so eine IT-Architektur aufgebaut werden, welche die Auftragsdaten verdichtet, auswertet und über Dashboards dem Nutzer verfügbar macht. So kann mithilfe der Dashboards zum einen ein adäquater Lieferant ausgewählt werden und zum anderen die eigene Positionierung gegenüber dem Lieferanten abgeschätzt werden, was wiederum eine Einflussgröße für die Berechnung des lieferantenspezifischen Incentivierungsbetrages darstellt. Ein Anwender ist somit nun in der Lage, im Rahmen eines Auftrages die zu beschaffenden, montagekritischen Teile zu identifizieren, die für diese Teile relevanten (Zusatz-) Kostenkurven abzubilden und daraus den Incentivierungsbetrag als finanziellen Anreiz (den Wert von Termintreue) für einen ausgewählten Lieferanten zu ermitteln. Durch das Inaussichtstellen eines zu zahlenden Mehrwertes bei pünktlicher Belieferung wird so die Wahrscheinlichkeit erhöht, vom Lieferanten priorisiert zu werden, was wiederum einen robusten Durchlauf der eigenen Leistungserstellung ohne verspätungsinduzierte Zusatzkosten ermöglicht.

Validiert wurde der Incentivierungsmechanismus bei drei repräsentativen Akteuren der Maschinen- und Anlagenbranche, einem Hersteller von NC-Steuerungen (Komponentenhersteller), einem Werkzeugmaschinenbauer (Maschinenhersteller) sowie einem Gießerei- und Induktionsschmelzanlagenbauer (Anlagenhersteller). In allen drei Fällen wurden das Kostenmodell sowie der Incentivierungsansatz verprobt.[1] Zwar wurde bei allen drei Erzeugern insbesondere in den Einkaufsabteilungen der Ansatz mit großer Skepsis betrachtet, da das Zahlen eines Mehrwertes entgegen dem einkaufsspezifischen Zielsystem ausgerichtet ist sowie eine negative Preisspirale und weiterer Marktmachtverlust zugunsten der Lieferanten befürchtet wurde, allerdings konnte die anfängliche Skepsis durch das Aufzeigen der ganzheitlichen, den gesamten Auftragsabwicklungsprozess inkludierenden Ausrichtung des Ansatzes widerlegt werden. Zwar fallen durch das Konzept Mehrkosten im Rahmen der Beschaffung an, allerdings wird der Gesamtprozess unter der Voraussetzung einer termintreuen Belieferung günstiger (als im Falle einer verspäteten Belieferung).

Die Anwendung des Regelkreises der Lieferantenincentivierung als dezentraler, marktorientierter Koordinationsmechanismus im gesamten heterarchischen Wertschöpfungsnetzwerk des Maschinen- und Anlagenbaus nimmt eine Regulierungsfunktion ein und lässt den Beschaffungsprozess zu einer Auktion werden. Dabei stehen Beschaffer von jeweils gleichen oder ähnlichen Komponenten bei einem Lieferanten im Wettbewerb um seine Kapazität bzw. Termintreue zueinander. Derjenige Beschaffer, dessen Kritizität des Bedarfes der zu beschaffenden Komponenten am größten ist, wird den größten Auktionsbetrag (Wert von Termintreue) entrichten und so vom Lieferanten priorisiert werden. Der Wert von Termintreue nimmt auf diese Weise die Rolle eines Indikators der aktuellen Bedarfssituation sowohl eines einzelnen Unternehmens als auch des gesamten Netzwerkes bzw. Marktes ein. Ein Beitrag zur internen und externen Transparenzsteigerung wird geschaffen.

Das erarbeitete Kostenmodell sowie der dezentrale, marktorientierte Koordinationsmechanismus könnten langfristig gesehen die Termintreue in der Branche des Maschinen- und Anlagenbaus nachhaltig verbessern. Durch die bedarfsgerechte Verteilung von Kapazitäten kann zwar nicht immer eine termintreue Belieferung in jedem einzelnen Fall sichergestellt werden, allerdings wird die Wahrscheinlichkeit erhöht, dass diejenigen Beschaffer, deren Bedarfskritizität am größten ist, auch termintreu beliefert werden und somit ihre Leistungserstellung planmäßig und kostenminimiert abwickeln können. Weiterer Forschungsbedarf lässt sich an zwei Fronten ableiten. Zum einen kann auf Grundlage des erarbeiteten Optimierungsalgorithmus eine durchgängige IT-Lösung erarbeitet werden, die ähnlich einer APS- oder MES-Logik Auftragsabwicklungssequenzen simuliert, optimiert und dem Anwender als Lösungsvorschläge unterbreitet. Zum anderen wurde im Rahmen dieser Arbeit der unternehmensinterne Wert von Termintreue monetär quantifizierbar gemacht; eine Betrachtung der Netzwerk- bzw. Marktsicht ist allerdings nur tangiert worden. So wäre ein Kostenmodell wertvoll, welches den Wert von Termintreue aus Marktsicht quantifizierbar macht. Dieser Wert würde darstellen, wie viel ein Beschaffer zahlen müsste, um mit einer sichergestellten Wahrscheinlichkeit termintreu beliefert zu werden. Eine solche volkswirtschaftliche bzw. makroökonomische Betrachtung unter Einbeziehung spieltheoretischer Effekte sowie die Weiterentwicklung des Ansatzes hin zu einem Optimierungstool mit APS-/MES-Charakter stellen den nächsten Schritt des Forschungsprozesses nach ULRICH dar.

[1] Die Lieferantenbewertung konnte lediglich beim Maschinen- sowie beim Anlagenhersteller eingesetzt werden, da der Komponentenhersteller nicht an die myOpenFactory-Plattform angedockt war.

Cabo de São Vicente, Portugal, April 2013

Literaturverzeichnis

Adam, D.: Planung und Entscheidung. Modelle – Ziele – Methoden. 4. Aufl., Wiesbaden, Gabler Verlag, 1996.

Adam, D.: Produktions-Management. 9. Aufl., Wiesbaden, Gabler, 1998.

Aderhold, J./Meyer, M./Ziegenhorn, F.: Wie funktionieren Netzwerke. In: Teich, T. (Hg.). Hierarchielose regionale Produktionsnetzwerke. Chemnitz, GUC, S. 131-160, 2001.

Aghte, I.: Gestaltung der Produktionsplanung und -steuerung zur Teilnahme am elektronisch intermediierten Handel mit Produktionsleistungen. Aachen, Shaker, 2003.

Ahlert, D. et al. (Hg.): Finanz- und Rechnungswesen als Führungsinstrument. Herbert Vormbaum zum 65. Geburtstag. Wiesbaden, Gabler, 1990.

Akerlof, G. A.: The Market for Lemons: Quality Uncertainty and the Market Mechanism. In: The Quarterly Journal of Economics, Vol. 84, No. 3, S. 488-500, 1970.

Albert, C./Fuchs, C.: Durchblick im Begriffsdschungel der Business-Software. Lehrstuhl für BWL und Wirtschaftsinformatik, Universität Würzburg, 2007

Alderfer, C. P.: An empirical test of a new theory of human needs. In: Organizational Behavior and Human Performance, Vol. 4, Iss. 2, S. 142-175, 1969.

Alderfer, C. P.: Existence, relatedness, and growth. Human needs in organizational settings. New York, Free Press, 1972.

Alshawi, S.: Logistics in the Internet age: towards a holistic information and processes picture. In: Logistics Information Management, Vol. 14, Iss. 4, S. 235-241, 2001.

Alt, R./Österle, H. (Hg.): Real-time Business. Berlin, Springer, 2004.

Alt, R./Puschmann, T./Reichmayr, C.: Strategien zum Business Networking. In: Österle, H./Fleisch, E./Alt, R. (Hg.). Business networking in der Praxis. Beispiele und Strategien zur Vernetzung mit Kunden und Lieferanten. Berlin [u.a.], Springer, S. 78-101, 2002.

Anderson, E. W./Fornell, C./Lehmann, D. R.: Customer Satisfaction, Market Share and Profitability. Findings from Sweden. In: Journal of Marketing, Vol. 58, S. 53-66, July 1994.

Anderson, E. W./Sullivan, M. W.: The Antecedences and Consequences of Customer Satisfaction for Firms. In: Marketing Science, Vol. 12, No. 2, S. 125-143, 1993.

Appelfeller, W./Buchholz, W.: Supplier Relationship Management. Strategie, Organisation und IT des modernen Beschaffungsmanagements. 2. Aufl., Wiesbaden, Gabler, 2011.

Arentzen, U.: Gabler-Wirtschafts-Lexikon. 14. Aufl., Wiesbaden, Gabler, 1997.

Arnheiter, E. D./Maleyeff, J.: The integration of lean management and Six Sigma. In: The TQM Magazine, Vol. 17, Iss. 1, S. 5-18, 2005.

Arnold, D./Isermann, H./Kuhn, A./Tempelmeier, H./Furmans, K.: Handbuch Logistik. 3. Aufl., Berlin, Springer, 2008.

Arnold, U.: Beschaffungsmanagement. 2. Aufl., Stuttgart, Schäffer-Poeschel, 1997.

Arnolds, H.: Materialwirtschaft und Einkauf. Grundlagen – Spezialthemen – Übungen. 11. Aufl., Wiesbaden, Gabler, 2010.

Atli, C.: Beschaffung elektronischer B2B-Marktplätze. Wettbewerbliche Wirkungen auf Unternehmen. Saarbrücken, VDM Verlag Dr. Müller, 2007.

Ayers, J. B.: Handbook of supply chain management. Boca Raton, St. Lucie Press; APICS, 2001.

Bach, N./Krüger, W.: Geschäftsmodelle für Wertschöpfungsnetzwerke. Wilfried Krüger zum 60. Geburtstag. 1. Aufl., Wiesbaden, Gabler, 2003.

Bacher, A.: Instrumente des Supply Chain Controlling. Theoretische Herleitung und Überprüfung der Anwendbarkeit in der Unternehmenspraxis. 1. Aufl., Wiesbaden, Deutscher Universitätsverlag, 2004.

Bachthaler, M.: Entwicklung und Anwendung der Systemtechnik bei komplexen innovativen Vorhaben sowie bei Mensch-Maschine-Systemen. Eine Systemmethodik für das Technische Management. Düsseldorf, VDI Verlag, 2000.

Backes, M.: Simulationsunterstützung zur zielorientierten Produktionsprozessplanung und -regelung. Als Ms. gedr., Düsseldorf, VDI Verlag, 1997.

Backhaus, K./Meyer, M.: Strategische Allianzen und strategische Netzwerke. In: WiSt Wirtschaftswissenschaftliches Studium, Jg. 22, H. 7, S. 330-334, 1993.

Backhaus, K./Piltz, K.: Strategische Allianzen – eine neue Form des kooperativen Wettbewerbs? In: Zeitschrift für betriebswirtschaftliche Forschung, Sonderheft 27, S. 1-10, 1990.

Backhaus, K.: Investitionsgütermarketing. 3. Aufl., München, Vahlen, 1992.

Bagley, K.: Eli Whitney. American inventor. Mankato, Bridgestone Books, 2003.

Banken, R.: Die Industrialisierung der Saarregion 1815-1914. Stuttgart, Steiner, 2000.

Bartsch, H./Teufel, T.: Supply-chain-Management mit SAP APO. Supply-chain-Modelle mit dem advanced planner and optimizer. 1. Aufl., Bonn, Galileo Press, 2000.

Bass, H.-H.: KMU in der deutschen Volkswirtschaft: Vergangenheit, Gegenwart, Zukunft. Bremen, Institut für Weltwirtschaft und Internationales Management, 2006.

Bauer, C./Schobert, A.: Auftragsbasierte Konfiguration von Produktionsnetzwerken in der Dienstleistungswirtschaft. Arbeitspapier Wirtschaftsinformatik II Nr. 01/2002. Nürnberg, Universität Erlangen-Nürnberg, 2002.

Baum, H./Krause, M./Schütze, J./Adler, M./Doempke, S.: Me2Ko – Methode zur Modellierung von Kommunikations- und Koordinationsprozessen in KMU-Netzwerken. In: Bundesministerium für Bildung und Forschung (Hg.). Forschungsoffensive Software Engineering 2006. Beiträge der Statustagung auf CD-ROM. 2006.

Baumgarten, H./Beyer, I./Richter, M.: Vom Prozesskettenmanagement zum Management von Wertschöpfungsnetzen. In: Industrie Management, Jg. 20, H. 5, S. 9-12, 2004.

Baumgarten, H./Darkow I.-L./Walter S.: Die Zukunft der Logistik – Kundenintegration, globale Netzwerke und e-Business. In: Jahrbuch der Logistik 2000. Düsseldorf, Verlagsgruppe Handelsblatt, S. 12-23, 2000.

Baumgarten, H./Kornak, C.:Trends in der Logistik der 90er Jahre. Basis für Unternehmenstrategien. Berlin, ohne Verlag, 1990.

Baumgarten, H./Weber, J. (Hg.): Handbuch Logistik. Management von Material- und Warenflußprozessen. Stuttgart, Schäffer-Poeschel, 1999.

Bechte, W.: Steuerung der Durchlaufzeit durch belastungsorientierte Auftragsfreigabe bei Werkstattfertigung. Düsseldorf, VDI Verlag, 1984.

Becker, F. G.: Anreizsysteme als Instrumente der strukturellen Mitarbeiterführung. In: Eyer, E. (Hg.). Praxishandbuch Entgeltsysteme. Durch differenzierte Vergütung die Wettbewerbsfähigkeit steigern. Düsseldorf, Symposion, S. 11-28, 2001.

Becker, J./Hansmann, H./Serries, T.: Grundlagen des Workflowmanagements. In: Becker, J./Luczak, H. (Hg.). Workflowmanagement in der Produktionsplanung und -steuerung. Qualität und Effizienz der Auftragsabwicklung steigern. Berlin, Springer, S. 26-52, 2003.

Becker, J./Kahn, D.: Der Prozess im Fokus. In: Becker, J./Kugeler, M./Rosemann, M. (Hg.). Prozessmanagement. Ein Leitfaden zur prozessorientierten Organisationsgestaltung. 5. Aufl., Berlin, Springer, S. 3-16, 2005.

Becker, J./Luczak, H. (Hg.): Workflowmanagement in der Produktionsplanung und -steuerung. Qualität und Effizienz der Auftragsabwicklung steigern. Berlin, Springer, 2003.

Becker, J./Kugeler, M./Rosemann, M. (Hg.): Prozessmanagement. Ein Leitfaden zur prozessorientierten Organisationsgestaltung. 5. Aufl., Berlin, Springer, 2005.

Begemann, C.: Terminorientierte Kapazitätssteuerung in der Fertigung. Garbsen, PZH, Produktionstechn. Zentrum, 2005.

Bellmann, K./Kortzfleisch, G. v. (Hg.): Kooperations- und Netzwerkmanagement. Festgabe für Gert v. Kortzfleisch zum 80. Geburtstag. Berlin, Duncker & Humblot, 2001.

Belzer, V.: Unternehmenskooperationen. Erfolgsstrategien und Risiken im industriellen Strukturwandel. München, Hampp, 1993.

Benad-Wagenhoff, V. (Hg.): Industrialisierung – Begriffe und Prozesse. Festschrift Akos Paulinyi zum 65. Geburtstag. Stuttgart, Verl. für Geschichte der Naturwiss. und Technik, 1994.

Berens, W./Delfmann, W./Schmitting, W.: Quantitative Planung. Grundlagen, Fallstudien, Lösungen. 4. Aufl., Stuttgart, Schäffer-Poeschel, 2004.

Berkau, C. (Hg.): Kostenorientiertes Geschäftsprozessmanagement. Methoden, Werkzeuge, Erfahrungen. München, Vahlen, 1996.

Bernard, U.: Leistungsvergütung. Direkte und indirekte Effekte der Gestaltungsparameter auf die Motivation. 1. Aufl., Wiesbaden, Deutscher Universitätsverlag, 2006.

Berthel, J.: Informationsbedarf. In: Frese, E. (Hg.). Handwörterbuch der Organisation. 3. Aufl., Stuttgart, Poeschel, S. 872-886, 1992.

Berthel, J./Becker, F. G.: Personal-Management. Grundzüge für Konzeptionen betrieblicher Personalarbeit. 7. Aufl., Stuttgart, Schäffer-Poeschel, 2003.

Berthold, N./Kullas, M./Neumann, M.: Motivatoren und Demotivatoren für Unternehmer im deutschen Maschinen- und Anlagenbau. Würzburg, Lehrstuhl für Volkswirtschaftslehre, insbes. Wirtschaftsordnung und Sozialpolitik. Bayerische Julius-Maximilians-Universität Würzburg, 2007.

Beutin, N.: Kundennutzen in industriellen Geschäftsbeziehungen. 1. Aufl., Wiesbaden, Deutscher Universitätsverlag, 2000.

Bevilacqua, M./Petroni, A.: From Traditional Purchasing to Supplier Management. A Fuzzy Logic-based Approach to Supplier Selection. In: International Journal of Logistics, Vol. 5, No. 3, S. 235-255, 2002.

BGB: Bürgerliches Gesetzbuch. 72. Aufl., München, Deutscher Taschenbuch Verlag, 2013.

Bhattacharya, A. K./Jina, J./Walton, A. D.: Product market, turbulence and time compression. Three dimensions of an integrated approach to manufacturing system design. In: International Journal of Operations & Production Management, Vol. 16, Iss. 9, S. 34-47, 1996.

Bhutta, K. S./Huq, F.: Supplier selection problem. A comparison of the total cost of ship and analytic hierarchy process approaches. In: Supply Chain Management: an international Journal, Vol. 7, Iss. 3, S. 126-135, 2002.

Biedenkapp, G.: James Watt und die Erfindung der Dampfmaschine. Eine biographische Skizze. Stuttgart, Verlag der Technischen Monatshefte Franckh'sche, 1911.

Binkelmann, P./Braczyk, H.-J./Seltz, R. (Hg.): Entwicklung der Gruppenarbeit in Deutschland. Stand und Perspektiven: Beiträge und Ergebnisse zur gleichlautenden Arbeitskonferenz am 25. und 26. März 1993 in Mannheim. Frankfurt am Main [u.a.], Campus, 1993.

Bititci, U. S./Martinez, V./Albores, P./Mendibil, K.: Creating and sustaining competitive advantage in collaborative systems: The what and the how. In: International Journal of Production Planning and Control, Vol. 14, No. 5, S. 410-424, 2003.

Black, J./Janzon, B.: Atlas der Weltgeschichte. Köln, DuMont, 2000.

Blackhurst, J./Wu, T./O'Grady, P.: Network-based approach to modelling uncertainty in a supply chain. In: International Journal of Production Research, Vol. 42, Iss. 8, S. 1639-1658, 2004.

Blohm, H.: Kooperation. In: Grochla, E. (Hg.). Handwörterbuch der Organisation. Stuttgart, Poeschel, S. 1112-1117, 1980.

Blohm, H.: Produktionswirtschaft. 3. Aufl., Herne, Verlag Neue Wirtschafts-Briefe, 1997.

Böge, A. (Hg.): Vieweg Handbuch Maschinenbau. Grundlagen und Anwendungen der Maschinenbau-Technik. 18. Aufl., Wiesbaden, Vieweg, 2007.

Böhl, J.: Wissensmanagement im klein- und mittelständischen Unternehmen der Einzel- und Kleinserienfertigung. München, Utz, 2001.

Bönig, J.: Fließarbeit und Bandarbeit in der deutschen Rationalisierung der 1920er Jahre. In: Technikgeschichte, Jg. 56, H. 3, S. 237-263, 1989.

Bosshardt, J.: Aufbau und Gestaltung eines Performance-Measurement-Systems für das Controlling von Supply Chains unter Einsatz einer modifizierten Balanced Scorecard. 1. Aufl., Dortmund, Grin, 2007.

Bötzel, S./Hammerschick, J./Schwilling, A.: Erfolgsfaktor Wertmanagement. Unternehmen wert- und wachstumsorientiert steuern. München [u.a.], Hanser, 1998.

Boutellier, R./Wagner, S./Wehrli, H. P. (Hg.): Handbuch Beschaffung. Strategien, Methoden, Umsetzung. München, Hanser, 2003.

Boywitt, J.: Referenzstrategien zur ERP-Einführung im mittelständischen Maschinen- und Anlagenbau. 1. Aufl., Aachen, Apprimus, 2012.

Braczyk, H.-J.: Innovationsstrategien im deutschen Maschinenbau – Bestandsaufnahme und neue Herausforderungen. Stuttgart, Akad. für Technikfolgenabschätzung in Baden-Württemberg, 1997.

Brankamp, K.: Ein Terminplanungssystem für Unternehmen der Einzel- und Serienfertigung. Voraussetzungen, Gesamtkonzeption und Durchführung mit EDV. Würzburg [u.a.], Physica-Verlag, 1967.

Brill, H./Müller, B.: Produktionsplanung, Produktionssteuerung, Vorkalkulation und Abrechnung mit Hilfe eines integrierten EDV-Systems. In: Kilger, W./Scheer, A.-W. (Hg.). Rechnungswesen und EDV. Würzburg, Physica-Verlag, S. 295-318, 1986.

Bröcker, F.:Distributionsweg einer Unternehmung. Eine Marketing-Entscheidung. Berlin, Duncker & Humblot, 1972.

Brödner, P.: Fabrik 2000. Alternative Entwicklungspfade in der Zukunft der Fabrik. 3. Aufl., Berlin, Ed. Sigma, 1986.

Brokemper, A.: Strategieorientiertes Kostenmanagement. München, Vahlen, 1998.

Bronder, C./Pritzel, R.: Ein konzeptioneller Ansatz zur Gestaltung und Entwicklung strategischer Allianzen. In: Bronder, C./Pritzel, R. (Hg.). Wegweiser für strategische Allianzen. Meilen- und Stolpersteine bei Kooperationen. Wiesbaden, Gabler, S. 16-44, 1992.

Bronder, C./Pritzel, R. (Hg.): Wegweiser für strategische Allianzen. Meilen- und Stolpersteine bei Kooperationen. Wiesbaden, Gabler, 1992.

Bronder, C.: Kooperationsmanagement. Unternehmensdynamik durch strategische Allianzen. Frankfurt am Main, Campus, 1993.

Brooks, B.: Suppliers on a short leash. In: Quality Progress, Vol. August/2009, S. 40-43, 2009.

Brosze, T./Gierth, A./Kleinert, A./Schmidt, C./Schweicher, B./Sontow, K./Treutlein, P.: Marktspiegel Business Software – ERP/PPS 2007/2008. 4. Aufl., Aachen, Trovarit, 2007.

Bruns, M.: Systemtechnik. Ingenieurwissenschaftliche Methodik zur interdisziplinären Systementwicklung. Berlin, Springer, 1991.

Brütsch, D.: Virtuelle Unternehmen. Zürich, vdf Hochschulverlag, 1999.

Bühner, R./Haase, K.-D./Wilhelm, J. (Hg.): Die Dimensionierung des Unternehmens. Stuttgart, Schäffer-Poeschel, 1995.

Bullinger, H.-J.: Neue Organisationsformen im Unternehmen. Ein Handbuch für das moderne Management. 2. Aufl., Berlin [u.a.], Springer, 2003.

Bundesministerium für Bildung und Forschung (Hg.): Forschungsoffensive Software Engineering 2006. Beiträge der Statustagung auf CD-ROM, 2006.

Bundesverband Materialwirtschaft, Einkauf u. Logistik: Best practice in Einkauf und Logistik. Erfolgsstrategien der Top-Entscheider Deutschlands. 1. Aufl., Wiesbaden, Gabler, 2004.

Busch, A./Dangelmeier, W. (Hg.): Integriertes Supply Chain Management. Theorie und Praxis effektiver unternehmensübergreifender Geschäftsprozesse. 2. Aufl., Wiesbaden, Gabler, 2002.

Büsch, M.: Praxishandbuch Strategischer Einkauf. Methoden, Verfahren, Arbeitsblätter für professionelles Beschaffungsmanagement. 2. Aufl., Wiesbaden, Gabler, 2011.

Buzzell, R. D./Gale, B. T.: The PIMS principles. Linking strategy to performance. New York, Free Press, 1987.

Caesar, C.: Kostenorientierte Gestaltungsmethodik für variantenreiche Serienprodukte. Variant mode and effects analysis (VMEA). Als Ms. gedr., Düsseldorf, VDI Verlag, 1991.

Cervellini, U. (Hg.): Prozeßkostenmanagement. Methodik, Implementierung, Erfahrungen. München, Vahlen, 1991.

Choi, T. Y./Hong, Y.: Unveiling the structure of supply networks: case studies in Honda, Acura, and DaimlerChrysler. In: Journal of Operations Management, Vol. 20, Iss. 5, S. 469-493, 2002.

Chopra, S./Meindl, P.: Supply chain management. Strategy, planning, and operation. New York, Pearson, 2007.

Christopher, M.: Logistics and supply chain management. Strategies for reducing cost and improving service. 2. Aufl., London, Financial Times, 1998.

Christopher, M./Towill, D.: An integrated model for the design of agile supply chains. In: International Journal of Physical Distribution & Logistics Management, Jg. 31, H. 4, S. 235-246, 2001.

Chronis, T. (Hg.): 11th Annual International Conference on Industry. Engineering and Management Systems 2005. IEMS Proceedings, 2005.

Clark, C.: Forms and functions of standardisation in production Forms and functions of standardisation in production systems of the automotive industry: the case of Mercedes-Benz. Berlin, Freie Universität Berlin, 2002.

Coase, R. H.: The nature of the firm. In: Economica, Vol. 4, No. 16, S. 386-405, 1937.

Coenenberg, A. G.: Einführung in das Rechnungswesen. Grundzüge der Buchführung und Bilanzierung. 3. Aufl., Stuttgart, Schäffer-Poeschel, 2009.

Coenenberg, A. G./Salfeld, R.: Wertorientierte Unternehmensführung. Vom Strategieentwurf zur Implementierung. Stuttgart, Schäffer-Poeschel, 2003.

Conye, K. P.: Beyond Service Fads: Meaningful Strategies for the real World. In: Sloan Management Review, S. 69-76, Summer 1989.

Cooper, R.: Activity-based costing. Was ist ein Activity-Based Costing-System? In: KRP, JG. 34, H. 4, S. 210-220, 1990.

Copeland, T. E./Koller, T./Murrin, J.: Unternehmenswert. Methoden und Strategien für eine wertorientierte Unternehmensführung. 2. Aufl., Frankfurt am Main, Campus, 1998.

Cormen, T. H./Leiserson, C. E./Rivest, R. L./Stein, C.: Algorithmen – eine Einführung. 3. Aufl., München [u.a.], Oldenbourg, 2010.

Corsten, H.: Ansatzpunkte für die Koordination in heterarchischen und hierarchischen Unternehmensnetzwerken. In: Schriften zum Produktionsmanagement des Lehrstuhls für Produktionswirtschaft der Universität Kaiserslautern, H. 37, Kaiserslautern, 2000.

Corsten, H.: Unternehmungsnetzwerke. Formen unternehmungsübergreifender Zusammenarbeit. München, Oldenbourg, 2001.

Corsten, H./Gössinger, R.: Einführung in das Supply Chain Management. München, Oldenbourg, 2001.

Corsten, H./Gössinger, R.: Ansatzpunkte zur Gestaltung der Produktionsplanung und -steuerung in virtuellen Produktionsnetzwerken unter der Voraussetzung dauerhafter Netzwerkstrukturen als Plattform. In: Schriften zum Produktionsmanagement des Lehrstuhls für Produktionswirtschaft der Universität Kaiserslautern, H. 31, Kaiserslautern, 1999.

Cox, A./Chicksand, L./Ireland, P.: E-supply applications: The inappropriateness of certain internet solutions for SME's. In: The 10th International Annual IPSERA Conference. Jönköpping, Schweden, S. 189-200, 2001.

Cyranek, G.: CIM. Herausforderung an Mensch, Technik, Organisation. Zürich [u.a.], vdf Hochschulverlag, 1993.

Dangelmaier, W./Gajewski, U./Pape, U./Rüther, M.: Supply Chain Management am Beispiel des Projektes CoagenS. In: Loos, N./Gronau, N. (Hg.). E-Business – Integration industrieller ERP-Architekturen. 1. Aufl., Göttingen, Cuvillier, S. 59-71, 2002.

Däumler, K.-D./Grabe, J.: Kostenrechnungs- und Controllinglexikon. 2. Aufl., Herne, Verlag Neue Wirtschafts-Briefe, 1997.

DeCharms, R.: Personal causation. The internal affective determinants of behavior. New York, Academic Press, 1968.

Deci, E. L.: Effects of externally mediated rewards on intrinsic motivation. In: Journal of Personality and Social Psychology, Vol. 18, No. 1, S. 105-115, 1971.

Dehler, M.: Entwicklungsstand der Logistik. Messung, Determinanten, Erfolgswirkungen. 1. Aufl., Wiesbaden, Deutscher Universitätsverlag, 2001.

Deimel, K./Isemann, R./Müller, S.: Kosten- und Erlösrechnung. Grundlagen, Managementaspekte und Integrationsmöglichkeiten der IFRS. München [u.a.], Pearson, 2006.

Dombrowski, U.: Qualitätssicherung im Terminwesen der Werkstattfertigung. Düsseldorf, VDI Verlag, 1988.

Dräger, H.: Gesamtauftragsüberwachung in der Kleinserien- und Einzelfertigung am Beispiel des Betriebsmittelbaus. Düsseldorf, VDI Verlag, 1994.

Drews, H.: Instrumente des Kooperationscontrollings. Wiesbaden, Gabler, 2001.

Droege & Comp.: Unternehmensorganisation im internationalen Vergleich. Struktur, Prozesse und Führungssysteme in Deutschland, Japan und den USA. Frankfurt am Main [u.a.], Campus, 1995.

Drucker, P. F.: The emerging theory of manufacturing. In: Harvard Business Review, S. 94-102, May - June 1990.

Dudenhausen, H.-M.: Auftragskoordination in Produktionsnetzen der Halbleiterindustrie. Stuttgart, Jost-Jetter, 1999.

Eberhardt, S.: Wertorientierte Unternehmungsführung. Der modifizierte Stakeholder-value-Ansatz. Wiesbaden, Deutscher Universitätsverlag, 1998.

Eckseler, H.: Industrielle Beschaffungslogistik. In: Baumgarten, H./Weber, J. (Hg.). Handbuch Logistik. Management von Material- und Warenflußprozessen. Stuttgart, Schäffer-Poeschel, S. 150-165, 1999.

Einhorn, H. J./Hogarth, R. M.: Behavioral decision theory. Process of judgement and choice. In: Annual Review of Psychology, Vol. 32, S. 53-88, 1981.

Eisele, W./Knobloch, A. P.: Technik des betrieblichen Rechnungswesens. Buchführung und Bilanzierung, Kosten- und Leistungsrechnung, Sonderbilanzen. 5. Aufl., München, Vahlen, 1993.

Eisenberger, R./Cameron, J.: Detrimental effects of reward: Reality or myth? In: American Psychologist, Vol. 51, No. 11, S. 1153-1166, 1996.

Eklöf, J. A. H. P. W. A.: On measuring interactions between customer satisfaction and financial results. In: Total Quality Management, Vol. 10, Iss. 4&5, S. 514-522, 1999.

Ellram, L.: Total cost of ownership – a analysis approach for purchasing. In: Journal of Physical Distribution & Logistics Management, Vol. 25, Iss. 8, S. 4-23, 1995.

Ellram, L./Siferd: Purchasing: The Cornerstone of the Total Cost of Ownership Concept. In: Journal of Business Logistics, Vol. 14, No. 1, S. 163-184, 1993.

Enderle, P.: Gruppenarbeit: Schlüsselfaktor im Opel-Produktionssystem. In: Binkelmann, P./Braczyk, H.-J./Seltz, R. (Hg.). Entwicklung der Gruppenarbeit in Deutschland. Stand und Perspektiven: Beiträge und Ergebnisse zur gleichlautenden Arbeitskonferenz am 25. und 26. März 1993 in Mannheim. Frankfurt am Main [u.a.], Campus, S. 158-171, 1993.

Endres, A.: Mikroökonomik. Eine integrierte Darstellung traditioneller und moderner Konzepte in Theorie und Praxis. Stuttgart, Kohlhammer, 2007.

Erlach, K.: Wertstromdesign. Der Weg zur schlanken Fabrik. 1. Aufl., Berlin, Springer, 2007.

Eversheim, W./Patow, C. v.: Montagestruktur- und -arbeitsplatzgestaltung in der Einzel- und Kleinserienproduktion. In: Landau, K./Luczak, H. (Hg.). Ergonomie und Organisation in der Montage. München, Hanser, S. 581-612, 2001.

Eversheim, W./Schellberg, O./Terhaag, O.: Gestaltung und Betrieb von Produktionsnetzwerken. In: Kaluza, B./Blecker, T. (Hg.). Produktions- und Logistikmanagement in Virtuellen Unternehmen und Unternehmensnetzwerken. Berlin [u.a.], Springer, S. 35-59, 2000.

Eversheim, W.: Organisation in der Produktionstechnik. Band 4: Fertigung und Montage. 2. Aufl., Düsseldorf, VDI Verlag, 1989.

Eversheim, W.: Organisation in der Produktionstechnik. Band 1: Grundlagen. 2. Aufl., Düsseldorf, VDI Verlag, 1990.

Eversheim, W.: Störungsmanagement in der Montage. Erfolgreiche Einzel- und Kleinserienproduktion. Düsseldorf, VDI Verlag, 1992.

Eversheim, W.: Vom Marktteilnehmer zum Marktgestalter – Innovatives Denken eröffnet neue Wachstumsperspektiven im Maschinen- und Anlagenbau. In: Zeitschrift für wirtschaftlichen Fabrikbetrieb, Jg. 96, H. 10, S. 522-524, 2001.

Eversheim, W./Schuh, G.: Produktion und Management. Betriebshütte. 7. Aufl., Berlin, Springer, 1996.

Ewert, R./Wagenhofer, A.: Interne Unternehmensrechnung. 7. Aufl., Berlin [u.a.], Springer, 2008.

Eyer, E. (Hg.): Praxishandbuch Entgeltsysteme. Durch differenzierte Vergütung die Wettbewerbsfähigkeit steigern. Düsseldorf, Symposion, 2001.

Eyholzer, K./Kuhlmann W./Münger T.: Wirtschaftlichkeitsaspekte eines partnerschaftlichen Lieferantenmanagements. In: Hildebrand, K. (Hg.). Supplier relationship management. Heidelberg, Dpunkt-Verlag, S. 66-76, 2002.

Fandel, G.: Produktions- und Kostentheorie. 8. Aufl., Berlin, Springer, 2010.

Feess, E.: Mikroökonomie. Eine spieltheoretisch- und anwendungsorientierte Einführung. Marburg, Metropolis-Verlag, 2000.

Fergen, A./Schweflinghaus, W./Tiedemann, A.: Gute Arbeit im Schichtbetrieb. Darmstadt, IG Metall, apm AG, 2009.

Ferstl, O. K.: Produktionsplanungs-und-steuerungssystem (PPS-System). In: Ferstl, O. K./Sinz, E. J./Amberg, M. (Hg.). Stichwörter zum Fachgebiet Wirtschaftsinformatik. Bamberger Beiträge zur Wirtschaftsinformatik Nr. 36. Bamberg, S. 18-19, 1996.

Ferstl, O. K./Sinz, E. J./Amberg, M. (Hg.): Stichwörter zum Fachgebiet Wirtschaftsinformatik. Bamberger Beiträge zur Wirtschaftsinformatik Nr. 36. Bamberg, 1996.

Finkelmann, D. P.: Crossing the "zone of indifference". In: Marketing Management, Vol. 2, No. 3, S. 22-32, 1993.

Finkelmann, D. P./Goland, A. R.: How not to satisfy your customers. In: The McKinsey Quarterly, S. 2-12, 1989.

Fischer, W.: Wirtschafts- und sozialgeschichtliche Probleme der frühen Industrialisierung. Berlin, Colloquium Verlag, 1968.

Fleisch, E.: Das Netzwerkunternehmen. In: Österle, H./Fleisch, E./Alt, R. (Hg.). Business networking in der Praxis. Beispiele und Strategien zur Vernetzung mit Kunden und Lieferanten. Berlin [u.a.], Springer, S. 39-62, 2002.

Fleisch, E./Österle, H.: Auf dem Weg zum Echtzeit-Unternehmen. In: Alt, R./Österle, H. (Hg.). Realtime Business. Berlin, Springer, S. 3-17, 2004.

Fleisch, E.: Das Netzwerkunternehmen. Strategien und Prozesse zur Steigerung der Wettbewerbsfähigkeit in der "Networked economy". Berlin [u.a.], Springer, 2001.

Fleischer, J./Herm, M./Schell, M.-O.: Wertschöpfung in Netzwerken – Integrierte Planungsmethodik zur Konfiguration von globalen Wertschöpfungsnetzwerken. In: ZWF Zeitschrift für wirtschaftlichen Fabrikbetrieb, Jg. 99, H. 9, S. 470-476, 2004.

Foltz, C./Killich, S./Wolf, M.: K3 User Guide. Aachen, Lehrstuhl und Institut für Arbeitswissenschaft der RWTH Aachen, 2000.

Foltz, C./Luczak, H.: Modellierung kooperativer Arbeitsprozesse. In: Nagl, M./Westfechtel, B. (Hg.). Modelle, Werkzeuge und Infrastrukturen zur Unterstützung von Entwicklungsprozessen. Weinheim, Wiley-VCH, S. 361-362, 2003.

Ford, H.: Und trotzdem vorwärts. Leipzig, Paul List Verlag, 1930.

Ford, H./Crowther, S.: Mein Leben und Werk. Leipzig, Paul List Verlag, 1923.

Ford, H./Crowther, S./Thesing, C.: Das grosse Heute – das grössere Morgen. Leipzig, Paul List Verlag, 1926.

Franken, M.: Produktionsplanung und -steuerung in strategischen Netzen. Ein logistikorientierter Koordinationsansatz. Wiesbaden, Deutscher Universitätsverlag, 2004.

Franz, K. P.: Die Prozesskostenrechnung. Darstellung und Vergleich mit der Plankostenrechnung. In: Ahlert, D./Franz, K. P./Göppl, H./Vormbaum, H. (Hg.). Finanz- und Rechnungswesen als Führungsinstrument. Herbert Vormbaum zum 65. Geburtstag. Wiesbaden, Gabler, S. 109-138, 1990.

Frese, E. (Hg.): Handwörterbuch der Organisation. 3. Aufl., Stuttgart, Poeschel, 1992.

Frese, E.: Organisationstheorie. Historische Entwicklung, Ansätze, Perspektiven. 2. Aufl., Wiesbaden, Gabler, 1992.

Frese, E.: Grundlagen der Organisation. Entscheidungsorientiertes Konzept der Organisationsgestaltung. 9. Aufl., Wiesbaden, Gabler, 2005.

Fricke, M./Hoppen, N./Pfitzer, D.: E-Business und E-Collaboration in der Europäischen Automobilindustrie. In: Information Management & Consulting, Jg. 17, H. 4, S. 90-95, 2002.

Friedrich, M.: Beurteilung automatisierter Prozesskoordination in der technischen Auftragsabwicklung. Aachen, Shaker, 2002.

Gabler-Wirtschafts-Lexikon: Enterprise-Resource-Planning-System. Wiesbaden, 2013, URL: http://wirtschaftslexikon.gabler.de/Archiv/17984/enterprise-resource-planning-system-v9.html, Abruf am 2.08.2013

Gabler-Wirtschafts-Lexikon: Kostenbegriff. Wiesbaden, 2013, URL: http://wirtschaftslexikon.gabler.de/Definition/kosten.html, Abruf am 29.09.2013.

Gabler-Wirtschafts-Lexikon: Rechnungswesen. Wiesbaden, 2013, URL: http://wirtschaftslexikon.gabler.de/Definition/rechnungswesen.html, Abruf am 14.09.2013.

Gaitanides, M.: Ansätze zur kostentheoretischen und rechnungstechnischen Erfassung von Verwaltungsleistungen. In: ZfB, Jg. 50, H. 6, S. 680-684, 1980.

Gaitanides, M.: Prozessorganisation. Entwicklung, Ansätze und Programme des Managements von Geschäftsprozessen. 2. Aufl., München, Vahlen, 2007.

Gaugler, E. (Hg.): Handwörterbuch des Personalwesens. Stuttgart, 1992.

Gausemeier, J./Plass, C./Wenzelmann, C.: Zukunftsorientierte Unternehmensgestaltung. Strategien, Geschäftsprozesse und IT-Systeme für die Produktion von morgen. München [u.a.], Hanser, 2009.

Geiger, E.: Netzwerktool NettoWerkzeug zum Einrichten und zum Betrieb von Unternehmensnetzwerken. In: Tools – Informationen der Aachener Produktionstechniker, Jg. 8, H. 3, S. 8-9, 2001.

Geiger, E./Geropanagiotis, N.: NETTO-Netzwerk-Tool – Werkzeug zum Einrichten und zum Betrieb von Unternehmensnetzwerken. CD-ROM. Aachen, mecca neue medien GmbH & Co. KG, 2003.

Geist, M. (Hg.): Die Führung des Betriebes. Stuttgart, Poeschel, 1984.

Ghobadian, A./Gallear, D. N.: Total quality management in SMEs. In: Omega, Vol. 24, Iss. 1, S. 83-106, 1996.

Giehler, F.: Erhöhung der Planungsproduktivität am Beispiel der Auftragsabwicklung im Werkzeugbau. 1. Aufl., Aachen, Apprimus, 2010.

Gienke, H./Kämpf, R.: Handbuch Produktion. Innovatives Produktionsmanagement: Organisation, Konzepte, Controlling. München, Hanser, 2007.

Gilbreth, F. B.: Das ABC der wissenschaftlichen Betriebsführung. Primer of Scientific Management. Berlin, Springer, 1917.

Gitlow, H. S.: Tools and methods for the improvement of quality. Homewood, Irwin, 1989.

Gold, J.: Was ist Qualität? In: Quality Engineering, H. 3, 2001.

Gottschalk, S. F.: Dedicated flexibility. Komplexitätsoptimale Gestaltung manueller Serienmontage. Aachen, Shaker, 2006.

Grabe, D./Schiegg, P.: Supply Chain Management in Produktionsnetzwerken. In: Logistik für Unternehmen, Jg. 5, H. 10, S. 50-52, 2004.

Grochla, E. (Hg.): Handwörterbuch der Organisation. Stuttgart, Poeschel, 1980.

Groß, M.: Planung der Auftragsabwicklung komplexer Produkte. Dissertation, Aachen, RWTH Aachen, 1990.

Grossklaus, A.: Ablauforientierte Produktionslogistik. Eine modellbasierte Analyse. Wiesbaden, Deutscher Universitätsverlag, 1996.

Grün, O./Jammernegg, W./Kummer, S.: Grundzüge der Beschaffung, Produktion und Logistik. 2. Aufl., München, Addison-Wesley Verlag, 2009.

Grundmann, S./Reinsch, S.: Flexible Kapazitäten im Maschinen- und Anlagenbau. Umfrageergebnisse von Unternehmen des Maschinen- und Anlagenbaus. In: Industrie Management, Jg. 22, H. 6, 42-44, 2006.

Gudehus, T.: Dynamische Disposition. Strategien und Algorithmen zur optimalen Auftrags- und Bestandsdisposition. Berlin, Springer, 2002.

Gudehus, T.: Dynamische Disposition. Strategien zur optimalen Auftrags- und Bestandsdisposition. 2. Aufl., Berlin, Springer, 2006.

Gulden, A. G.: Wertorientierte Gestaltung kundenindividueller Kleinserienproduktion. Aachen, Apprimus, 2009.

Gunasekaran, A./Forker, L./Kobu, B.: Improving operations performance in a small company: a case study. In: International Journal of Operations & Production Management, Vol. 20, Iss. 3, S. 316-335, 2000.

Gunther, R.: Virtuelle Fabrik. Wandlungsfähigkeit durch dynamische Unternehmenskooperationen. München, TCW, Transfer-Centrum-Verlag, 2000.

Günther, H.-O./Tempelmeier, H.: Produktion und Logistik. 6. Aufl., Berlin, Springer, 2005.

Günther, T.: State-of-the-Art des Wertsteigerungsmanagements. In: Controlling, Jg. 11, S. 361-370, 1999.

Gust, R.: Moderne Qualitätsmanagementmethoden. Verbreitung und Einsatzprobleme. Bremen, Universitätsverlag, 1995.

Gutenberg, E.: Grundlagen der Betriebswirtschaftslehre. Erster Band. Die Produktion. 24. Aufl., Berlin [u.a.], Springer, 1983.

Habicht, C.: Einsatz und Auslegung zeitfensterbasierter Planungssysteme in überbetrieblichen Wertschöpfungsketten. München, Utz, 2009.

Hahn, D./Kaufmann, L. (Hg.): Handbuch industrielles Beschaffungsmanagement. Internationale Konzepte – innovative Instrumente – aktuelle Praxisbeispiele. 2. Aufl., Wiesbaden, Gabler, 2002.

Hahn, H.-W.: Die industrielle Revolution in Deutschland. 2. Aufl., München, Oldenbourg, 2005.

Hansen, H. R./Neumann, G.: Wirtschaftsinformatik I. Grundlagen betrieblicher Informationsverarbeitung. 8. Aufl., Stuttgart, Lucius & Lucius, 2001.

Hartmann, H.: Lieferantenmanagement. Gestaltungsfelder, Methoden, Instrumente mit Beispielen aus der Praxis. 1. Aufl., Gernsbach, Deutsche Betriebswirte-Verlag, 2004.

Hartmann, H./Pahl, H.-J./Spohrer, H.: Lieferantenbewertung – aber wie? Lösungsansätze und erprobte Verfahren. 2. Aufl., Gernsbach, Deutsche Betriebswirte-Verlag, 1997.

Hartmann, M.: Entwicklung eines Kostenmodells für die Montage. Ein Hilfsmittel zur Montageanlagenplanung. Als Ms. gedr., Aachen, Shaker, 1993.

Hayek, F. A.: The use of knowledge in society. In: The American economic review, Vol. 35, Iss. 4, S. 519-530, 1945.

He, M./Nakashima, H./Wellman, M./Weiss, G./Stone, P./Rogers, A./Luo, X./Jennings, N. R.: Designing a successful trading agent for supply chain management. In: 5th International Joint Conference on Autonomous Agents and Multiagent Systems, S. 1159-1166, 2006.

Heinen, E.: Betriebswirtschaftliche Kostenlehre. Kostentheorie und Kostenentscheidungen. 6. Aufl., Wiesbaden, Gabler, 1983.

Hensel, J.: Netzwerkmanagement in der Automobilindustrie. Wiesbaden, Springer Fachmedien, 2007.

Henzler, H.: Das Ying und Yang moderner Führung. In: McKinsey Wissen, Jg. 5, H. 2, S. 26-29, 2003.

Herlitz, J.: Lean Management als Wettbewerbsstrategie im deutschen Werkzeugmaschinenbau. Dissertation, Berlin, FU Berlin, 1995.

Hermens, M.: A new use for Ishikawa diagrams. In: Quality Progress, Vol. 30, No. 4, S. 81-83, 1997.

Hess, T.: Netzwerkcontrolling. Instrumente und ihre Werkzeugunterstützung. 1. Aufl., Wiesbaden, Deutscher Universitätsverlag, 2002.

Heyman, J./Ariely, D.: Effort for payment: A tale of two markets. In: Psychological Science, Vol. 15, No. 11, S. 787-793, 2004.

Hildebrand, K.: Informationsmanagement. Wettbewerbsorientierte Informationsverarbeitung mit Standard-Software und Internet. 2. Aufl., München, Oldenbourg, 2001.

Hildebrand, K. (Hg.): Supplier relationship management. Heidelberg, Dpunkt-Verlag, 2002.

Hill, W./Ulrich, P./Fehlbaum, R.: Organisationslehre 1. Instrumente und Bedingungen der Organisation sozialer Systeme. 5. Aufl., Bern, Paul Haupt, 1994.

Hinterhuber, H. H./Kurt, M. (Hg.): Kundenorientierte Unternehmensführung. Kundenorientierung, Kundenzufriedenheit, Kundenbindung. Wiesbaden, Gabler, 2000.

Hinterhuber, H. H./Matzler, K. (Hg.): Kundenorientierte Unternehmensführung. Kundenorientierung, Kundenzufriedenheit, Kundenbindung. 4. Aufl., Wiesbaden, Gabler, 2004.

Hirschmann, P.: Kooperative Gestaltung unternehmensübergreifender Geschäftsprozesse. Wiesbaden, Gabler, 1998.

Hoitsch, H.-J.: Produktionswirtschaft. Grundlagen einer industriellen Betriebswirtschaftslehre. 2. Aufl., München, Vahlen, 1993.

Holdhof, J.: Terminplanungssysteme für Werkstätten mit heterogenen Produktionsbedingungen. Düsseldorf, VDI Verlag, 1986.

Hollander, R.: Zur Losgrössenplanung bei mehrstufigen Produktionsprozessen. Göttingen, Vandenhoeck & Ruprecht, 1981.

Homburg, C./Rudolph, B.: Theoretische Perspektiven zur Kundenzufriedenheit. In: Simon, H./Homburg, C. (Hg.). Kundenzufriedenheit. Konzepte – Methoden – Erfahrungen. Wiesbaden, Gabler, S. 29-49, 1995.

Homburg, C./Rudolph, B.: Wie zufrieden sind Ihre Kunden tatsächlich? In: Harvard Business Manager, Jg. 17, H. 1, S. 43-51, 1995.

Homburg, C.: Kundennähe von Industriegüterunternehmen. Konzeption – Erfolgsauswirkungen – Determinanten. 2. Aufl., Wiesbaden, Gabler, 1998.

Homburg, C.: Kundennähe als Management-Herausforderung. Neue Erkenntnisse und Empfehlungen. Mannheim, Institut für Marktorientierte Unternehmensführung, 1999.

Homburg, C./Daum, D.: Marktorientiertes Kostenmanagement. Kosteneffizienz und Kundennähe verbinden. 1. Aufl., Frankfurt am Main, Frankfurter Allg. Zeitung, 1997.

Homburg, C./Koschate, N.: Kann Kundenzufriedenheit negative Reaktionen auf Preiserhöhungen abschwächen? Eine Untersuchung zur moderierenden Rolle von Kundenzufriedenheit bei Preisanstiegen. Mannheim, Institut für Marktorientierte Unternehmensführung, 2003.

Horváth, P./Brokemper, A.: Prozesskostenrechnung als Logistikkostenrechnung. In: Baumgarten, H./Weber, J. (Hg.). Handbuch Logistik. Management von Material- und Warenflußprozessen. Stuttgart, Schäffer-Poeschel, S. 523-537, 1999.

Horváth, P./IFUA/Partner (HG.): Prozesskostenmanagement. Methodik, Implementierung, Erfahrungen. München, Vahlen, 1991.

Horváth, P./Mayer, R.: Prozesskostenrechnung – Konzeption und Entwicklungen. In: KRP-Kostenrechnungspraxis, Sonderheft Nr. 2, S. 15-28, 1993.

Hoyer, H./Knuth, M.: Die teilautonome Gruppe. Strategie des Kapitals oder Chance für die Arbeiter? In: Michel, K. M./Wieser, H. (Hg.). Kursbuch 43: Arbeitsorganisation – Ende des Taylorismus? München, Rotbuch Verlag, S. 118-132, 1983.

Huber, F./Herrmann, A./Braunstein, C.: Der Zusammenhang zwischen Produktqualität, Kundenzufriedenheit und Unternehmenserfolg. In: Hinterhuber, H. H./Kurt, M. (Hg.). Kundenorientierte Unternehmensführung. Kundenorientierung, Kundenzufriedenheit, Kundenbindung. Wiesbaden, Gabler, S. 69-83, 2000.

Inmon, W. H./Strauss, D./Neushloss, G.: DW 2.0. The architecture for the next generation of data warehousing. Amsterdam, Elsevier Science, 2008.

Inmon, W. H.: Building the data warehouse. 4. Aufl., Indianapolis, John Wiley & Sons, 2005.

iproNet: Internetbasiertes Werkzeug zur unternehmensübergreifenden konfigurierbaren Unterstützung von produzierenden Unternehmen in Netzwerken. Abschlussbericht zum Verbundprojekt. Karlsruhe, 2002, URL: http://www.3rs.de/ipronet/ipronet_AB.pdf, Abruf am 27.08.2013.

Ittner, C. D./Larcker, D. F.: Are nonfinancial measures leading indicators of financial performance? An analysis of customer satisfaction. In: Journal of Accounting Research, Vol. 36, S. 1-35, 1999.

Jablonski, S.: Workflow-Management-Systeme. Modellierung und Architektur. 1. Aufl., Bonn, International Thomson Publishing, 1995.

Jacob, H./Adam, D. (Hg.): Industriebetriebslehre. Handbuch für Studium und Prüfung. 4. Aufl., Wiesbaden, Gabler, 1990.

Jainczyk, M.: Logistikorientierte Bewertung von Investitionsvorhaben im Produktionsbereich. In: Wiendahl, H.-P. (Hg.): Neue Wege der PPS. IFA-Kolloquium. Gesellschaft für Management und Technologie, S. 131-154, 1993

Janker, C.: Multivariate Lieferantenbewertung. Empirische gestützte Konzeption eines anforderungsgerechten Bewertungssystems. 2. Aufl., Wiesbaden, Gabler, 2008.

Jenkins, D. G./Mitra, A./Gupta, N./Shaw, J. D.: Are financial incentives related to performance? A meta-analytic review of empirical research. In: Journal of Applied Psychology, Vol. 83, No. 5, S. 777-787, 1998.

Jina, J./Bhattacharya, A. K./Walton, A. D.: Applying lean principles for high product variety and low volumes: some issues and propositions. In: Logistics Information Management, Vol. 10, Iss. 1, S. 5-13, 1997.

Johansen, K./Comstock, M./Winroth, M.: Coordination in collaborative manufacturing mega-networks. A case study. In: Journal of Engineering and Technology Management, Vol. 22, Iss. 3, S. 226-244, 2005.

Jost, P.-J.: Organisation und Koordination. Eine ökonomische Einführung. Wiesbaden, Gabler, 2000.

Jung, H.: Allgemeine Betriebswirtschaftslehre. 10. Aufl., München [u.a.], Oldenbourg, 2006.

Kagermann, H./Wahlster, W./Helbig, J.: Umsetzungsempfehlungen für das ZukunftsprojektIndustrie 4.0. Abschlussbericht des Arbeitskreises Industrie 4.0. München, acatech – Deutsche Akademie der Technikwissenschaften e.V., 2012

Kalkowski, P.: Innovationsstrategien des deutschen Maschinenbaus – Traditionelle Stärken, neue HerausforderungenAnsätze zur Bewältigung. In: SOFI-Mitteilungen Nr. 24, S. 71-82, 1996.

Kalkowski, P./Mickler, O./Manske, F.: Technologiestandort Deutschland. Produktinnovation im Maschinenbau: traditionelle Stärken – neue Herausforderungen. Berlin, Edition Sigma, 1995.

Kaluza, B./Blecker, T.: Produktionsplanung und -steuerung in der Unternehmung ohne Grenzen. In: Bellmann, K./Kortzfleisch, G. v. (Hg.). Kooperations- und Netzwerkmanagement. Festgabe für Gert v. Kortzfleisch zum 80. Geburtstag. Berlin, Duncker & Humblot, S. 83-110, 2001.

Kaluza, B./Blecker, T.: Produzieren in vernetzten Unternehmen. In: Industrie Management, Jg. 17, H. 5, S. 49-52, 2001.

Kaluza, B./Blecker, T. (Hg.): Produktions- und Logistikmanagement in Virtuellen Unternehmen und Unternehmensnetzwerken. Berlin [u.a.], Springer, 2000.

Kalyanaram G./Little, J. D. C.: An empirical analysis of latitude of price acceptance in customer package good. In: Journal of Customer Research, Vol. 21, Iss. 3, S. 408-418, 1994.

Kamiske, G. F./Brauer, J.-P.: Qualitätsmanagement von A bis Z. Erläuterungen moderner Begriffe des Qualitätsmanagements. 3. Aufl., München [u.a.], Hanser, 1999.

Kano, N.: Attractive quality and must-be quality. In: Hinshitsu: The Journal of the Japanese Society for Quality Control, Vol. 14, No. 2, S. 39-48, 1984.

Kaplan, R. S.: Ein einziges Kostensystem ist zu wenig. In: Harvard Business Manager, Jg. 10, H. 3, S. 98-104, 1988.

Kaplan, R. S./Cooper, R.: Prozesskostenrechnung als Managementinstrument. Frankfurt am Main [u.a.], Campus, 1999.

Kaplan, S./Sawhney, M.: Revolution im Einkauf – die neuen elektronischen Marktplätze. Wie die neuen Business-to-Business-Märkte funktionieren und welche Vorteile sie Käufern wie Verkäufern bringen. In: Harvard Business Manager, Jg. 22, H. 6, S. 56-63, 2000.

Karmarkar, U. S.: Lot-sizing and sequencing delays. In: Management Science, Vol. 33, No. 3, S. 419-423, 1987.

Keller, G.: Informationsmanagement in objektorientierten Organisationsstrukturen. Wiesbaden, Gabler, 1993.

Kennedy, A. A.: The end of shareholder value. Corporations at the crossroads. Cambridge, Perseus Pub, 2000.

Kerner, A.: Modellbasierte Beurteilung der Logistikleistung von Prozessketten. Dissertation, Hannover, Fachbereich Maschinenbau, Universität Hannover, 2002.

Khadjavi, K.: Wertmanagement im Mittelstand. Dissertation, St. Gallen, Hochschule für Wirtschafts-,Rechts- und Sozialwissenschaften (HSG), 2005.

Kieser, A. (Hg.): Handwörterbuch der Führung. Stuttgart, Schäffer-Poeschel, 1987.

Kieser, A./Kubicek, H.: Organisationstheorien II. Kritische Analysen neuerer sozialwissenschaftlicher Ansätze. Stuttgart, Kohlhammer, 1978.

Kieser, A./Kubicek, H.: Organisation. 3. Aufl., Berlin, de Gruyter, 1992.

Kieser, A./Walgenbach. P.: Organisation. 5. Aufl., Stuttgart, Schäffer-Poeschel, 2007.

Kilger, W./Scheer, A.-W. (Hg.): Rechnungswesen und EDV. Würzburg, Physica-Verlag, 1986.

Kilger, W./Vikas, K.: Flexible Plankostenrechnung und Deckungsbeitragsrechnung. 10. Aufl., Wiesbaden, Gabler, 1993.

Kilger, W./Pampel, J./Vikas, K.: Flexible Plankostenrechnung und Deckungsbeitragsrechnung. 11. Aufl., Wiesbaden, Gabler, 2002.

Killich, S./Luczak, H.: Unternehmenskooperation für kleine und mittelständische Unternehmen. Lösungen für die Praxis. Berlin, Springer, 2003.

Kimmich, J./Gehr, F.: Netzwerkmanagement für die Automobilindustrie. LiNet (Lieferanten- Netzwerkmanagement) – Ein Verbundprojekt zum Supply Chain Management (SCM) in der Automobilzulieferindustrie. In: Interaktiv, H. 1, S. 16-17, 2002.

Klabunde, S./Scheer, A.-W.: Wissensmanagement in der integrierten Produkt- und Prozessgestaltung. Best-Practice-Modelle zum Management von Meta-Wissen. Wiesbaden, Deutscher Universitätsverlag, 2003.

Klages, H./Mohr, H./Sontheimer, K./Hünermann, P. (Hg.): Möglichkeiten und Grenzen der Zukunftsforschung. Wien, Herder, 1970.

Klein, M./Kiehl, P.: Einführung in die DIN-Normen. 13. Aufl., Stuttgart [u. a.], Teubner Beuth, 2001.

Klein, S.: Die Konfiguration von Unternehmensnetzwerken: Ein Parsons'scher Bezugsrahmen. In: Bühner, R./Haase, K.-D./Wilhelm, J. (Hg.). Die Dimensionierung des Unternehmens. Stuttgart, Schäffer-Poeschel, S. 323-347, 1995.

Klein, S./Gogolin, M./Dziuk, M.: Elektronische Märkte im Überblick. In: HMD Praxis der Wirtschaftsinformatik, Jg. 39, H. 223, S. 7-19, 2002.

Kleinbeck, U.: Gestaltung von Motivationsbedingungen der Arbeit. In: Kleinbeck, U. (Hg.). Arbeitspsychologie. Göttingen [u.a], Hogrefe, S. 440-492, 1989.

Kleinbeck, U. (Hg.): Arbeitspsychologie. Göttingen [u.a], Hogrefe, 1989.

Kleinert, A.: Bewertung der kapazitiven Lieferantenflexibilität in der übertrieblichen Auftragsabwicklung mithilfe des Realoptionsansatzes. Dissertation, Aachen, Forschungsinstitut für Rationalisierung e.V. (FIR), Apprimus, 2011.

Kloock, J.: Betriebswirtschaftliche Input-Output-Modelle. Wiesbaden, Gabler, 1969.

Klotzbach, C.: Gestaltungsmodell für den industriellen Werkzeugbau. Aachen, Shaker, 2007.

Knoblich, H.: Zwischenbetriebliche Kooperation. In: ZfB, H. 8, S. 497-514, 1969.

Knöpfler, S.: Soziales Kapital in interorganisationalen Projekten. Eine empirische Studie des interorganisationalen Wissenserwerbs im deutschen Maschinen- und Anlagenbau. Köln, Kölner Wissenschaftsverlag, 2009.

Köhler, R. (Hg.): Empirische und handlungstheoretische Forschungskonzeptionen in der Betriebswirtschaftslehre. Bericht über die Tagung in Aachen, März 1976. Stuttgart, Poeschel, 1977.

Köhler, R.: Disposition und Materialbereitstellung bei komplexen variantenreichen Kleinserienprodukten. Berlin, Springer, 1997.

Köhler A./Leopold, N.: Flexibles System zur Stückkostenermittlung. In: Arbeitsvorbereitung, Jg. 23, H. 6, S. 207-208, 1986.

Konz, H.-J.: Steuerung der Standplatzmontage komplexer Produkte. Entwickeln einer Methode zur EDV-gestützten Steuerung von Standplatzmontagen in der auftragsgebundenen Kleinserien- und Serienproduktion. Dissertation, Aachen, RWTH Aachen, 1989.

Koppelmann, U.: Beschaffungsmarketing. 4. Aufl., Berlin [u.a.], Springer, 2004.

Kortzfleisch, G. V. (Hg.): Wissenschaftsprogramme und Ausbildungsziele der Betriebswirtschaftslehre. Berlin, 1971.

Kortzfleisch, G. V.: Systematik der Produktionsmethoden. In: Jacob, H./Adam, D. (Hg.). Industriebetriebslehre. Handbuch für Studium und Prüfung. 4. Aufl., Wiesbaden, Gabler, S. 101-175, 1990.

Koschate, N.: Kundenzufriedenheit und Preisverhalten. Theoretische und empirisch experimentelle Analysen. 1. Aufl., Wiesbaden, Deutscher Universitätsverlag, 2002.

Kosiol, E.: Kostenrechnung und Kalkulation. 2. Aufl., Berlin, de Gruyter, 1972.

Kosmas, I.: Strategien und Hilfsmittel für die Montagevorbereitung in Unternehmen der Einzel- und Kleinserienproduktion. Dissertation, Aachen, RWTH Aachen, 1988.

Köster, O.: Komplexitätsmanagement in der Industrie. Kundennähe und Effizienz in der Leistungserstellung. Wiesbaden, Deutscher Universitätsverlag, 1998.

Krafcik, J. F.: Triumph of the Lean Production System. In: Sloan Management Review, Vol. 30, Iss. 1, S. 41-52, 1988.

Krapp, M.: Einführung in die Produktions- und Kostentheorie. Berin, Logos, 2001.

Kriegbaum, H./Uhlig A.: EU-Maschinenbau – Strukturen und Trends. Ausgabe 2001. Frankfurt am Main, VDMA Verlag, 2001.

Krieger, W.: Stichwort: Distributionslogistik. Gabler Verlag (Hg.), Gabler Wirtschaftslexikon, URL: http://wirtschaftslexikon.gabler.de/Archiv/82518/distributionslogistik-v5.html, Abruf am 13.07.2013.

Kromrey, H.: Empirische Sozialforschung. Modelle und Methoden der Datenerhebung und Datenauswertung. 5. Aufl., Opladen, Leske + Budrich, 1991.

Krumm, S.: Bewertung des Ressourceneinsatzes bei prozessorientierter Informationsbereitstellung. Ein Beitrag zur Optimierung der technischen Auftragsabwicklung. Aachen, Shaker, 1994.

Kubicek, H.: Heuristische Bezugsrahmen und heuristisch angelegte Forschungsdesigns als Elemente einer Konstruktionsstrategie empirischer Forschung. In: Köhler, R. (Hg.). Empirische und handlungstheoretische Forschungskonzeptionen in der Betriebswirtschaftslehre. Bericht über die Tagung in Aachen, März 1976. Stuttgart, Poeschel, S. 5-36, 1977.

Kuhn, A./Schmidt, A./Beller, M.: Neue Vorgehensmodelle zur prozessorientierten Logistikplanung. In: Wolf-Kluthausen, H. (Hg.). Jahrbuch Logistik 2007. Korschenbroich, S. 246-251, 2007.

Kulmala, H. I./Paranko, J./Uusi-Rauva, E.: The role of cost management in network relationships. In: International Journal of Production Economics, Vol. 79, Iss. 1, S. 33-43, 2002.

Küpper, H.-U.: Der Bedarf an Kosten- und Leistungsinformationen in Industrieunternehmungen. Ergebnisse einer empirischen Erhebung. In: KRP, Jg. 27, H. 4, S. 169-176, 1983.

Küpper, H.-U.: Kostenplan und Kostenkontrolle bei Verfahrensalternativen und komplexer Produktionsstruktur. In: ZfB, Jg. 54, H. 2, S. 188-200, 1984.

Kurbel, K.: Produktionsplanung und -steuerung. Methodische Grundlagen von PPS-Systemen und Erweiterungen. 5. Aufl., München, Wien, Oldenbourg, 2003.

Laer, H. v.: Industrialisierung und Qualität der Arbeit. Eine bildungsökonimische Untersuchung für das 19. Jahrhundert. New York, Arno Press, 1977.

Lahamar, M.: Controlling. Die Prozesskostenrechnung als Kostenrechnungssystem. Norderstedt, Grin, 2010.

LaLonde, B. J./Pohlen, T. L.: Issues in supply chain costing. In: International Journal of Logistics Management, Vol. 7, Iss. 1, S. 1-12, 1996.

Landau, K./Luczak, H. (Hg.): Ergonomie und Organisation in der Montage. München, Hanser, 2001.

Langenohl, T.: Systemarchitekturen elektronischer Märkte. Hallstadt, Rosch, 1994.

Langer, W.: Maschinen- und Anlagenbau. Rollen und Prozesse. 1. Aufl., Bonn, Galileo Press, 2000.

Langerwisch, P.: Organisation von Forschung und Entwicklung in Japan. Eine empirische Untersuchung am Beispiel von Unternehmen des japanischen Werkzeugmaschinenbaus. Dissertation, Göttingen, FU Berlin, 2000.

Large, R.: Strategisches Beschaffungsmanagement. Eine praxisorientierte Einführung. 3. Aufl., Wiesbaden, Gabler, 2006.

Lasch, R./Janker, C. G.: Übungsbuch Logistik. Aufgaben und Lösungen zur quantitativen Planung in Beschaffung, Produktion und Distribution. 1. Aufl., Wiesbaden, Gabler, 2007.

Lassen, S./Roesgen R./Meyer M./Schmidt C./Gautam D.: Marktspiegel Business-Software ERP-PPS 2005/2006. 3. Aufl., Aachen, Trovarit AG, 2005.

Laßmann, G.: Aktuelle Probleme der Kosten- und Erlösrechnung sowie des Jahresabschlusses bei weitgehend automatisierter Serienfertigung. In: zfbf, Jg. 36, H. 11, S. 959-978, 1984.

Lassmann, W.: Wirtschaftsinformatik. Nachschlagewerk für Studium und Praxis. Wiesbaden, Gabler, 2006.

Lehmann, F. R./Ortner, E.: Die umfassende Bedeutung der Workflow-Management-Technologie. In: Paul, H./Maucher, I. (Hg.). Integration von Mensch, Organisation und Technik – eine partielle Bilanz. Beiträge zum EMISA-Fachgruppentreffen 1998. Gelsenkirchen, S. 61-73, 1998.

Lehmann, F.: Störungsmanagement in der Einzel- und Kleinserienmontage. Ein Beitrag zur EDV-gestützten Montagesteuerung. Aachen, Shaker, 1992.

Lin, B./Collins, J./Su, R. K.: Supply chain costing: an activity-based-perspective. In: International Journal of Physical Distribution & Logistics Management, Vol. 31, Iss. 10, S. 702-713, 2001.

Little, J. D. C.: A Proof for the queuing formula: L = W. In: Operations Research, Vol. 9, Iss. 3, S. 383-387, 1961.

Locke, E. A.: Toward a theory of task motivation and incentives. In: Organizational Behavior and Human Performance, Vol. 3, Iss. 2, S. 157-189, 1968.

Lödding, H.: Verfahren der Fertigungssteuerung. Grundlagen, Beschreibung, Konfiguration. Berlin [u.a.], Springer, 2005.

Lödding, H.: Verfahren der Fertigungssteuerung. Grundlagen, Beschreibung, Konfiguration. 2. Aufl., Berlin [u.a.], Springer, 2008.

Loeffelholz, F.: 25 Jahre alte Systemarchitektur – Ursache für den Innovationsstau bei PPS-Systemen. In: PPS Management, Jg. 8, H. 1, S. 55-57, 2003.

Loos, N./Gronau, N. (Hg.): E-Business – Integration industrieller ERP-Architekturen. 1. Aufl., Göttingen, Cuvillier, 2002.

Lorenzen, J.: Simulationsgestützte Kostenanalyse in produktorientierten Fertigungsstrukturen. Dissertation, München, Technische Universität München, 1996.

Lotter, B.: Wirtschaftliche Montage. Ein Handbuch für Elektrogerätebau und Feinwerktechnik. 2. Aufl., Düsseldorf, VDI Verlag, 1992.

Lotter, B./Schilling, W.: Manuelle Montage. Planung – Rationalisierung – Wirtschaftlichkeit. Düsseldorf, VDI Verlag, 1994.

Lücke, T.: Koordination von intra-organisationalen Produktionsnetzwerken. Aachen, Shaker, 2005.

Lücke, W.: Produktions- und Kostentheorie. 3. Aufl., Würzburg, Physica-Verlag, 1972.

Luczak, H./Stich, V. (Hg.): Betriebsorganisation im Unternehmen der Zukunft. Berlin, Springer, 2004.

Luczak, H./Eversheim, W.: Telekooperation. Industrielle Anwendungen in der Produktentwicklung. Berlin [u.a.], Springer, 1999.

Luczak, H./Forzi, T.: E-business perspectives. In: International Journal of Internet and Enterprise Management, Vol. 2, No. 2, S. 113-118, 2004.

Macharzina, K.: Wertorientierte Unternehmensführung. Strategien – Strukturen – Controlling; Kongress-Dokumentation. Stuttgart, Schäffer-Poeschel, 2002.

Maennig, W./Wilfling, B.: Außenwirtschaft. Theorie und Politik. München, Vahlen, 1998.

Malone, T. W./Crowston, K.: The interdisciplinary study of coordination. In: ACM Computing Surveys, Vol. 26, Iss. 1, S. 87-119, 1994.

Malone, T. W./Yates, J./Benjamin, R. I.: Electronic markets and electronic hierarchies. In: Communications of the ACM, Vol. 30, No. 6, S. 484-497, 1987.

Maltz, A. B./Ellram, L. M.: Total cost of relationship: an analytical framework for the logistics outsourcing decision. In: Journal of Business Logistics, Vol. 18, No. 1, S. 45-66, 1997.

Mankiw, N. G.: Principles of economics. 6. Aufl., Mason, Thomson/South-Western, 2012.

Männel, W.: Kostenspaltung. In: Management-Enzyklopädie. 2. Aufl., Band 5, Landsberg/Lech, Verlag moderne Industrie, S. 725-743, 1983.

Männel, W.: Zukünftige Herausforderungen des internationalen Wettbewerbs an Management, Rechnungswesen und Informationstechnologie. In: krp-Grundsatzbeiträge, Sonderheft, S. 5-21, 1985.

Männel, W.: Kostenrechnung für anlagenintensive Produktionsstrukturen. In: KRP-Kostenrechnungspraxis, Jg. 34, H. 2, S. 134-135, 1990.

Männel, W. (Hg.): Handbuch Kostenrechnung. Wiesbaden, Gabler, 1992.

Männel, W.: Prozesskostenrechnung. Wiesbaden, Gabler, 1995.

Männel, W.: Entwicklungsperspektiven der Kostenrechnung. Ergebniscontrolling, Kostenmanagement und neue Kostenrechnungskonzepte, Plankostenrechnung, Prozesskostenrechnung und Deckungsbeitragsrechnung, Produktkostenpolitik und konstruktionsbegleitende Kalkulation, Steuerung und Verrechnung von Entwicklungskosten. 3. Aufl., Lauf a.d. Pegnitz, Verl. der GAB (Gesellschaft für Angewandte Betriebswirtschaft), 1997.

Maslow, A. H.: A theory of human motivation. In: Psychological Review, Vol. 50, No. 4, S. 370-396, 1943.

Maslow, A. H.: Motivation and personality. New York, Harper, 1954.

Mateika, M.: Unterstützung der lebenszyklusgerechten Produktplanung am Beispiel des Maschinen- und Anlagenbaus. Essen, Vulkan, 2005.

Matzler, K./Bailom, F./Hinterhuber, H. H./Renzl, B./Pichler, J.: The asymmetric relationship between quality attribute performance and overall customer satisfaction. A reconsideration of the Importance-Performance Analysis. In: Industrial Marketing Management, Vol. 33, S. 271-277, 2004.

Matzler, K./Stahl, H. K./Hinterhuber, H. H.: Die Customer-based View der Unternehmung. In: Hinterhuber, H. H./Matzler, K. (Hg.). Kundenorientierte Unternehmensführung. Kundenorientierung, Kundenzufriedenheit, Kundenbindung. 4. Aufl., Wiesbaden, Gabler, S. 3-30, 2004.

Mayer, R.: Prozeßkostenrechnung und Prozeß(kosten)optimierung als integrierter Ansatz. In: Berkau, C. (Hg.). Kostenorientiertes Geschäftsprozessmanagement. Methoden, Werkzeuge, Erfahrungen. München, Vahlen, S. 43-68, 1996.

Mayer, R.: Kapazitätskostenrechnung. Neukonzeption einer kapazitäts- und prozessorientierten Kostenrechnung. München, Vahlen, 1998.

Mayring, P.: Qualitative Inhaltsanalyse. Grundlagen und Techniken. Weinheim [u.a.], Beltz, 2003.

Meier, K.-J.: Bestandsoptimierung durch Fertigungsablaufsimulation. In: ZWF, Jg. 90, H. 4, S. 157-160, 1995.

Meimberg, P.: Betriebswirtschaftliche Aspekte der Kooperation. In: Präsidium des Deutschen Raiffeisenverbandes (Hg.). Freiheit und Ordnung. Bonn, S. 245-254, 1970.

Mertens, P./Bodendorf, F./König, W./Picot, A./Schuhmann, M./Hess, T.: Grundzüge der Wirtschaftsinformatik. Berlin [u.a.], Springer, 2004.

Meyberg, K./Vachenauer, P.: Höhere Mathematik I. Differential- und Integralrechnung, Vektor- und Matrizenrechnung. 6. korr. Aufl., 1. korr. Nachdr., Berlin [u.a.], Springer, 2003.

Meyer, A./Dornach, F.: Das deutsche Kundenbarometer: Qualität und Zufriedenheit. In: Simon, H./Homburg, C. (Hg.). Kundenzufriedenheit. Konzepte – Methoden – Erfahrungen. Wiesbaden, Gabler, S. 161-178, 1995.

Michel, K. M./Wieser, H. (Hg.): Kursbuch 43: Arbeitsorganisation – Ende des Taylorismus? München, Rotbuch Verlag, 1983.

Michel, R./Jandt, J./Torspecken, H.-D./Großmann, U.: Neuere Formen der Kostenrechnung mit Prozesskostenrechnung. 3. Aufl., München [u.a.], Hanser, 1998.

Michel, R./Torspecken, H.-D./Grossmann, U.: Grundlagen der Kostenrechnung. Kostenrechnung I. 3. Aufl., München, Hanser, 1989.

Miese, M.: Systematische Montageplanung in Unternehmen mit Kleinserienproduktion. 1. Aufl., Essen, Girardet, 1976.

Mintzberg, H.: Die Mintzberg-Struktur. Organisation effektiver gestalten. Landsberg/Lech, Verlag moderne Industrie, 1992.

Mittal, V./Ross W. T./Baldasare P. M.: The asymmetric impect of negative and positive attribute level performance on overall satisfaction and repurchase intentions. In: Journal of Marketing, Vol. 62, S. 33-47, 1998.

Möller, G./Möller, K.: Konstruktionsbegleitendes Supply Chain Controlling mit prozeßorientiertem Kostenmanagement. In: Hahn, D./Kaufmann, L. (Hg.). Handbuch industrielles Beschaffungsmanagement. Internationale Konzepte – innovative Instrumente – aktuelle Praxisbeispiele. 2. Aufl., Wiesbaden, Gabler, S. 747-764, 2002.

Müller, D.: Grundlagen der Betriebswirtschaftslehre für Ingenieure. 1. Aufl., Berlin, Springer, 2006.

Müller, E.: Hierarchielose regionale Produktionsnetze. Theorien, Modelle, Methoden und Instrumentarien. Sieben Jahre Netzforschung. In: Vernetzt planen und produzieren – VPP2006. Wissenschaftliche Schriftenreihe des IBF. Sonderheft 12, S. 11-30, 2006.

Müller, E.: Production planning and operation in competence-cell-based networks. In: Zülch, G./Stowasser, S. (Hg.). Distributed operations, simulation and decision making. Production Planning & Control. The Management of Operations. Abingdon, Taylor & Francis Ltd, S. 99-112, 2006.

Müller, S.: Entwicklung einer Methode zur prozessorientierten Reorganisation der technischen Auftragsabwicklung komplexer Produkte. Aachen, Shaker, 1993.

Müller-Stevens, G./Hillig, A.: Motive zur Bildung strategischer Allianzen. Die aktivsten Branchen im Vergleich. In: Bronder, C./Pritzel, R. (Hg.). Wegweiser für strategische Allianzen. Meilen- und Stolpersteine bei Kooperationen. Wiesbaden, Gabler, S. 65-101, 1992.

Nagel, K./Erben, R. F./Piller, F. T. (Hg.): Produktionswirtschaft 2000. Perspektiven für die Fabrik der Zukunft. Wiesbaden, Gabler, 1999.

Nagel, K./Ley, D.: Unternehmenssignale. Situationsbewertung, Strategieanalyse, Neupositionierung. Landsberg/Lech, Verlag moderne Industrie, 1994.

Nagl, M./Westfechtel, B. (Hg.): Modelle, Werkzeuge und Infrastrukturen zur Unterstützung von Entwicklungsprozessen. Weinheim, Wiley-VCH, 2003.

Nawatzki, J.: Integriertes Informationsmanagement. Die Koordination von Informationsverarbeitung, Organisation und Personalwirtschaft bei der Planung, Durchführung, Kontrolle und Steuerung des Einsatzes neuer Informationstechnologien in der Unternehmung. Bergisch Gladbach/Köln, Eul, 1994.

Nicolai, S.: Praxiselemente für erfolgreiche eSCM-Realisierung. In: Wannenwetsch, H. H./Nicolai, S. (Hg.). E-supply-chain-management. Grundlagen, Strategien, Praxisanwendungen. 1. Aufl., Wiesbaden, Gabler, S. 69-99, 2002.

Nitzsch, R. v.: Entscheidungslehre. Wie Menschen entscheiden und wie sie entscheiden sollten. Stuttgart, Schäffer-Poeschel, 2002.

Nyhuis, P./Wiendahl, H.-P.: Logistische Kennlinien. Grundlagen, Werkzeuge und Anwendungen. 2. Aufl., Berlin, Springer, 2003.

Nyhuis, P.: Durchlauforientierte Losgrößenbestimmung. Düsseldorf, VDI Verlag, 1991.

Nyhuis, P./Wiendahl, H.-P.: Logistische Kennlinien. Grundlagen, Werkzeuge und Anwendungen. Berlin, Springer, 1999.

NIFA-Panel: Mitteilungen für den Maschinenbau. Bochum, Ruhr-Universität Bochum, 1998.

Berkermann, U.: Werkzeugmaschinenbau – Branchenbericht 2006. IKB Deutsche Industriebank, 2006.

OCED: Country statistical profile – China 2013. URL: http://www.oecd-ilibrary.org/economics/country-statistical-profile-china_csp-chn-table-en, Abruf am 17.07.2013.

Ohno, T.: Das Toyota-Produktionssystem. Frankfurt am Main [u.a.], Campus, 1993.

Olfert, K./Ehrmann, H.: Kompakt-Training Risikomanagement. Rating, Basel II. Ludwigshafen (Rhein), Kiehl, 2005.

Oliva, T. A./Oliver, R. L./MacMillan, I. A.: A catastrophe model for developing service satisfaction strategies. In: Journal of Marketing, Vol. 56, S. 83-95, July 1992.

Oliva, T. A./Oliver, R. L./Bearden, W. O.: The relationships among consumer satisfaction, involvement and product performanceA catastrophe theory application. In: Behavioral Science, Vol. 40, Iss. 2, S. 104-132, 1995.

Österle, H.: Geschäftsmodell des Informationszeitalters. In: Österle, H./Fleisch, E./Alt, R. (Hg.). Business networking in der Praxis. Beispiele und Strategien zur Vernetzung mit Kunden und Lieferanten. Berlin [u.a.], Springer, S. 18-37, 2002.

Österle, H./Fleisch, E./Alt, R.: Business networking. Shaping Enterprise Relationships on the Internet. 2. Aufl., Berlin [u.a.], Springer, 2000.

Österle, H./Fleisch, E./Alt, R. (Hg.): Business networking in der Praxis. Beispiele und Strategien zur Vernetzung mit Kunden und Lieferanten. Berlin [u.a.], Springer, 2002.

Österle, H./Riehm, R./Vogler, P. (Hg.): Middleware. Grundlagen, Produkte und Anwendungsbeispiele für die Integration heterogener Welten. Braunschweig, Vieweg, 1996.

o.V.: Jahrbuch der Logistik 2000. Düsseldorf, Verlagsgruppe Handelsblatt, 2000.

o.V.: Management-Enzyklopädie das Managementwissen unserer Zeit in 6 Bänden. unter Mitwirkung führender Fachleute aus Wissenschaft und Praxis. 2. Aufl., Landsberg/Lech, Verlag moderne Industrie, 1983.

o.V.: Vernetzt planen und produzieren – VPP2006. Wissenschaftliche Schriftenreihe des IBF. Sonderheft 12, 2006.

Pampel, J.: Erfassung und Kalkulation von Beschaffungskosten. In: Männel, W. (Hg.). Handbuch Kostenrechnung. Wiesbaden, Gabler, S. 810-819, 1992.

Pampel, J.: Kooperation mit Zulieferern. Theorie und Management. Wiesbaden, Gabler, 1993.

Pape, U.: Wertorientierte Unternehmensführung und Controlling. 3. Aufl., Sternenfels, Verlag Wissenschaft & Praxis, 2004.

Paul, H./Maucher, I. (Hg.): Integration von Mensch, Organisation und Technik – eine partielle Bilanz. Beiträge zum EMISA-Fachgruppentreffen 1998, 1998.

Pernsteiner, H.: Wertmanagement. Ein Instrument zur Steigerung des Unternehmenswertes. Wien, Linde, 2001.

Pfefferli, H./Springer, G.: Lieferantenqualifikation. Die Basis für Wettbewerbsfähigkeit und nachhaltigen Erfolg. Renningen, Expert Verlag, 2002.

Pfeifer, T.: Quality management. Strategies, methods, techniques. 3. Aufl., München [u.a.], Hanser, 2002.

Pfeifer, T./Hafner, P.: Eine kurze Geschichte vom Messen. 50 Jahre Mess- und Prüftechnik in der Qualitätssicherung. In: QZ, 07/2005, S. 19-22. 2005.

Pfeiffer, W./Weiss, E.: Lean-Management. Grundlagen der Führung und Organisation lernender Unternehmen. 2. Aufl., Berlin, Erich Schmidt, 1994.

Pfohl, H.-C.: Marketing-Logistik. Mainz, Distribution Verlag, 1972.

Pfohl, H.-C. (Hg.): *Informationsfluss in der Logistikkette. EDI – Prozessgestaltung – Vernetzung.* Berlin, Erich Schmidt, 1997.

Pfohl, H.-C.: Supply-chain-management: Logistik plus? Logistikkette – Marketingkette – Finanzkette. 15. Fachtagung der dt. Gesellschaft für Logistik am 23. Mai 2000, Darmstadt. Berlin, Erich Schmidt, 2000.

Pfohl, H.-C.: Logistiksysteme. Betriebswirtschaftliche Grundlagen. 6. Aufl., Berlin, Springer, 2001.

Pfohl, H.-C.: Logistiksysteme. Betriebswirtschaftliche Grundlagen. 7. Aufl., Berlin, Springer, 2004.

Pfohl, H.-C./Bastian, R.: Logistik 2000 plus. Visionen – Märkte – Ressourcen. Berlin, Erich Schmidt, 1999.

Philippson, C./Pillep, R./Wrede, P. von/Röder, A.: Marktspiegel Supply Chain Management Software. Aachen, Forschungsinstitut für Rationalisierung e.V. (FIR), 1999.

Pibernik, R./Sucky, E.: Zentrales und dezentrales Supply Chain Planning. In: WiSt Wirtschaftswissenschaftliches Studium, Jg. 33, H. 1, S. 25-31, 2004.

Pibernik, R./Sucky, E.: Zentrales und dezentrales Supply Chain Planning am Beispiel einer Supply Chain der Pharma-Industrie. In: WiSt Wirtschaftswissenschaftliches Studium, Jg. 33, H. 1, S. 59-64, 2004.

Pichler, O.: Anwendung der Matrizenrechnung auf betriebswirtschaftliche Aufgaben. In: Ingenieur-Archiv, Jg. 21, S. 119-140, 1953.

Picot, A.: Transaktionskostenansatz in der Organisationstheorie. Stand der Diskussion und Aussagewert. In: Die Betriebswirtschaft, H. 42, S. 267-284, 1982.

Picot, A./Dietl, H./Franck, E.: Organisation. Eine ökonomische Perspektive. 4. Aufl., Stuttgart, Schäffer-Poeschel, 2005.

Picot, A./Reichwald, R./Wigand, R. T.: Die grenzenlose Unternehmung. Information, Organisation und Management; Lehrbuch zur Unternehmensführung im Informationszeitalter. 3. Aufl., Wiesbaden, Gabler, 1998.

Picot, A./Reichwald, R./Wigand, R. T.: Die grenzenlose Unternehmung. Information, Organisation und Management; Lehrbuch zur Unternehmensführung im Informationszeitalter. 5. Aufl., Wiesbaden, Gabler, 2003.

Pierenkemper, T.: Gewerbe und Industrie im 19. und 20. Jahrhundert. München, Oldenbourg, 1994.

Pillep, R.: Konfiguration und Management einer unternehmensübergreifenden Materialkreislaufführung in Produktionskooperationen. Aachen, Shaker, 2000.

Plaut, H. G.: Grenzplankosten- und Deckungsbeitragsrechnung als modernes Kostenrechnungssystem. In: Handbuch Kostenrechnung, Jg. 28, S. 67-72, 1984.

Pohlen, T./Coleman, B.: Evaluating internal operations and supply chain performance using EVA and ABC. In: SAM ADVANCED MANAGEMENT JOURNAL, S. 45-58, Spring 2005.

Pollert, A./Kirchner, B./Polzin, J.: Duden Wirtschaft von A bis Z. Grundlagenwissen für Schule und Studium, Beruf und Alltag. 5. Aufl., Mannheim [u.a.], Bibliographisches Institut, 2013.

Powell, W. W.: Neither market nor hierarchy. Network forms of organizations. In: Research in Organizational Behavior, H. 12, S. 295-336, 1990.

Präsidium des Deutschen Raiffeisenverbandes (Hg.): Freiheit und Ordnung. Bonn, 1970.

Pritzl, R./Weller, W.: Herausforderungen für Top-Manager. In: results Bain & Company, Jg. 3, S. 1-6, 2002.

Qian, Y.: Strategisches Technologiemanagement im Maschinenbau. Erfolgsfaktoren chinesischer Maschinenbauunternehmen im kompetenzbasierten Wettbewerb. Dissertation, Stuttgart, Universität Stuttgart, 2002.

Radford, G. S.: The control of quality in manufacturing. New York, The Ronald press company, 1922.

Rappaport, A.: Executive incentives vs. corporate growth. In: Harvard Business Review, Vol. 56, No. 4, S. 81-88, 1978.

Raupach-Sumiya, J.: Anpassungsstrategien des japanischen Maschinenbaus unter besonderer Berücksichtigung konjunktureller Zyklen. 1. Aufl., Baden-Baden, Nomos, 1999.

Rehfeldt, M. D.: Koordination der Auftragsabwicklung. Verwendung von unscharfen Informationen. Wiesbaden, Gabler, 1997.

Reichheld, F. F./Sasser, W. E.: Zero Defections. Quality comes to service. In: Harvard Business Review, Vol. 68, No. 5, S. 105-111, 1990.

Reichwald, R./Nippa, M.: Informations- und Kommunikationsanalyse. In: Frese, E. (Hg.). Handwörterbuch der Organisation. 3. Aufl., Stuttgart, Poeschel, S. 855-872, 1992.

Reinhart, G./Bredow, M.: Kooperationsgestaltung in Produktionsnetzwerken. In: 5th Conference Vernetzt planen und produzieren, Chemnitz, S. 241-244, 2006.

Remer, D.: Einführen der Prozesskostenrechnung. Grundlagen, Methodik, Einführung und Anwendung der verursachungsgerechten Gemeinkostenzurechnung. 2. Aufl., Stuttgart, Schäffer-Poeschel, 2005.

Renner, A.: Kostenorientierte Produktionssteuerung. Anwendung der Prozesskostenrechnung in einem datenbankgestützten Modell für flexibel automatisierte Produktionssysteme. München, Vahlen, 1991.

Richter, E./Schilling, W./Weise, M.: Montage im Maschinenbau. 2. Aufl., Berlin, Verlag Technik, 1978.

Richter, K./Nohr, H.: Elektronische Marktplätze. Potenziale, Funktionen und Auswahlstrategien. Aachen, Shaker, 2002.

Riebel, P.: Systemimmanente und anwendungsbedingte Gefahren von Differenzierungskosten- und Deckungsbeitragsrechnungen. In: BFuP, Jg. 26, S. 493-529, 1974.

Riehm, R./Vogler, P.: Middleware – Infrastruktur für die Integration. In: Österle, H./Riehm, R./Vogler, P. (Hg.). Middleware. Grundlagen, Produkte und Anwendungsbeispiele für die Integration heterogener Welten. Braunschweig, Vieweg, S. 25-135, 1996.

Riha, I.: Alte Methoden neu entdecken. Mit mathematischen Formeln und moderner IT komplexe logistische Netze beherrschen – Operations Research für Logistiker. In: Logistik Entdecken. Magazin des Fraunhofer IML, H. 2, S. 14-15, 2007.

Rilling, G.: Koordination im Produktionsverbund. Eine empirische Untersuchung. Wiesbaden, Gabler, 1997.

Ring, K./Ward-Dutton, N.: Enterprise Application Integration – Making the right Connections. London, Ovum, 1999.

Rinn, A.: Koordination von Produktionsengpässen auf Basis der Leistungsratenvereinbarung. Aachen, Shaker, 2000.

Ritter R./Gemünden, H.-G.: Die netzwerkende Unternehmung. Organisationale Voraussetzungen netzwerkkompetenter Unternehmen. In: Zeitschrift Führung & Organisation, H. 67, S. 260-265, 1998.

Roland Berger: Globale Megatrends – Chancen und Risiken für die deutsche Maschinenbauindustrie. In: Branchen-Kolloquium „Capital Goods & Steel", Köln, 16. November 2010.

Rößl, D.: Die Entwicklung eines Bezugsrahmens und seine Stellung im Forschungsprozess. In: Journal für Betriebswirtschaft, Jg. 2, H. 40, S. 99-110, 1990.

Rotering, J.: Zwischenbetriebliche Kooperation als alternative Organisationsform. Ein transaktionskostentheoretischer Erklärungsansatz. Stuttgart, Schäffer-Poeschel, 1993.

Roth, A.: Vision in manufacturing – planning for the future. A report by Deloitte Touche Tohmatsu International Manufacturing Consulting Services. New York, 1998.

Rübberdt, R.: Geschichte der Industrialisierung. Wirtschaft und Gesellschaft auf dem Weg in unsere Zeit. München, Beck, 1972.

Rüegg-Stürm, J.: Das neue St. Galler Management-Modell. Grundkategorien einer integrierten Managementlehre. Der HSG-Ansatz. 2. Aufl., Bern, Paul Haupt, 2005.

Rühli, E.: Koordination. In: Frese, E. (Hg.). Handwörterbuch der Organisation. 3. Aufl., Stuttgart, Poeschel, S. 1164-1175, 1992.

Rumelt, R. P./Schendel. D./Teece, D. J.: Fundamental issues in strategy. A research agenda. Boston, Harvard Business School Press, 1994.

Rust, R. T./Zahorik, A. J./Keiningham, T. L.: Return on quality. Measuring the financial impact of your company's quest for quality. Chicago, Probus Pub. Co, 1994.

Sanz, G./Francisco, J./Semmler, K./Walther, J.: Die Automobilindustrie auf dem Weg zur globalen Netzwerkkompetenz. Effiziente und flexible Supply Chains erfolgreich gestalten. Berlin, Springer, 2007.

Schallner, H./Meier H./Bäcker M.: Auftragskoordination über verbindliche Lieferterminzusagen in dynamischen Produktionsnetzwerken. In: Industrie-Management, Jg. 17, H. 5, S. 58-62, 2001.

Schanz, G.: Wissenschaftstheoretische Grundfragen der Führungsforschung. In: Kieser, A. (Hg.). Handwörterbuch der Führung. Stuttgart, Schäffer-Poeschel, S. 2039–2047, 1987.

Schanz, G. (Hg.): Handbuch Anreizsysteme. Stuttgart, Poeschel, 1991.

Scheer, A.-W. (Hg.): Grenzkostenrechnung. Stand und aktuelle Probleme. Wiesbaden, Gabler, 1988.

Scheer, A.-W.: Wirtschaftsinformatik. Referenzmodelle für industrielle Geschäftsprozesse. 7. Aufl., Berlin [u.a.], Springer, 1997.

Scheer, A.-W.: Wirtschaftsinformatik. Referenzmodelle für industrielle Geschäftsprozesse. Studienausgabe. 2. Aufl., Berlin [u.a.], Springer, 1998.

Scheer, A.-W./Hagemeyer, J. (Hg.): Rechnungswesen und EDV. 16. Saarbrücker Arbeitstagung 1995. Heidelberg, Physica-Verlag, 1995.

Schildbach, T./Homburg C.: Kosten- und Leistungsrechnung. 10. Aufl., Stuttgart, Lucius & Lucius, 2005.

Schmalenbach, E./Bauer, R.: Kostenrechnung und Preispolitik. Köln, Westdeutscher Verlag, 1963.

Schmidt, A.: Kostenrechnung. Grundlagen der Vollkosten-, Deckungsbeitrags- und Plankostenrechnung sowie des Kostenmanagements. 5. Aufl., Stuttgart, Kohlhammer, 2008.

Schmidt, C.: Konfiguration überbetrieblicher Koordinationsprozesse in der Auftragsabwicklung des Maschinen- und Anlagenbaus. Dissertation, Aachen, FIR. RWTH Aachen, 2008.

Schmidt, C./Meyer, M./Sticht, W./Aechtner, R.: "Plug and do business" – ERP der nächsten Generation für die effiziente Auftragsabwicklung in Produktionsnetzwerken. In: Luczak, H./Stich, V. (Hg.). Betriebsorganisation im Unternehmen der Zukunft. Berlin, Springer, S. 217-226, 2004.

Schmidt, C.: Konfiguration überbetrieblicher Koordinationsprozesse in der Auftragsabwicklung des Maschinen- und Anlagenbaus. Aachen, Shaker, 2008.

Schmidt, H.: Konzeption eines Kostenmodells für integrierte Systeme, gezeigt am Beispiel flexibler Fertigungssysteme. Dissertation, Aachen, RWTH Aachen, 1988.

Schmolke, S./Deitermann, M./Rückwart, W.-D.: Industrielles Rechnungswesen IKR. Einführung und Praxis. 16. Aufl., Darmstadt, Winkler, 1991.

Scholz, C.: Controlling im virtuellen Unternehmen. In: Scheer, A.-W./Hagemeyer, J. (Hg.). Rechnungswesen und EDV. 16. Saarbrücker Arbeitstagung 1995. Heidelberg, Physica-Verlag, S. 171-192, 1995.

Schonert, T.: Interorganisationale Wertschöpfungsnetzwerke in der deutschen Automobilindustrie. Die Ausgestaltung von Geschäftsbeziehungen am Beispiel internationaler Standortentscheidungen. 1. Aufl., Wiesbaden, Gabler, 2008.

Schönsleben, P.: Integrales Informationsmanagement. Informationssysteme für Geschäftsprozesse – Management, Modellierung, Lebenszyklus und Technologie. 2. Aufl., Berlin [u.a.], Springer, 2001.

Schröder, J.: Benchmarking von Entwicklungsbereichen im Maschinenbau. Dissertation, Aachen, RWTH Aachen, 2003.

Schubert, W./Küting, K.: Unternehmenszusammenschlüsse. München, Vahlen, 1981.

Schuh, G. (Hg.): Kollaborationsfähigkeit von KMU. Tagungsband der 12. Aachener PPS-Tage – Best Practice ERP, effizient-produktiv-innovativ vom 27.-28. April 2005. Aachen.

Schuh, G.: Wettbewerbsvorteile durch Prozeßkostensenkung. In: Bericht über die 28. Konferenz Normenpraxis, S. 62-68, 1993.

Schuh, G./Schmidt, C.: Effiziente Informationslogistik im Maschinenbau. Durchgängiger Standard für die unternehmensübergreifende Produktionsplanung und -steuerung. In: WT. Werkstattstechnik online, Jg. 97, H. 4, S. 272-278, 2007.

Schuh, G./Friedli, T.: Die Virtuelle Fabrik. Konzepte, Erfahrungen, Grenzen. In: Nagel, K./Erben, R. F./Piller, F. T. (Hg.). Produktionswirtschaft 2000. Perspektiven für die Fabrik der Zukunft. Wiesbaden, Gabler, S. 217-242, 1999.

Schuh, G./Gierth A.: Einführung. In: Schuh, G. (Hg.). Produktionsplanung und -steuerung. Grundlagen, Gestaltung und Konzepte. 3. Aufl., Berlin [u.a.], Springer, S. 3-7, 2006.

Schuh, G./Lassen, S.: Funktionen. In: Schuh, G. (Hg.). Produktionsplanung und -steuerung. Grundlagen, Gestaltung und Konzepte. 3. Aufl., Berlin [u.a.], Springer, S. 195-292, 2006.

Schuh, G./Stich, V./Brosze, T./Hausberg, C./Kompa, S./Meier, C./Schnittler, V./Thomas, C.: Produktion am Standort Deutschland. FIR-Edition Studien Ausgabe 2011. Aachen [u.a.], FIR, WZL, VDMA, 2011.

Schuh, G./Tanner, H. R.: Wohin bewegt sich das Kostenmanagement? In: Technische Rundschau, Jg. 87, H. 24, S. 36-39, 1995.

Schuh, G.: Gestaltung und Bewertung von Produktvarianten. Ein Beitrag zur systematischen Planung von Serienprodukten. Düsseldorf, VDI Verlag, 1989.

Schuh, G.: Produktkomplexität managen. Strategien – Methoden – Tools. 2. Aufl., München [u.a.], Hanser, 2005.

Schuh, G. (Hg.): Produktionsplanung und -steuerung. Grundlagen, Gestaltung und Konzepte. 3. Aufl., Berlin [u.a.], Springer, 2006.

Schuh, G.: OpenSource in ERP-Systemen. In: 13. Aachener ERP-Tage, Aachen, 04.04.2006.

Schuh, G.: Effizient, schnell und erfolgreich. Strategien im Maschinen- und Anlagenbau. Frankfurt am Main, VDMA Verlag, 2007.

Schuh, G.: Effiziente Auftragsabwicklung mit myOpenFactory. München, Hanser, 2008.

Schuh, G.: Strategie und Management produzierender Unternehmen. Handbuch Produktion und Management 1. 2. Aufl., Berlin, Springer, 2011.

Schuh, G./Friedli, T./Kurr, M. A.: Kooperationsmanagement. Systematische Vorbereitung, gezielter Auf- und Ausbau, entscheidende Erfolgsfaktoren. München [u.a.], Hanser, 2005.

Schuh, G./Jasinski, T./Nestler, A./Taisch, M./Pinto, R./Uriarte, A.: Supplier Relationship Management in Machinery Industry. In: Poler, R./Carneiro, L.M./Jasinski, T./Zolghadri, M./Pedrazzoli, P (Hg.). Intelligent Non-hierarchical Manufacturing Networks. Hoboken, John Wiley & Sons Inc., S. 225-248, 2013

Schuh, G./Jasinski, T./Ricondo, I./Uriarte, A.: Assessment of the Impact of Missing Delivery Reliability. In: Poler, R./Carneiro, L.M./Jasinski, T./Zolghadri, M./Pedrazzoli, P (Hg.). Intelligent Non-hierarchical Manufacturing Networks. Hoboken, John Wiley & Sons Inc., S. 205-224, 2013

Schuh, G./Kampker, A./Hoeschen, A./Jasinski, T.: Framework for delivery reliability in European machinery and equipment industry. In: International Conference on Innovation, Engineering Management and Technology (ICIEMT). Tokyo, World Academy of Science, Engineering and Technology, Vol. 41 2010-05-21, S. 749-753, 2010.

Schuh, G./Kampker, A./Narr, C./Jasinski, T.: Beschaffungslogistik im Maschinen- und Anlagenbau. Stand, Potenziale, Trends. Aachen, Apprimus, 2009.

Schuh, G./Kampker, A./Potente T./Jasinski T.: Zukunftsperspektive des deutschen Maschinenbaus. Expertise für die Hans-Böckler-Stiftung. 1. Aufl., Aachen, Apprimus, 2012.

Schuh, G./Potente, T./Jasinski, T.: Web-based benchmarking platform for delivery reliability in non-hierarchical production networks. In: International Conference on Advances in Production Management Systems (APMS), Como, 2010.

Schuh, G./Potente, T./Jasinski, T.: Methodology for supplier incentivation in machinery & equipment industry. In: Zelm, M./Sanchis, R./Poler, R./Doumeingts, G. (Hg.). Enterprise Interoperability – Proceedings of the International Conference on Interoperability for Enterprise Systems and Applications (I-ESA). Hoboken, John Wiley & Sons Inc., S. 153-160, 2012.

Schuh, G./Potente, T./Jasinski, T.: Decentralized, market-driven Coordination Mechanism based on the monetary Value of in Time Deliveries. In: Proceedings of Global Business Research Conference 7-8 November 2013, Kathmandu, 2013.

Schuh, G./Potente, T./Nöcker, J./Jasinski, T.: Framework for Complexity-Oriented Allocation of Production in Non-Hierarchical Networks. In: 17th International Conference on Concurrent Enterprising (ICE). Aachen, S. 97-104, 2011.

Schuh, G./Stich, V./Brosze, T./Potente, T./Jasinski, T./Cuber, S.: Delivery reliability in machinery industry – A European study. In: International Journal of Applied Logistics, Vol. 3, Iss. 1, S. 20-38, 2012.

Schuh, G./Westkämper, E.: Liefertreue im Maschinen- und Anlagenbau. Stand, Potenziale, Trends. Stuttgart [u. a.], 2006.

Schulte, C.: Logistik. Wege zur Optimierung des Material- und Informationsflusses. München, Vahlen, 1991.

Schulte-Zurhausen, M.: Organisation. 4. Aufl., München, Vahlen, 2005.

Schumann, J./Meyer, U./Ströbele, W.: Grundzüge der mikroökonomischen Theorie. 9. Aufl., Berlin, Springer, 2011.

Schweitzer, M.: Produktions- und Kostentheorie. Grundlagen – Anwendungen. 2. Aufl., Wiesbaden, Gabler, 1997.

Serries, T.: Situationsbezogene Informationsversorgung in der industriellen Auftragsabwicklung. Erweiterte OLAP-Techniken für Workflow-einbeziehende PPS. Berlin, Logos, 2004.

Seuring, S.: Die Produkt-Kooperations-Matrix im Supply Chain Management: Konzeption und instrumentelle Ausgestaltung. Dissertation, Oldenburg, Carl von Ossietzky Universität, 2001.

Shewhart, W. A.: Economic control of quality of manufactured product. D. Van Nostrand Company, Inc., 1931.

Shingo, S./Hesse, R.: Das Erfolgsgeheimnis der Toyota-Produktion. Eine Studie über das Toyota-Produktionssystem genannt die "Schlanke Produktion". Landsberg/Lech, Verlag moderne Industrie, 1992.

Siebert, H.: Ökonomische Analyse von Unternehmensnetzwerken. In: Sydow, J. (Hg.). Management von Netzwerkorganisationen. Beiträge aus der "Managementforschung". 3. Aufl., Wiesbaden, Gabler, S. 7-23, 2003.

Simchi-Levi, D./Kaminsky, P./Simchi-Levi, E.: Designing and managing the supply chain. Concepts, strategies, and case studies. 2. Aufl., New York, McGraw-Hill, 2003.

Simon, H./Homburg, C. (Hg.): Kundenzufriedenheit. Konzepte – Methoden – Erfahrungen. Wiesbaden, Gabler, 1995.

Sontheimer, K.: Voraussage als Ziel und Problem moderner Sozialwissenschaft. In: Klages, H. et al. (Hg.). Möglichkeiten und Grenzen der Zukunftsforschung. Wien, Herder, 1970.

Soukup, W.: Supplier selection strategies. In: Journal of Purchasing and Materials Management, Vol. 23, No. 2, S. 7-12, 1987.

Spath, D./Klinkel, S./Barrho, T.: Auftragsabwicklung in dezentralen Strukturen. Erfolgsfaktoren und Probleme – Ergebnisse einer Studie. In: ZWF Zeitschrift für wirtschaftlichen Fabrikbetrieb, Jg. 97, H. 3, S. 130-132, 2002.

Specht, W.-S.: Variable Geschäftsprozessgestaltung in virtuellen Unternehmen. Als Ms. gedr., Düsseldorf, VDI Verlag, 2002.

Specht, G./Fritz, W.: Distributionsmanagement. 4. Aufl., Stuttgart, Kohlhammer, 2005

Spremann, K./Pfeil, O. P./Weckbach, S.: Lexikon Value-Management. München, Oldenbourg, 2001.

Stachowiak, H.: Allgemeine Modelltheorie. Wien, Springer, 1973.

Stadtler, H./Kilger, C.: Supply chain management und advanced planning. Concepts, Models, Software and Case Studies. Berlin, Springer, 2000.

Staehle, W. H.: Organisation und Führung sozio-technischer Systeme. Grundlagen einer Situationstheorie. Stuttgart, Enke, 1973.

Stalk, G./Hout, T. M.: Zeitwettbewerb. Schnelligkeit entscheidet auf den Märkten der Zukunft. Frankfurt am Main, Campus, 1990.

Steinaecker, J. v.: Ein Informationsmodell zur Modellierung und Planung von netzwerkartigen Produktionsstrukturen. Heimsheim, Jost-Jetter, 2000.

Stelling, J. N.: Kostenmanagement und Controlling. 2. Aufl., München [u.a.], Oldenbourg, 2005.

Steven, M./Krüger, R.: Advanced planning systems. Grundlagen, Funktionalitäten, Anwendungen. In: Busch, A./Dangelmeier, W. (Hg.). Integriertes Supply Chain Management. Theorie und Praxis effektiver unternehmensübergreifender Geschäftsprozesse. 2. Aufl., Wiesbaden, Gabler, S. 169-186, 2002.

Steven, M./Krüger, R.: Advanced planning systems. Eine neue Generation von SCM-Informationssystemen. In: Supply Chain Management: an international Journal, Jg. 2, H. 2, S. 7-14, 2002.

Stiefbold, O.: Konzeption eines reaktionsschnellen Planungssystems für Logistikketten auf Basis von Software-Agenten. Universität Karlsruhe: Karlsruhe, 1998.

Stoi, R.: Prozessorientiertes Kostenmanagement in der deutschen Unternehmenspraxis. Eine empirische Untersuchung. München, Vahlen, 1999.

Stolz, N. W.: Materialbereitstellung in der Montage. Ein Beitrag zum Aufbau einer anforderungsgerechten Materialbewirtschaftung der Montage in Unternehmen mit Einzel- und Kleinserienproduktion. Dissertation, RWTH Aachen, 1988.

Stone, P./Weiss, G. (Hg.): AAMAS 2006. Proceedings of the Fifth International Joint Conference on Autonomous Agents and Multiagent Systems Hakodate, Japan, May 8-12, 2006. New York, ACM, 2006.

Stöppler, S.: Der Einfluss der Lagerkosten auf die Produktionsanpassung bei zyklischem Absatz. In: OR Spektrum, Jg. 7, H. 3, S. 129-142, 1985.

Straube, F.: E-Logistik. Ganzheitliches Logistikmanagement. Berlin, Springer, 2004.

Strecker, A.: Prozesskostenrechnung in Forschung und Entwicklung. München, Vahlen, 1991.

Strugalla, R.: Prozesskostensimulation – Ein wichtiger Schritt zur besseren Entscheidungsfindung. In: ZWF, Jg. 89, H. 12, S. 616-617, 1994.

Strugalla, R./Mutzke, H.: Simulationsgestützte Planung einer Elektronikfertigung. In: ZWF, Jg. 89, H. 12, S. 41-43, 1996.

Stührenberg, L./Streich, D./Henke, J.: Wertorientierte Unternehmensführung. Theoretische Konzepte und empirische Befunde. 1. Aufl., Wiesbaden, Deutscher Universitätsverlag, 2003.

Sucky, E.: Koordination in Supply Chains. Spieltheoretische Ansätze zur Ermittlung integrierter Bestell- und Produktionspolitiken. Wiesbaden, Deutscher Universitätsverlag, 2004.

Sydow, J.: Management von Netzwerkorganisationen – Zum Stand der Forschung. In: Sydow, J. (Hg.). Management von Netzwerkorganisationen. Beiträge aus der "Managementforschung". 3. Aufl., Wiesbaden, Gabler, S. 293-354, 2003.

Sydow, J.: Strategische Netzwerke. Evolution und Organisation. Wiesbaden, Gabler, 1992.

Sydow, J. (Hg.): Management von Netzwerkorganisationen. Beiträge aus der "Managementforschung". 3. Aufl., Wiesbaden, Gabler, 2003.

Sydow, J./Möllering, G.: Produktion in Netzwerken. Make, buy & cooperate. 2. Aufl., *München, Vahlen, 2009.*

Szyperski, N.: Strategisches Informationsmanagement im technologischen Wandel. Fragen zur Planung und Implementation von Informations- und Kommunikationssystemen. In: Angewandte Informatik, Jg. 22, H. 4, S. 141-148, 1980.

Taylor, F. W.: Die Grundsätze wissenschaftlicher Betriebsführung. The principles of scientific Management. Weinheim, Beltz, 1977.

Teich, T. (Hg.): Hierarchielose regionale Produktionsnetzwerke. Chemnitz, GUC, 2001.

Teich, T.: Extended value chain management (EVCM). Ein Konzept zur Koordination von Wertschöpfungsnetzen. Chemnitz, GUC, 2002.

Thaler, K.: Supply chain management. Prozessoptimierung in der logistischen Kette. Köln, Fortis-Verlag FH, 1999.

Thelen, E. M.: Die zwischenbetriebliche Kooperation. Frankfurt am Main, Europäischer Verlag der Wissenschaften, 1993.

Thompson, G.: Between hierarchies and markets. The logic and limits of network forms of organization. Oxford, Oxford University Press, 2005.

Thompson, G./Frances, J./Levacic, R./Mitchell, J.: Markets, hierarchies and networks. The coordination of social life. London, Sage, 1991.

Thorelli, H. B.: Networks: Between markets and hierarchies. In: Strategic Management Journal, Vol. 7, Iss. 1, S. 37-51, 1986.

Többen, H./Büschgens, R./Haarländer, N./Krallmann, H.: Kollaborative Generierung von Geschäftsprozessen auf der Basis intelligenter Agenten. In: Industrie Management, Jg. 20, H. 2, S. 31-34, 2004.

Tomczak, T.: Forschungsmethoden in der Marketingwissenschaft. Ein Plädoyer für den qualitativen Forschungsansatz. In: Marketing ZFP, H. 2, S. 77-87, 1992.

Trender, L.: Entwicklungsintegrierte Kalkulation von Produktlebenszykluskosten auf Basis der ressourcenorientierten Prozesskostenrechnung. Dissertation, Karlsruhe, Inst. für Werkzeugmaschinen und Betriebstechnik, Universität Karlsruhe, 2000.

Tröndle, D.: Kooperationsmanagement. Steuerung interaktioneller Prozesse bei Unternehmungskooperationen. Bergisch Gladbach, Eul, 1987.

Ullrich, O.: Technik und Herrschaft. Vom Hand-Werk zur verdinglichten Blockstruktur industrieller Produktion. 1. Aufl., Frankfurt am Main, Suhrkamp, 1979.

Ulrich, H.: Die Unternehmung als produktives soziales System. Grundlagen der allgemeinen Unternehmungslehre. Bern, Paul Haupt, 1968.

Ulrich, H.: Der systemorientierte Ansatz in der Betriebswirtschaftslehre. In: Kortzfleisch, G. V. (Hg.). Wissenschaftsprogramme und Ausbildungsziele der Betriebswirtschaftslehre. Berlin, S. 43-60, 1971.

Ulrich, H.: Die Betriebswirtschaftslehre als anwendungsorientierte Sozialwissenschaft. In: Geist, M. (Hg.). Die Führung des Betriebes. Stuttgart, Poeschel, S. 1-25, 1984.

Ulrich, H./Dyllick, T./Probst, G.: Management. Bern, Paul Haupt, 1984.

Ulrich, P./Hill, W.: Grundlagen Teil I – Wissenschaftstheoretische Grundlagen der Betriebswirtschaftslehre (Teil 1). In: WiST Zeitschrift für Ausbildung und Hochschulkontakt, 8. Jg, S. 304-309, 1976.

Varian, H. R.: Grundzüge der Mikroökonomik. 8. Aufl., München [u.a.], Oldenbourg, 2011.

VDA: Future Automotive Industry Structure (FAST) 2015 – die neue Arbeitsteilung in der Automobilindustrie. Eine Studie von Mercer Management Consulting in Zusammenarbeit mit dem Fraunhofer Institut für Produktionstechnik und Automatisierung und dem Fraunhofer Institut für Materialfluss und Logistik. Stuttgart, VDA, 2004.

VDMA: Formatvorlage-Ausschreibung 2006. URL: http://www.vdma-ausschreibung.de/fileadmin/upload/Anlagen/verding_230_national_dritte_mitlosen_11_06.pdf, Abruf am 29.08.2013.

VDMA: China's strategies to become an innovation juggernaut. Frankfurt am Main [u.a.], IMPULS-Stiftung, 2007.

VDMA: Statistisches Handbuch für den Maschinenbau 2007. Düsseldorf, VDMA Verlag, 2007.

VDMA: Maschinenbau in Bild und Zahl. Frankfurt am Main, VDMA Verlag, 2010.

VDMA: Statistisches Handbuch für den Maschinenbau 2010. Düsseldorf, VDMA Verlag, 2010.

VDMA: Statistisches Handbuch für den Maschinenbau 2011. Düsseldorf, VDMA Verlag, 2011.

VDMA: Kennzahlen zu Forschung und Innovation. Frankfurt am Main, VDMA Verlag, 2012.

VDMA: Statistisches Handbuch für den Maschinenbau 2012. Frankfurt am Main, VDMA Verlag, 2012.

VDMA: Maschinenbau in Bild und Zahl. Frankfurt am Main, VDMA Verlag, 2013.

VDMA Arbeitsgemeinschaft Großanlagenbau/Management Engineers: Was macht den Großanlagenbau robust für die Zukunft? – Risiken managen – Chancen nutzen. Ergebnisse einer Gemeinschaftsstudie von Management Engineers und der VDMA Arbeitsgemeinschaft Großanlagenbau Februar 2013.

VDW: Die deutsche Werkzeugmaschinenindustrie im Jahr 2006. Frankfurt am Main, VDW, 2006.

VDW: Die deutsche Werkzeugmaschinenindustrie im Jahr 2011. Frankfurt am Main, VDW, 2011.

Veil, T.: Internes Rechnungswesen zur Unterstützung der Führung in Unternehmensnetzwerken. 1. Aufl., Göttingen, Cuvillier, 2001.

Vidal, C. J./Goetschalckx, M.: A global supply chain model with transfer pricing and transport cost allocation. In: European Journal of Operational Research, Jg. 129, S. 134-158, 2001.

Vieweg, H.-G./Hilpert, H. G.: Japans Herausforderung an den deutschen Maschinenbau. Berlin, Duncker & Humblot, 1993.

Voppel, G.: Die Industrialisierung der Erde. Stuttgart, Teubner, 1990.

Voss, W.: Ganzheitliche Bewertung von Unternehmensnetzwerken. Konzeption eines Bewertungsmodells. Frankfurt am Main [u.a.], Europäischer Verlag der Wissenschaften, 2002.

Wächter, H.: Tendenzen der betrieblichen Lohnpolitik in motivationstheoretischer Sicht. In: Schanz, G. (Hg.). Handbuch Anreizsysteme. Stuttgart, Poeschel, S. 195-215, 1991.

Wannenwetsch, H. H./Nicolai, S. (Hg.): E-supply-chain-management. Grundlagen, Strategien, Praxisanwendungen. 1. Aufl., Wiesbaden, Gabler, 2002.

Warnecke, H. J./Hüser, M.: Die fraktale Fabrik. Revolution der Unternehmenskultur. Berlin [u.a.], Springer, 1992.

Warnecke, H. J./Löhr, H.-G./Kiener, W.: Montagetechnik. Schwerpunkt der Rationalisierung. Mainz, Krausskopf, 1975.

Weber, J.: Kostenrechnung als Controllinginstrument. In: krp-Grundsatzbeiträge, Sonderheft, S. 23-31, 1985.

Weber, J./Kalaitzis, D.: Aufgaben, Zwecke und Grundanforderungen einer entscheidungsorientierten Kosten- und Leistungsrechnung. In: WISU, Jg. 103, H. 10, S. 447-452, 1984.

Weber, J.: Logistikkostenrechnung. Berlin, Springer, 1987.

Weber, J.: Logistik-Controlling. 4. Aufl., Stuttgart, Schäffer-Poeschel, 1995.

Weber, J.: Logistikkostenrechnung. Kosten-, Leistungs- und Erlösinformationen zur erfolgsorientierten Steuerung der Logistik. 2. Aufl., Berlin, Springer, 2002.

Weber, J.: Value-based-management erfolgreich umsetzen. Vallendar, WHU, 2002.

Weber, J./Wallenburg, C. M.: Logistik und supply chain controlling. 6. Aufl., Stuttgart, Schäffer-Poeschel, 2010.

Wentz, R.-C.: Die Innovationsmaschine. Wie die weltbesten Unternehmen Innovationen managen. Berlin [u.a.], Springer, 2008.

Wenzel, S. (Hg.): Simulation in Produktion und Logistik. Tagungsband zur 12. Fachtagung, Kassel, 26.- 27. September 2006. Erlangen, SCS Publishing House, 2006.

Westkämper, E.: Wandlungsfähige Unternehmensstrukturen für variantenreiche Serienproduktion. Abschlussbericht zum Sonderforschungsbereich 467. Stuttgart, 2006.

Westkämper, E.: Kapazitätsgeprüfte Lieferterminbestimmung mit künstlichen neuronalen Netzwerken in Echtzeit. In: WT. Werkstattstechnik, Jg. 87, H. 11/12, S. 515-518, 1997.

Westkämper, E.: Stuttgart model of virtual enterprises. In: Manufacturing Systems, Jg. 33, H. 1, S. 19-26, 2004.

Westkämper, E./Hummel, V./Rönnecke, T.: The Stuttgart enterprise model integrated engineering of strategic and operational functions. In: Chronis, T. (Hg.). 11th Annual International Conference on Industry. Engineering and Management Systems 2005, IEMS Proceedings, Cocoa Beach, S. 379-384, 2005.

Westkämper, E./Decker, M./Jendoubi, L.: Einführung in die Organisation der Produktion. 1. Aufl., Berlin, Springer, 2006.

Widmaier, U. (Hg.): Betriebliche Rationalisierung und ökonomische Realität. Optionen und Differierungsprozesse im deutschen Maschinenbau. VS Verlag für Sozialwissenschaften, Wiesbaden, 1996.

Widmaier, U.: Strukturierte Vielfalt – Eine institutionentheoretische Interpretation der empirischen Befunde des NIFA-Panels. In: Widmaier, U. (Hg.). Betriebliche Rationalisierung und ökonomische Realität. Optionen und Differierungsprozesse im deutschen Maschinenbau. VS Verlag für Sozialwissenschaften, Wiesbaden, S. 7-20, 1996.

Widmaier, U.: Der deutsche Maschinenbau in den neunziger Jahren. Kontinuität und Wandel einer Branche. Frankfurt am Main [u.a.], Campus, 2000.

Wiendahl, H.-P. (Hg.): Neue Wege der PPS. IFA-Kolloquium. Gesellschaft für Management und Technologie, 1993.

Wiendahl, H.-P./Cieminski, G. v./Begemann, C.: A systematic approach for ensuring the logistic process reliability of supply chains. In: Manufacturing Technology, Annals of the International Institution for Engineering Research (CIRP), Vol. 52, Iss. 1, S. 375-380, 2003.

Wiendahl, H.-P./Dräger, H./Franken, T./Fastabend, H.: Überwachung und logistische Positionierung von Prozeßketten auf der Basis von Kosten-Durchlaufdiagrammen und Kennlinientechniken. In: Berkau, C. (Hg.). Kostenorientiertes Geschäftsprozessmanagement. Methoden, Werkzeuge, Erfahrungen. München, Vahlen, S. 203-227, 1996.

Wiendahl, H.-P./Helms, K./Höbig, M./Leistner, H.: NetProm – Netzwerkfähiges Produktions-Management zur Auftragsabwicklung. In: PPS Management, Jg. 3, H. 2, S. 31-34, 1998.

Wiendahl, H.-P./Lutz, S./Helms, K./Leistner, H.: NetProm – Netzwerkfähiges Produktions-Management zur Auftragsabwicklung. In: PPS Management, Jg. 4, H. 3, S. 21-28, 1999.

Wiendahl, H.-H.: Situative Konfiguration des Auftragsmanagements im turbulenten Umfeld. Heimsheim, Jost-Jetter, 2002.

Wiendahl, H.-P.: Betriebsorganisation für Ingenieure. 4. Aufl., München [u.a.], Hanser, 1997.

Wiendahl, H.-P.: Fertigungsregelung. Logistische Beherrschung von Fertigungsabläufen auf Basis des Trichtermodells. München, Hanser, 1997.

Wiendahl, H.-P.: Betriebsorganisation für Ingenieure. 5. Aufl., München [u.a.], Hanser, 2004.

Wienecke, K.: Informationsaustausch zwischen einem Produzenten und einem Lieferanten als Basis der Supply-chain-Konfiguration. Aachen, Shaker, 2005.

Wildemann, H.: Koordination von Unternehmensnetzwerken. In: ZfB, Jg. 67, H. 4, S. 417-439, 1997.

Wildemann, H.: Auftragsabwicklung in einer computergestützten Fertigung. In: ZfB, Jg. 57, H. 1, S. 6-31, 1987.

Wildemann, H.: Logistik Prozeßmanagement. Organisation und Methoden. 2. Aufl., München, TCW, Transfer-Centrum-Verlag, 2001.

Wildemann, H.: Online-Auktionen. Das Konzept zur schnellen und transparenten Preisfindung. München, TCW, Transfer-Centrum-Verlag, 2002.

Williamson, O. E.: Markets and hierarchies, analysis and antitrust implications. A study in the economics of internal organization. New York, Free Press, 1975.

Wirtz, B. W./Kleineicken, A.: Aktionsparameter des E-Procurement. In: Boutellier, R./Wagner, S./Wehrli, H. P. (Hg.). Handbuch Beschaffung. Strategien, Methoden, Umsetzung. München, Hanser, S. 245-266, 2003.

Witt, C. D.: Funktionen der Unternehmenslogistik. Studienbrief 2-030-1302. In: Allgemeine Betriebswirtschaftslehre Logistik, Jg. 3, S. 31, 2009.

Witte, H.: Allgemeine Betriebswirtschaftslehre: Lebensphasen des Unternehmens und betriebliche Funktion. 2. Aufl., München, Oldenbourg, 2007.

Witthaut, M./Hellingrath, B.: Simulation von SCM-Strategien. In: Wenzel, S. (Hg.). Simulation in Produktion und Logistik. Tagungsband zur 12. Fachtagung, Kassel, 26. - 27. September 2006. Erlangen, SCS Publishing House, S. 59-74, 2006.

Wittmann, W.: Unternehmung und unvollkommene Information. Köln, Opladen, 1959.

Wittmann, W.: Information. In: Grochla, E. (Hg.). Handwörterbuch der Organisation. Stuttgart, Poeschel, S. 894-904, 1980.

Wöhe, G./Döring, U.: Einführung in die Allgemeine Betriebswirtschaftslehre. 22. Aufl., München, Vahlen, 2005.

Wolf-Kluthausen, H. (Hg.): Jahrbuch Logistik 2007. Korschenbroich, 2007.

Womack, J. P./Jones, D. T./Roos, D.: Die zweite Revolution in der Autoindustrie. Konsequenzen aus der weltweiten Studie des Massachusetts Institute of Technology. München, Heyne, 1991.

Womack, J. P./Jones, D. T./Roos, D.: The machine that changed the world: The Story of Lean Production. How Japan's secret weapon in the global auto wars will revolutionize western industry. 1. Aufl., New York, HarperPerennial, 1991.

Woodbury, R. S.: The legend of Eli Whitney and interchangeable parts. Ausgabe 63 von Publications in the humanities. Boston, Massachusetts Institute of Technology, 1960.

Wouters, M./Anderson J. C/Wynstra F.: The adoption of total cost of ownership for sourcing decisions. A structural equations analysis. In: Accounting, Organizations and Society, Vol. 30, Iss. 2, S. 167-191, 2005.

Wu, M. Y.: Constructing supplier selection criteria and measurement for information technology industry. In: Journal of Data Analysis, Vol. 2, Iss. 5, S. 69-94, 2007.

Yu, K.-W.: Terminkennlinie. Eine Beschreibungsmethodik für die Terminabweichung im Produktionsbereich. Düsseldorf, VDI Verlag, 2001.

Zangl, H.: Durchlaufzeiten im Büro. Prozessorganisation und Aufgabenintegration als effizienter Weg zur Rationalisierung der Büroarbeit mit neuen Bürokommunikationstechniken. Berlin, Erich Schmidt, 1987.

Zäpfel, G.: Bausteine und Architekturen von Supply Chain Management-Systemen. In: PPS Management, Jg. 6, S. 9-18, 2001.

Zbornik, S.: Elektronische Märkte, elektronische Hierarchien und elektronische Netzwerke. Koordination des wirtschaftlichen Leistungsaustausches durch Mehrwertdienste auf der Basis von EDI und offenen Kommunikationssystemen, diskutiert am Beispiel der Elektroindustrie. Konstanz, UVK, 1996.

Zohm, F.: Management von Diskontinuitäten. Das Beispiel der Mechatronik in der Automobilzulieferindustrie. 1. Aufl., Wiesbaden, Deutscher Universitätsverlag, 2004.

Zschocke, D.: Betriebsökonometrie. Stochastische und technologische Aspekte bei der Bildung von Produktionsmodellen und Produktionsstrukturen. Würzburg, Physica-Verlag, 1974.

Zülch, G./Stowasser, S. (Hg.): Distributed operations. simulation and decision making. Production Planning & Control. The Management of Operations. Abingdon, Taylor & Francis Ltd, 2006.

Kolibri 360 GmbH
Ferdinand-Jühlke-Straße 7
99095 Erfurt, Deutschland
produktsicherheit@kolibri360.de